高等职业院校“十三五”课程改革优秀成果规划教材

三维造型设计

主编　杨立云　孙志平
参编　李彩风　张良贵

北京理工大学出版社
BEIJING INSTITUTE OF TECHNOLOGY PRESS

内 容 简 介

Creo 是高端三维机械 CAD 软件之一，本书以 PTC 公司最新推出的 Creo3.0 为蓝本，以机械加工中的典型零件及机床夹具为载体，突出机械类学生及机械工程人员计算机辅助机械产品设计思路及方法，介绍该软件的操作方法和机械设计应用技巧。在内容安排上，全书共分为理论篇和实践篇两大部分：理论篇讲解 Creo 软件的基本知识，包括三维设计基础知识、二维草绘、零件设计、装配设计、创建工程图及模型渲染等；实践篇结合大量的机械产品实例对软件中抽象的概念、命令和功能进行讲解，书中以典型机械零件及夹具设计范例的形式讲述实际产品的设计过程，能使学生较快地进入设计状态，具有很强的实用性。在写作方式上，本书紧贴软件的实际操作界面，采用软件中真实的对话框、操控板和按钮等进行讲解，使初学者能够直观、准确地操作软件进行学习，从而尽快地上手，提高学习效率。在学习本书后，学生能够迅速地运用 Creo 软件来完成一般产品的设计工作，并为进一步学习高级和专业模块打下坚实的基础。

本书既可作为高职高专的机械类专业、机电类专业教学用书，也可作为机械、电子、玩具等行业的产品开发设计技术人员的参考用书及培训教材。

图书在版编目（CIP）数据

三维造型设计 / 杨立云，孙志平主编. —北京：北京理工大学出版社，2018.8（2018.9重印）

ISBN 978-7-5682-6093-0

Ⅰ. ①三… Ⅱ. ①杨… ②孙… Ⅲ. ①三维-工业产品-造型设计-计算机辅助设计-应用软件-高等学校-教材 Ⅳ. ①TB472-39

中国版本图书馆 CIP 数据核字（2018）第 185241 号

出版发行 / 北京理工大学出版社有限责任公司
社　　址 / 北京市海淀区中关村南大街 5 号
邮　　编 / 100081
电　　话 / （010）68914775（总编室）
（010）82562903（教材售后服务热线）
（010）68948351（其他图书服务热线）
网　　址 / http://www.bitpress.com.cn
经　　销 / 全国各地新华书店
印　　刷 / 三河市华骏印务包装有限公司
开　　本 / 787 毫米×1092 毫米　1/16
印　　张 / 20
字　　数 / 461 千字
版　　次 / 2018 年 8 月第 1 版　2018 年 9 月第 2 次印刷
定　　价 / 49.90 元

责任编辑 / 王玲玲
文案编辑 / 王玲玲
责任校对 / 周瑞红
责任印制 / 李　洋

前 言

PREFACE

Creo 是整合了 PTC 公司的三大软件 Pro/ENGINEER 的参数化技术、CoCreate 的直接建模技术和 ProductView 的三维可视化技术的新型 CAD 设计软件包，集成了参数化 3D CAD/CAM/CAE 解决方案，同时，最大限度地增强创新力度并提高质量，具备互操作性、开放、易用三大特点。其在航空、航天、汽车、装备制造企业和消费类电子产品中得到广泛的应用，在中国的高端 CAD 市场上占有很大份额，对于机械工程师、产品设计师和高职高专院校学生，熟练运用此软件已成为新时代对机械工程领域技术人员提出的新的技术素质要求。

编者在从事 Creo 软件的培训与教学的过程中深刻体会到，虽然有关 PTC 公司软件的书籍种类众多，但找到一本真正适合机械类专业的机床夹具设计方面的教材或学习辅导书并非是件容易的事，其原因是大部分的书籍不是从学生的专业应用出发的，而是单纯地面向软件本身。本书作者在编写的过程中避免了此类缺陷的出现，通过完成每个学习任务，来讲解三维造型方法及应用技巧。

本书基于机械类专业产品设计的岗位能力需求进行课程开发，以典型机械零件及工装夹具为载体，以培养学生三维造型设计能力为主、理论为度、“工学结合”为原则选取教材内容，分为理论和实践两部分，实践篇以项目—任务的形式组织。

与市场上已经出版的同类书相比，本书有以下几个特点：

1. 主要面向机械类学生及机械工程人员，突出计算机辅助机械产品设计思路及方法，以机械加工中的典型零件及机床夹具为载体，突出课程之间的联系与融合，并做到学以致用，促进学生的学习积极性，提高学生学习效果。

2. 兼顾理论与实践，立足于解决实际问题，目的是使读者在掌握基础知识的同时，通过项目实例分析，开拓思路，掌握方法，提高对知识综合运用的能力。在学习过程中突出“设计分析”和“设计理念”，通过项目实例的分析和讲解帮助读者更快、更好地完成学习。

3. 应用性强，有很强的指导性和可操作性，有利于读者打好坚实的基础和提升设计技能。

4. 选题从易到难，从零件到产品，并且穿插大量的软件操作技能、专业规范及工程标准等，能够使读者快速地进入设计工程师的行业，解决工程设计实际问题。

本书包括理论篇与实践篇两大部分，理论篇讲解各种 Creo 建模特征的基本知识、特点及操作要点，结合视频讲解效果更好；实践篇介绍典型零件及夹具标准件库设计、典型夹具设计和典型夹具工程图设计，各个项目间既有联系，又设置知识能力梯度，该梯度符合学生学习的认知规律，同时便于教师分层次教学。

本书由河北机电职业技术学院杨立云、孙志平主编并统稿，参加编写的还有河北机电职业技术学院李彩风、张良贵。本书第 1 章由孙志平编写，第 2 章、第 3 章的 3.1～3.12 节、项目 1、项目 2、项目 6、项目 9、项目 11 由杨立云编写，第 3 章的 3.13～3.22 节、第 4 章、项目 3、项目 4、项目 5、项目 8 由李彩风编写，第 5 章、第 6 章、项目 7、项目 10、附录由张良贵编写。

由于编者水平有限，本书难免存在不足之处，恳切希望同仁及广大读者批评指正。

编　者

目 录

CONTENTS

理论篇

第 1 章

三维造型设计基础

本章导读

随着计算机辅助设计（Computer Aided Design，CAD）技术的飞速发展和普及，越来越多的工程设计人员开始利用计算机进行产品的设计和开发，Creo 作为一种当前最流行的高端三维 CAD 软件，越来越受到我国工程技术人员的青睐。为了正常、高效地使用 Creo 软件，同时也为了方便教学，在学习和使用 Creo 软件前，需要先进行一些必要的设置。本章内容主要包括：

- 认识三维造型设计软件
- Creo 基本功能与操作
- 三维造型设计的理念

1.1 认识三维造型设计软件

计算机辅助设计（Computer Aided Design，CAD），是由计算机来完成产品设计中的数据计算、几何分析、产品模拟、图纸绘制、编制技术文件等工作。

“计算机辅助设计几乎推动着一切领域的设计革命”，近年来，CAD 技术的应用已涉及机械、工程设计、船舶、航空、航天、汽车、轻工、纺织等各行业。

计算机辅助三维造型设计是设计人员借助计算机辅助设计系统提供的图形终端或工作站及其软件描述所设计产品的形状、结构、大小，以及模拟在光线照射下表面的色彩、明暗和纹理等，它以提高效率、增强设计的科学性与可靠性、适应信息化社会的生产方式为目的。

因此，三维造型就是在计算机上建立完整的产品三维几何形状的过程，在计算机上进行三维造型所用的技术称为三维造型技术。三维造型的结果是三维模型，也称为三维建模。

由于计算机技术的迅速发展，针对不同的用户及不同产品的造型法则，各大公司相继推出了各种档次的计算机图形软件，见表 1–1，为设计师提供了适合自身条件的各种软件，大大提高了计算机的普及程度和计算机辅助设计的水平。

表 1–1　计算机辅助设计软件分类表

主要应用领域	低端设计软件组合	终端设计软件组合	高端设计软件组合
二维绘图	Freehand、Coredraw	Illustrater、Photoshop	3D Paint
三维曲面建模	Rhino、3DS MAX	SolidEdge、SolidWorks	Alias、Pro/E、Catia
渲染	Bmrt/Framingo	Photo Works、LightScape	PhotoRender、RenderMAN
动画	3DS MAX SoftImage Maya		Alias
工程设计（三维造型）	AutoCADA/MDT	SolidEdge、SolidWorks	Pro-E、UG、Catia、I-Deas

1. PTC 的 Pro/ENGINEER 软件

1985 年，PTC 公司成立于美国波士顿，开始参数化建模软件的研究。1988 年，V1.0 的 Pro/ENGINEER 诞生了。经过 10 余年的发展，Pro/ENGINEER 已经成为三维建模软件的“领头羊”。

PTC 的系列软件包括了在工业设计和机械设计等方面的多项功能，还包括对大型装配体的管理、功能仿真、制造、产品数据管理等。Pro/ENGINEER 还提供了目前所能达到的最全面、集成最紧密的产品开发环境。

Pro/ENGINEER 是采用参数化设计的、基于特征的实体建模系统，工程设计人员采用具有智能特性的基于特征的功能去生成模型，如腔、壳、倒角及圆角，用户可以随意勾画草图，轻易改变模型。这一功能特性给工程设计者提供了在设计上从未有过的简易和灵活。Pro/ENGINEER 的这种基于特征的参数化设计方法后来被中端 CAD 产品，如 SolidWorks、SolidEdge、Inventor 等所广泛采用。

2. EDS 的 UG 软件

UG 软件起源于美国麦道飞机公司。UG 于 1991 年并入美国 EDS 公司。它集成了美国航空航天、汽车工业的经验，成为机械集成化 CAD/CAE/CAM 主流软件之一。主要应用在航空航天、汽车、通用机械、模具、家电等领域。采用基于约束的特征建模和传统的几何建模为一体的复合建模技术。其在曲面造型、数控加工方面是强项，但在分析方面较为薄弱。但 UG 提供了分析软件 NASTRAN、ANSYS、PATRAN 接口；机构动力学软件 IDAMS 接口；注塑模分析软件 MOLDFLOW 接口等。Unigraphics 提供给公司一个从设计、分析到制造的完全的数字产品模型。

Unigraphics 采用基于过程的设计向导、嵌入知识的模型、自由选择的造型方法、开放的体系结构及协作式的工程工具，这些只是提高产品质量、提高生产力和创新能力所采用的众多独特技术中的一小部分。

3. Dassault 的 CATIA 软件

CATIA 是由法国著名飞机制造公司 Dassault 开发并由 IBM 公司负责销售的 CAD/CAM/CAE/PDM 应用系统。CATIA 起源于航空工业，其最大的标志客户即美国波音公司，波音公司通过 CATIA 建立起了一整套无纸飞机生产系统，取得了重大的成功。

作为世界领先的 CAD/CAM 软件，CATIA 可以帮助用户完成大到飞机、小到螺丝刀的设计及制造，它提供了完备的设计能力：从 2D 到 3D 到技术指标化建模，同时，作为一个完全集成化的软件系统，CATIA 将机械设计、工程分析及仿真和加工等功能有机地结合，为用户提供严密的无纸工作环境，从而达到缩短设计和生产时间、提高加工质量及降低费用的效果。

4. SolidWorks

美国 SolidWorks 公司是一家专门从事开发三维机械设计软件的高科技公司，公司宗旨是使每位设计工程师都能在自己的微机上使用功能强大的世界最新 CAD/CAE/CAM/PDM 系统。

SolidWorks 软件是世界上第一个基于 Windows 开发的三维 CAD 系统。功能强大、易学易用和技术创新是 SolidWorks 的三大特点，使得 SolidWorks 成为领先的、主流的三维 CAD 解决方案。SolidWorks 不仅能够提供不同的设计方案、减少设计过程中的错误及提高产品质量，同时对每个工程师和设计者来说，其操作简单方便、易学易用。

5. 北航海尔 CAXA 实体设计 XP

CAXA 实体设计使实体设计跨越了传统参数化造型在复杂性方面受到的限制，不论是经验丰富的专业人员，还是刚接触 CAXA 实体设计的初学者，CAXA 实体设计都能提供便利的操作。其采用鼠标拖放式全真三维操作环境，具有无可比拟的运行速度、灵活性和强大功能，使设计更快，并获得更高的交互性能。CAXA 实体设计支持网络环境下的协同设计，可以与 CAXA 协同管理或者其他主流 CPC/PLM 软件集成工作。利用 CAXA 实体设计，人人都能够更快地从事创新设计。

1.2　Creo 基本功能与操作

1.2.1　Creo 软件介绍

Creo 是一个可伸缩的套件，集成了多个可互操作的应用程序，功能覆盖整个产品开发领域。Creo 的产品设计应用程序使企业中的每个人都能使用最适合自己的工具，因此，他们可以全面参与产品开发过程。除了 Creo Parametric 之外，还有多个独立的应用程序在 2D 和 3D CAD 建模、分析及可视化方面提供了新的功能。Creo 主要的应用程序见表 1–2。

表 1–2　Creo 主要的应用程序

应用程序名称	简　介
Creo Parametric	使用强大、自适应的 3D 参数化建模技术创建 3D 设计
Creo Simulate	分析结构和热特性
Creo Direct	使用快速灵活的直接建模技术创建和编辑 3D 几何
Creo Sketch	轻松创建 2D 手绘草图
Creo Layout	轻松创建 2D 概念性工程设计方案
Creo View MCAD	可视化机械 CAD 信息，以便加快设计审阅速度

续表

应用程序名称	简　介
Creo View ECAD	快速查看和分析 ECAD 信息
Creo Schematics	创建管道和电缆系统设计的 2D 布线图
Creo Illustrate	重复使用 3D CAD 数据生成丰富、交互式的 3D 技术插图

其中，CREO Parametric 是必不可少的 3D 参数化 CAD 解决方案，是可靠且可扩展的 3D 产品设计工具集，其功能更强、更灵活和更快速，可帮助加快整个产品开发过程。

1.2.2 Creo Parametric 主界面

Creo Parametric 用户界面有许多不同区域，可在创建模型时使用它们。开始界面和主界面如图 1–1 和图 1–2 所示。在开始界面，能够设定工作目录，定义模型的显示质量、系统颜色和编辑配置文件等。在主界面工作窗口，有下拉菜单命令，可以很方便地选取相应的命令来建模，节约时间，提高效率。

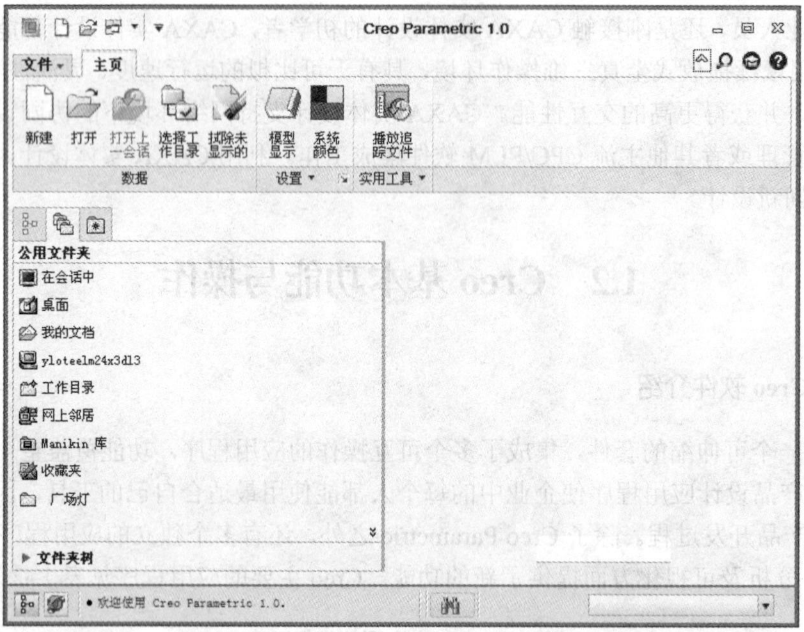

图 1–1　Creo Parametric 开始界面

1. 主界面的区域

(1) 图形窗口

Creo Parametric 的工作区域，可在其中创建和修改 Creo Parametric 模型，例如，零件、装配与绘图。

(2)“图形中”工具栏（图 1–3）

“图形中”工具栏位于图形窗口顶部，包含图形窗口显示的常用工具与过滤器。可以自定义“图形中”工具栏中显示的工具与过滤器。

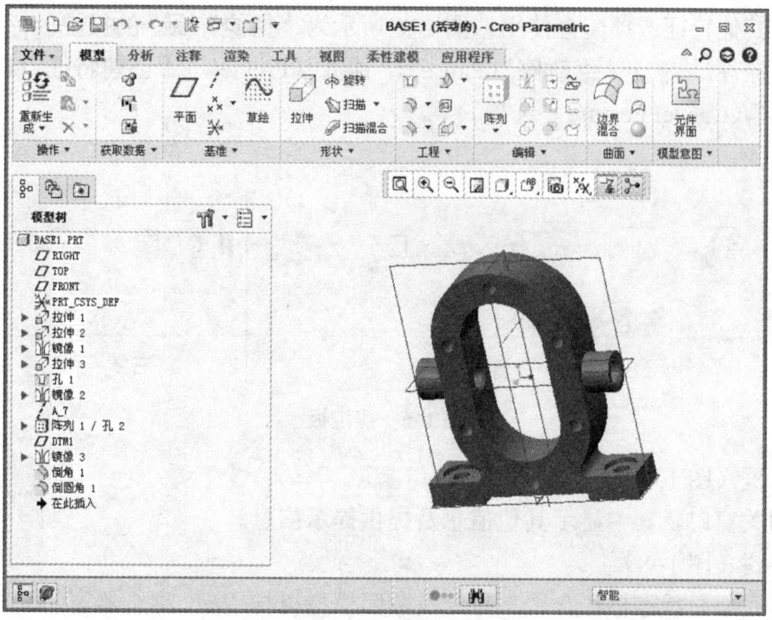

图 1–2 Creo Parametric 主界面

图 1–3 “图形中”工具栏

(3)“快速访问”工具栏(图 1–4)

默认情况下,“快速访问”工具栏位于界面顶部。它包含一组常用命令,这些命令独立于目前显示在功能区中的选项卡。无论是在特定模式下工作,还是在功能区选项卡中工作,都可以使用这些命令。可以自定义“快速访问”工具栏,以添加其他命令。

图 1–4 “快速访问”工具栏

(4)功能区(图 1–5)

横跨界面顶部的上下文相关菜单,其中包含了在 Creo Parametric 中使用的大多数命令。功能区通过选项卡与组来将命令安排成逻辑任务。

图 1–5 功能区

(5)操控板(图 1–6)

位于用户界面顶部,当创建或编辑特征定义时,操控板会显示出来。操控板为执行特征的创建或编辑等任务提供控制、输入、状态和指导。更改会立即显示在屏幕上。各种操控板

理论篇

选项卡都可与其他特征选项配合使用。图 1–6 所示为“拉伸”命令的操控板，左侧的操控板图标包括特征控件，右侧包括“暂停”（Pause）、“预览”（Preview）、“创建特征”（Create Feature）与“取消特征”（Cancel Feature）选项。

图 1–6　操控板

（6）对话框（图 1–7）

上下文相关窗口。其中显示其他信息及提供提示信息。

（7）状态栏（图 1–8）

位于界面底部。状态栏包含用来打开及关闭模型树与 Web 浏览器窗格的图标。此外，还包含消息日志、重新生成管理器、3D 框选择器与选择过滤器。

（8）消息日志（图 1–9）

消息日志可提供来自 Creo Parametric 的提示、反馈与消息。

（9）菜单管理器（图 1–10）

在 Creo Parametric 中使用某些功能与模式时，显示在界面最右侧的级联菜单。在此菜单中，通常会以从上到下的方式操作；但是，单击“完成”（Done）按钮，则以从下往上的方式执行。当单击鼠标中键时，会自动选择粗体菜单选项。

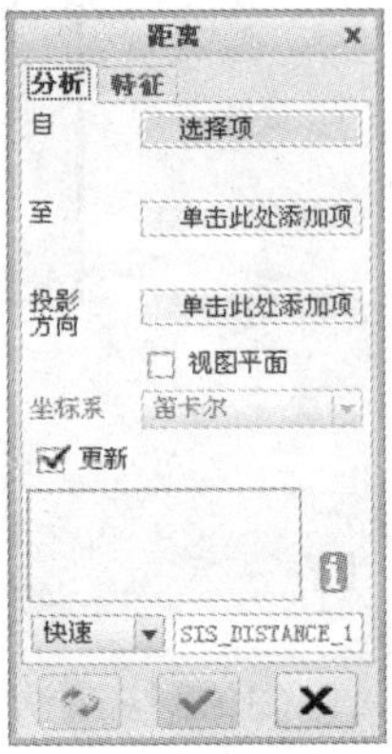

图 1–7　对话框

图 1–8　状态栏

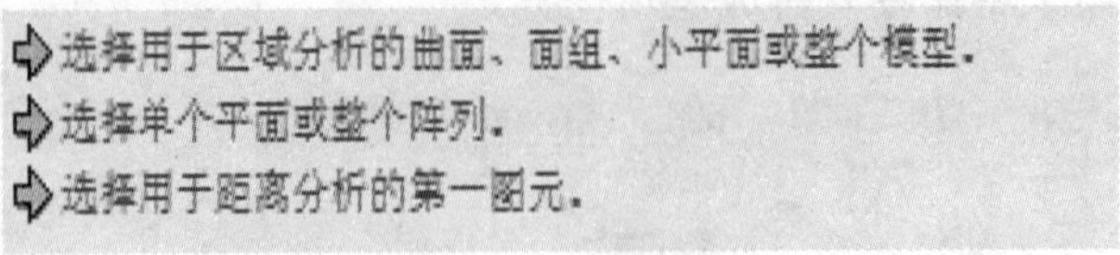

图 1–9　消息日志

2. Creo Parametric 文件夹浏览器

导航器是 Creo Parametric 用户界面中的、顶部含有一系列选项卡的窗格。在那些选项卡中，有一个选项卡是“文件夹浏览器”。默认情况下，Creo Parametric 会启动，并会打开“文件夹浏览器”（Folder Browser）。“文件夹浏览器”（Folder Browser）能够浏览计算机及网络上的文件夹。可通过拖动窗口分割工具来调整“文件夹浏览器”（Folder Browser）的宽度大小，也可通过单击状态栏中的图标来完全关闭导航器操作。

“文件夹浏览器”（Folder Browser）分为“文件夹树”（Folder Tree）和“公用文件夹”（Common Folders）。

“文件夹树”（Folder Tree）能够浏览计算机的文件夹结构。默认情况下，“文件夹树”（Folder Tree）将在“文件夹浏览器”（Folder Browser）窗口的底部处于折叠状态。也可以使用“文件夹树”（Folder Tree）来设置新的工作目录、向“公用文件夹”（Common Folders）中添加文件夹，以及添加、删除或重命名计算机中的文件夹。在“文件夹树”（Folder Tree）中选定的文件夹的内容将显示在 Web 浏览器中。

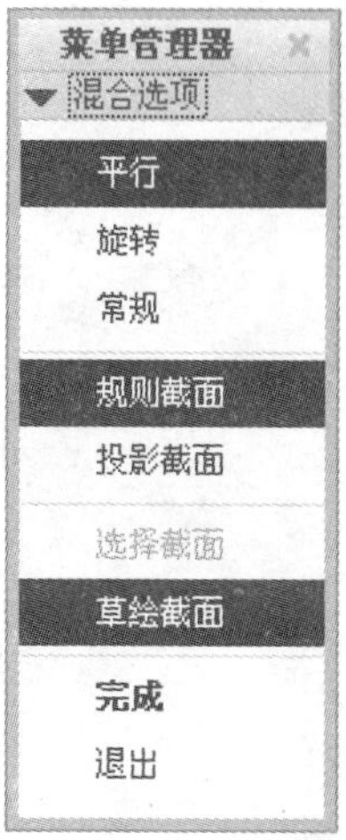

图 1–10　菜单管理器

导航器的“公用文件夹”（Common Folders）区域包含一些文件夹，当这些文件夹被选定时，系统会指向“文件夹树”（Folder Tree）或 Web 浏览器中的文件夹位置。要向界面的这个区域添加文件夹，右键单击“文件夹树”（Folder Tree）或 Web 浏览器中的文件夹，然后选择“添加到公用文件夹”（Add to common folders）。六个标准的“公用文件夹”（Common Folders）包括：

①“在会话中”（In Session）：能够查看当前在会话中的所有文件。

②“桌面”（Desktop）：能够查看“桌面”（Desktop）的内容。

③“我的文档”（My Documents）：能够查看“我的文档”（My Documents）文件夹的内容。

④“工作目录”（Working Directory）：能够查看当前“工作目录”（Working Directory）的内容。

⑤“网上邻居”（Network Neighborhood）：能够查看“网上邻居”（Network Neighborhood）的内容。

⑥“收藏夹”（Favorites）：能够查看将其指定为收藏夹的文件夹或网站。也可以从导航器的顶部选择“收藏夹”（Favorites）选项卡。

3. Creo Parametric Web 浏览器

Web 浏览器是一种 Creo Parametric 中的集成内容查看器。它与“文件夹浏览器”（Folder Browser）配合使用，能够找到计算机上的文件及浏览 Web 网页。Web 浏览器被嵌入 Creo Parametric 界面中，并在整个图形窗口上滑动。Web 浏览器分为三部分：文件列表、预览窗口和浏览器控件，如图 1–11 所示。

（1）文件列表

显示在“文件夹浏览器”（Folder Browser）中选择的文件夹的内容，如图 1–12 所示。可设置“列表”“缩略图”或“详细信息显示”，根据文件类型过滤列表，或显示文件的实例和/或所有版本。双击文件夹，以查看其内容；或双击文件，以在 Creo Parametric 中将其打开。选择一个文件，以在预览窗口中对其进行预览，或将其拖放至图形窗口中打开。也可以在文件列表中剪切、复制、粘贴和删除文件夹和对象。

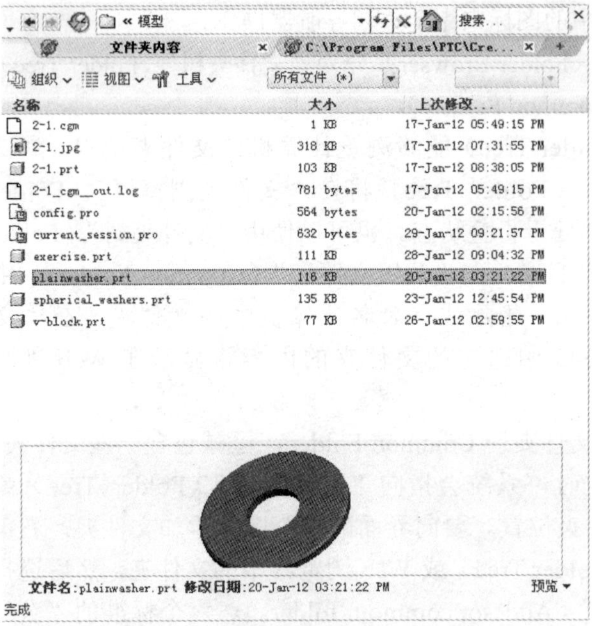

图 1–11　Web 浏览器

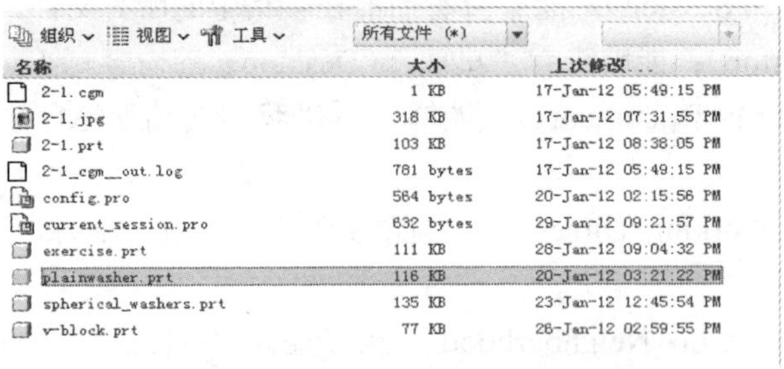

图 1–12　文件列表

（2）预览窗口

当从文件列表中选择模型时，可通过展开预览窗口来动态预览该模型，如图 1–13 所示。可在预览窗口中“旋转”“平移”和“放大”来观察模型几何，也可以编辑模型显示。默认情况下，系统在 Web 浏览器的底部折叠预览窗口。

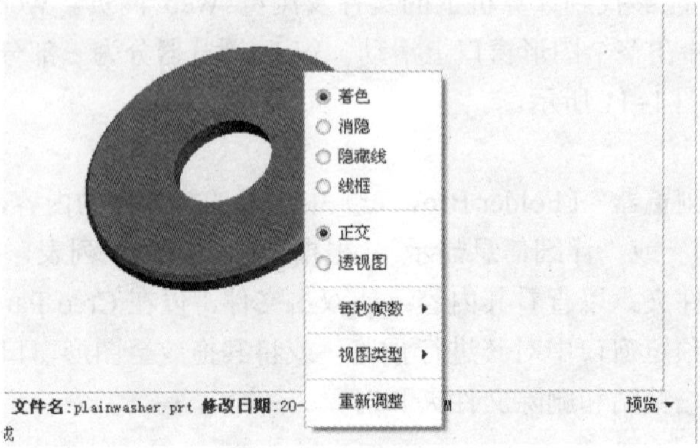

图 1–13　预览窗口

（3）浏览器控件

Web 浏览器支持分页浏览，并包含下列标准的控制按钮：“后退”（Back）、“前进”（Forward）、“停止”（Stop）、“刷新”（Refresh）、“主页”（Home）和“打印”（Print）。选择一个子文件夹，以在 Web 浏览器中查看其内容，或在“地址”（Address）字段中键入 Web 地址。“地址”（Address）字段使用级联菜单进行文件夹导航。可在“搜索”（Search）字段中键入所需要的文件或文件夹的名称，以在 Web 浏览器中动态过滤文件夹的内容。可通过单击所需选项卡，从而在两个选项卡之间进行切换，并且可以添加和关闭选项卡。

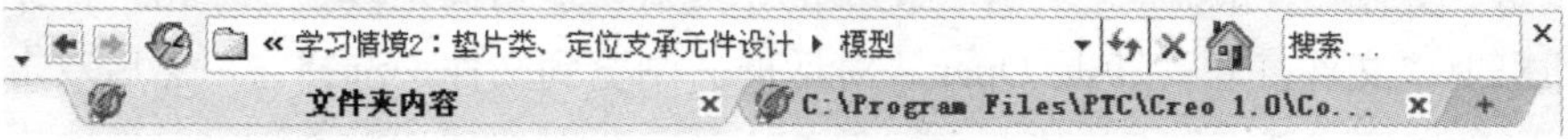

图 1–14　浏览控制器

可拖动 Web 浏览器右侧的竖直边来调整其宽度，其方法与调整其他大多数窗口的尺寸的方法相同。也可通过单击状态栏中的“Web 浏览器”（Web Browser）来打开或关闭 Web 浏览器。

1.2.3　设置工作目录

工作目录是打开和保存文件的指定位置。通常，默认工作目录为启动 Creo Parametric 的目录。但是，有三种方法来定义新工作目录：

① 从“文件夹树”（Folder Tree）或 Web 浏览器中右键单击将成为新工作目录的文件夹，并选择“设置工作目录”（Set Working Directory），如图 1–15 所示。

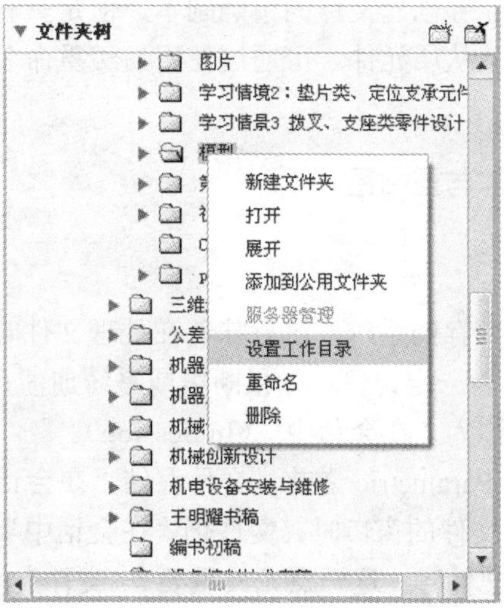

图 1–15　在“文件夹树”中设置工作目录

② 从“文件”（File）菜单中单击“文件”（File）→“管理会话”（Manage Session）→“选择工作目录”（Select Working Directory），浏览并选择将成为新工作目录的目录，单击“确定”（OK）按钮。

③ 从“文件打开”（File Open）对话框中右键单击将成为新工作目录的文件夹，并选择“设置工作目录”（Set Working Directory）。

1.2.4 打开 Creo 文件

可使用以下方法中的任何一个来打开文件：

① 使用“导航器”(Navigator) 浏览到所需的文件夹（通过公用文件夹或文件夹树)，以在 Web 浏览器中显示其内容。然后，可在文件列表中双击文件，或在文件列表中右键单击文件并选择“打开”(Open) 命令。

② 还可将文件从文件列表拖动到图形窗口中。

③ 单击“文件”(File) → “打开”(Open)，或从快速访问工具栏中单击“打开”(Open)，随即出现“文件打开”(File Open) 对话框。浏览到文件，选择它，然后双击它或者单击“打开”(Open)。

“文件打开”(File Open) 对话框与主界面中的“导航器”(Navigator) 和“浏览器”(Browser) 的组合等效。

1.2.5 保存 Creo 文件

可使用以下方法中的任何一个来保存文件：

① 单击“文件”(File) → “保存”(Save) 命令。

② 从快速访问工具栏中单击“保存”(Save)。默认情况下，将文件保存到当前工作目录中。但是，如果文件是从工作目录之外的目录中检索的，并随后进行了保存，则该文件将保存到从中检索的目录。

可通过单击“文件”(File) → “另存为”(Save As) → “保存副本”(Save a Copy) 保存现有文件的副本。保存副本能够创建文件的精确副本，但是具有不同的名称。保存装配的副本时，还必须确定如何管理其从属元件。可通过使用后缀重命名从属元件或为所有从属元件指定新名称来保存其副本。

1.2.6 文件的拭除、删除与重命名

1. 拭除文件

Creo Parametric 是基于内存的系统，这意味着在处理文件时，创建和编辑的文件是存储在系统内存（RAM）中的。请一定记住：如果断电或系统崩溃，未保存的文件可能会丢失。当文件位于系统内存中时，称为“在会话中”(In Session)。

在拭除文件或退出 Creo Parametric 之前，文件存储“在会话中”(In Session)（在系统内存或 RAM 中)。当关闭包含文件的窗口时，文件仍“在会话中”(In Session)。在处理名称相同，但处于不同完成阶段的文件时，这一点尤其重要。“文件夹浏览器”(Folder Browser) 和“文件打开”(File Open) 对话框都提供能够仅显示“在会话中”(In Session) 的文件的图标。如图 1–16 所示。

从会话中拭除文件有两种不同的方法：

① 当前：只有当前窗口中的文件从系统内存中拭除（并且窗口关闭)。可以单击“文件”(File) → “管理会话”(Manage Session) → “拭除当前”(Erase Current)，将当前窗口的内容从系统内存中拭除。

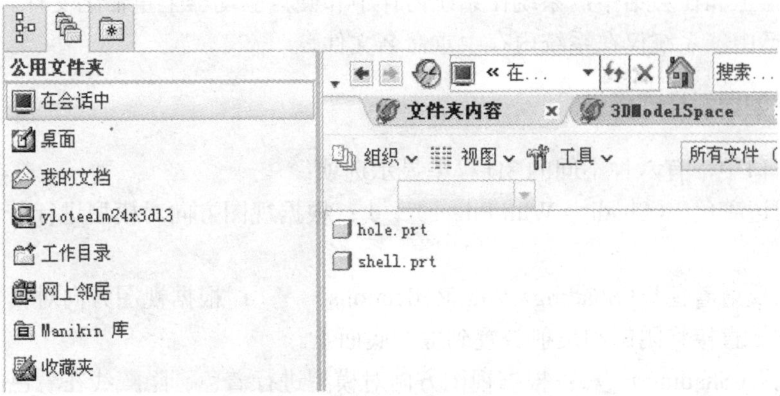

图 1–16 “文件夹浏览器”中的“在会话中”和“文件打开”对话框

② 未显示的：仅从系统内存中拭除在任何 Creo Parametric 窗口中都找不到的文件。可单击“文件”（File）→“管理会话”（Manage Session）→“拭除未显示的”（Erase Not Displayed），或者将“拭除未显示的”（Erase Not Displayed）图标添加到“快速访问”（Quick Access）工具栏。

注意：拭除文件并不会将它们从硬盘驱动器或网络存储区域删除，而只是将它们从该会话中移除。

2. 删除文件

永久删除文件会将其从硬盘驱动器或网络存储区域的工作目录中移除。删除文件时请小心，因为文件的删除无法撤销。

删除文件有两种不同的方法：

① 旧版本：系统删除给定文件除最新版本以外的所有版本。

② 所有版本：系统删除给定文件的所有版本。

3. 重命名文件

如果需要编辑任何文件的名称，可以从 Creo Parametric 中直接对其进行重命名，如图 1–17 所示。

图 1–17 “重命名”对话框

重命名文件有两种不同的方法：

① 在磁盘上和在会话中：系统在系统内存中和硬盘驱动器上重命名文件。

② 在会话中：系统仅在系统内存中重命名文件。

1.2.7 模型显示样式操作

在图形窗口中，有六种不同的 3D 模型显示选项：

①“利用边着色”（Shading With Edges）：根据视图方向对模型进行着色，并突出显示模型的边。

②“利用反射着色”（Shading With Reflections）：根据视图方向对模型进行着色。在模型的下方，直接将阴影和反射放置到虚构底面上。

③“着色”（Shading）：根据视图方向对模型进行着色。隐藏线在着色的视图显示中不可见。

④“消隐”（No Hidden）：不显示模型中的隐藏线。

⑤“隐藏线”（Hidden Line）：默认情况下，模型中的隐藏线将显示为比可见线略浅的颜色。

⑥“线框”（Wireframe）：隐藏线与常规线以同样的方式进行显示（所有线都是同一个颜色）。

在图 1–18 中，以六种不同的方式显示同一个模型。从左上方顺时针方向开始，显示样式依次为“利用反射着色”“利用边着色”“着色”“线框”“隐藏线”和“消隐”。

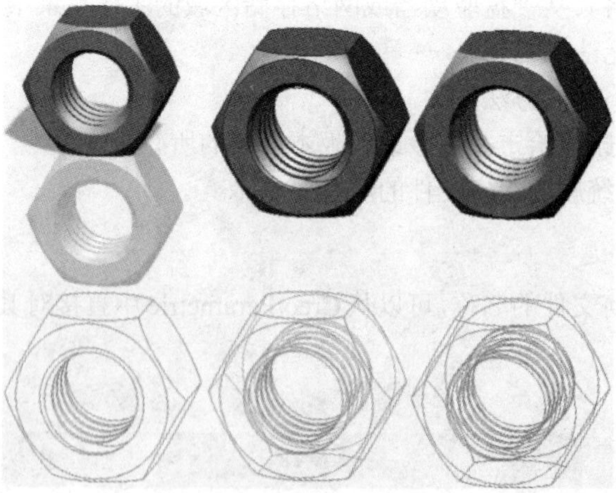

图 1–18 显示样式选项

可以通过“重画”命令将视图中暂时显示的信息全部移除，从而使绘图区更清晰。重画就是重绘屏幕，通过在“图形中”工具栏中单击“重画”（Repaint）执行。

1.2.8 鼠标与键盘操作

要在特定的方向上查看模型，可使用键盘和鼠标功能的组合来旋转、平移和缩放模型。对于每个方向，都是按住某一个键，然后单击相应的鼠标按键，见表 1–3。

表 1–3　使用键盘和鼠标组合进行定向

定向	键盘和鼠标选择
旋转	
平移	
缩放	
翻转	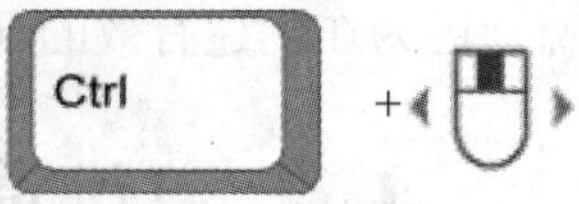

放大前将光标置于关注的区域上，缩放功能将光标位置用作其焦点的区域，还可以使用滚轮进行缩放。要控制缩放的等级，则在使用滚轮时按指定的键，见表 1–4。

表 1–4　使用键盘和鼠标组合进行缩放

缩放等级	键盘和鼠标选择
旋转	
精缩放	
粗缩放	

1.2.9　Creo Parametric 颜色的反馈

当在图形窗口中对模型执行不同的操作时，Creo Parametric 将提供基于颜色的反馈。以下解释了系统颜色分配：

① 透明的浅绿色：预选突出显示。将光标置于某个模型或模型的某个区域之上时，各种几何将着色为透明的浅绿色。这称为“预选突出显示”，用于指示要单击某个位置，则该位置将会被选定，如图 1–19 所示。

② 绿色线框：选定的特征。当将光标置于某个特征之上并将其选定时，该特征将以绿色线框显示，如图 1–20 所示。

③ 深绿色：选定的曲面。选定的曲面以深绿色显示，如图 1–21 所示。

④ 橙色：预览几何或元件。模型中的新特征几何以橙色为预览颜色，从而能够预览已完成的模型。同样，完全约束的新组装的元件也以橙色为预览颜色。如图 1–22 所示。

图 1–19 预选突出显示

图 1–20 选定的特征

图 1–21 选定的曲面

图 1–22 预览几何

⑤ 紫色：预览元件装配。当在装配中组装新元件时，新元件显示为紫色。当元件为完全约束时，其将显示为橙色。

预览颜色非常有益，因为在创建有效的几何时，它们会提供反馈。

1.3 三维造型设计理念

1.3.1 Creo Parametric 建模的相关概念

1. 基于特征的概念

Creo Parametric 是一种基于特征的产品开发工具。模型是使用一系列易于了解的特征而非使人混淆的数学形状和图元进行构建的。

模型的几何是由所使用特征的类型和放置每个特征所用的顺序进行定义的。每个特征都基于先前的特征，并可参考先前特征中的任何一个，从而能够使设计意图被构建到模型中。

通常，每个特征都非常简单，但将其添加到一起时，它们会形成复杂的零件和装配。

如图 1–23 所示的示例中，该杆是通过七个阶段进行创建的：

① 首先，创建一个拉伸，该拉伸形成模型的整体形状和尺寸。

② 在模型的顶部创建附加的拉伸。

③ 在模型的底部创建第三个拉伸。

④ 在模型的底部创建孔。

图 1–23 连接杆特征

⑤ 在模型的顶部创建另一个孔。

⑥ 在四条内边上创建倒圆角。

⑦ 在模型的顶部创建径向孔。

2. 参数化的概念

Creo Parametric 模型由值驱动，并使用尺寸和参数来定义模型中特征的尺寸和位置。如果修改某特征尺寸的值，则该特征会相应地更新。然后，此更改便会自动传播到模型中相关的特征，并最终更新整个零件。

Creo Parametric 中特征之间的关系将提供一种用于捕获设计意图的强大工具。在建模过程中，被作为特征添加的设计意图是根据另一个设计意图创建的。

在创建新特征时，任何在创建过程中参考的特征都成为新特征的父项。参考父项的新特征称为父项的子项。如果父项被更新，则父项的任何子项也会相应地更新，这种关系称为父项/子项关系。

图 1–24 所示是一个与孔特征相交的活塞模型。在中间的图中，活塞的高度已被从 18.5 修改为 25。请注意，孔随着活塞高度的增加而向上移动。活塞的设计意图是将孔定位在距活塞顶部一定距离的位置。无论活塞的高度如何，孔将始终保持该距离，此意图是通过将孔标注到活塞的顶部曲面进行添加的。

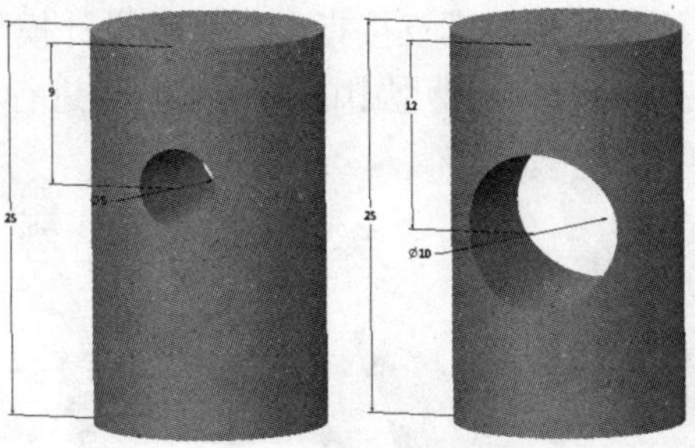

图 1–24　参数化的特征关系

或者，如果设计的意图是将孔定位在距离活塞底部一定距离的位置，则会从活塞的底部曲面来标注该孔，从而在修改活塞高度时产生不同的结果。图中最右侧的图像显示了对孔的位置和直径所做的修改。

最佳做法是在模型中创建特征时，尽量参考稳固、不可能被删除且能提供所需设计意图的特征和几何。

3. 相关性的概念

相关性的含义是在 Creo Parametric 的任何模式下对对象所做的更改将会自动反映在每个相关模式中，如图 1–25 所示。

例如，在绘图中所做的更改会反映在绘图中正在存档的零件中。该相同的更改也会反映在使用该零件模型的每个装配中。

了解不同模式之间的关联性是可能存在的，这一点非常重要，因为显示在绘图中的零件不会被复制到绘图中，而是被以关联的方式链接到绘图。同样地，装配不是包含装配中每个零件的副本的大文件，而是包含指向装配中所使用的每个模型的关联链接的文件。

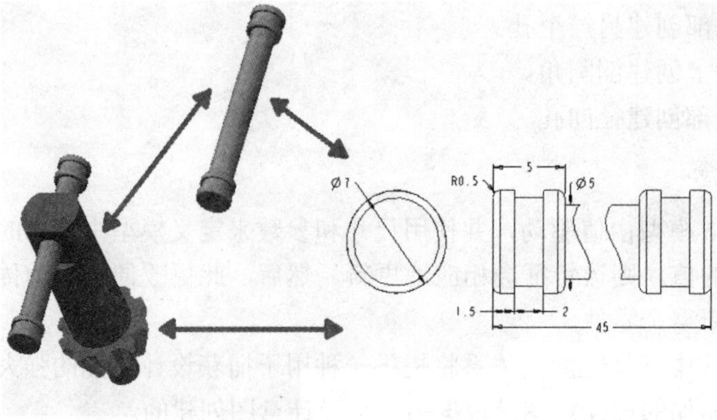

图 1–25　相关性

因为绘图和装配文件中包含指向模型的关联链接，所以，这些对象在不存在其所包含的模型的情况下无法打开。

所以，不能仅将一个要打开的绘图文件发给对方，对方必须拥有绘图文件及绘图中所参考的任何模型。对于装配，对方必须拥有装配文件及所有在装配中使用的模型。

4. 以模型为中心的概念

在以模型为中心的产品开发工具中，设计模型是利用该特定设计模型的所有可交付结果的常用源。这表示所有下游可交付结果都直接指向常用的设计模型。模型被作为装配中的元件、绘图中的视图、模具的型腔、FEM 模型中的网格化几何进行参考，如图 1–26 所示。

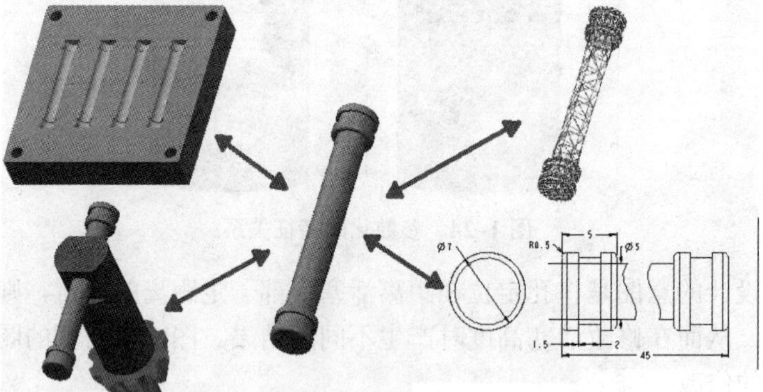

图 1–26　以模型为中心

使用以模型为中心的开发工具的好处是，对设计模型所做的更改会自动更新所有相关的下游可交付结果。

5. 识别文件扩展名

有三种常用的 Creo Parametric 对象类型：零件、装配和绘图。以下文件扩展名是用来标识这些对象类型的：

① .prt，此扩展名表示零件对象。

② .asm，此扩展名表示装配对象。装配文件包含用于标识和定位一批零件和子装配的指针和指令。

③ .drw，此扩展名表示 2D 绘图。绘图文件包含用于归档绘图中的零件和装配模型的指针、指令和详图项。

1.3.2 Creo Parametric 基本建模过程

1. 准备零件模型设计

在创建新零件模型设计之前，通常需要获取装配中该零件模型设计周围的元件的相关信息。因此，在开始新设计之前，可能要打开并检查这些零件，这一准备阶段可能会与新零件模型设计同时进行，或根本不进行。无论任何一种情况，建立邻接零件的知识在新零件模型设计中都是有帮助的。

2. 创建新零件模型

新零件模型通过基于实体特征的建模准确地从概念中捕获设计。零件模型可以在制造产品之前，以图形方式查看产品。零件模型可用于：

① 捕获质量属性信息。

② 改变设计参数，以确定最佳选项。

③ 在进行制造之前，以图形方式使模型可视化。

3. 通过装配零件模型创建新装配

装配是由一个或多个零件创建的。零件是相对于彼此的位置进行放置和装配的，就像在真实的产品上一样。装配可用于：

① 检查零件间的拟合。

② 检查零件间的干涉。

③ 获取物料清单信息。

④ 计算装配的总质量。

4. 创建零件或装配绘图

对零件或装配进行建模后，通常需要创建 2D 绘图，对该零件或装配进行归档。2D 绘图通常包含零件或装配的视图、尺寸和标题区。绘图还可能包含注解、表和其他设计信息，不是每个公司都需要模型绘图的。

第 2 章

二维草绘

本章导读

Creo Parametric 的二维草绘是三维实体建模的基础，创建三维模型之前需要先绘制特征的截面形状，再进行各种操作生成三维实体。其主要内容包括：

- 草图环境的介绍与设置
- 二维草图的绘制
- 二维草图的编辑
- 二维草图的诊断
- 二维草图的尺寸标注
- 二维草图的尺寸编辑
- 二维草图的几何约束

学习目标

- 掌握二维草绘的环境设置
- 掌握二维草绘的基本术语
- 掌握二维草图的绘制与编辑
- 掌握二维草图的尺寸标注与编辑
- 掌握二维草图的几何约束与编辑

2.1 基础知识

2.1.1 二维草绘作用与组成

1. 二维草绘的作用

图 2–1 显示了在实体特征建模中草绘担当剖面和路径的角色。

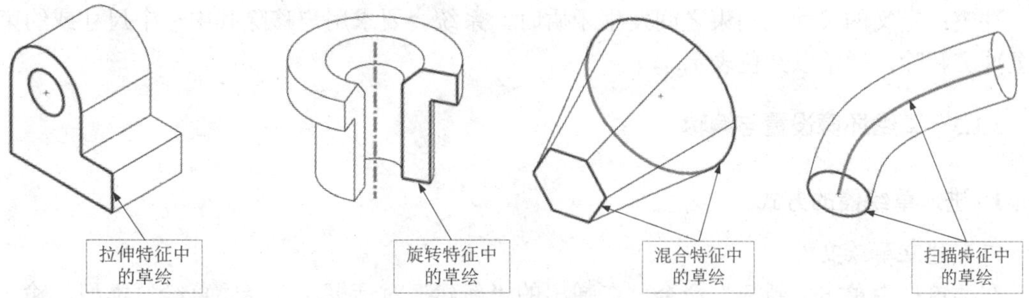

图 2–1　草绘作用

2. 二维图形的组成

一幅完整的二维图形包括几何、约束和尺寸等 3 种图形元素。

（1）几何图素

几何图素是组成图形的基本单元，由“草绘”工具组中的绘图工具绘制而成，主要类型包括直线、圆、圆弧、矩形及样条线等。几何图素中还包括了可以单独编辑的下层对象，例如线段的端点、圆弧的圆心和端点及样条曲线的控制点等。

（2）约束

约束是施加在一个或一组图元之间的一种制约关系，从而在这些图元之间建立关联。“H”表示线段水平，“L1”表示两线段等长，“ // ”表示两线段平行。合理地使用约束会大大简化设计方法，提高设计效率。

（3）尺寸

尺寸是对图形的定量标注，通过尺寸可以明确图形的形状、大小及图元之间的相互位置关系。由于 Creo 采用“尺寸驱动”作为核心设计的思想，因此，尺寸的作用远远不止如此，通过尺寸和约束的联合作用，可以更加便捷地规范图形形状。

2.1.2　草绘基本术语

在具体学习草绘的各项操作之前，先了解一下有关草绘的相关术语。

图元：也就是形成截面的各类几何元素，主要包括直线、圆、圆弧、样条、圆锥曲线、点等。

尺寸：图元之间的测量关系，包括直径、距离、长度、半径、角度、高度等。

约束：定义图元之间的限制关系，包括水平、垂直、对齐、相等、平行等。约束定义后，其约束符号会出现在图元的旁边。

弱尺寸与弱约束：由系统自动产生，当与指定的新尺寸、约束相冲突时，会自动被系统删除。默认的颜色为灰色，可由用户重新定义为强尺寸或强约束。

强尺寸与强约束：这些尺寸与约束由用户创建，当这些尺寸之间发生冲突时，系统不会自动删除，但会要求用户移除其中一个直至冲突消除，默认的颜色为黑色（白底黑字的背影下）。

构造图元：包括构造中心线、构造点与构造坐标系。另外，草绘中的其他图元如直线、圆、曲线等，也可通过设置转变为构造图元。对于构造图元，只能作为草绘内部的参照，而不能被外部特征所参照。

冲突：定义的尺寸或约束之间发生矛盾时，系统会要求用户移除其中一个尺寸或约束，直至冲突解除，通常以红色表示。

2.1.3 草绘环境设置与编辑

1. 进入草绘器的方式

（1）建立草绘文件

在菜单栏中单击“新建”命令，在弹出的“新建”对话框，选择“草绘”类型，输入文件名称后单击“确定”按钮进入草绘模式，如图 2–2 所示。该类型文件的后缀为“SEC”。

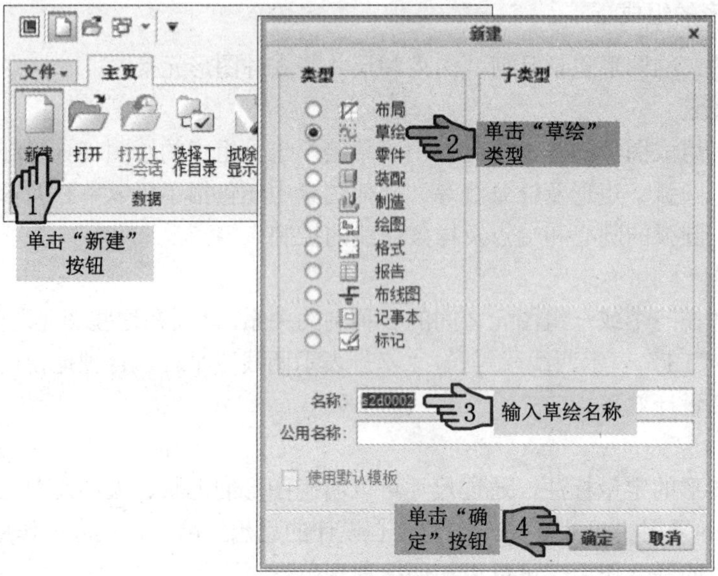

图 2–2 建立草绘文件

（2）创建特征时的草绘模式

在创建某些特征时，如拉伸、旋转、扫描等，一般需在草绘器中绘制相应的截面，如图 2–3 所示。

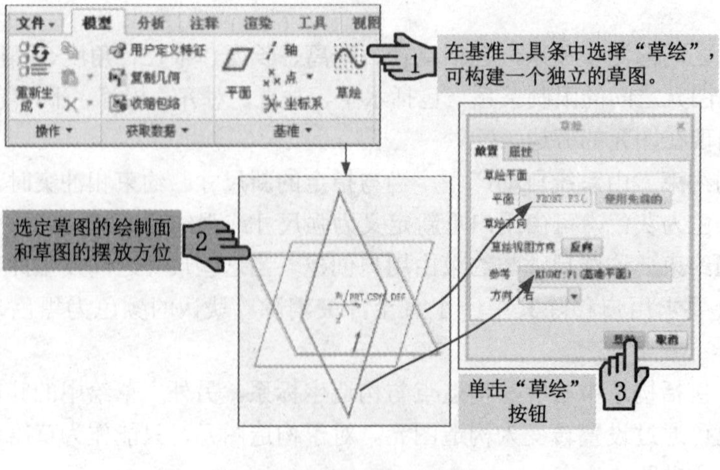

图 2–3 零件文件中创建草绘

草绘是平面曲线，因此，对于草绘而言，需要明确的参照要素包括：

草绘平面：设定草绘所处的平面（包括各类平曲面）。

草绘方向：观察草绘的垂直视角方向，方向相反，观察的结果自然不同，这就如同选择一张纸的正面还是反面作为绘制面的差异。

草绘参照平面：很多时候系统会自动选一个，这通常都不是自己想要的，所以在参照的选项框上单击一下，重新选择。

草绘摆放方向：草绘相对于草绘平面法向直线旋转的状况，一般由基准面或者模型平面设定。如同一张打印纸横着摆放和竖着摆放的区别。

2. 设置草绘器环境

步骤 1：单击“文件”（File）→“选项”（Options）→“草绘器”（Sketcher），则“Creo Parametric 选项”（Creo Parametric Options）对话框的“草绘器”（Sketcher）区域打开。

步骤 2：设置草绘器环境，如图 2–4 所示。

3. 草绘器栅格显示与否的几种方法

方法 1：在“图形”工具栏上，单击“草绘器显示过滤器”（Sketcher Display Filters）→“显示栅格”（Disp Grid）。

方法 2：单击“文件”（File）→“选项”（Options）→“草绘器”（Sketcher）→“显示栅格”（Show the grid）。

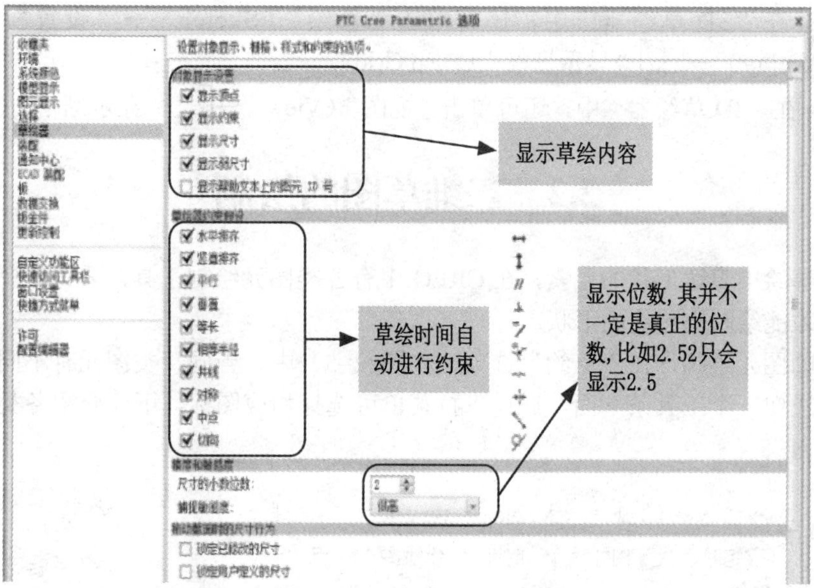
PTC Creo Parametric 选项
显示草绘内容
草绘时间自动进行约束
显示位数,其并不一定是真正的位数,比如2.52只会显示2.5

（a）

图 2–4　草绘器环境设置

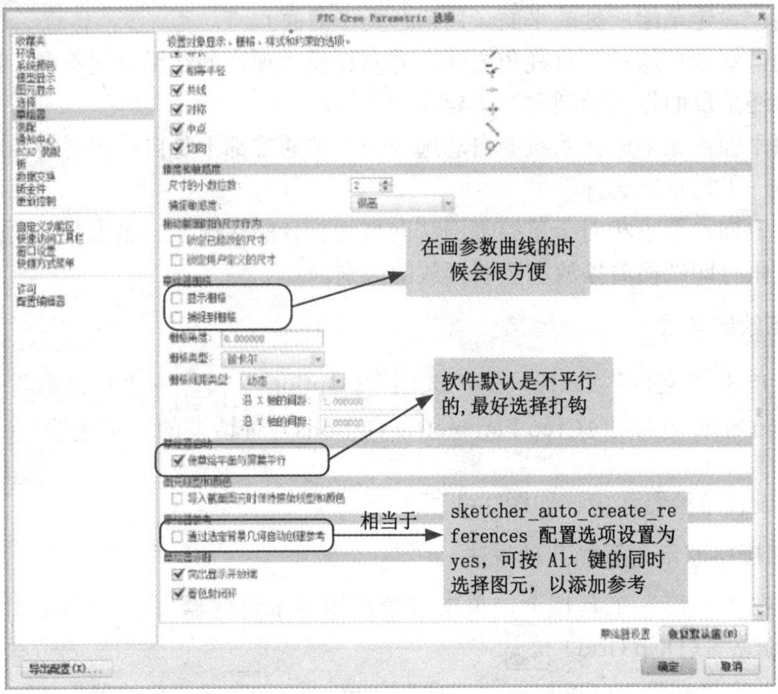

（b）

图 2–4　草绘器环境设置（续）

方法 3：在“3D 草绘器”中，还可单击“草绘”（Sketch）→“设置”（Setup）→“显示”（Display）→ “显示栅格”（Disp Grid）。

方法 4：在“2D 草绘器”中，还可单击“视图”（View）→ “显示栅格”（Disp Grid）。

2.2　二维草图的绘制

图元是草绘中表达形状的元素，在 CREO 中有各类图元绘制工具，只有掌握各类图元的绘制方法，才能绘制出想要的形状。

草绘中的图元绘制均在“草绘”选项卡（图 2–5）中。当同一类图元有不同的创建方法时，往往集成在一个工具条下面，通过下拉菜单可选择相应图标，下面介绍各类图元的绘制方法。

图 2–5　“草绘”选项卡的草绘区域

2.2.1 二维草图概述

要进行草绘，应先从草绘功能选项卡的“草绘”区域中选取一个绘图命令，然后通过在屏幕图形区中单击选择位置来创建图元。

在绘制图元的过程中，当移动鼠标指针时，系统会自动确定可添加的约束并将其显示。当同时出现多个约束时，系统以绿色显示活动约束。

草绘图元后，用户还可通过“约束”区域中的工具栏继续添加约束。

在绘制截面草图的过程中，系统会自动标注几何尺寸，这样产生的尺寸称为“弱”尺寸，系统可以自动地删除或改变它们。用户可以把有用的“弱”尺寸转换为“强”尺寸。

在草绘界面下，鼠标的使用技巧如下：

① 利用鼠标左键在窗口中选择图素，单击鼠标中键可中止当前操作。

② 上、下移动鼠标中键（滚轮）可以缩放图形。

③ 压住鼠标中键上、下、左、右移动窗口内的所有图素。

④ 按住 Ctrl 键并单击鼠标左键，可以同时选择多个项目。

⑤ 单击鼠标右键，可以显示常用草绘命令的快捷菜单。

⑥ 按住中键移动草绘区。在零件设计模块下，需按下 Shift 键。

2.2.2 二维草图绘制

1. 几何图元绘制

在图形区中单击鼠标左键，确定图元的基本形状，按下鼠标中键或者按下键盘上的 Esc 键完成绘制。图元的一般绘制方法见表 2–1。

几何图元绘制

表 2–1 图元的一般绘制方法

命令	图　例	说明
直线 线链		选择命令后，鼠标左键单击直线的起点和终点，单击鼠标中键结束，可以连续绘制出首尾相连的直线段
相切线 直线相切	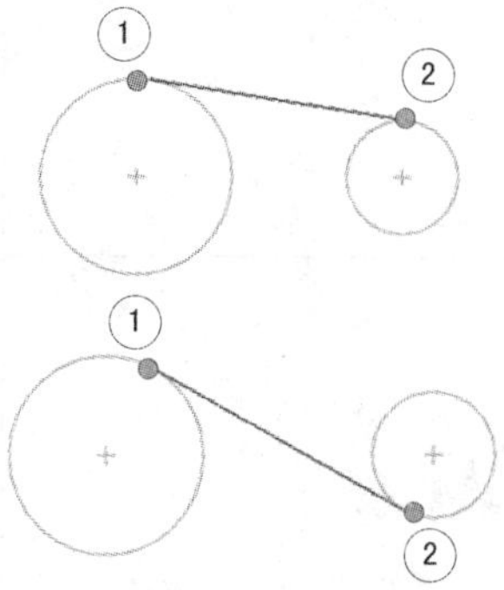	选择命令后，鼠标左键依次选择两个圆弧，生成与两圆弧相切的直线。相切线的位置由选择圆弧时的鼠标单击点决定

续表

命令	图例	说明
中心线 中心线	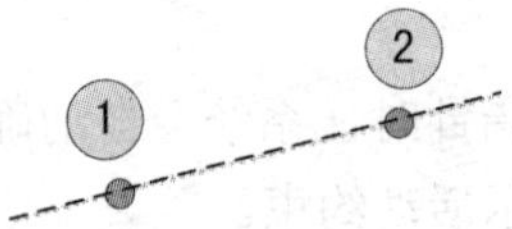	选择命令后，鼠标左键选择中心线的起点和终点，生成无穷长度的中心线。几何中心线主要用于草图镜像和旋转特征的生成。构造中心线主要用于草图镜像和其他辅助线
矩形 矩形	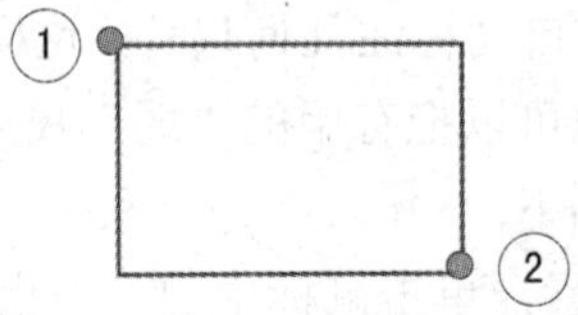	选择命令后，鼠标左键单击矩形的两个对角顶点，生成矩形
斜矩形 斜矩形	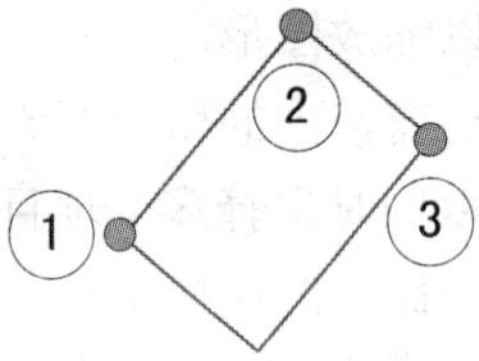	选择命令后，鼠标左键单击矩形的一个顶点，移动鼠标单击第二点确定矩形倾斜角度及一个边长，单击第三点确定另一边长，生成矩形
中心矩形 中心矩形	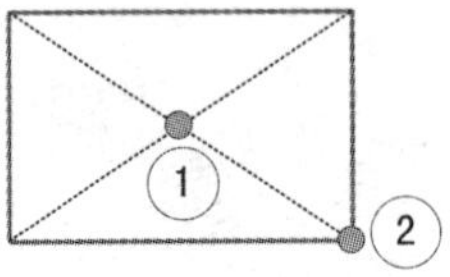	选择命令后，鼠标左键单击矩形的中心和一个顶点，生成矩形
平行四边形 平行四边形	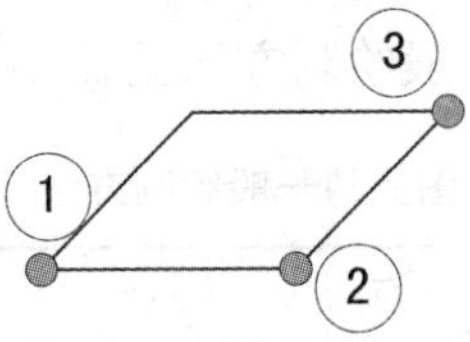	选择命令后，鼠标左键单击平行四边形的一个顶点，移动鼠标单击确定平行四边形的第二个顶点，再单击第三点，生成平行四边形
圆 圆	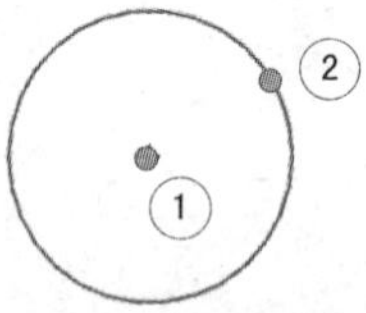	选择命令后，鼠标左键单击圆弧的中心和圆弧上的一点，生成圆弧
同心圆 同心	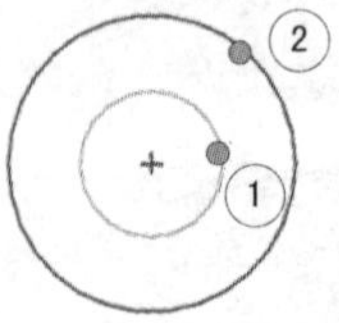	选择命令后，鼠标左键选择已有的一个圆弧作为参照（图中的①），然后选择圆弧上的一点，生成与参照圆同心的圆
3 点圆 3点	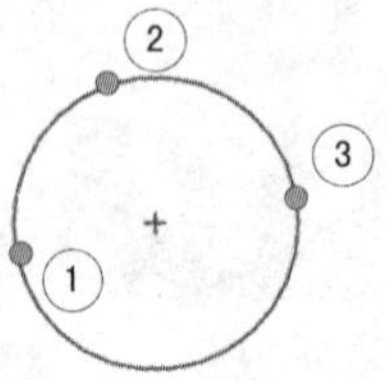	选择命令后，鼠标左键选择圆弧上的三个点，生成圆

续表

命令	图　例	说明
3 相切圆 3 相切	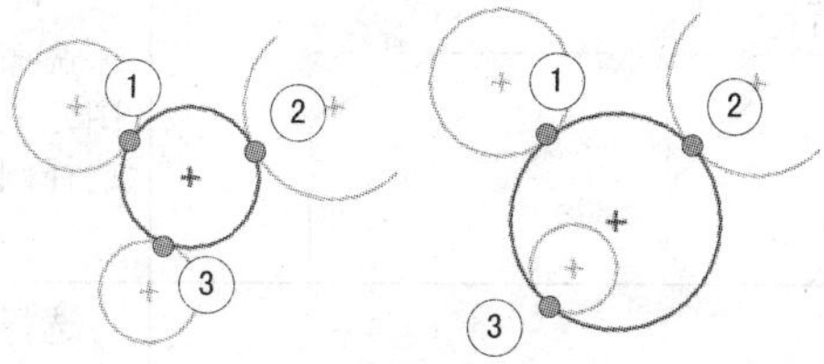	选择命令后，鼠标左键依次选择相切的三个圆弧，生成与三个圆弧相切的圆。根据选择位置的不同，生成的相切圆不同
椭圆 中心和轴椭圆	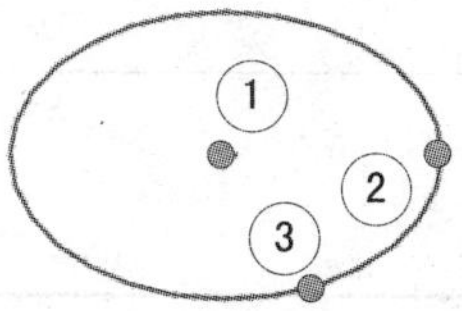	选择命令后，鼠标左键选择椭圆的中心点和椭圆上的两点生成椭圆
椭圆 轴端点椭圆	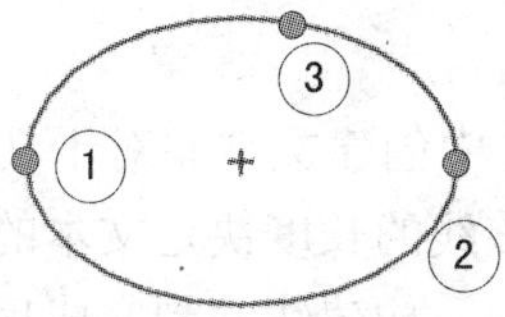	选择命令后，鼠标左键选择椭圆的两个轴端点和一个椭圆的点生成椭圆
3 点弧或者起点相切弧 3点/相切端	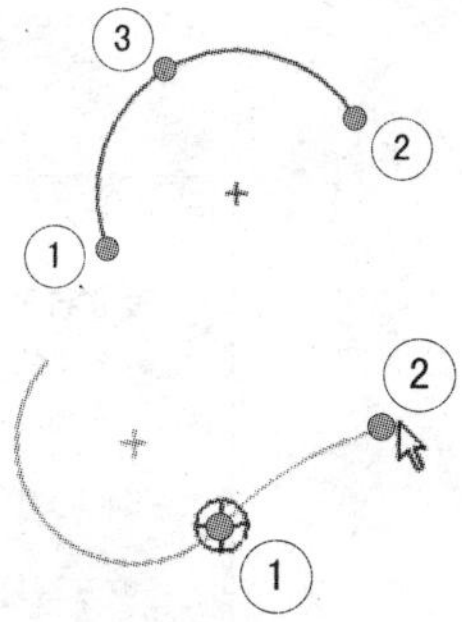	选择命令后，鼠标左键选择圆弧的起点、终点和弧上的一个点生成弧。如果选择已有（圆）弧或者直线的端点作为弧的起点，将会绘制出与已有弧或者直线相切的弧，单击弧的终点完成弧的绘制
圆心和端点弧 圆心和端点	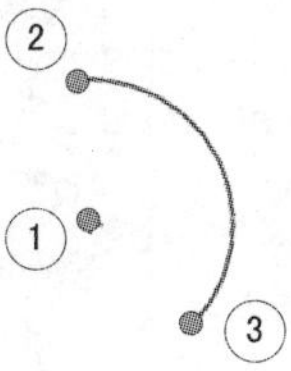	选择命令后，鼠标左键选择弧的圆心点、弧的起点和终点生成弧
锥形弧 圆锥	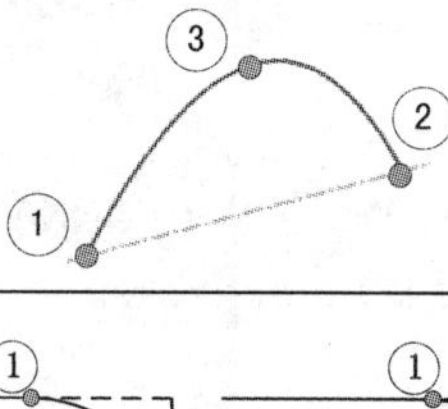	选择命令后，鼠标左键选择弧的起点和终点，生成一条连接起点和终点的中心线，继续选择弧上的一点生成锥形弧
圆角 圆角	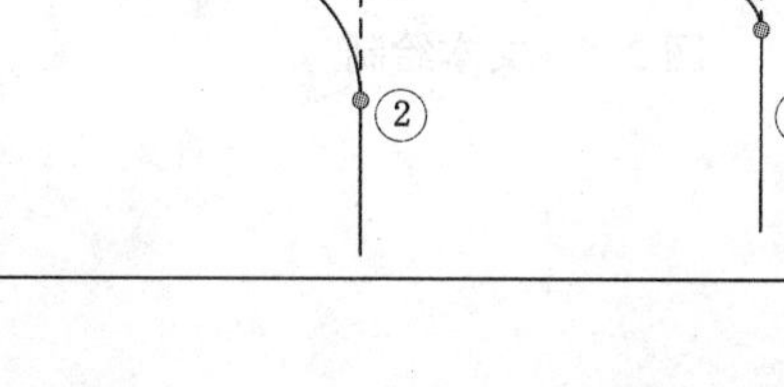	选择命令后，鼠标左键在已有图元上单击，自动生成圆角（椭圆角）。此命令可以绘制圆角和椭圆角。若选择圆形修剪（椭圆形修剪），则无虚线部分

续表

命令	图　例	说明
倒角 倒角	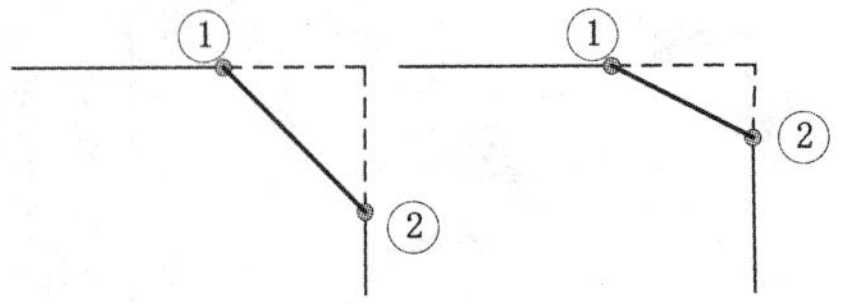	选择命令后，鼠标左键在已有图元上单击，自动生成倒角。若选择倒角修剪，则无虚线部分
点	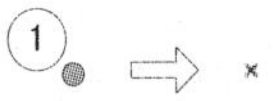	选择命令后，鼠标左键单击处生成一个点，点主要用于辅助其他图元的绘制工作
坐标系		选择命令后，鼠标左键单击处生成坐标系，坐标系用于标注样条线及某些特征的生成过程

2. 文本绘制

单击创建文本图标，可以在草绘中创建文本。对于文本的创建，首先需在绘图区创建一条直线来确定文本的高度与方向，该线的长度决定文木的高度，该线的角度决定文本的倾斜角度，该线的起始点决定文本的方向，构建线绘制完成后，将弹出“文本”对话框，如图 2–6 所示。

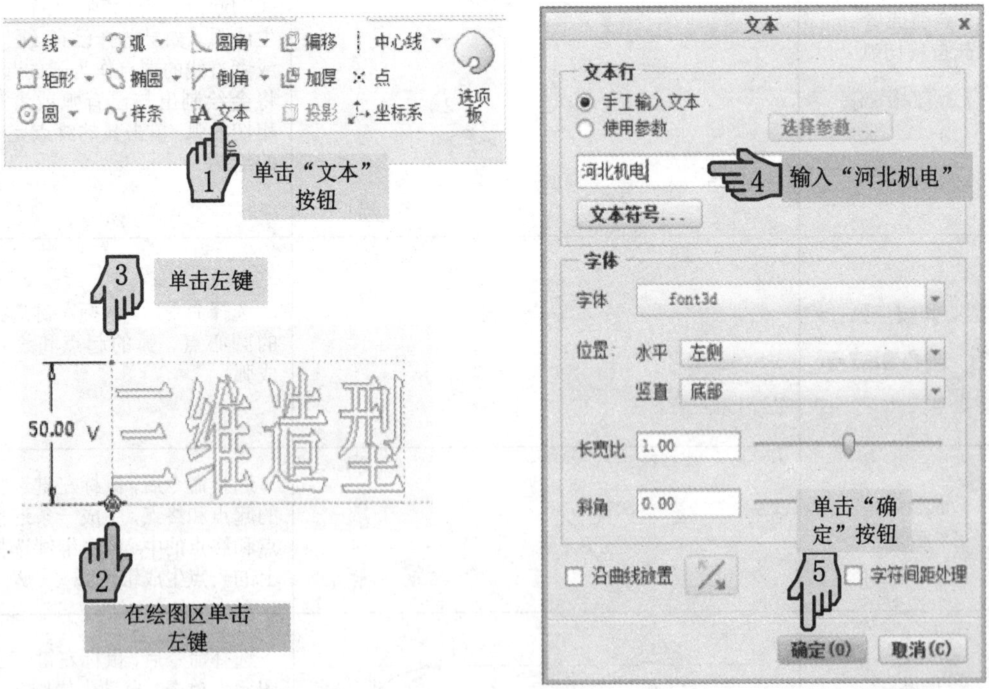

图 2–6　文本绘制

文本对话框说明如图 2–7 所示。

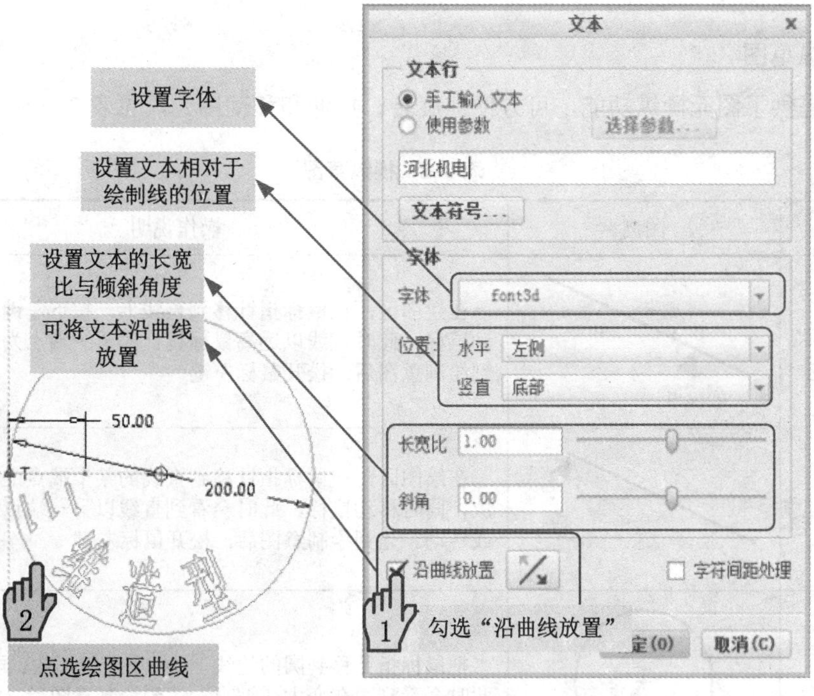

图 2–7　文本对话框说明及沿曲线放置操作

3. 从模型边创建几何

（1）投影创建几何

在已有模型时该命令可用。单击“投影”按钮，“类型”和“选择”对话框打开。在“类型”对话框中，选择边类型：单一、链、环。通过在“菜单管理器”对话框中单击“下一个”或“上一个”及“接受”按钮，可在边链选项间进行切换。选择要使用的一条或多条边，将创建曲线并关闭“选择”对话框。

（2）偏移创建几何

在已有模型或二维草绘时该命令可用。单击“偏移”按钮，“类型”对话框随即打开。选择边类型。选择一个或多个适当的要偏移的图元或边。如果要按箭头方向偏移边，键入正值；如果要按相反方向偏移边，键入负值。按 Enter 键或单击，即会创建偏移图元。

（3）加厚创建几何

在已有模型二维草绘时该命令可用。单击“加厚”按钮，“类型”对话框随即打开。选择边类型。在“菜单管理器”对话框中，单击“下一个”或“上一个”按钮，以在各选择项之间切换，单击“接受”按钮。对于单边或链边，从选择端封闭列表中选择端封闭类型：打开（Open）→未创建端封闭；平整（Flat）→创建垂直于加厚边的端封闭；圆形（Circular）→创建半圆端封闭。键入厚度值，并按 Enter 键或单击，边上将显示一个方向箭头。键入偏移值，并按 Enter 键或单击。

2.2.3 二维草图的编辑与诊断

1. 操纵草图

Creo 提供了图元操纵功能，可方便地旋转、拉伸和移动图元，见表 2–2。

表 2–2 操纵草图

操纵对象	图例	操作说明
直线	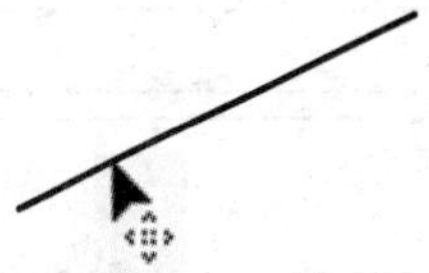	在绘图区，把鼠标指针移到直线上，按下左键不放，同时移动鼠标，此时直线以远离鼠标指针的那个端点为圆心转动。达到绘制意图后，松开鼠标左键
		在绘图区，把鼠标指针移到直线的某个端点上，按下左键不放，同时移动鼠标，此时会看到直线以另一端点为固定点伸缩或转动。达到绘制意图后，松开鼠标左键
圆	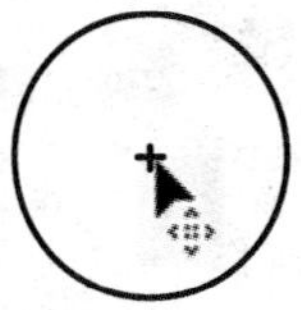	把鼠标指针移到圆的边线上，按下左键不放，同时移动鼠标，此时会看到圆在变大或缩小。达到绘制意图后，松开鼠标左键
	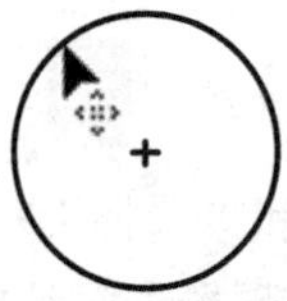	把鼠标指针移到圆心上，按下左键不放，同时移动鼠标，此时会看到圆随着指针一起移动。达到绘制意图后，松开鼠标左键
圆弧	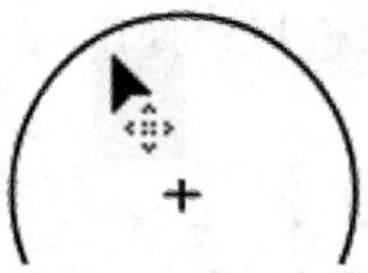	把鼠标指针移到圆弧上，按下左键不放，同时移动鼠标，此时会看到圆弧半径变大或变小。达到绘制意图后，松开鼠标左键
	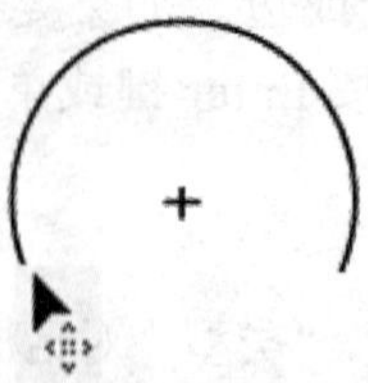	把鼠标指针移到圆弧的某个端点上，按下左键不放，同时移动鼠标，此时会看到圆弧以另一端点为固定点旋转，并且圆弧的包角也在变化。达到绘制意图后，松开鼠标左键
	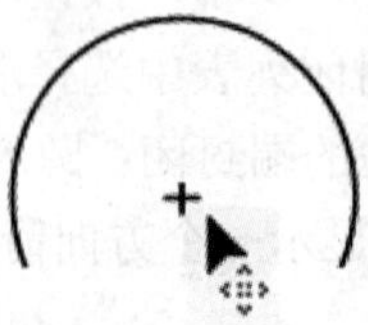	单击圆心，然后把鼠标指针移到圆心上，按下左键不放，同时移动鼠标，此时圆弧随着指针一起移动。达到绘制意图后，松开鼠标左键

2. 草图编辑与修改（表 2–3）

表 2–3　草图编辑与修改

选择与删除	Ctrl+左键：可连续选择多个图元。 框选：可选择左形框内的所有元素。 用菜单选取： 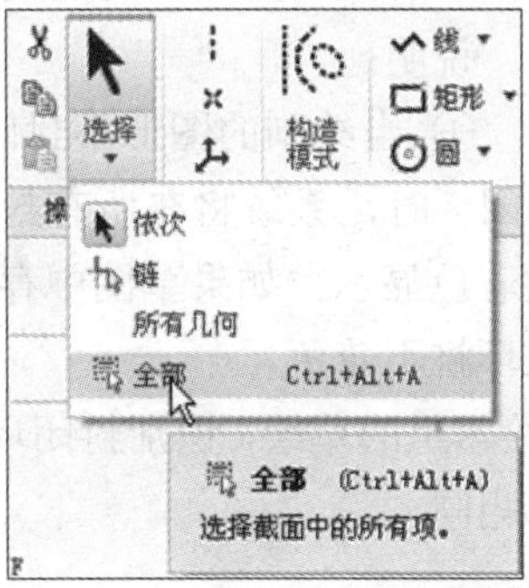 删除：选择元素，按键盘上的 Delete 键删除；或用菜单中的“删除”命令
缩放与旋转	先选择图元，然后单击，出现对话框和缩放旋转标志。 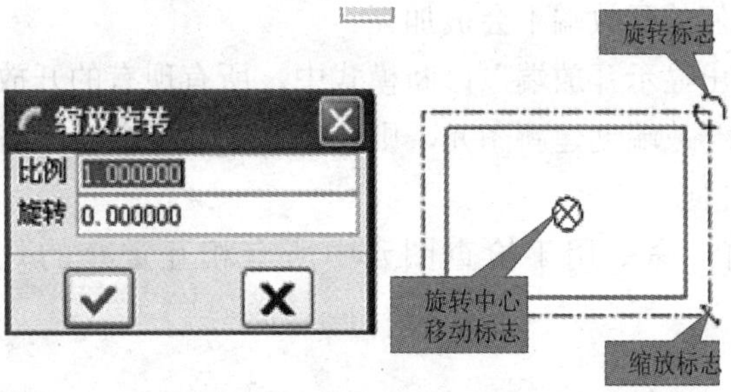 用左键拖动相应标志可实现移动、旋转和缩放。右键可调整旋转中心的位置
复制	先选择图元，然后单击，即复制图元，并出现对话框和缩放旋转标志。随之可使用刚才的方法，对复制出的图元进行移动、旋转和缩放。注意正确调整旋转中心（使用右键）的位置
镜像	先选择图元，然后单击，再选择一条轴线，系统会自动在中心线的另一边复制出选中的图元。 注意：进行镜像时，必须选择事先画好的轴线
修剪	删除段——先单击该命令，然后选择要删除的线，所有被选择或画过的线段都会被删除。如果该线段与其他图元相交，则删除的部分只到交点为止。 拐角——先单击该命令，然后单击相交或延长后相交的两线，则两线段在相交处形成拐角。 分割——选择一线段，该线段在选择处被分割为二。如果选择了两条线段的交点，则两线段均被割断 

3. 草图诊断

Creo 提供了诊断草图的功能（如图 2–8 所示），包括诊断图元的封闭区域、开放区域、重叠区域及诊断图元是否满足相应的特征要求。

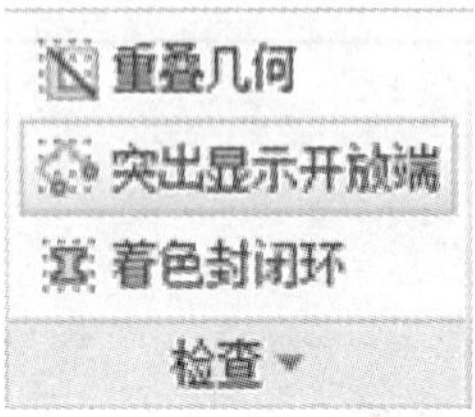

图 2–8　检查功能区

（1）着色封闭环

“着色封闭环”命令用预定义的颜色将图元中封闭的区域进行填充，非封闭的区域图元无变化。

说明：

① 当绘制的图形不封闭时，草图将无任何变化；若草图中有多个封闭环时，系统将在所有封闭的图形中填充颜色；如果用封闭环创建新图元，则新图元将自动着色显示；如果草图中存在几个彼此包含的封闭环，则最外的封闭环被着色，而内部的封闭环将不着色。

② 对于具有多个草绘器组的草绘，识别封闭环的标准可独立适用于各个组。所有草绘器组的封闭环的着色颜色都相同。

（2）突出显示开放端

“突出显示开放端”命令用于检查图元中所有开放的端点，并将其加亮。

说明：

① 构造几何的开放端不会被加亮。

② 在“突出显示开放端”诊断模式中，所有现有的开放端均加亮显示。

③ 如果用开放端创建新图元，则新图元的开放端自动着色显示。

（3）重叠几何

“重叠几何”命令用于检查图元中所有相互重叠的几何（端点重合除外），并将其加亮。

2.3　二维草图的尺寸标注

1. 尺寸的分类：强、弱及锁定尺寸

弱尺寸是指系统自动建立的尺寸，在没有用户确认的情况下，软件系统可以自动删除它们。

强尺寸是指软件系统不能自动删除的尺寸和约束。

2. 标注原则

① 无法标注中心线的长度。

② 用左键选取几何元素（如圆、圆弧、线段、点、中心线等），用中键指定尺寸位置，即完成尺寸标注。

3. 尺寸标注方法（表 2–4）

表 2–4　尺寸标注方法

类型	图例	说明	命令	图例	说明
直线长度	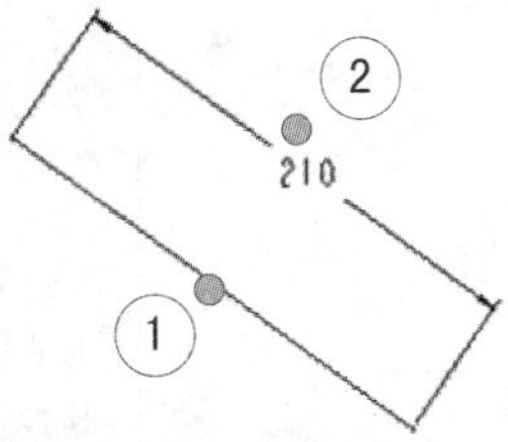	单击直线中部，然后在尺寸标注位置按下鼠标中键	点之间的距离	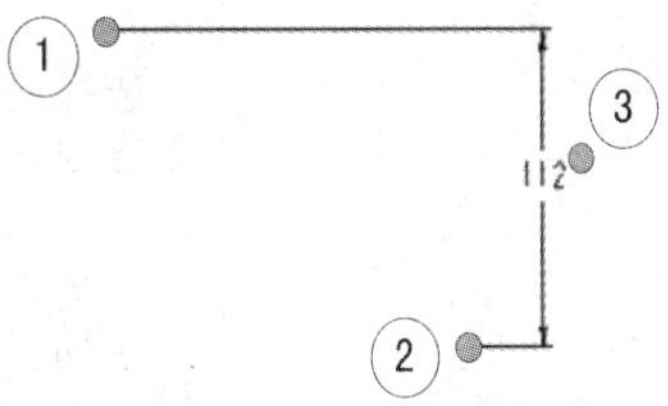	分别选择两点，在两点连线的偏右或者偏左位置按下鼠标中键完成尺寸标注。此方法也可用于直线高度的标注
圆半径	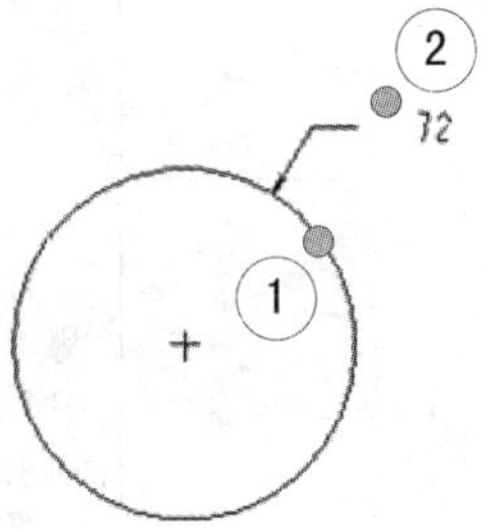	单击圆弧，在尺寸标注位置按下鼠标中键		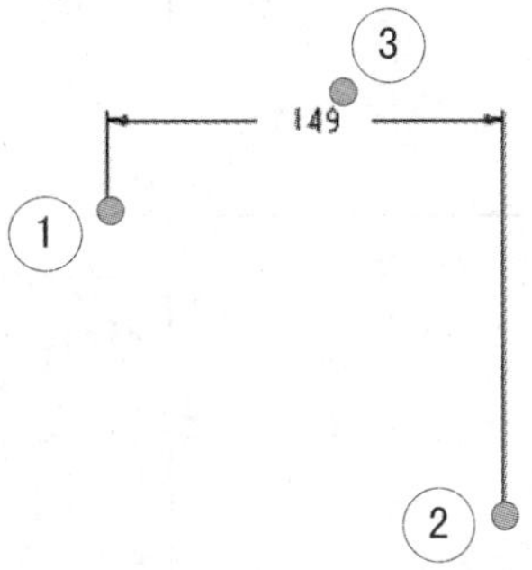	分别选择两点，在两点连线的偏上或者偏下位置按下鼠标中键完成尺寸标注。此方法也可用于直线宽度的标注
圆直径	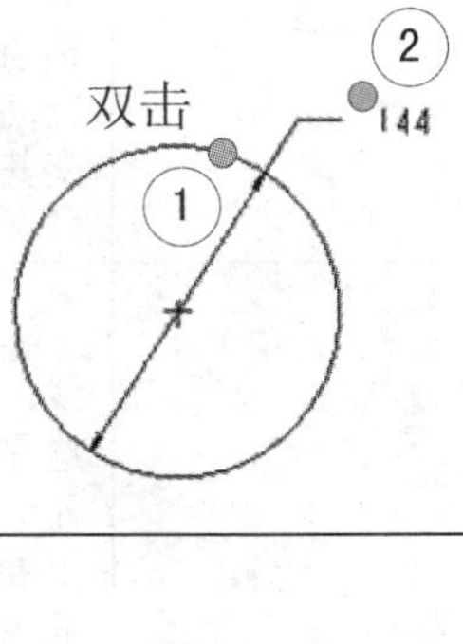	双击圆弧，在尺寸标注位置按下鼠标中键		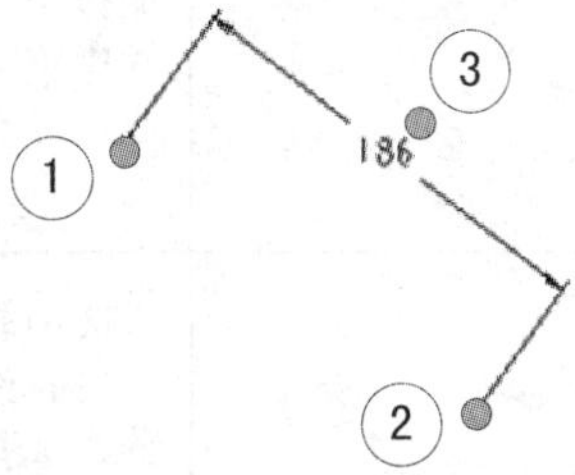	分别选择两点，在两点连线中心附近按下鼠标中键完成尺寸标注。此方法也可用于标注直线长度
点到直线的距离	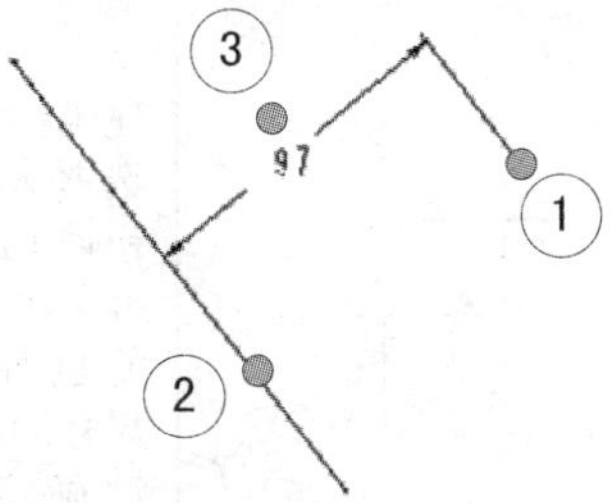	选择点和线，在点和线之间位置按下鼠标中键完成尺寸标注	对称尺寸	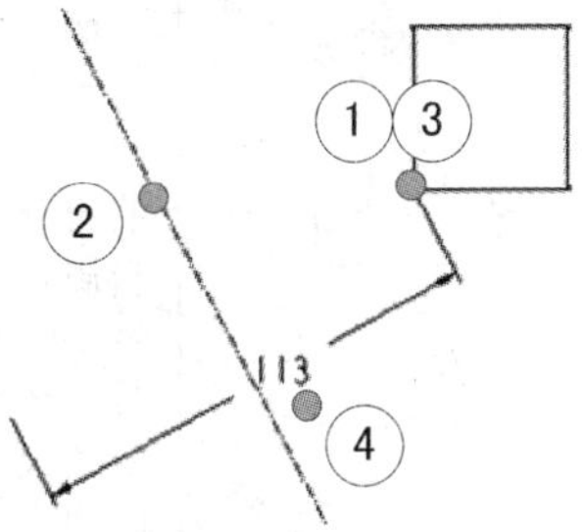	先单击点，然后单击中心线，再次单击点，在中心线附近按下鼠标中键完成对称尺寸标注。对称尺寸常用于旋转特征

续表

类型	图例	说明	命令	图例	说明
角度尺寸	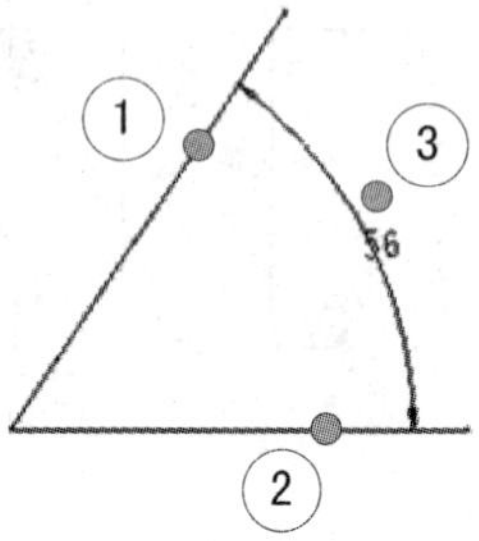	选择两条直线，然后在尺寸位置按下鼠标中键	圆弧之间的尺寸	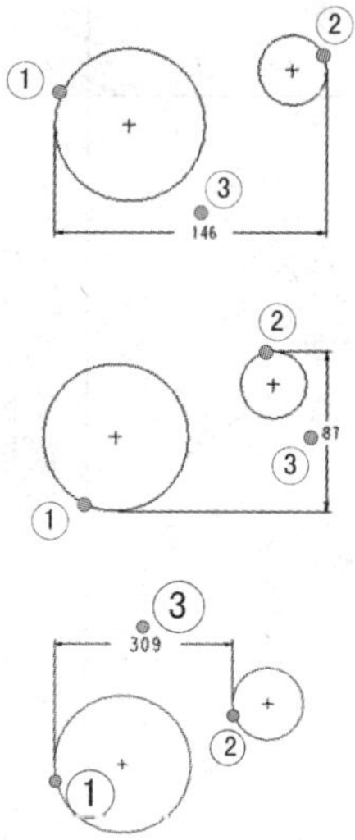	分别选择两个圆，在尺寸标注位置按下鼠标中键，标注水平或者竖直尺寸。注意：鼠标在圆弧上的单击位置决定标注结果，左列第三个图显示了选择大圆弧外侧和小圆弧内侧，标注水平尺寸的结果
圆弧角度	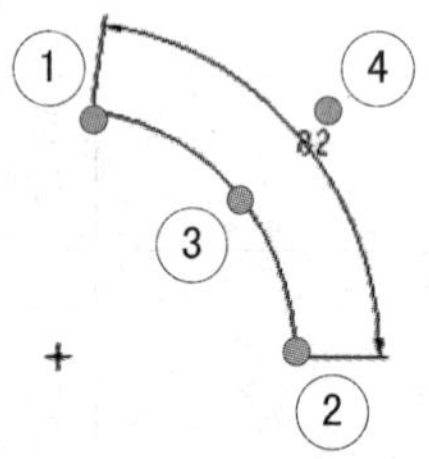	分别选择圆弧的两个端点，然后再单击圆弧中部，在圆弧外侧按下鼠标中键完成尺寸标注	圆心之间的尺寸	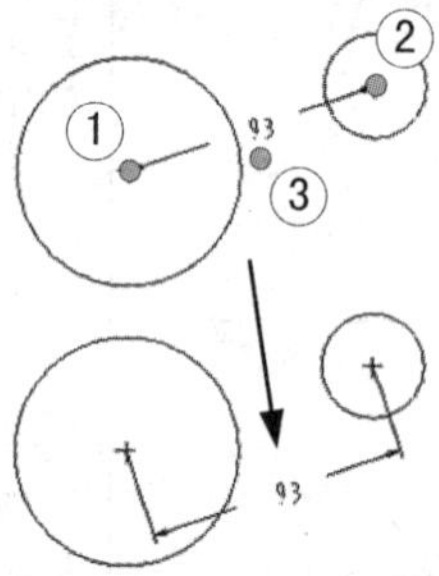	分别选择两个圆弧的中心，然后在圆弧中心连线附近按下鼠标中键完成尺寸标注。标注后可以拖动尺寸，改变其位置
周长	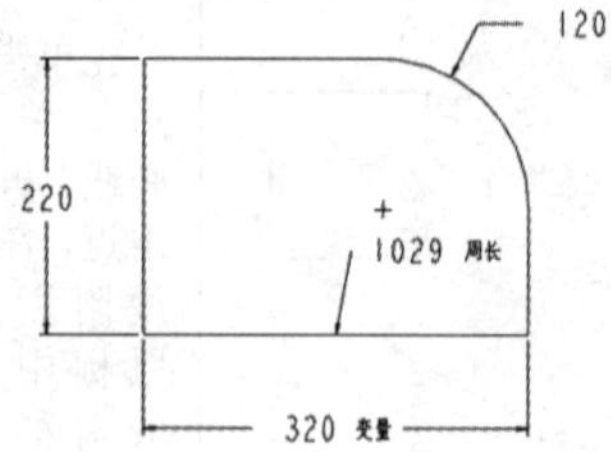	选中轮廓曲线链，选择 。指定闭合轮廓上的一个尺寸为被周长驱动的尺寸，当周长发生变化时，该被驱动尺寸做相应调整	创建坐标尺寸	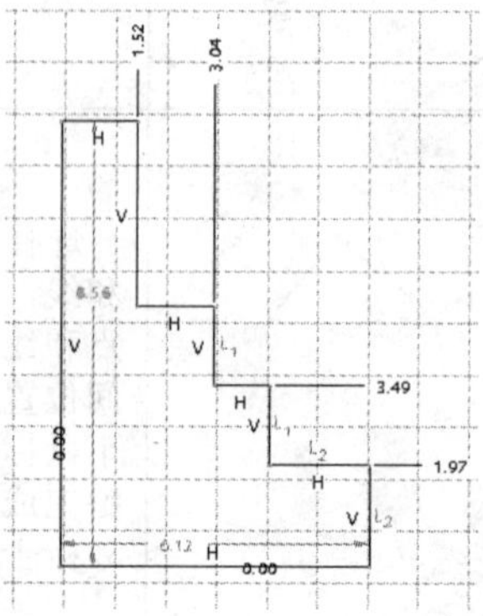	① 创建基线：选择□，选取基准图元（直线），中键确定基准文本放置位置。② 创建坐标尺寸：选择标注按钮 ，选取基准文本，单击要创建坐标尺寸的线，中键确定放置位置

2.4 尺寸标注的编辑

1. 控制尺寸的显示

方法 1：设置 sketcher_disp_dimensions 和 sketcher_disp_weak_dimensions 配置选项。

方法 2：单击或清除“Creo Parametric 选项”（Creo Parametric Options）对话框“草绘器”（Sketcher）区域中的“显示尺寸”（Show dimensions）和“显示弱尺寸”（Show weak dimensions）复选框。

方法 3：切换“图形”工具栏上的“草绘器显示过滤器”（Sketcher Display Filters）中的“显示尺寸”（Disp Dims）按钮。

方法 4：单击“草绘”（Sketch）→“设置”（Setup）→“显示”（Display）→“显示尺寸”（Disp Dims）。

2. 强、弱尺寸之间的转换方法

方法 1：左键拾取“弱尺寸”或“弱约束”，右击选择“强”命令。反之，选择“删除”命令也可将强转为弱。

方法 2：直接标注的新尺寸为强尺寸。

方法 3：修改弱尺寸即转为强尺寸。

3. 修改尺寸值

修改单个尺寸值：双击该尺寸。键入新值，然后单击 Enter 键。该尺寸即被更改。

修改一组尺寸值：框选要修改的一个或多个尺寸，右键单击“草绘器”窗口并从快捷菜单中选取“修改”（Modify），或单击，打开“修改尺寸”（Modify Dimensions）对话框，所选定的每一个图元和尺寸值出现在列表中，单击按钮，即应用更改，重新生成截面并关闭对话框，如图 2–9 所示。

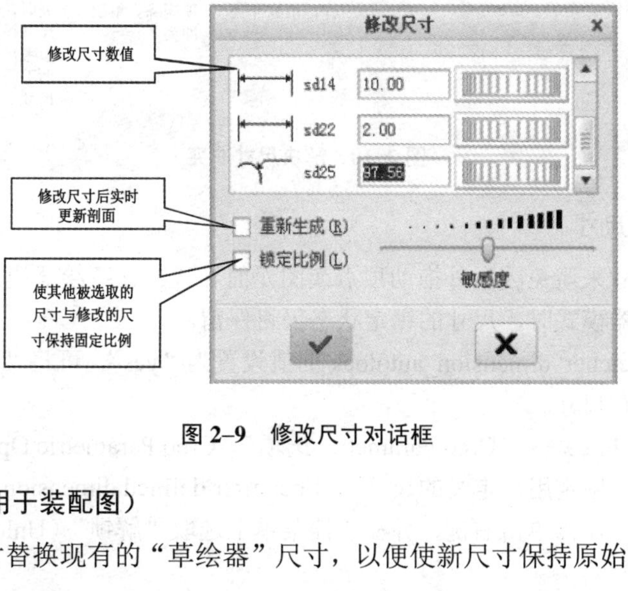

图 2–9　修改尺寸对话框

4. 替换尺寸（用于装配图）

可以用相应尺寸替换现有的“草绘器”尺寸，以便使新尺寸保持原始的符号尺寸（sd#）。

当要保留与原始尺寸关联的其他数据时（例如，在“绘图”模式中添加了几何公差符号或额外文本），替换尺寸非常有用。

操作步骤：选择要替换的尺寸，右键单击“草绘器”窗口，并从快捷菜单中选取“替换”（Replace），打开“选择”（Select）对话框，创建一个新的相应尺寸，相应的尺寸将被替换。

5. 解决尺寸冲突

如果强化或添加的尺寸与现有强尺寸或约束相冲突，则冲突尺寸将突出显示，并且“解决草绘”对话框将打开，如图 2–10 所示。要解决草绘，必须选择其中一个冲突尺寸，然后单击以下选项之一：

① 撤销（Undo）：移除选定尺寸（如果添加了该尺寸）；弱化选定尺寸（如果强化了该尺寸）。

② 删除（Delete）：删除选定尺寸。

③ 单击“尺寸”→“参考”（Dim→Ref）：将选定尺寸转换为参考尺寸。

通过在“解决草绘”（Resolve Sketch）对话框中单击“解释”（Explain），可以显示选定约束的解释。

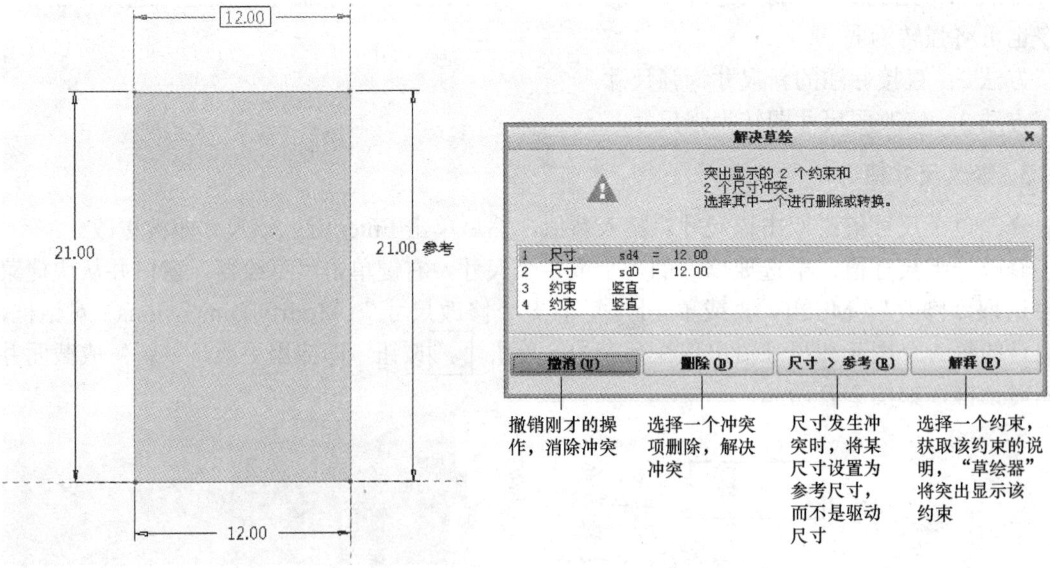

图 2–10　解决尺寸冲突

6. 锁定和解锁尺寸

可通过锁定尺寸来避免因意外拖动顶点或图元而导致的在草绘器模式外修改截面。在退出或重新进入草绘器模式时，尺寸的锁定状态仍将保留。

将配置选项 sketcher_dimension_autolock 的值设置为“yes”，可将“草绘器”设置为自动锁定用户定义的所有尺寸。

单击“文件”（File）→“Creo Parametric 选项”（Creo Parametric Options）→“草绘器”（Sketcher）→“锁定用户定义的尺寸”（Lock user defined dimension）。

要解锁选定尺寸，需单击右键，并在快捷菜单上选取“解锁”（Unlock）。

7. 尺寸标注实例（图 2–11）

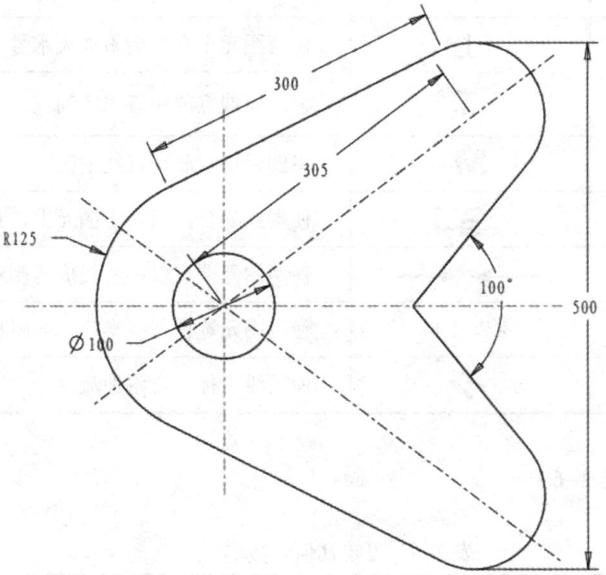

图 2–11　尺寸标注实例

2.5　草图中的几何约束

1. 几何约束创建与编辑

在草绘时，系统除了自动标注尺寸外，还会自动给定几何约束条件。约束条件也可由用户进行设定或删除。

设定：选择所需的约束条件，再选择所需的图形元素，如图 2–12 所示。

图 2–12　图形元素

删除：先选定几何约束标记，然后按 Delete 键或单击右键删除。

2. 几何约束条件（表 2–5）

表 2–5　几何约束条件

约束条件	符号	意　　义
使垂直	V　--	使直线或两图圆端点垂直
使水平	H、¦	使直线或图元端点平行

理论篇

续表

约束条件	符号	意　义
⊥ 使正交	⊥	使两图元正交，会附加流水号
使相切	T	将图元端点放在直线中间
锁定中心	M	将图元端点放在直线中间
使对齐	—○—	使端点吻合，点落于图元上、共线
使对称	→ ←	使两图元端点以中心线成两侧对称
= 使相等	L1、R1	使两图元等长、等半径，会附加流水号
// 使平行	//	使两线平行，会附加流水号

3. 设定几何参数（表 2–6）

表 2–6　设定几何参数

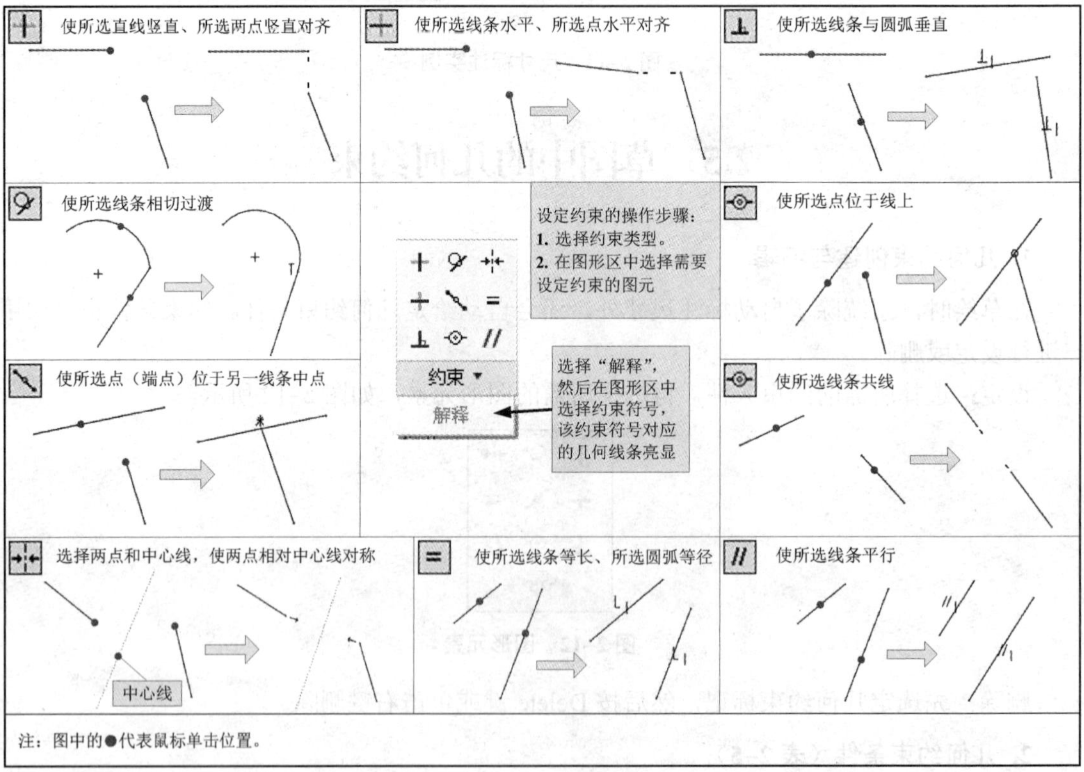
使所选直线竖直、所选两点竖直对齐
使所选线条水平、所选点水平对齐
使所选线条与圆弧垂直
使所选线条相切过渡
设定约束的操作步骤：
1. 选择约束类型。
2. 在图形区中选择需要设定约束的图元
使所选点位于线上
使所选点（端点）位于另一线条中点
约束
解释
选择“解释”，然后在图形区中选择约束符号，该约束符号对应的几何线条亮显
使所选线条共线
选择两点和中心线，使两点相对中心线对称
中心线
使所选线条等长、所选圆弧等径
使所选线条平行
注：图中的●代表鼠标单击位置。

第 3 章

零件设计

本章导读

零件建模是产品设计的基础，而组成零件的基本单元是特征。本章先介绍用拉伸特征创建一个零件模型的一般操作过程，然后介绍其他一些基本的特征工具，包括旋转、孔、倒角、圆角和抽壳等。主要内容包括：

① 三维建模的管理工具——模型树和层。

② 特征的创建、修改、复制和阵列。

③ 特征失败的出现和处理。

④ 基准特征（包括基准面、基准轴、基准点、基准曲线和坐标系）的创建。

3.1 拉伸特征

拉伸特征

3.1.1 拉伸基本概念

拉伸是一个草图沿着草图绘制平面的法向（垂直）方向延伸，产生实体的方法，如图 3–1 所示。

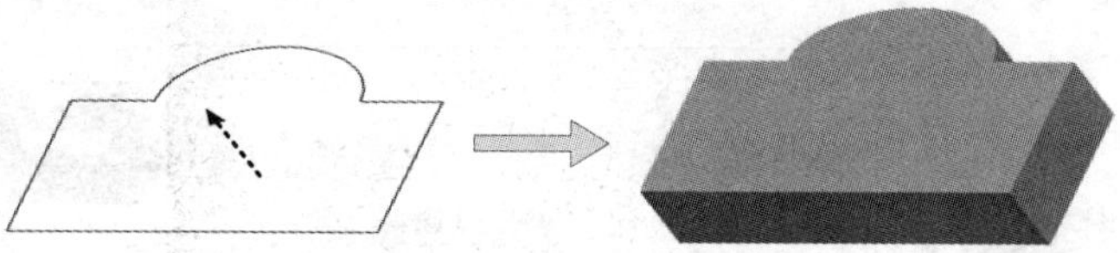

图 3–1 拉伸基本概念

拉伸操作基本流程：

① 在功能区中，从“形状”（Shapes）组中单击“拉伸”（Extrude）；

② 设置拉伸类型（包括曲面和实体、增加还是去除材料、薄壁等）；

③ 选择或绘制草图；

④ 设定拉伸的深度。

3.1.2 拉伸操控板简介

拉伸操控板如图 3–2 所示。

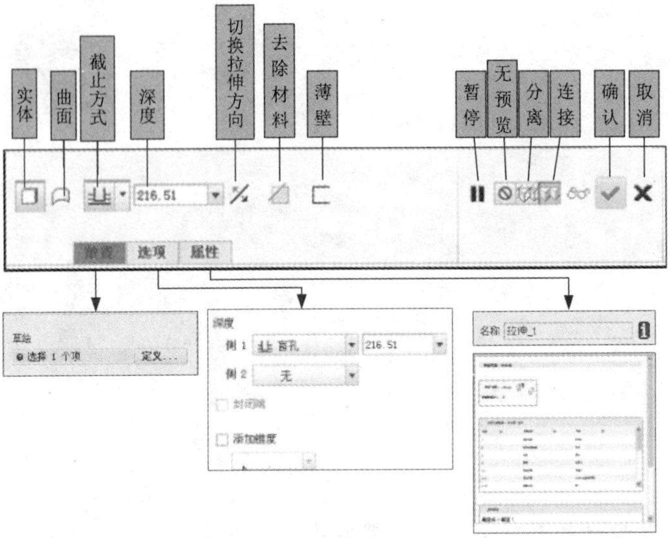

图 3–2 拉伸操控板简介

3.1.3 拉伸类型的设置

Creo Parametric 采用集成方式组织命令，拉伸、拉伸切除、拉伸曲面、拉伸切除曲面、拉伸薄壁这些采用拉伸方式的命令都集成在拉伸工具命令当中，在拉伸操控板上进行切换设置。采用集成方式组织命令极大地减少了命令按钮，方便用户掌握使用。由于拉伸曲面和拉伸实体对草图轮廓的要求不一样，因此，为了后续操作的顺利，应在进入草图绘制之前设置好拉伸类型。拉伸类型如图 3–3 所示。

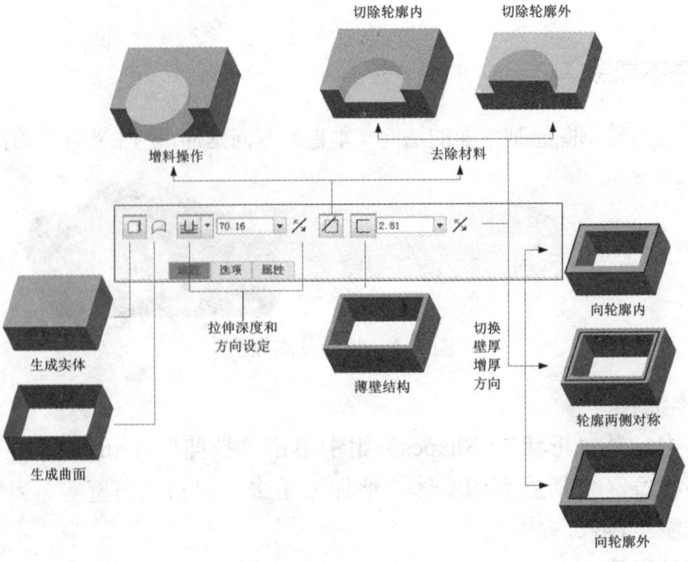

图 3–3 拉伸类型

3.1.4 草绘平面的选取

草绘平面的选取见表 3–1。

表 3–1 草绘平面的选取

序号	要点	选取参照	绘制截面图	创建拉伸实体
1	选取基准平面 TOP、FRONT 或 RIGHT	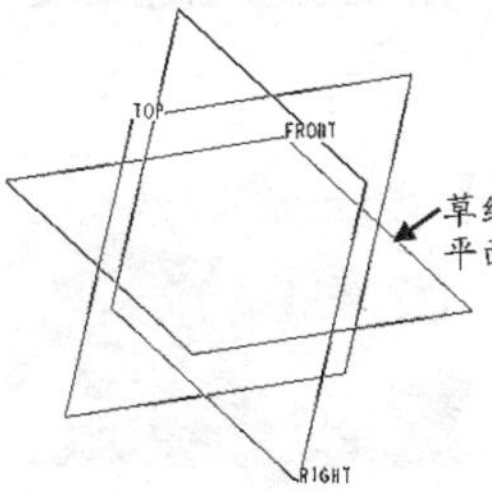	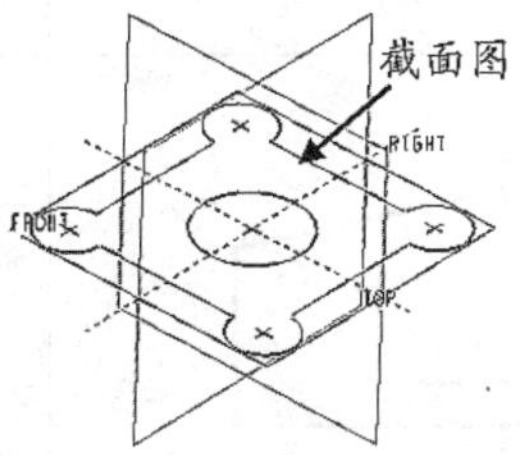	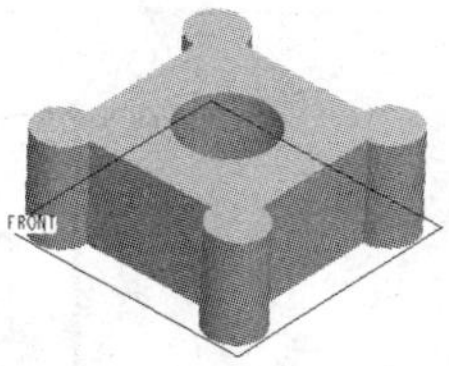
2	选取实体上的平面	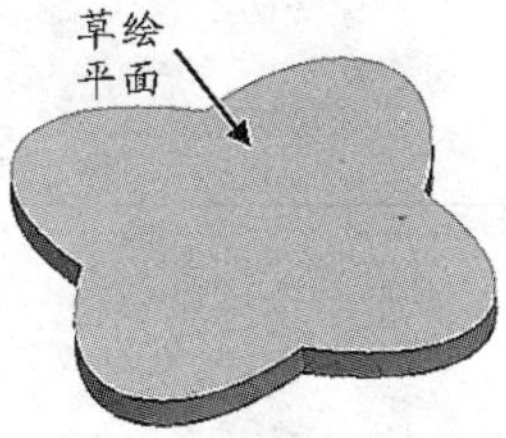	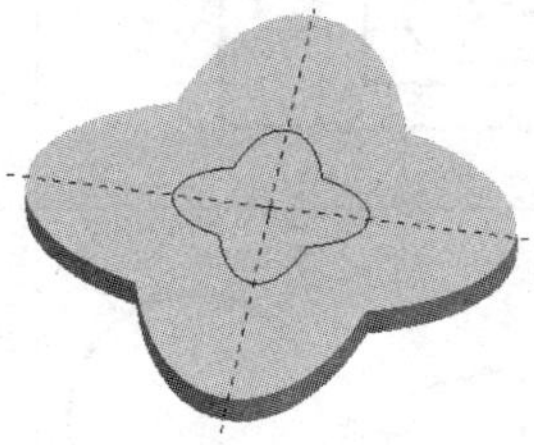	
3	新建基准平面	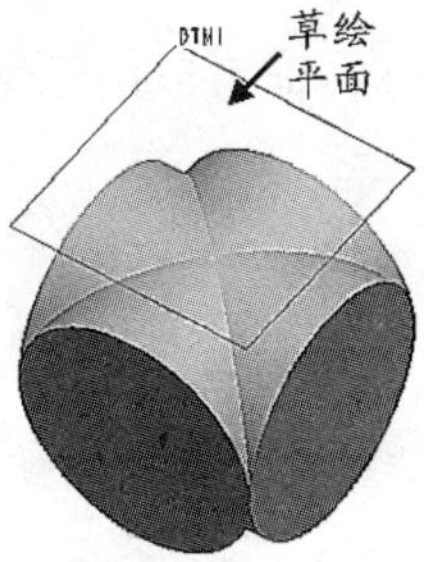	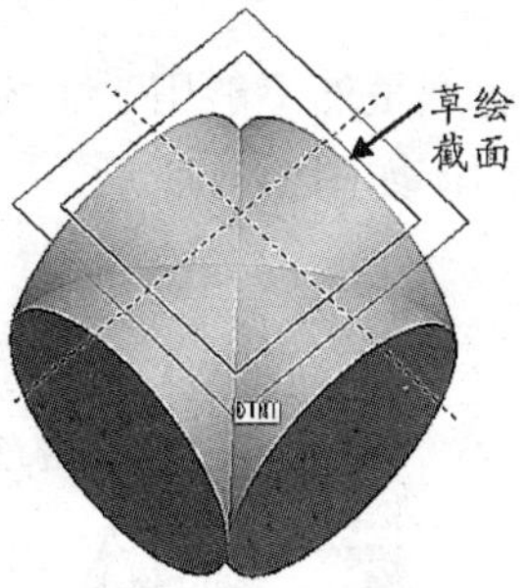	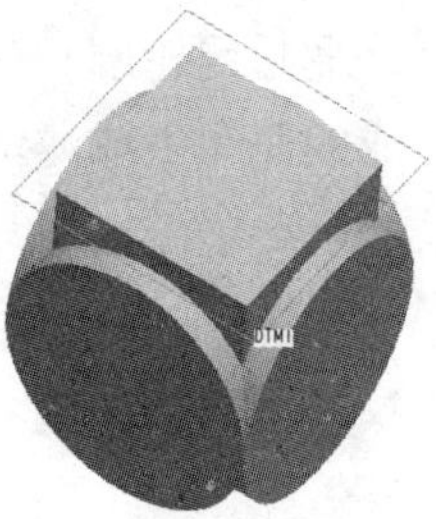

3.1.5 拉伸实体的轮廓类型

拉伸实体的轮廓类型见表 3–2。

表 3–2　拉伸实体的轮廓类型

类型	拉伸实体的草图图样	生成结果	说明
单一封闭轮廓	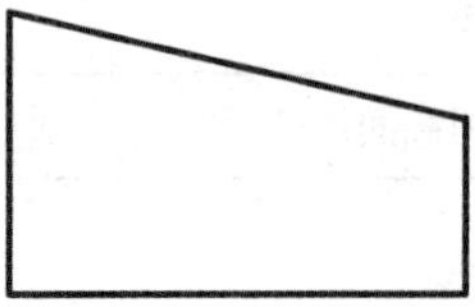		单一封闭轮廓是最典型的合法拉伸草图
两重轮廓	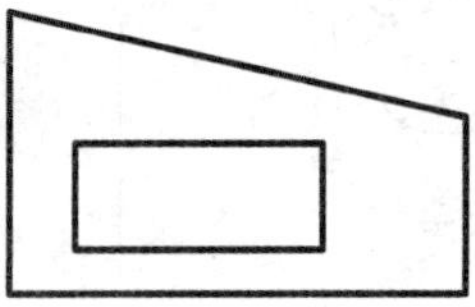		内侧轮廓作为切除区域
多重轮廓	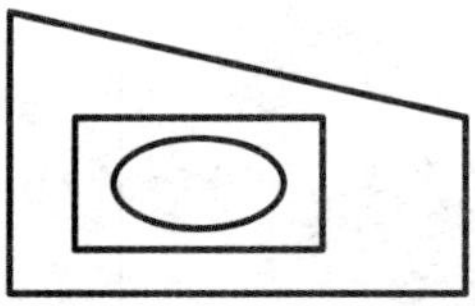		从外侧轮廓开始，按照填充、切除的方式进行拉伸
多轮廓组合	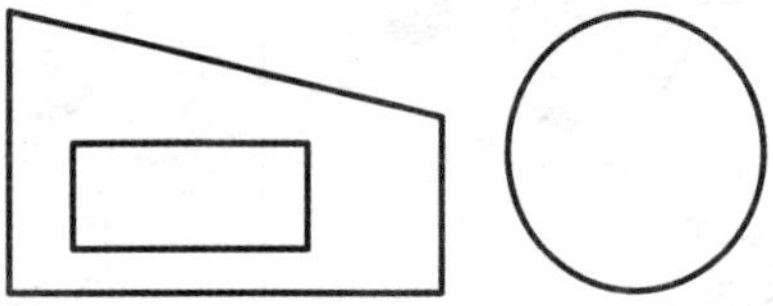		各个独立轮廓分别拉伸成形

非封闭轮廓和交叉轮廓虽然不能用于生成拉伸实体，但可以用于生成拉伸曲面，并可由生成的曲面生成薄壁结构，如图 3–4 所示。

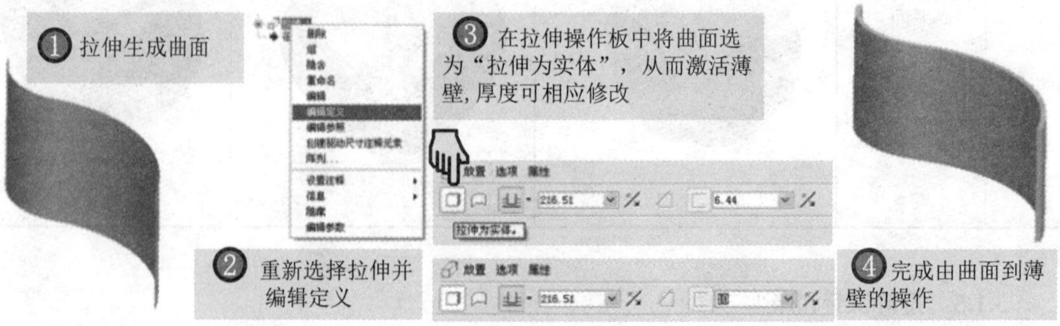

图 3–4　非封闭轮廓生成实体

3.1.6　拉伸深度的设定

拉伸深度见表 3–3。

表 3–3　拉伸深度

方式	按钮	说明	选择截止对象类型	图例
变量		输入参数值设定拉伸深度		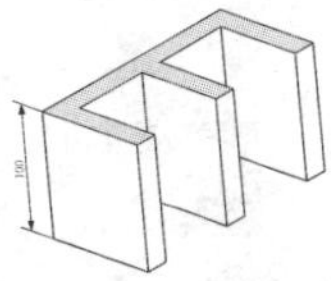
对称	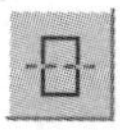	在草图绘制平面的两侧对称拉伸，输入深度值为拉伸总长度		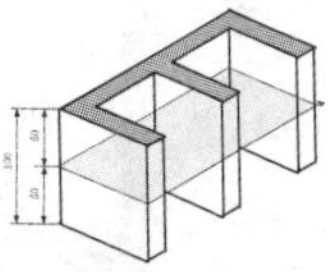
到下一面		到第一个截止面，截止面可以是多个面的组合。只有实体（含薄壁）拉伸才有此项深度选项，拉伸深度的下一面是系统自动计算拾取的，并且也必须是实体模型的表面	模型表面	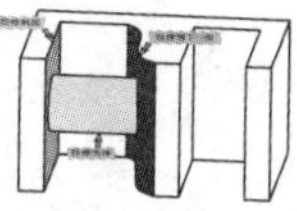
穿透		穿越所有实体	系统自动计算拾取	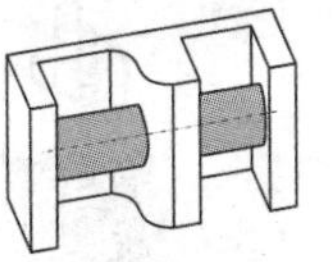
直至		指定的截止面，截止面可以是多个面的组合	模型表面	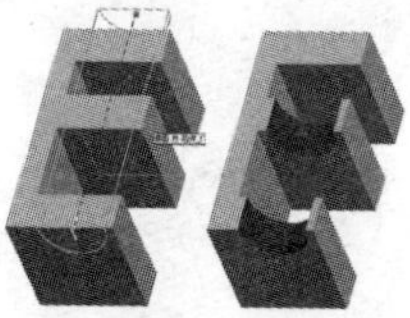
到指定的		指定的几何对象	点、基准面、平面、曲线、模型表面	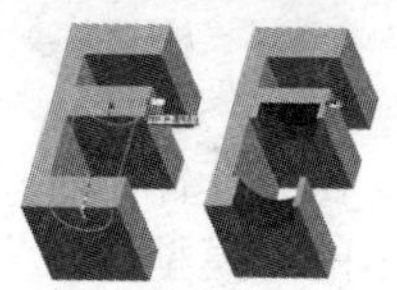

3.1.7　拉伸特征操作的基本流程

拉伸特征的一般操作流程如下：

① 单击功能选项卡形状区域中的“拉伸”按钮，系统弹出“拉伸”操控面板。

② 定义拉伸类型，在拉伸操控板中单击“实体”或“曲面”类型。

③ 打开“位置”面板，以进行截面的草绘。

④ 设置拉伸特征的参数，包括拉伸深度、拉伸方向或设置切除材料等。

⑤ 执行特征预览或者特征的生成，并改变视角查看模型效果。

具体操作过程如图 3–5 所示。

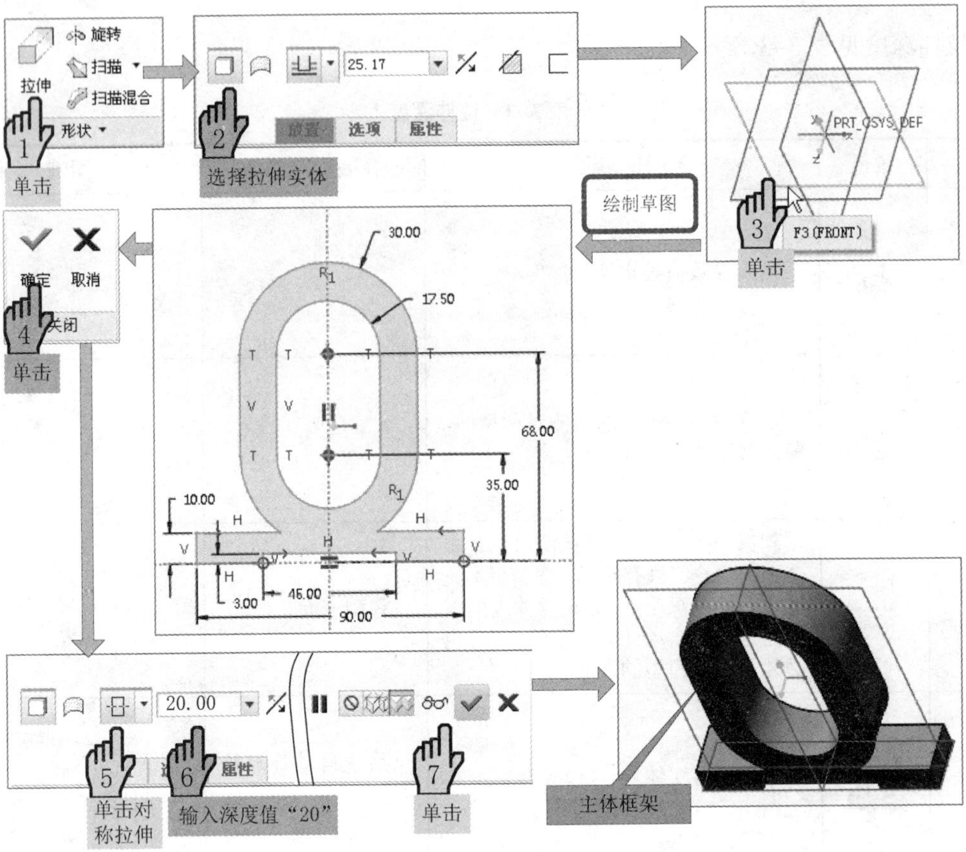

图 3–5　拉伸操作过程

3.2　零 件 设 置

零件模型单位设置

3.2.1　概述

在零件模块中，选择“文件”下拉菜单→“准备”→“模型属性”命令，系统弹出图 3–6 所示的“模型属性”对话框。通过该对话框可以定义基本的数据库输入值，如材料类型、零件精度和度量单位等。

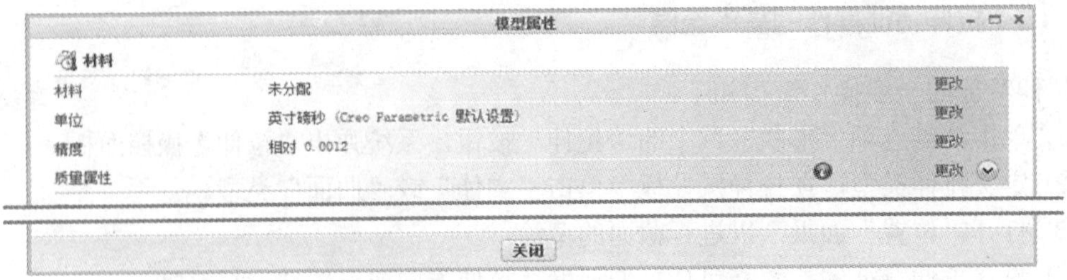

图 3–6　“模型属性”对话框

3.2.2 零件模型材料的设置

下面说明设置零件模型材料属性的一般操作步骤。

步骤 1：定义新材料。

① 进入 Creo 系统，随意创建一个零件模型。

② 选择“文件”下拉菜单→“准备”→“模型属性”命令。

③ 在图 3–6 所示的“模型属性”对话框中选择“材料”→“材料”→“更改”命令，系统弹出图 3–7 所示的“材料”对话框。

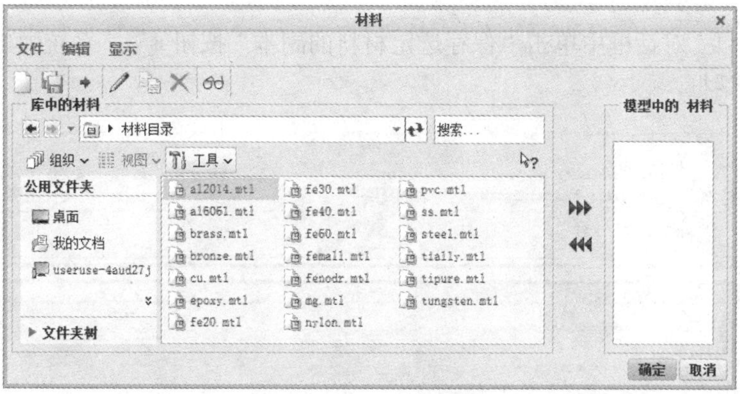

图 3–7 “材料”对话框

④ 在“材料”对话框中单击“创建新材料”按钮 ，系统弹出图 3–8 所示的“材料定义”对话框。

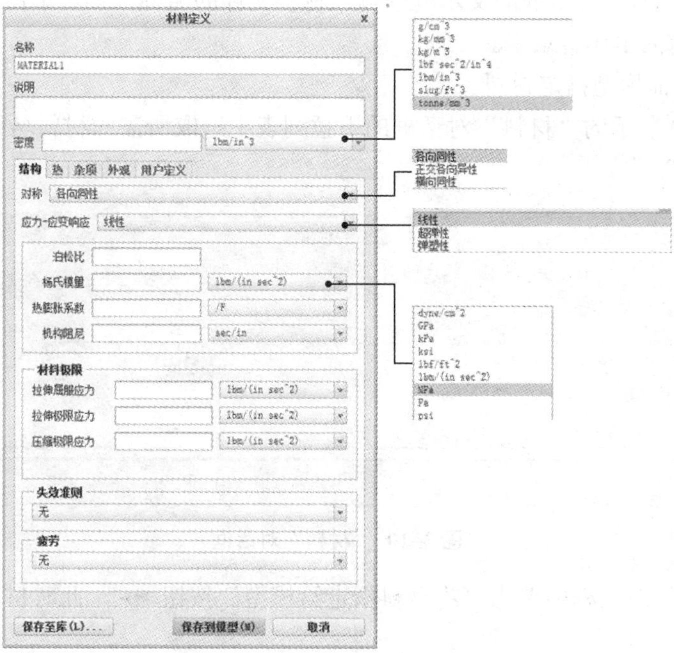

图 3–8 “材料定义”对话框

⑤ 在“材料定义”对话框的文本框中输入材料名称（如“45steel”），然后在其他各区域分别填入材料的一些属性值，如说明、泊松比 和杨氏模量等，再单击“保存到模型（M）”按钮。

步骤 2：将定义的材料写入磁盘有两种方法。

方法 1：

在图 3–8 所示的“材料定义”对话框中单击“保存至库”按钮。

方法 2：

① 在图 3–7 所示“材料”对话框的“模型中的材料”下拉列表中选取要写入的材料名称，如“45steel”。

② 在“材料”对话框中单击“保存选定材料的副本”按钮，系统弹出图 3–9 所示的“保存副本”对话框。

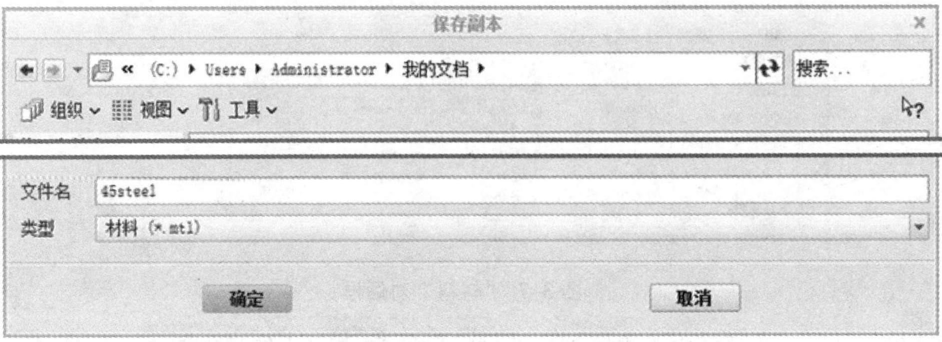

图 3–9 “保存副本”对话框

③ 在“保存副本”对话框的文本框中输入材料文件的名称，然后单击“确定”按钮，材料将被保存到当前的工作目录中。

步骤 3：为当前模型指定材料。

① 在图 3–10 所示的“材料”对话框的下拉列表中选取所需的材料名称，如先前保存的材料“45steel.mtl”。

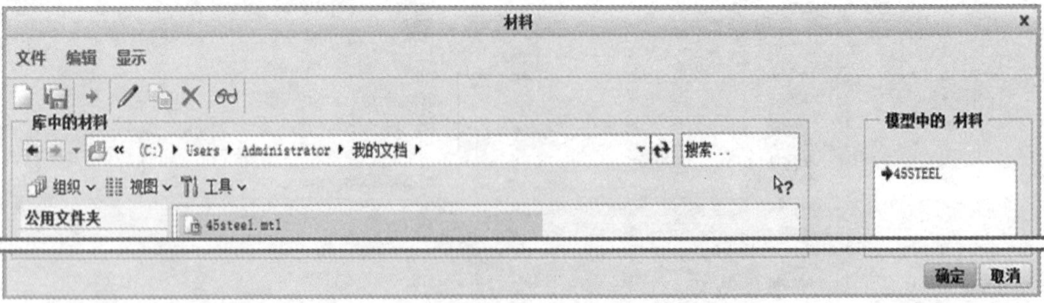

图 3–10 “材料”对话框

② 在“材料”对话框中单击“将材料指定给模型”按钮，此时材料名称“45steel”被放置到列表中。

③ 在“材料”对话框中单击“确定”按钮。

3.2.3 零件模型单位设置

每个模型都有一个基本的米制和非米制单位系统，以确保该模型的所有材料属性保持测量和定义的一贯性。Creo 提供了一些预定义单位系统，其中一个是默认单位系统。用户还可以定义自己的单位和单位系统（称为定制单位和定制单位系统）。在进行一个产品的设计前，应该使产品中各元件具有相同的单位系统。

如果要对当前模型中的单位制进行修改（或创建自定义的单位制），可参考下面的操作方法进行：

步骤 1：选择下拉菜单“文件”→“准备”→“模型属性”命令，在弹出的“模型属性”对话框中选择“材料”→“单位”→“更改”命令。

步骤 2：系统弹出如图 3–11 所示的“单位管理器”对话框，在“单位制”选项卡中，红色箭头指向当前模型的单位系统，用户可以选择列表中的任何一个单位系统或创建自定义的单位系统。选择一个单位系统后，在说明区域会显示所选单位系统的描述。

步骤 3：如果要对模型应用其他的单位系统，则需先选取某个单位系统，然后单击“设置”按钮，此时系统会弹出如图 3–12 所示的“更改模型单位”对话框，选中其中一个单选按钮，然后单击“确定”按钮。

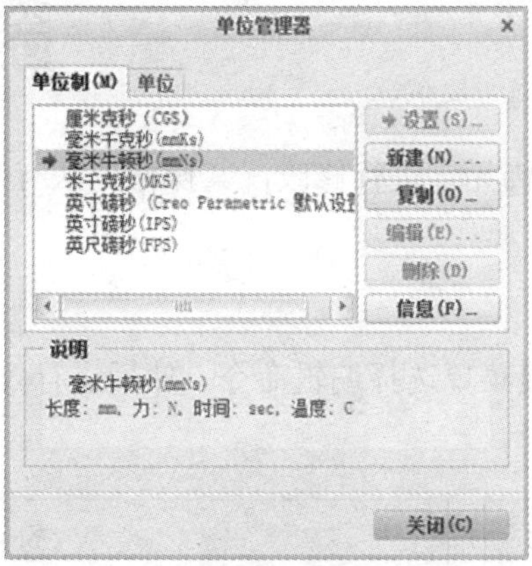

图 3–11 “单位管理器”对话框

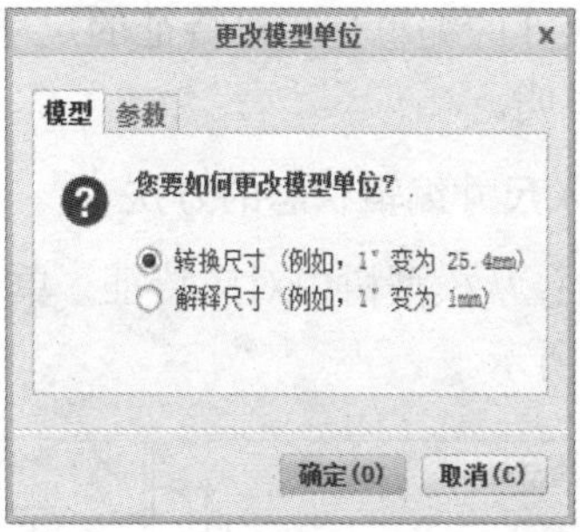

图 3–12 “更改模型单位”对话框

步骤 4：完成对话框操作后，单击“关闭”按钮。

图 3–11 所示的“单位管理器”对话框中各按钮功能的说明如下。

“设置”按钮：从单位制列表中选取一个单位制后，再单击此按钮，可以将选取的单位制应用到当前的模型中。

“新建”按钮：单击此按钮，可以定义自己的单位制。

“复制”按钮：单击此按钮，可以重命名自定义的单位系统。只有在以前保存了定制单位系统，或在单位系统中改变了任何个别单位时，此按钮才可用。如果是预定义单位，将会创建新名称的一个副本。

“编辑”按钮：单击此按钮，可以编辑现存的单位系统。只有当单位系统是以前保存的定制单位系统而非 Creo 最初提供的单位系统之一时，此按钮才可用。注意：用户不能编辑系统预定义单位系统。

“删除”按钮：单击此按钮，可以删除定制单位系统。如果单位系统是以前保存的定制单位系统而非 Creo 最初提供的单位系统之一，则此按钮可用。注意：用户不能删除系统预定义单位系统。

“信息”按钮：单击此按钮，可以在弹出的“信息”对话框中查看有关当前单位系统的基本单位和尺寸信息，以及有关从当前单位系统衍生的单位的信息。在该“信息”对话框中，可以保存、复制或编辑所显示的信息。

图 3–12 所示的“更改模型单位”对话框中各单选项的说明：

“转换尺寸”单选项：选中此单选项，系统将转换模型中的尺寸值，使该模型大小不变。例如，模型中原来的某个尺寸为 10 in，选中此单选项后，该尺寸变为 25.4 mm。自定义参数不进行缩放，用户必须自行更新这些参数。角度尺寸不进行缩放，例如，一个 20° 的角仍保持为 20°。如果选中此单选项，该模型将被再生。

“解释尺寸”单选项：选中此单选项，系统将不改变模型中的尺寸数值，而该模型大小会产生变化。例如，如果模型中原来的某个尺寸为 10 in，选中此单选项后，10 in 变为 10 mm。

3.3 特征的修改

特征的修改

3.3.1 编辑特征

特征尺寸的编辑是指对特征的尺寸和相关修饰元素进行修改，其操作方法有两种，下面分别举例说明。

1. 进入尺寸编辑状态的方法

方法 1：从模型树中对应特征，单击右键快捷菜单选择编辑命令，然后进行尺寸的编辑，如图 3–13 所示。

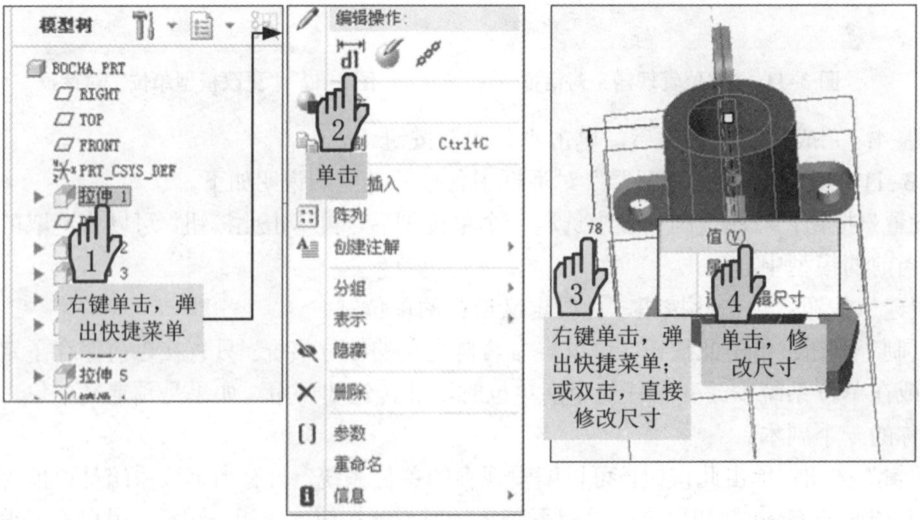

图 3–13 特征编辑

方法 2：双击模型中的特征，然后进行尺寸的编辑。这种方法是直接在图形区的模型上双击要编辑的特征，此时该特征的所有尺寸都会显示出来。对于简单的模型，这是修改尺寸的一种常用方法。

2. 修改特征尺寸值

通过上述方法进入尺寸的编辑状态后，如果要修改特征的某个尺寸值，方法如下：

步骤 1：在模型中双击要修改的某个尺寸。

步骤 2：在弹出的文本框中输入新的尺寸，并单击 Enter 键，模型立即发生改变。

说明：如果修改特征的尺寸后，模型未发生改变，则可以单击“重新生成”按钮 ，重新生成模型。

3.3.2 特征的编辑定义

当特征创建完毕后，如果需要重新定义特征的属性、截面的形状或特征的深度选项，就必须对特征进行“编辑定义”，也叫“重定义”，如图 3–14 所示。

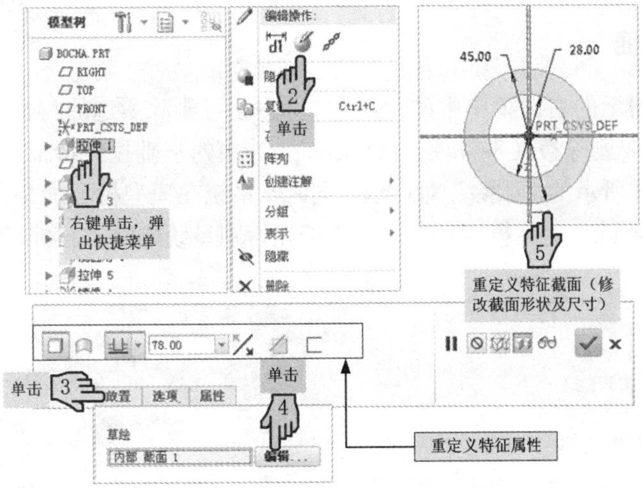

图 3–14　特征编辑定义

按照图 3–14 中所示的操作方法，可重新定义该特征的所有元素。

（1）重定义特征的属性

在操控板中重新选定特征的深度类型和深度值及拉伸方向等属性。

（2）重定义特征的截面

在草绘界面，可以修改参照、特征截面形状及尺寸。

3.3.3 查看模型信息及特征父子关系

选择图 3–13 所示的右键菜单中的“信息”命令，系统将显示如图 3–15 所示的子菜单，通过该菜单可查看所选特征的信息、零件模型的信息和所选特征与其他特征间的父子关系。图 3–16 所示为拨叉零件模型（bocha.prt）中基础拉伸特征与其他特征的父子关系信息对话框。

图 3–15　信息子菜单

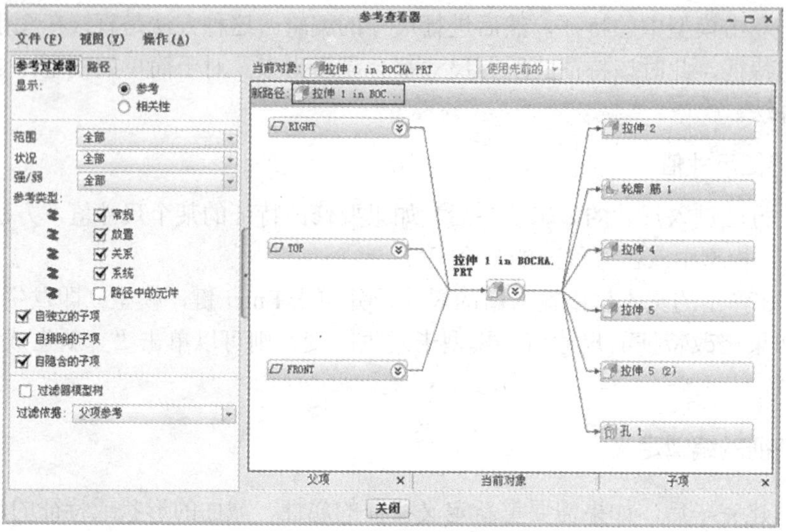

图 3–16 参考查看器

3.3.4 删除特征

选择图 3–13 所示的右键菜单中的“删除”命令，可删除所选的特征。如果要删除的特征有子特征，例如，要删除拨叉零件模型（bocha.prt）中的基础拉伸特征，如图 3–17 所示，系统将弹出如图 3–18 所示的“删除”对话框，同时，系统在模型树上加亮该拉伸特征的所有子特征。如果单击“删除”对话框中的“确定”按钮，则系统删除该拉伸特征及其所有子特征。

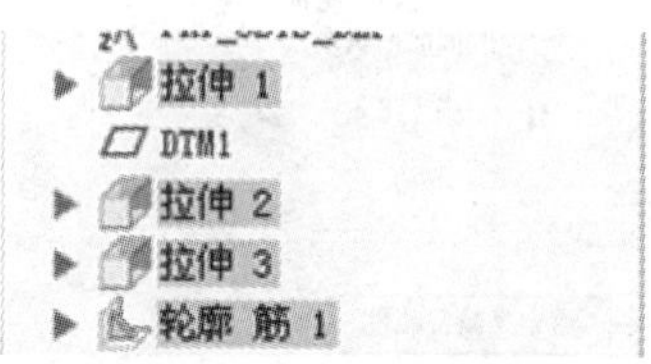

图 3–17 模型树

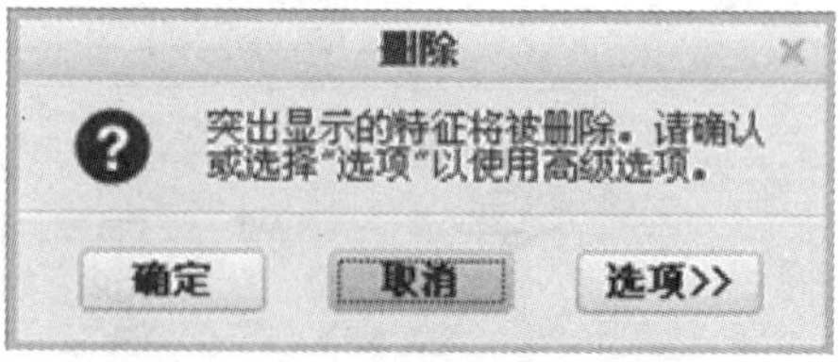

图 3–18 “删除”对话框

3.3.5 特征的隐含与隐藏

1. 特征的隐含（Suppress）与恢复隐含（Resume）

选择图 3–13 所示的右键菜单中的“隐含”命令，即可“隐含”所选取的特征。“隐含”特征就是将特征从模型中暂时删除。如果要“隐含”的特征有子特征，子特征也会一同被“隐含”。

类似地，在装配模块中可以“隐含”装配体中的元件。隐含特征的作用如下：

① 隐含某些特征后，用户可更专注于当前工作区域。

② 隐含零件上的特征或装配体中的元件可以简化零件或装配模型，减少再生时间，加速修改过程和模型显示。

③ 暂时删除特征（或元件）可尝试不同的设计迭代。

一般情况下，特征被“隐含”后，系统不在模型树上显示该特征名。如果希望在模型树上显示该特征名，按照图 3–19 方法操作，这样被隐含的特征名就会显示在模型树中。注意被隐含的特征名前有一个填黑的小正方形标记。

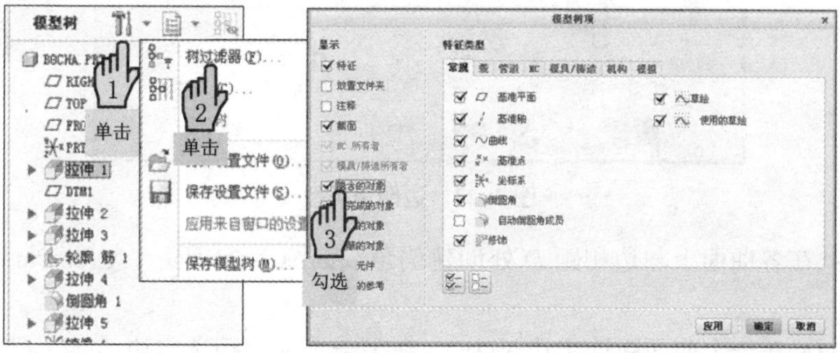

图 3–19　在模型树中显示隐含特征操作

如果想要恢复被隐含的特征，可在模型树中右击隐含特征名，再在弹出的快捷菜单中选择“恢复”命令。

2. 特征的隐藏（Hide）与取消隐藏（Unhide）

在滑块零件模型（slide）的模型树中，右击某些基准特征名（如 TOP 基准面），从弹出快捷菜单中选择“隐藏”命令，即可“隐藏”该基准特征，也就是在零件模型上看不见此特征，这种功能相当于层的隐藏功能。

如果想要取消被隐藏的特征，可在模型树中右击隐藏特征名，再在弹出的快捷菜单中选择“取消隐藏”命令。

3.4　倒 角 特 征

倒角（Chamfer）特征属于构建类特征。构建特征不能单独生成，而只能在其他特征之上生成。构建特征包括倒角特征、圆角特征、孔特征和修饰特征等。

在 Creo 中，倒角分为以下两种类型（图 3–20）：

边倒角　类型：边倒角是在选定边处截掉一块平直剖面的材料，以在共有该选定边的两个原始曲面之间创建斜角曲面，如图 3–21 所示。

拐角倒角 类型：拐角倒角是在零件的拐角处移除材料，如图 3–22 所示。

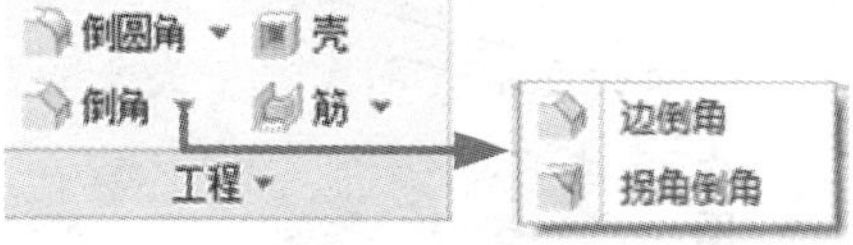

图 3–20　“倒角”命令

图 3–21　边倒角

图 3–22　拐角倒角

3.4.1　边倒角类型

边倒角类型如图 3–23 所示。

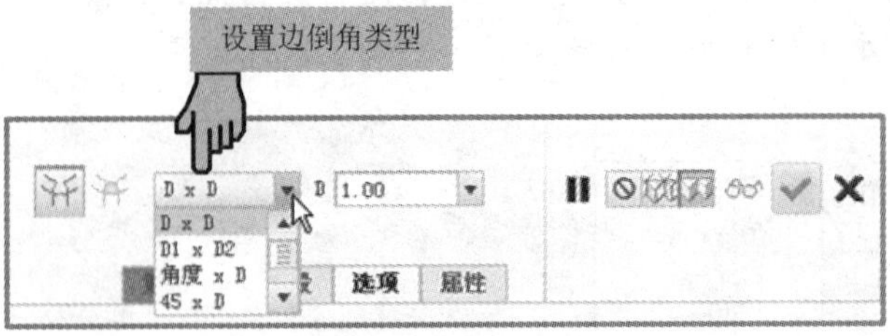

边倒角类型

图 3–23　边倒角类型

① D×D：在各曲面上与边相距 D 处创建倒角，如图 3–24 所示。Creo Parametric 默认选取此选项。

② D1×D2：在一个曲面距选定边（D1）、在另一个曲面距选定边（D2）处创建倒角，如如图 3–25 所示。

③ 角度×D：创建一个倒角，它距相邻曲面的选定边距离为 D，与该曲面的夹角为指定角度，如图 3–26 所示。

④ 45×D：创建一个倒角，它与两个曲面都成 45° 角，且与各曲面上的边的距离为 D，如图 3–27 所示。

⑤ O×O：在沿各曲面上的边偏移 O 处创建倒角。仅当“D×D”类型不可用时，系统才会默认选取此选项。

⑥ O1×O2：在一个曲面距选定边的偏移距离 $O1$、在另一个曲面距选定边的偏移距离 $O2$ 处创建倒角。

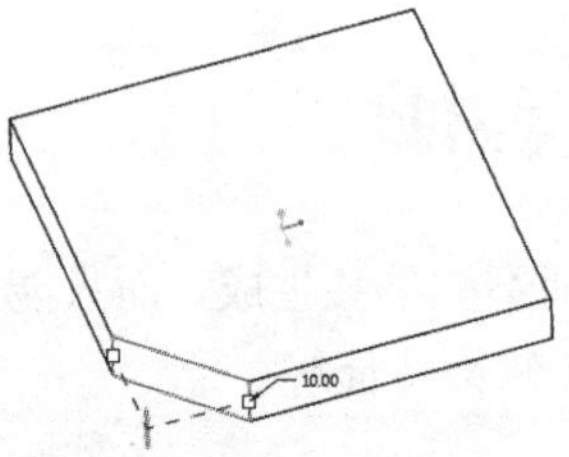

图 3–24　D×D

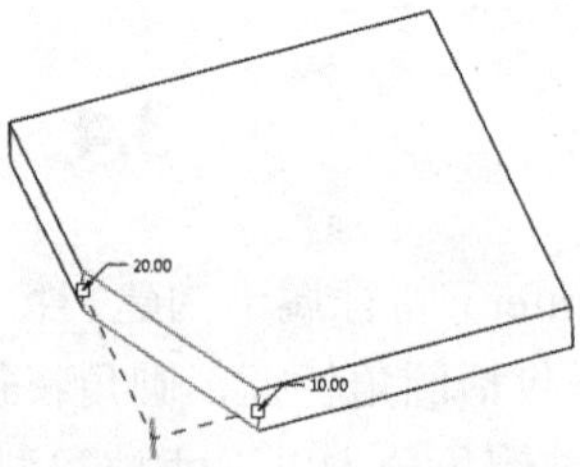

图 3–25　D1×D2

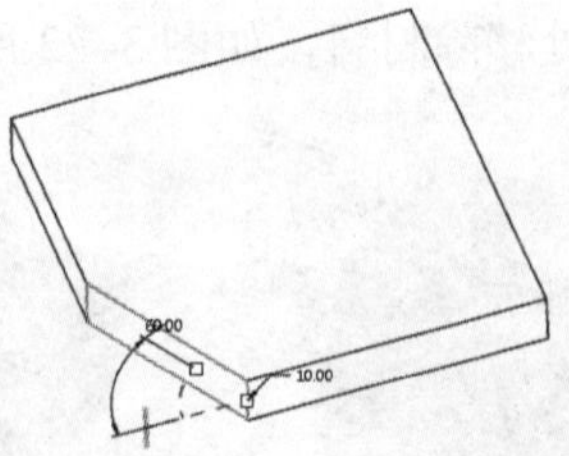

图 3–26　角度×D

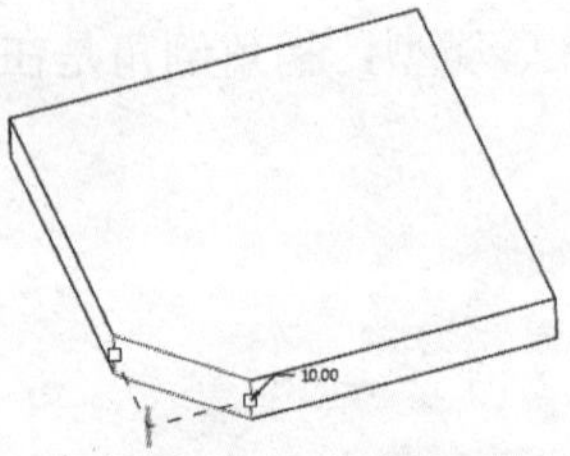

图 3–27　45×D

3.4.2　倒角创建过程

倒角创建过程示例如图 3–28 所示。

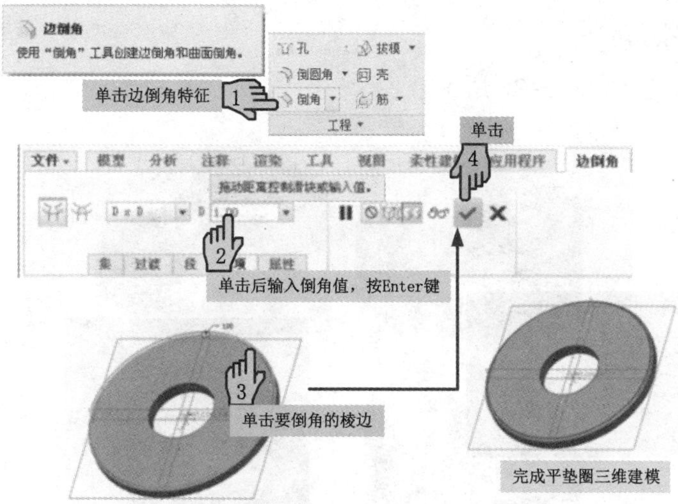

图 3–28　倒角创建过程示例

3.5　圆 角 特 征

3.5.1　圆角特征简述

使用圆角（Round）命令可创建曲面间的圆角或中间曲面位置的圆角。曲面可以是实体模型的曲面，也可以是曲面特征。在 Creo 中，可以创建两种不同类型的圆角：简单圆角和高级圆角。创建简单的圆角时，只能指定单个参考组，并且不能修改过渡类型；当创建高级圆角时，可以定义多个“圆角组”，即圆角特征的段。

创建圆角时，应注意下面几点：

① 在设计中尽可能晚些添加圆角特征。

② 可以将所有圆角放置到一个层上，然后隐含该层，以便加快工作进程。

③ 为避免创建从属于圆角特征的子项，标注时，不要以圆角创建的边或相切边为参考。

3.5.2　圆角特征创建

圆角特征创建

1. 边倒圆角

参照：边（如图 3–29 所示）。

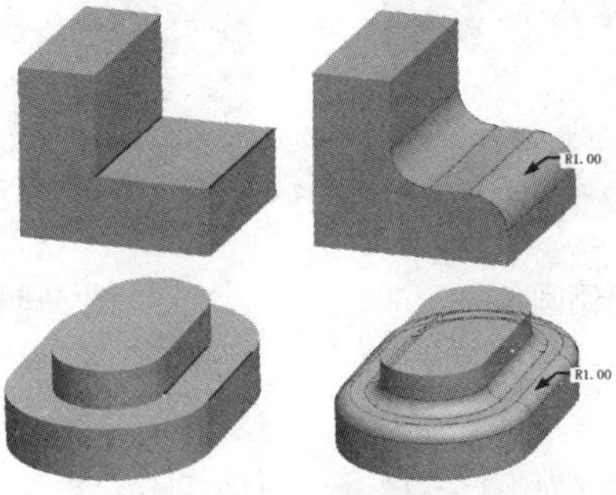

图 3–29　边倒角

2. 曲面对边倒圆角

参照：曲面和边（如图 3–30 所示）。

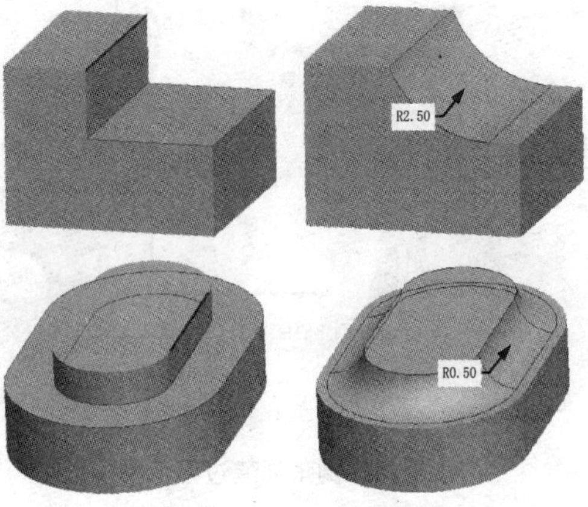

图 3–30　曲面对边倒圆角

3. 完全倒圆角

参照：两条边或者两个曲面和要移除的第三个曲面（如图 3–31、图 3–32 所示）。

图 3–31　两边为参照完全倒圆角

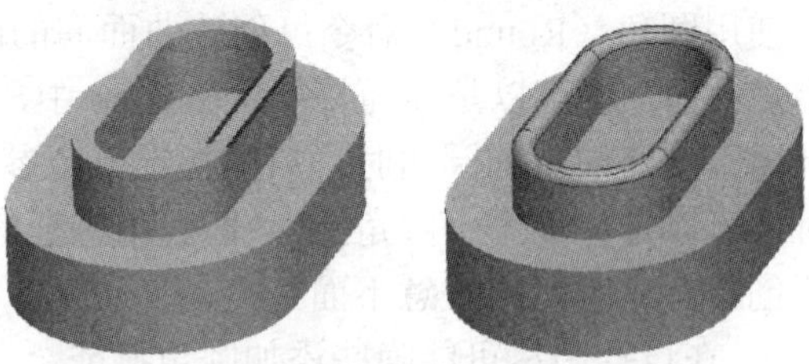

图 3–32　两个曲面和要移除的第三个曲面参照

4. 曲面对曲面倒圆角

参照：两个曲面（如图 3–33、图 3–34 所示）。

图 3–33　两个平曲面倒圆角

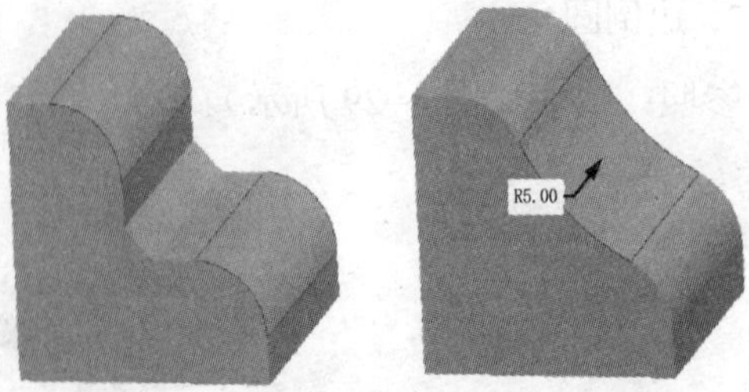

图 3–34　两个圆柱曲面倒圆角

5. 通过曲线倒圆角

参照：一个边、一条曲线（如图 3–35 所示）。

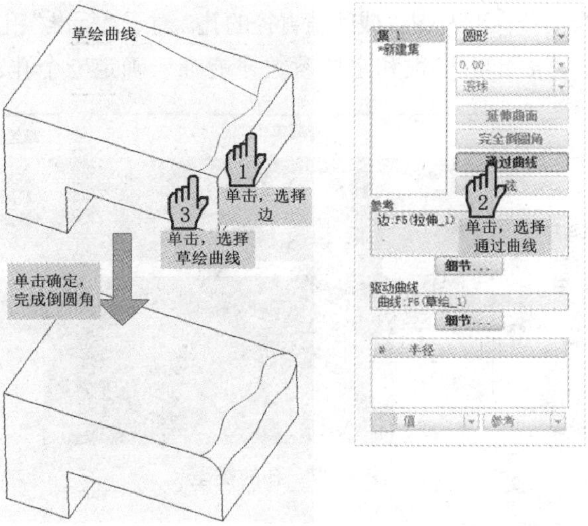

图 3–35　通过曲线倒圆角

6. 多半径圆角

参照：一个边、多半径（如图 3–36 所示）。

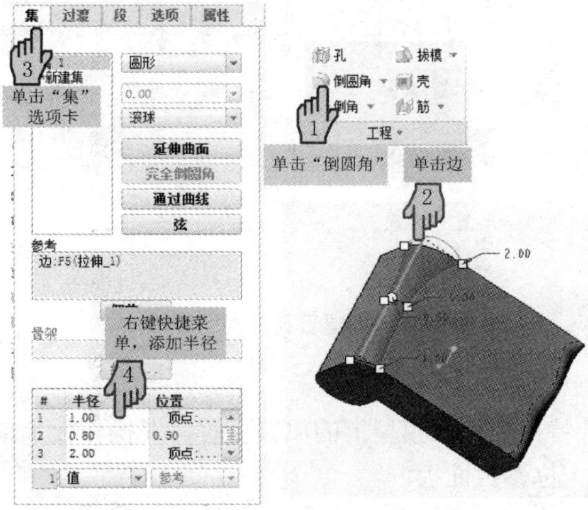

图 3–36　通过曲线倒圆角

3.6　孔　特　征

孔特征

3.6.1　孔特征简述

孔是工程中经常用到的特征，孔特征的形式多样，放置位置灵活。系统中可创建三种孔（图 3–37）。

① 简单：由带矩形剖面的旋转切口组成。可使用预定义矩形或标准孔轮廓作为钻孔轮廓，也可以为创建的孔指定埋头孔、扩孔和刀尖角度。

② 草绘：使用“草绘器”创建不规则截面的孔。

③ 标准：创建符合工业标准及螺纹或间隙直径的孔。对于“标准”孔，会自动创建螺纹注释。孔特征一般情况下需要定形参数和定位参数才能唯一确定一个孔。

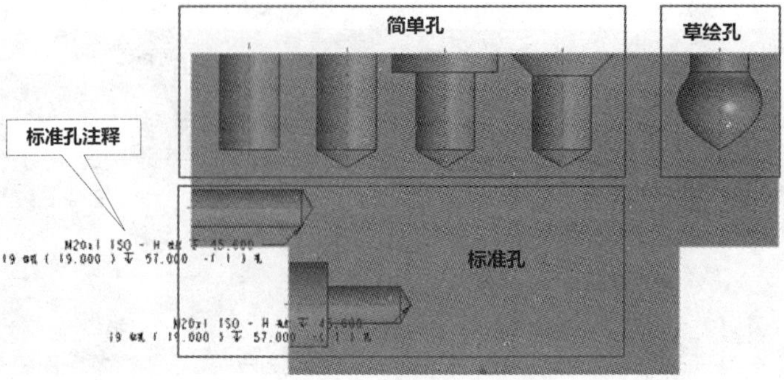

图 3–37　孔的类型

（1）确定孔的定形参数

打开孔设计图标板后，系统会默认选中直孔设计工具，如图 3–38 所示。

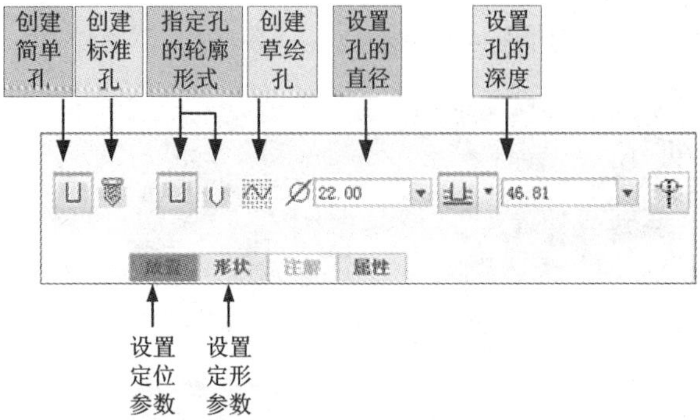

图 3–38　创建直孔时的图标板

（2）设置定位参数

定位参数用于确定孔特征在基础模型上的放置位置。在操作板上单击“放置”按钮，系统弹出如图 3–39 所示的定位参数面板。

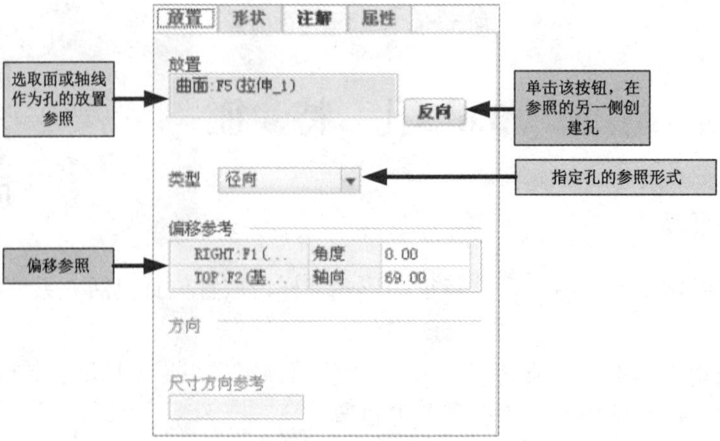

图 3–39　放置面板

3.6.2 孔的放置

建立圆孔特征时，必须标定孔轴的位置，即放置孔，其通过圆孔特征操控板的“放置”下滑面板来实现（如图 3–40 所示）。

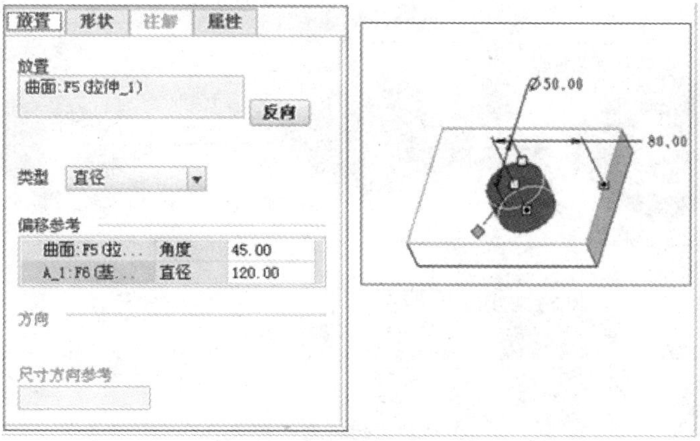

图 3–40　孔的放置示例

圆孔特征的放置类型有 5 种：线性（Linear）、径向（Radial）、直径（Diameter）、同轴（Coaxial）和在点上（On Point）。前 4 种都必须先选取平面、曲面或基准轴作为放置参照，然后选取偏移参照来约束孔相对于所选参照的位置。采用“在点上”（On Point）方式定位，仅需选取基准点作为放置参照，无须定义偏移参照。

放置时，可在孔预览几何中拖动控制滑块或将其捕捉到某个参照。

1. 线性定位

以相对两个偏移参照的线性尺寸来标定孔轴的位置（如图 3–41 所示）。注意，在选取第 2 个偏移参照时，必须按住 Ctrl 键。操作过程如图 3–42 所示。

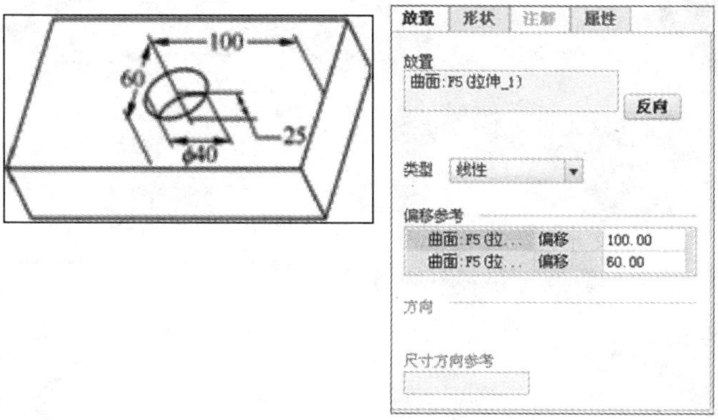

图 3–41　线性定位

2. 径向定位

以一个线性尺寸和角度尺寸来标定孔轴的位置，即孔轴到偏移参照轴的距离（半径）、孔轴和偏移参照轴的连线及偏移参照平面间的夹角（如图 3–43 所示）。操作过程如图 3–44 所示。

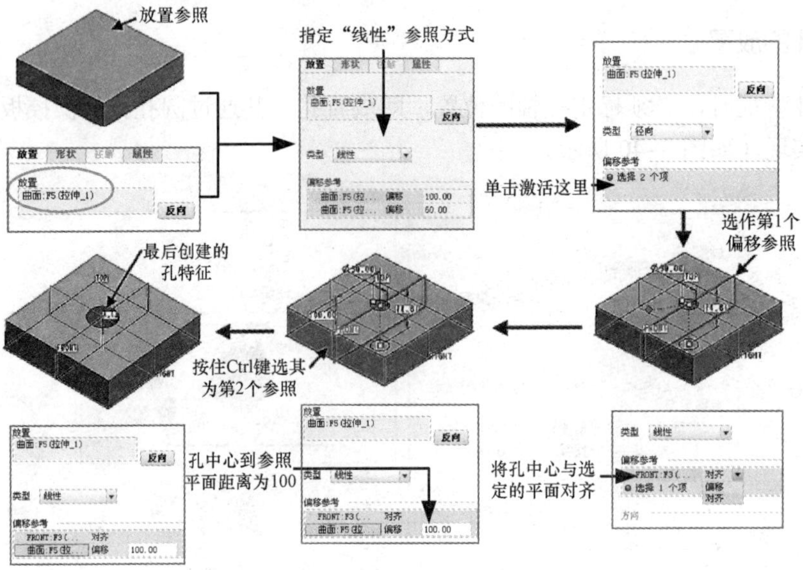

图 3–42 线性参照形式

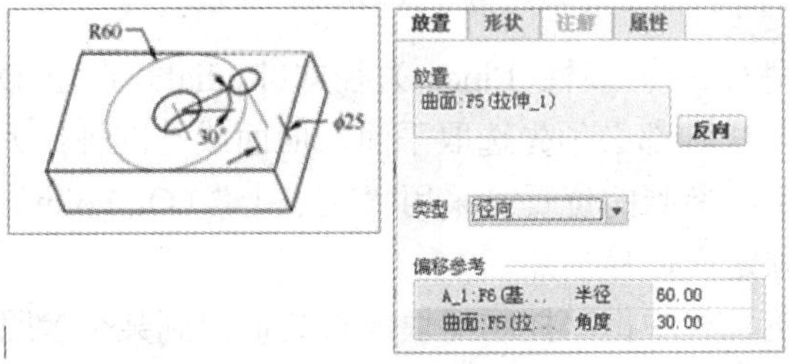

图 3–43 径向定位

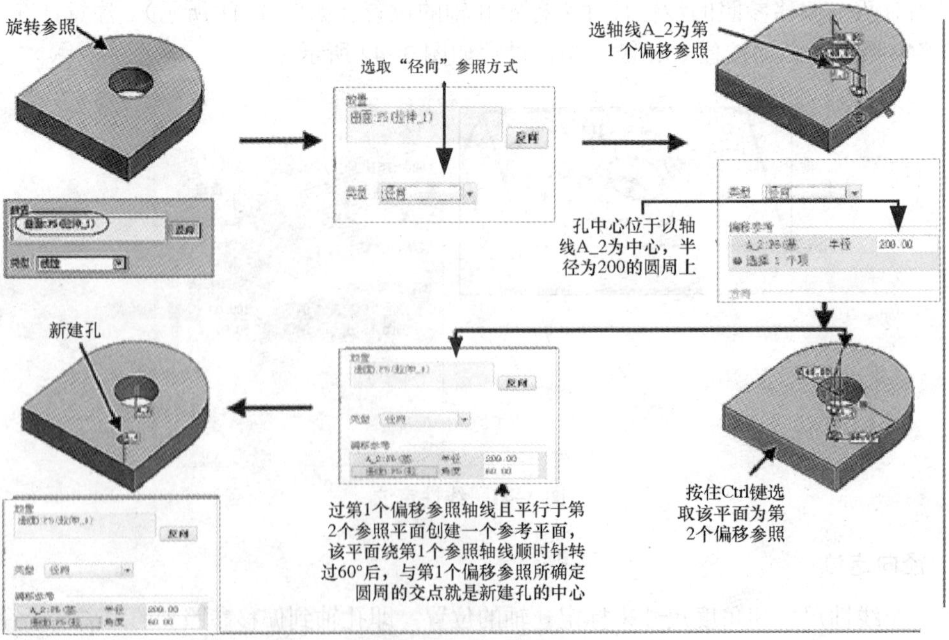

图 3–44 径向参照形式

3. 直径定位

以一个线性尺寸和角度尺寸来标定孔轴的位置，不同之处在于其是以直径值来表示孔轴到偏移参照轴的距离的（如图 3–45 所示）。

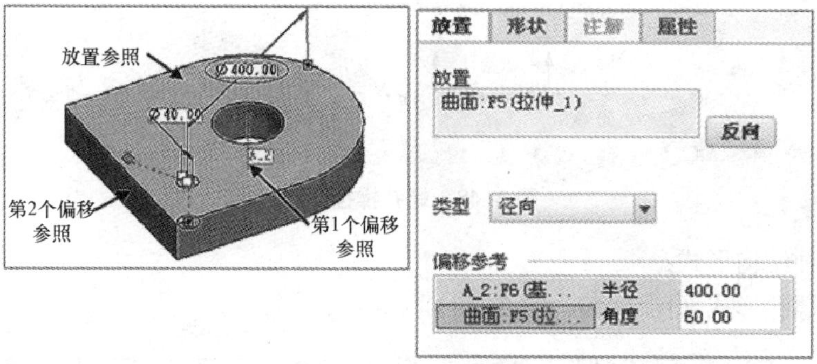

图 3–45　直径参照形式

4. 同轴定位

将圆孔放置在与参照轴重合的位置，使圆孔中心轴与参照轴共线，如图 3–46 所示。

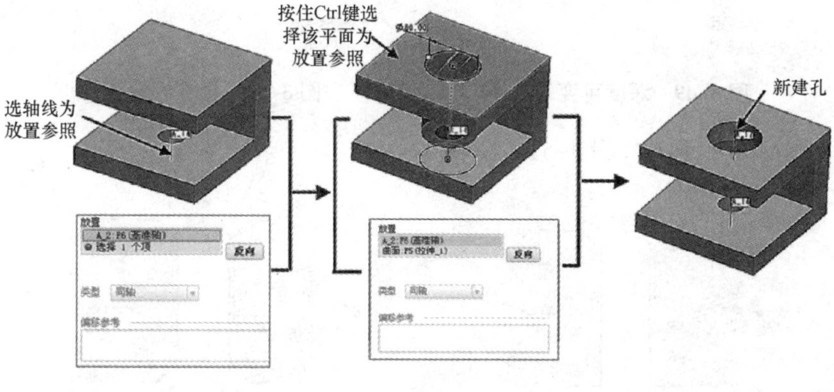

图 3–46　“同轴”参照形式

5. 在点上

将孔与参照基准点对齐，该类型不需要定义偏移参照，如图 3–47 所示。

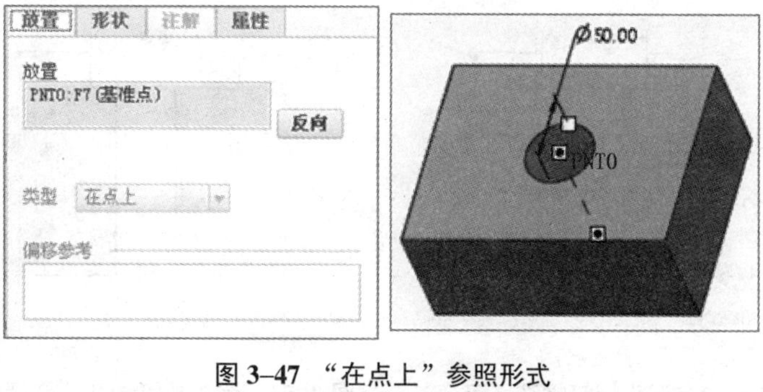

图 3–47　“在点上”参照形式

3.6.3 创建螺纹孔（标准孔）

螺孔操控面板如图 3–48 所示。

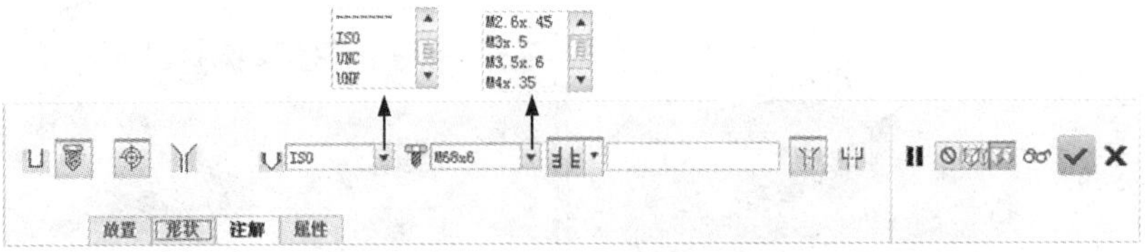

图 3–48　螺孔操控面板

螺孔有四种结构形式：

（1）一般螺孔形式（图 3–49、图 3–50）

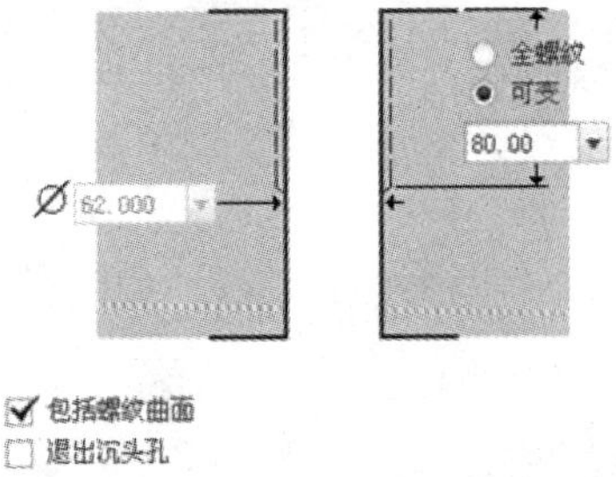

图 3–49　深度可变螺孔

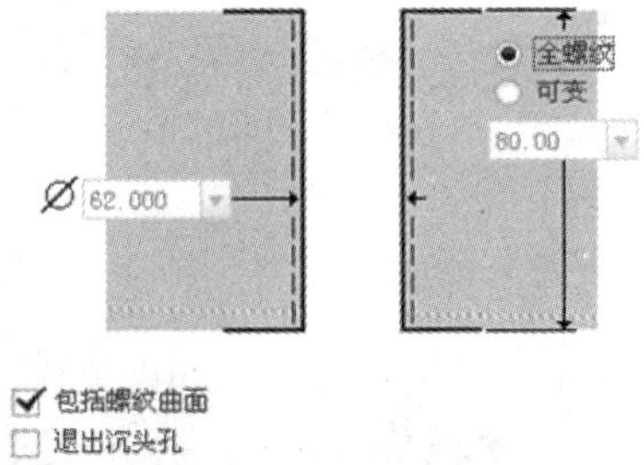

图 3–50　全螺纹螺孔

（2）埋头螺钉螺孔形式（图 3–51、图 3–52）

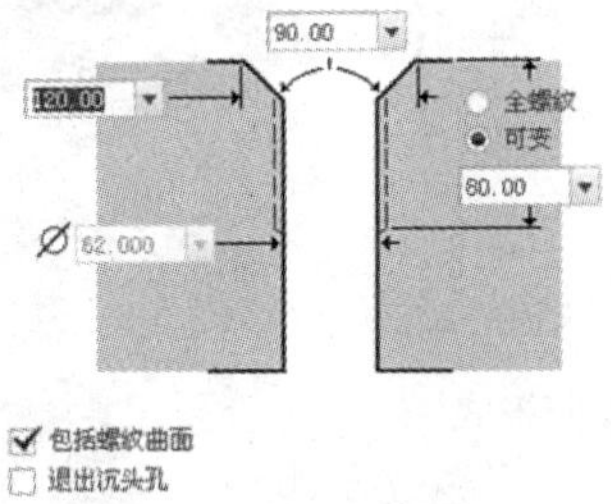

图 3–51　埋头螺钉螺孔 1

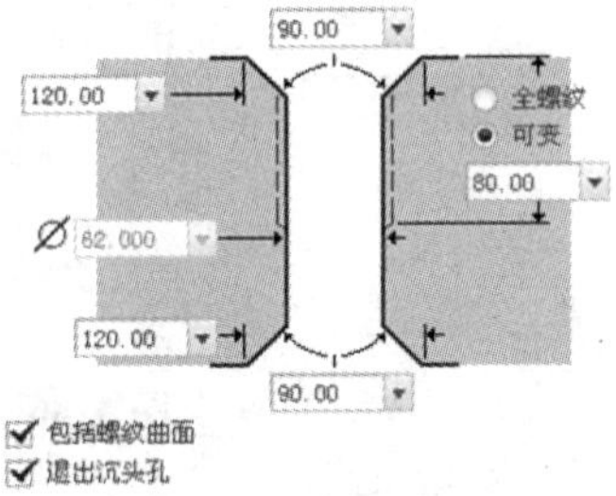

图 3–52　埋头螺钉螺孔 2

（3）沉头螺钉螺孔形式（图 3–53、图 3–54）

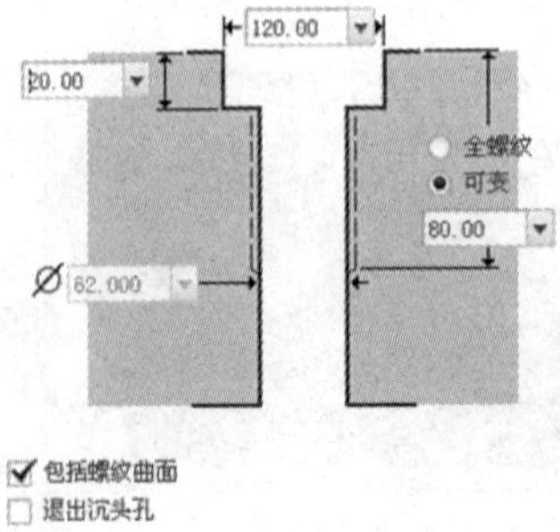

图 3–53　沉头螺钉螺孔（可变）

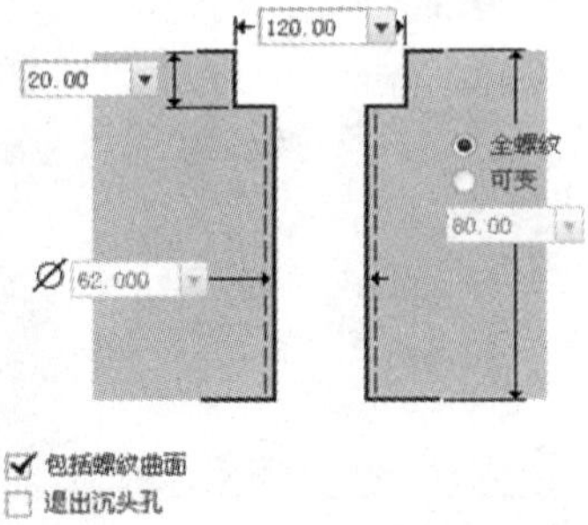

图 3–54　沉头螺钉螺孔（全螺纹）

（4）螺钉过孔形式（图 3–55、图 3–56）

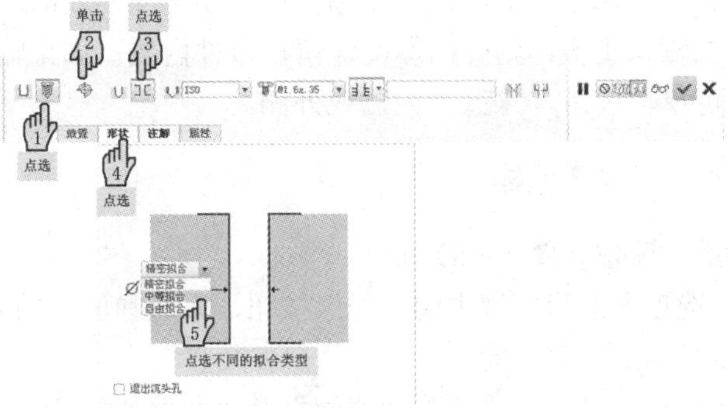

图 3–55　螺钉过孔

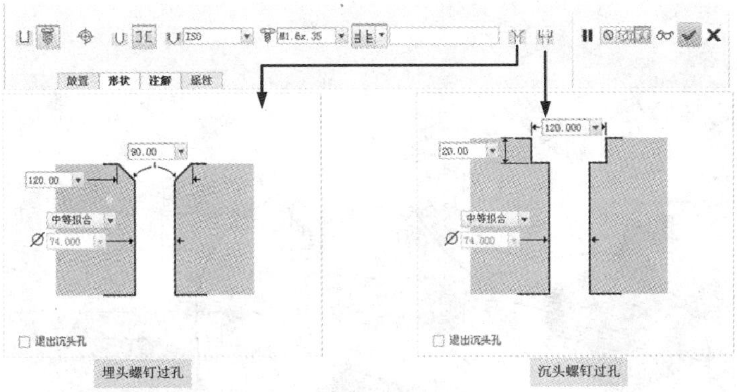

图 3–56　埋头螺钉过孔与沉头螺钉过孔

3.7　抽 壳 特 征

3.7.1　抽壳特征简述

“（抽）壳”特征（Shell）是将实体的一个或几个表面去除，然后掏空实体的内部，留下一定壁厚的壳。在使用该命令时，各特征的创建次序非常重要。壳特征操控板如图 3–57 所示。

壳特征

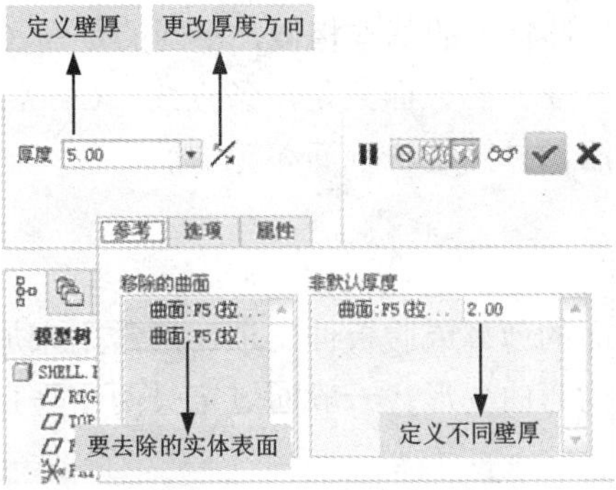

图 3–57　壳特征操控板简介

理论篇

注意：

这里可按住 Ctrl 键，再选取其他曲面来添加实体上要去除的表面。

定义壁厚时，如果输入正值，则壳的厚度保留在零件内侧；如果输入负值，壳的厚度将增加到零件外侧。也可单击按钮来改变内侧或外侧。

3.7.2 抽壳特征操作的基本流程

抽壳特征的一般操作流程（图 3–58）如下：

① 单击“功能”选项卡形状区域中的“壳”按钮，系统弹出“抽壳”操控面板。

② 定义抽壳厚度，确定抽壳方向。

③ 打开“参考”面板，以进行“移除的曲面”及“非默认厚度”设置。

④ 执行特征预览或者特征的生成，并改变视角查看模型效果。

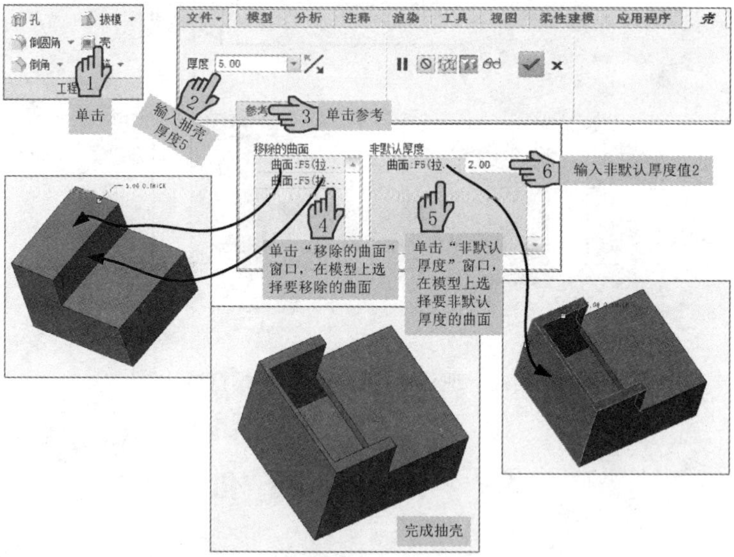

图 3–58 抽壳特征操作流程

3.8 筋（肋）特征

筋（肋）是设计用来加固零件的，也常用来防止出现不需要的折弯。筋（肋）特征的创建过程与拉伸特征的基本相似，不同的是筋（肋）特征的截面草图是不封闭的，筋（肋）的截面只是一条直线。Creo3.0 提供了两种筋（肋）特征的创建方法，分别是轨迹筋和轮廓筋。

筋特征

3.8.1 轮廓筋特征

筋特征是连接到实体表面的薄翼或腹板伸出项，通常用来加固设计中的零件，也常用来防止零件上出现不需要的结构弯曲变形。一般通过定义两个垂直曲面之间的特征横截面来创建轮廓筋。

1. 轮廓筋的类型（图 3–59）

（1）平直型

当附着的实体曲面是平直曲面时，形成平直型加强筋。其厚度是沿草绘平面向一侧拉伸或关于草绘平面对称拉伸。其只能用作线性阵列。

（2）旋转型

当附着的实体曲面为旋转曲面时，将形成旋转型加强筋。该类加强筋的草绘平面必须通过附着曲面的轴线，相当于绕父项的中心轴旋转截面，在草绘平面的一侧或绕草绘平面对称地生成楔，然后用两个平行于草绘面的平面修剪该楔。其只能用作旋转阵列。

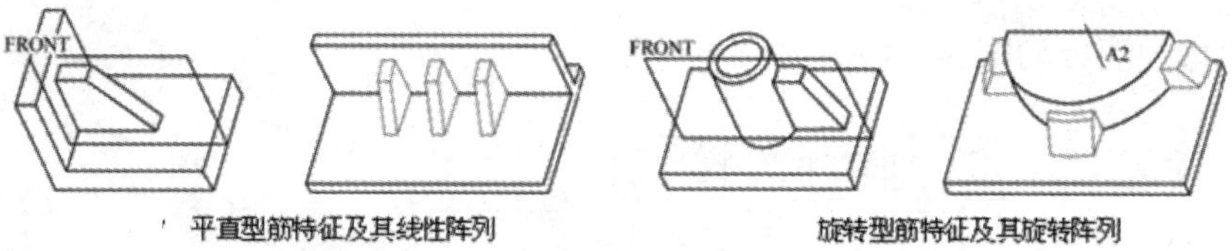

图 3–59　轮廓筋的类型

2. 轮廓筋特征操控板

（1）操控板（图 3–60）

单击工具按钮，弹出轮廓筋操控板，包含厚度框和厚度方向切换按钮两个选项。

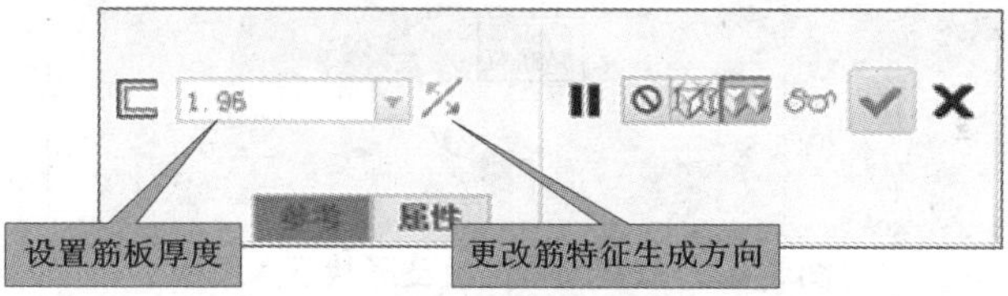

图 3–60　轮廓筋操控板

（2）下滑面板（图 3–61）

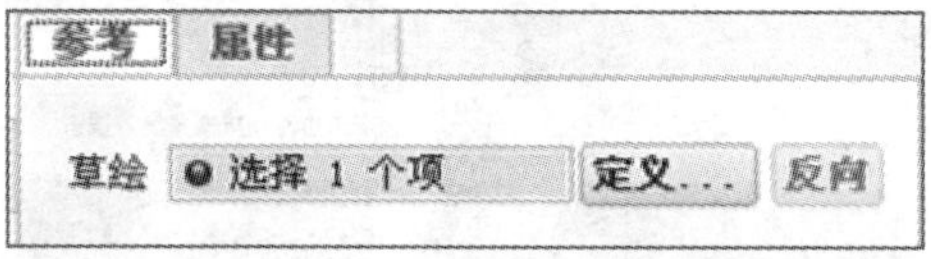

图 3–61　轮廓筋下滑面板

“参考”下滑面板用于查看和定义加强筋的特征截面。

“属性”上滑面板用于获取加强筋的特征信息并允许重命名。

3. 轮廓筋特征截面的有效草绘

有效草绘必须满足以下要求：① 单一的开放环；② 连续的非相交草绘图元；③ 草绘端点必须与形成封闭区域的连接曲面对齐。

如图 3–62 所示，平直型筋特征可以在任意位置创建草绘，但其截面线端点必须连接到曲面，以形成一个要填充的封闭区域；而旋转型筋特征的草绘平面必须通过其相接曲面的旋转中心，且其截面线端点必须连接到曲面，形成一个要填充的封闭区域。

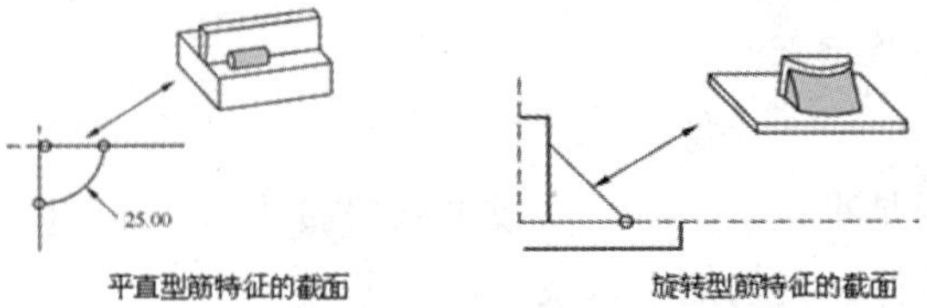

图 3–62　轮廓筋特征截面

3.8.2　轨迹筋

轨迹筋常用于加固塑料零件，通过在腔槽曲面之间草绘筋轨迹，或通过选取现有草绘来创建轨迹筋。

轨迹筋操控面板如图 3–63 所示。

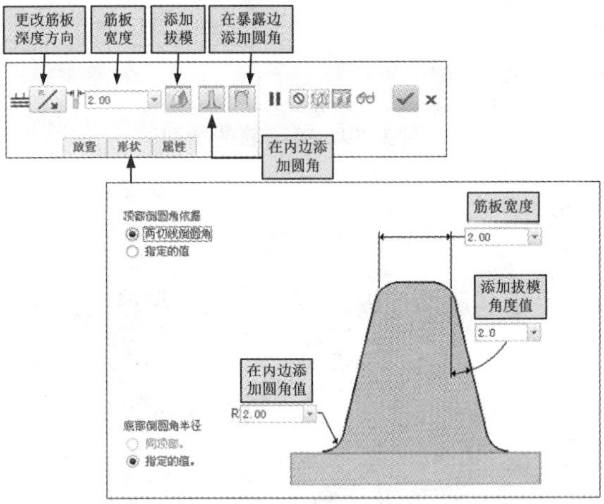

图 3–63　轨迹筋操控板及形状下滑面板

打开 ribbed_plate_3.prt 文件，轨迹筋建模过程如图 3–64 所示。

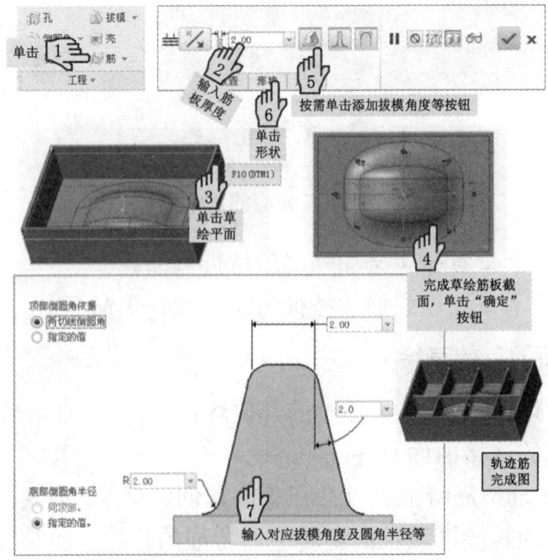

图 3–64　轨迹筋建模过程

3.9 拔模特征

3.9.1 拔模特征简述

注射件和铸件往往需要一个拔摸斜面才能顺利脱模，Creo 的拔摸（斜度）特征就是用来创建模型的拔摸斜面的。下面先介绍有关拔模的几个关键术语：

拔模特征

拔模曲面：要进行拔模的模型曲面。

枢轴平面：拔模曲面可绕着平面与拔模曲面的交线旋转而形成拔模斜面。这个平面就是枢轴平面。

枢轴曲线：拔模曲面可绕着一条曲线旋转而形成拔模斜面。这条曲线就是枢轴曲线，它必须在要拔模的曲面上。

拔模参考：用于确定拔模方向的平面、轴和模型的边。

拔模方向：拔模方向总是垂直于拔模参考平面，或平行于拔模参考轴或参考边。

拔模角度：拔模方向与生成的拔模曲面之间的角度。

旋转方向：拔模曲面绕枢轴平面或枢轴曲线旋转的方向。

分割区域：可对拔模曲面进行分割，然后为各区域分别定义不同的拔模角度和方向。

3.9.2 拔模操作的基本流程

（1）根据枢轴平面创建不分离的拔模特征

步骤 1：打开文件 draft_genera2.prt。

步骤 2：点选拔模特征，出现拔模特征操控面板，如图 3–65 所示。

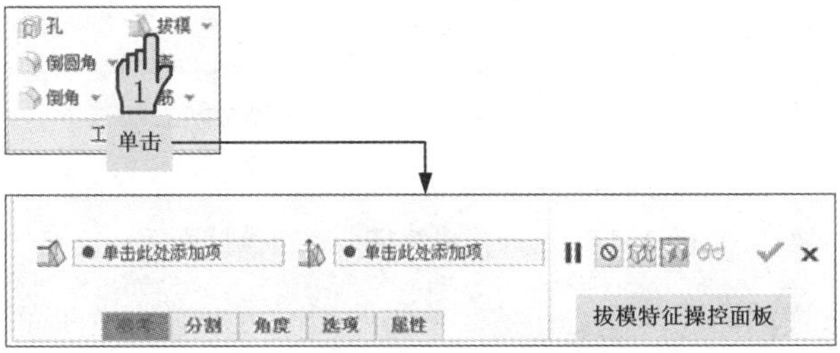

图 3–65 选择拔模特征，弹出操控面板

步骤 3：选取要拔模的曲面（按 Ctrl 键，单击曲面，可多选拔模曲面），如图 3–66 所示。

步骤 4：选取拔模枢轴平面，修改拔模角度，完成拔模特征的创建，如图 3–67 所示。

（2）根据枢轴平面创建分离的拔模特征

由图 3–68 可看出，拔模面被枢轴平面分离成两个拔模侧面（拔模 1 和拔模 2），这两个拔模侧面可以有独立的拔模角度和方向。下面以此模型为例，介绍如何根据枢轴平面创建一个分离的拔模特征。

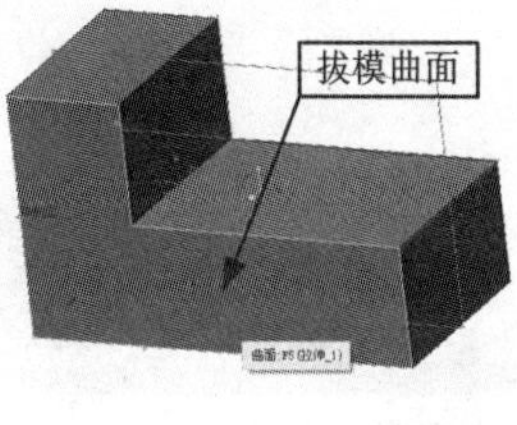

图 3–66 选择拔模曲面

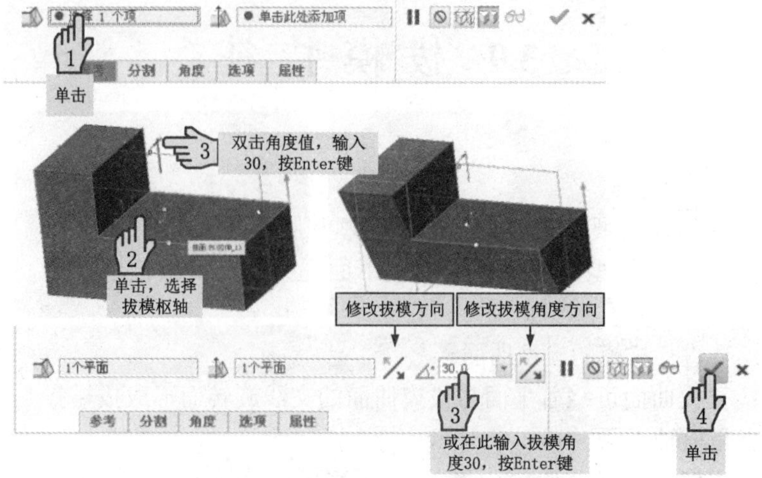

图 3–67　选择拔模枢轴，修改拔模角度

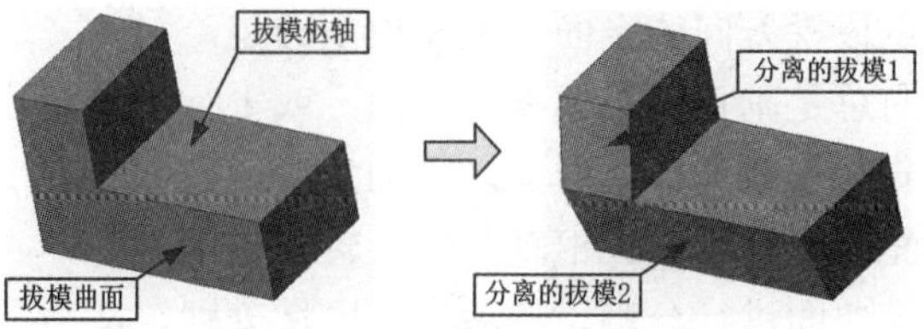

图 3–68　分离拔模特征前后比较

步骤 1：打开文件 draft_genera1.prt。

步骤 2：点选拔模特征，出现拔模特征操控面板，如图 3–69 所示。

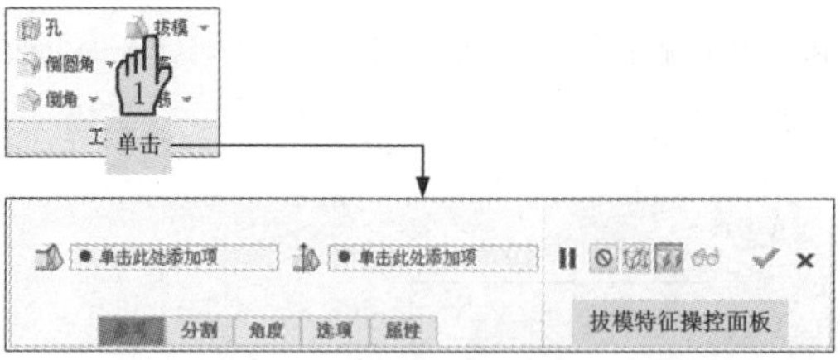

图 3–69　选择拔模特征，弹出操控面板

步骤 3：选取要拔模的曲面（按 Ctrl 键，单击曲面，可多选拔模曲面），如图 3–70 所示。

步骤 4：选取拔模枢轴平面，如图 3–71 所示。

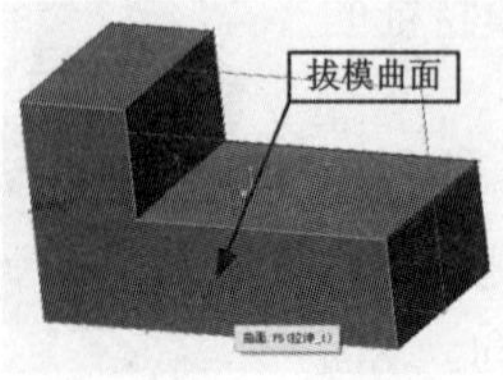

图 3–70　选择拔模曲面

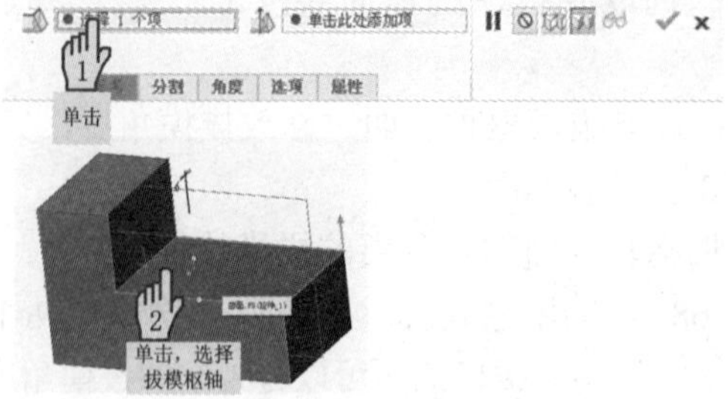

图 3–71　选择拔模枢轴

步骤 5：选取“分割选项”和“侧选项”，修改拔模角度，完成拔模特征的创建，如图 3–72 所示。

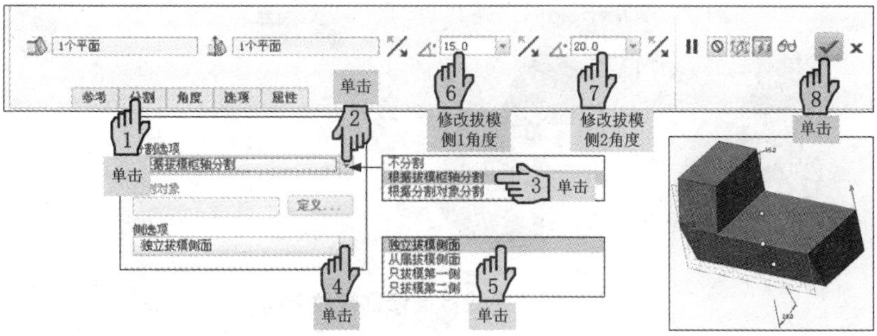

图 3–72　分割选项和侧选项并完成拔模特征

3.10 修 饰 特 征

修饰（Cosmetic）特征是在其他特征上绘制的复杂的几何图形，并能在模型上清楚地显示出来，如螺钉上的螺纹示意线、零件上的公司徽标等。由于修饰特征也被认为是零件的特征，因此它们一般也可以重定义和修改。下面将介绍几种修饰特征：Thread（螺纹）、Sketch（草图）和 Groove（凹槽）。

3.10.1　螺纹修饰特征

修饰螺纹（Thread）是表示螺纹直径的修饰特征。与其他修饰特征不同，修饰螺纹的线形不能修改，并且螺纹也不会受到“环境”菜单中隐藏线显示设置的影响。螺纹以默认极限公差设置来创建。

螺纹修饰特征

修饰螺纹可以是外螺纹或内螺纹，可以是不通的或贯通的。可通过指定螺纹小径或螺纹大径（分别对于外螺纹和内螺纹）、起始曲面和螺纹长度或终止边，来创建修饰螺纹。

这里以前面创建的 shaft.prt 零件模型为例，说明如何在模型的圆柱面上创建（外）螺纹修饰。

步骤 1：打开文件 shaft.Prt。

步骤 2：进入修饰特征（图 3–73），弹出修饰特征操控板（图 3–74）。

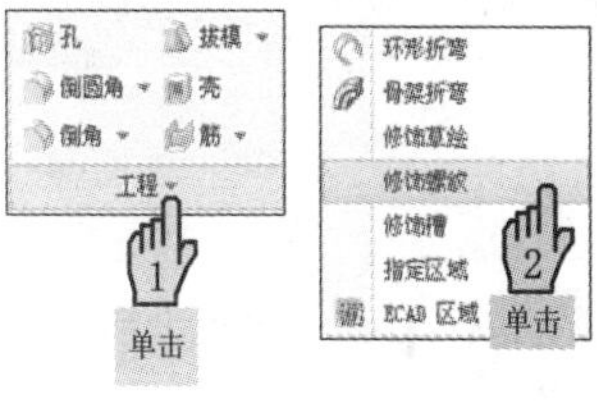

图 3–73　选择修饰特征

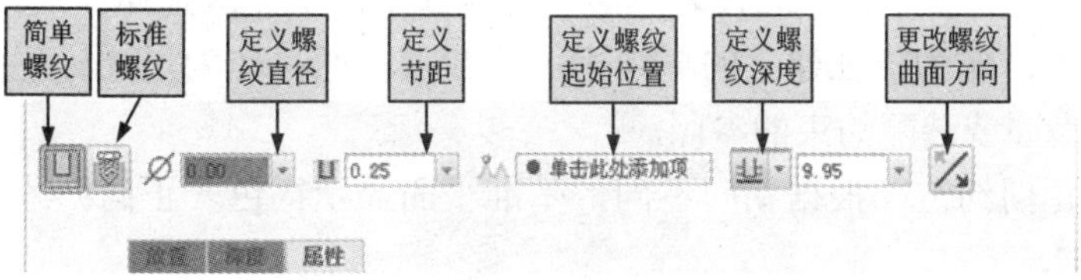

图 3–74　修饰特征操控面板

步骤 3：完成标准螺纹 M10 的创建，如图 3–75 所示。

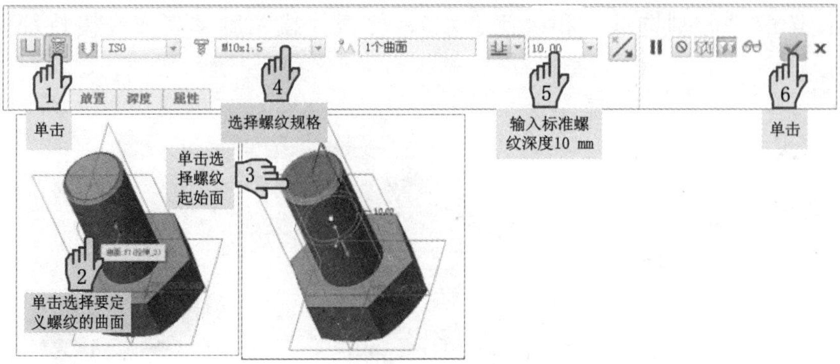

图 3–75　完成标准修饰螺纹创建

3.10.2　草绘修饰特征

草绘（Sketch）修饰特征被“绘制”在零件的曲面上。例如，公司徽标或序列号等可“绘制”在零件的表面上。另外，在进行“有限元”分析计算时，也可利用草绘修饰特征定义“有限元”局部负荷区域的边界。

单击图 3–73 中的“修饰草绘”选项，系统弹出“草绘”对话框，选择草图平面后即可绘制修饰草图。

注意：其他特征不能参考修饰特征，即修饰特征的边线既不能作为其他特征尺寸标注的起始点，也不能作为“使用边”。

3.10.3　凹槽修饰特征

凹槽修饰特征（Groove）是零件表面上凹下的绘制图形，它是一种投影类型的修饰特征。通过创建草绘图形并将其投影到曲面上即可创建凹槽，凹下的修饰特征是没有定义深度的。

注意：凹槽特征不能跨越曲面边界。在数控加工中，应选取凹槽修饰（Groove）特征来定义雕刻加工。单击图 3–73 中的“修饰槽”选项，可以创建修饰凹槽。

3.11　基 准 特 征

3.11.1　基准平面

基准平面是零件建模过程中使用最为频繁，同时也是最重要的基准特征。基准平面与实体特征不同，它没有厚度，并且在空间上无限延伸。

基准平面作用：作为特征建立的草绘平面或参考平面；作为尺寸标注的参照；定向的参照或装配约束的参照。

基准平面的正向约定：根据朝向不同，基准平面显示褐色（正向）或灰色侧（负向）。

基准面

1. 基准平面对话框

建立基准平面时，应单击按钮▱，显示“基准平面”对话框（图 3–76）。

（1）“放置”选项卡

用于选取和显示现有参照，并为每个参照设置约束类型及数值。选取多个参照时，须按住 Ctrl 键，必须定义足够的约束条件，以唯一限制基准平面。

（2）“显示”选项卡

反转基准平面的法向，调整轮廓复选框用于调整基准平面轮廓显示尺寸。

（3）“属性”选项卡

用于查看当前基准平面特征的信息，或者对基准平面重命名。

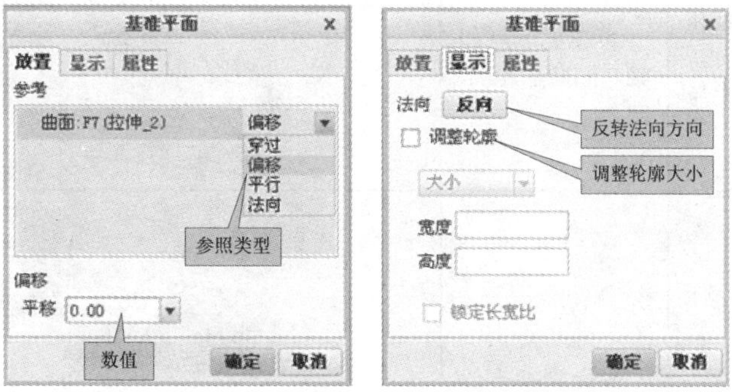

图 3–76　基准平面对话框

2. 基准平面的建立（表 3–4）

表 3–4　基准面建立

序号	参照组合	建立的基准平面	示　　例
1	基准平面（或平曲面）	偏移平面	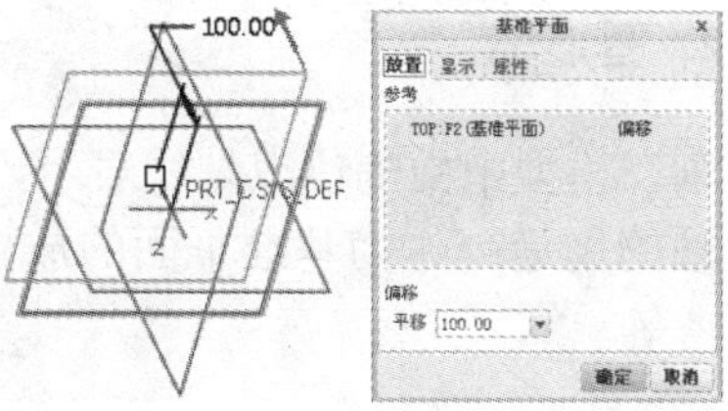
2	一个基准轴或草绘线或边及一个基准平面（或平曲面）	角度平面	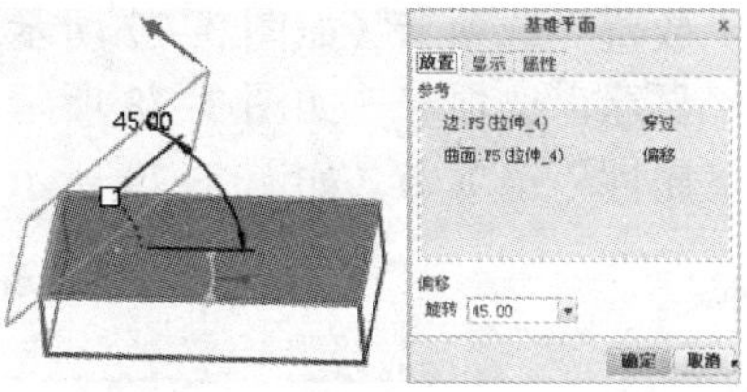
3	两个共面边或者两个轴（必须共面，但不共线）	通过这些参照的基准平面	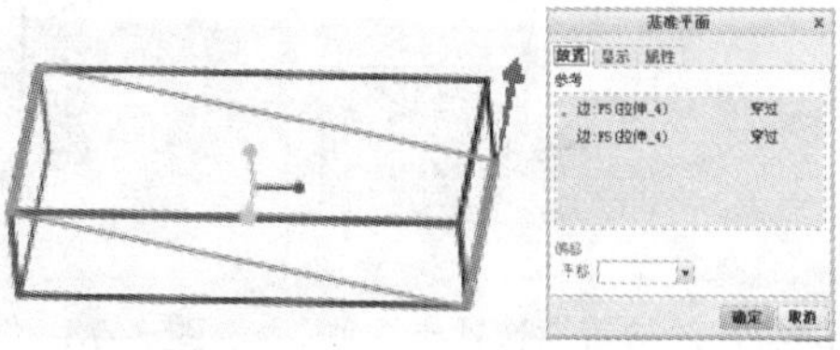

理论篇

续表

序号	参照组合	建立的基准平面	示　例
4	三个基准点或者顶点（不共线）	通过每个基准点/顶点的基准平面	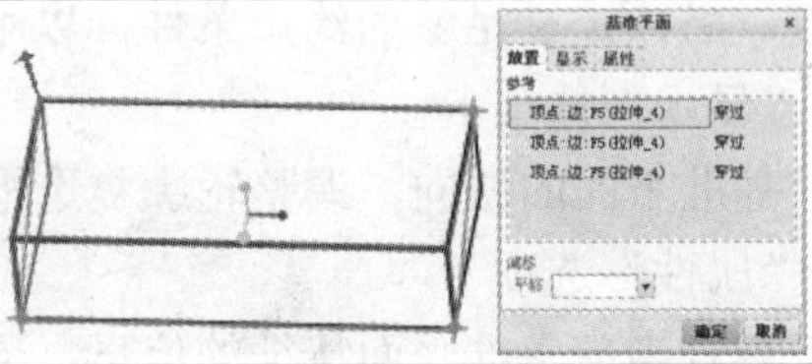
5	一个基准点和一个轴或直边/曲线（点不能与轴或边共线）	通过基准点和轴/边的基准平面	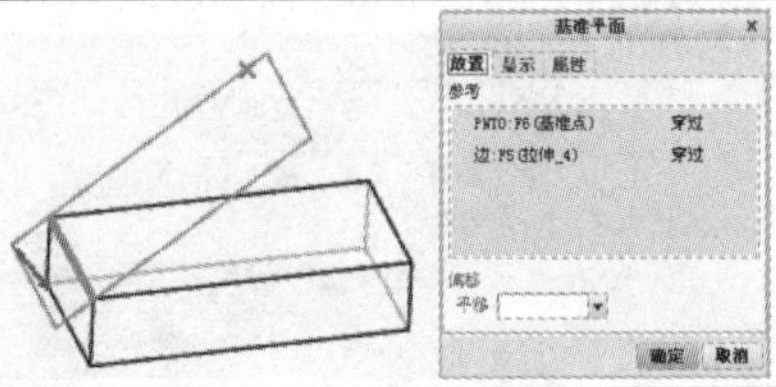
6	一个基准点或者顶点和一个基准面或平曲面	通过基准点并平行或者垂直于基准面/平曲面的基准面	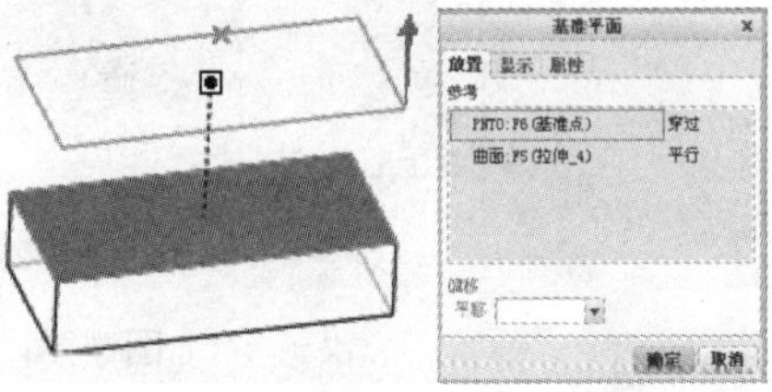 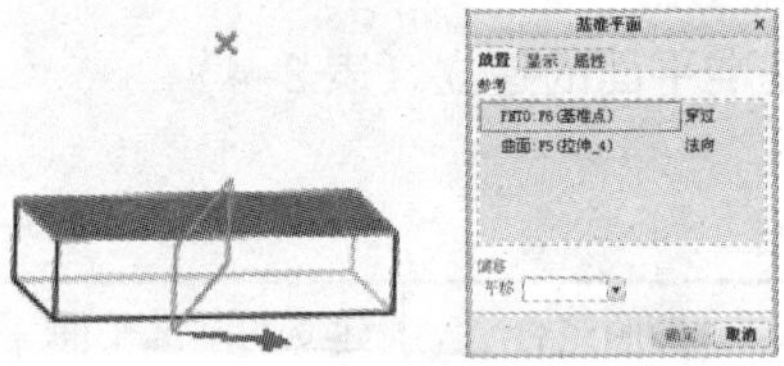

3.11.2　基准轴

基准轴在模型中由褐色点划线表示，且轴线上会显示 A_#（#为数字编号）标签。

基准轴的用途：作为基准平面的放置参照；作为同轴放置特征或旋转阵列的参考等。

基准轴

1.“基准轴”对话框

（1）“放置”选项卡（如图 3–77 所示）

（2）“显示”选项卡（如图 3–78 所示）

（3）“属性”选项卡（如图 3–79 所示）

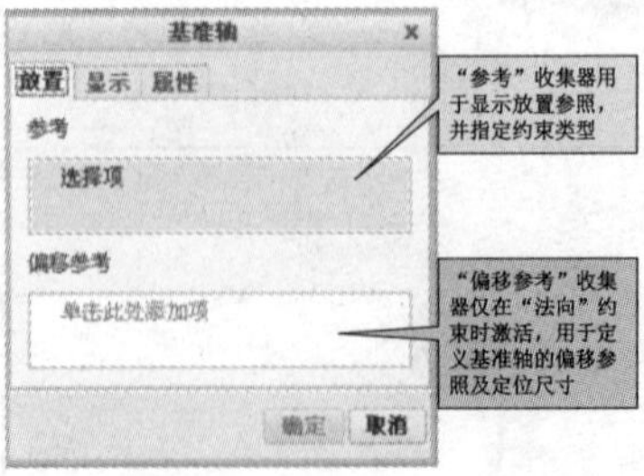

图 3–77　“放置”选项卡

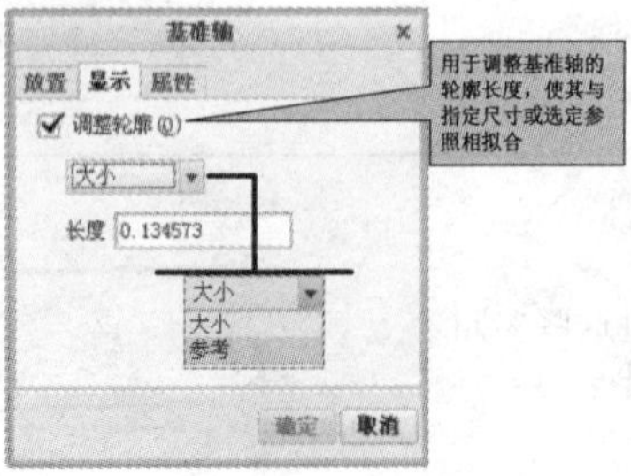

图 3–78　“显示”选项卡

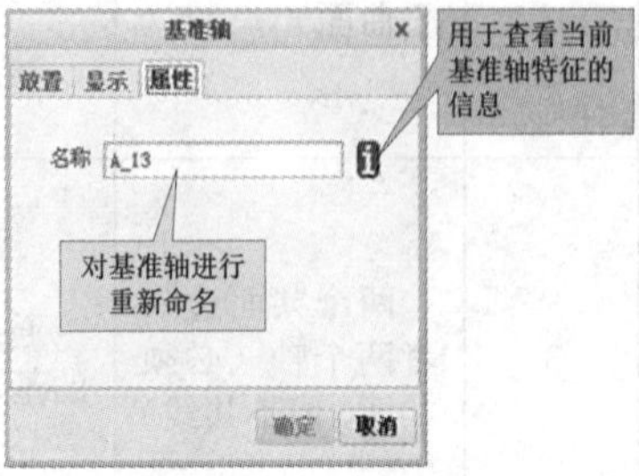

图 3–79　“属性”选项卡

2. 基准轴的建立

（1）基准轴的约束类型

穿过（Through）：通过选取的参考边、点/顶点等参照。选取旋转弧面时，基准轴通过其弧面中心。选取多个参照时，须按住 Ctrl 键。

法向（Normal）：垂直于选定参照，此时须定义偏移参照及定位尺寸，如图 3–80 所示。

相切（Tangent）：相切于选定的曲线或边等参照。此时要添加附加点或顶点作为参照，以创建位于该点且平行于切向量的基准轴，如图 3–81 所示。

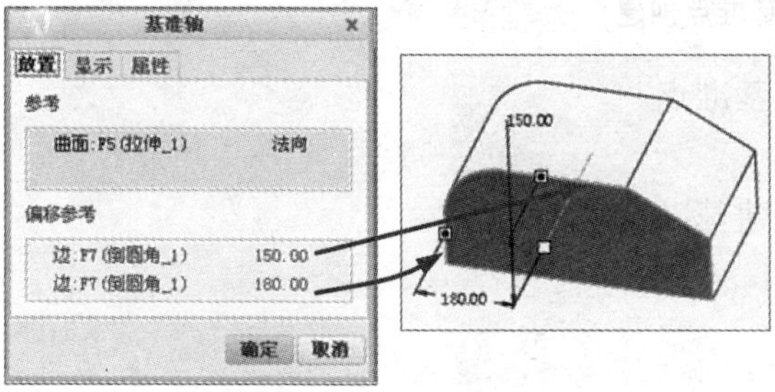

图 3–80　基准轴法向约束

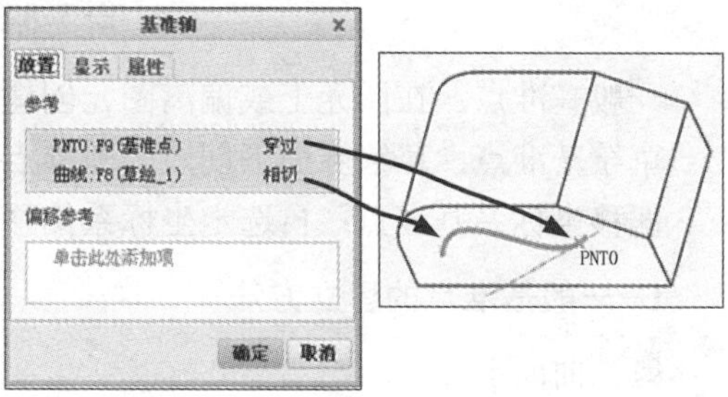

图 3–81　基准轴的相切约束

（2）预选参照创建基准轴

预先选定参考组合（如选取多个参照，需按住 Ctrl 键），然后单击按钮自动创建完全约束的基准轴，见表 3–5。

表 3–5　基准轴特征参照组合

预选参照组合	建立的基准轴
一个直边或轴	通过选定边创建基准轴
两个基准点或顶点	通过每个选定点来创建基准轴
基准点或顶点和基准平面或平面曲面	通过选定点并与基准平面或平面曲面垂直来创建基准轴，在基准轴和基准平面或平面曲面的交点处会显示一个控制滑块
两个非平行的基准平面或平面曲面	如果平面相交，则通过相交线创建基准轴
曲线或边及其中一个端点或基准点	通过选定点并与曲线或边相切来创建基准轴
平面圆边或曲线、基准曲线或圆柱曲面的边	通过平面圆边或曲线的中心且垂直于选定曲线或边所在的平面来创建基准轴。对于圆柱曲面的边，将沿着圆柱曲面的中心线创建基准轴
基准点和曲面	如果基准点在选定曲面上，则通过该点并垂直于该曲面创建基准轴；如果基准点不在选定曲面上，则打开“基准轴”对话框

3.11.3　基准点

基准点

基准点创建如图 3–82 所示。

基准点的作用包括：作为基准面、基准轴的曲线建立的参考物、倒圆角半径的控制点、管特征的创建点、有限元分析的施力点、模流分析的胶口位置等。

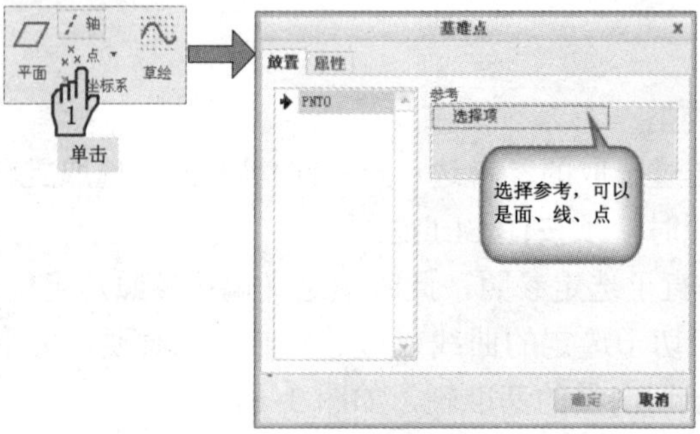

图 3–82　基准点创建

一般基准点：在图元上或偏离图元创建的基准点。

草绘基准点：草绘界面下创建的基准点。

偏移坐标系基准点：自选定坐标系偏移创建基准点。

1. 一般基准点的建立方法

（1）曲面上

在空间曲面上建立基准点，且指定两平面或实体边作为尺寸标注参考，如图 3–83 所示。

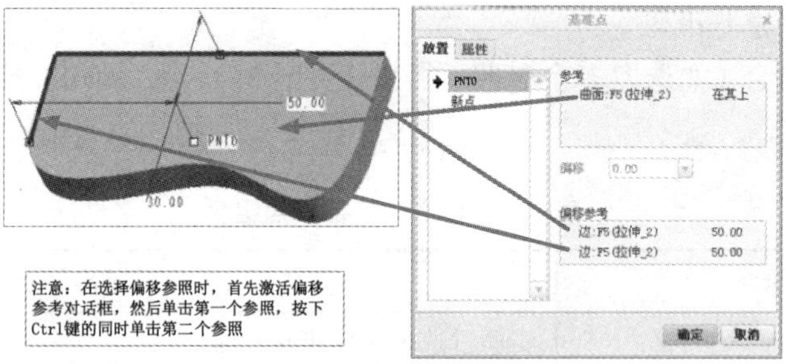

图 3–83　基准点在曲面上

（2）偏移曲面

这种方法相当于继续曲面上的作法，除指定两平面或实体边作为尺寸标注参考外，朝该曲面的法向平移若干距离，如图 3–84 所示。

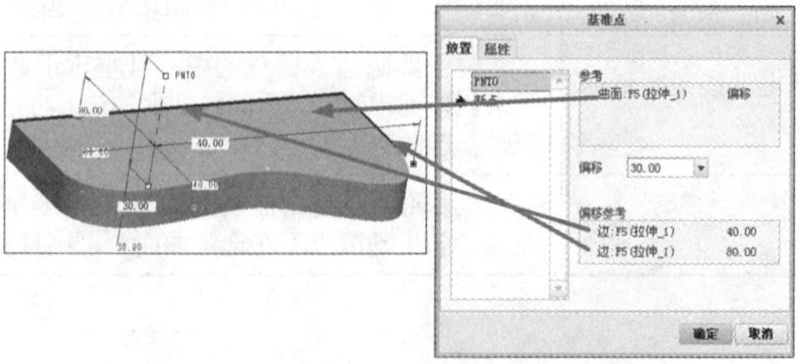

图 3–84　基准点在偏移曲面

（3）曲线上

在曲线或实体边上建立基准点，也可在一参考边上同时建立数个基准点，有三种情况：

① 比率，视该曲线或实体边的长度为 1，给定 0～1 的任意值，于其上建立基准点，

如图 3–85 所示。

② 实数，给定数值为位于曲线或实体边上的实际长度。

③ 参照，指定一平面作为尺寸标注参考。

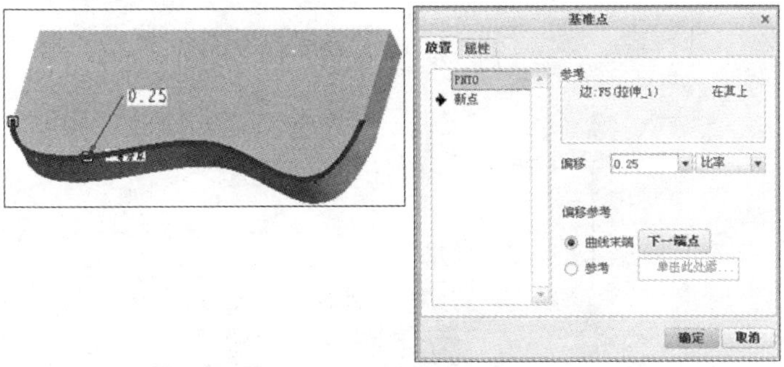

图 3–85　基准点在曲线上

（4）顶点

于实体边、曲面边、曲线的端点、角落处建立基准点，如图 3–86 所示。

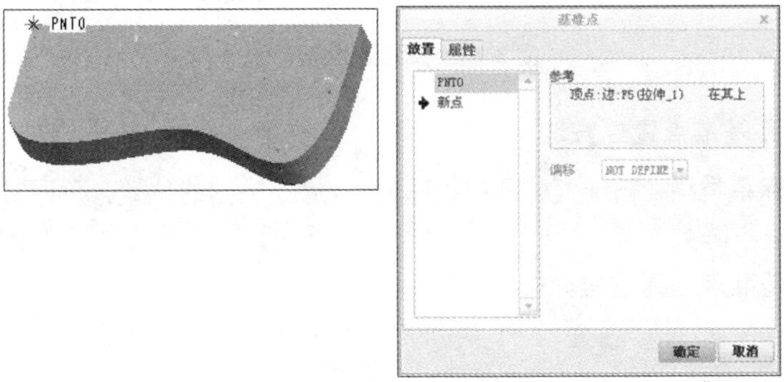

图 3–86　基准点在顶点处

（5）曲线 X 曲面

在曲线与曲面的相交处新增基准点。曲线也可以是实体边、曲面边、基准轴，曲面也可以是实体面、基准面。

（6）中心

在弧中心与圆中心建立基准点。

（7）3 张曲面

在 3 张曲面（包括实体面、基准面）的交错处建立基准点。

（8）曲线相交

在两条曲线（不包括实体边）的最短距离处或交错处建立基准点，基准点会落在第一条曲线上。

2. 草绘基准点的建立方法

在草绘界面下建立的辅助特征，可以完成分布复杂的多个基准点的建立。

草绘基准点的创建过程为直接进入草绘模式，通过中心线、结构圆、同心圆、坐标系等功能，清楚地定义基准点的位置，此方法也很常用。如图 3–87 所示。

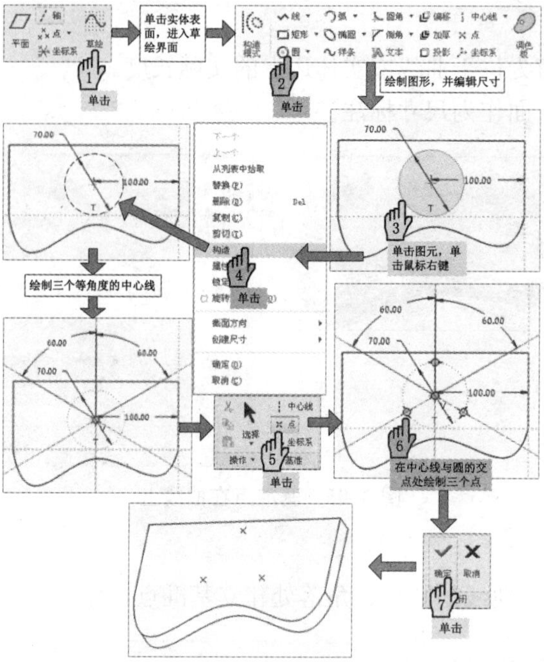
单击
单击实体表面，进入草绘界面
单击
绘制图形，并编辑尺寸
单击图元，单击鼠标右键
单击
绘制三个等角度的中心线
单击
在中心线与圆的交点处绘制三个点
单击

图 3–87　草绘点绘制示例

3. 偏移坐标系基准点建立方法

选定一个坐标系类型（笛卡儿、圆柱、球），给定三轴向的位置，可同时连续建立多个基准点，称为“基准点阵列”。

偏移坐标系基准点创建过程如图 3–88 所示。

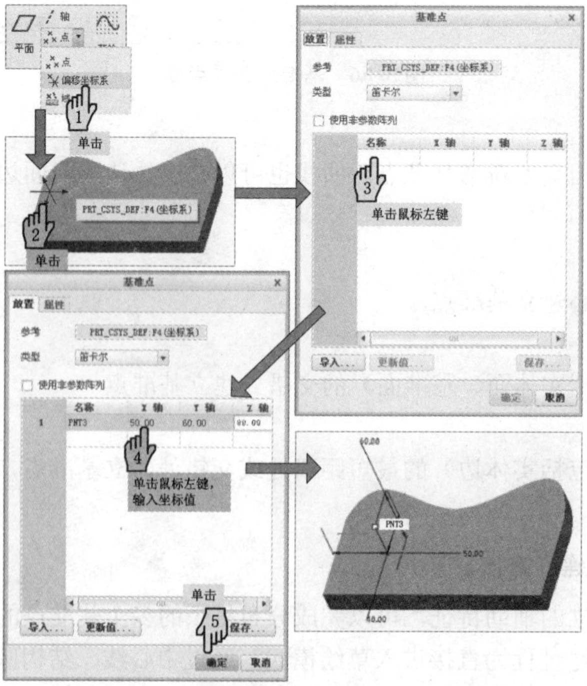
单击
单击
单击鼠标左键
单击鼠标左键，输入坐标值
单击

图 3–88　偏移坐标系基准点创建过程示例

3.12 阵 列 特 征

阵列

3.12.1 阵列特征概述

1. 基本概念

为了方便叙述并帮助读者理解各种阵列设计方法，先简要介绍几个相关的术语。

原始特征：选定用于阵列的特征，是阵列时的父本特征。

实例特征：根据原始特征创建的一组副本特征。

一维阵列：仅仅在一个方向上创建阵列实例的阵列方式。

多维阵列：在多个方向上同时创建阵列实例的阵列方式。

线性阵列：使用线性尺寸创建阵列，阵列后的特征成直线排列，如图 3–89 所示。

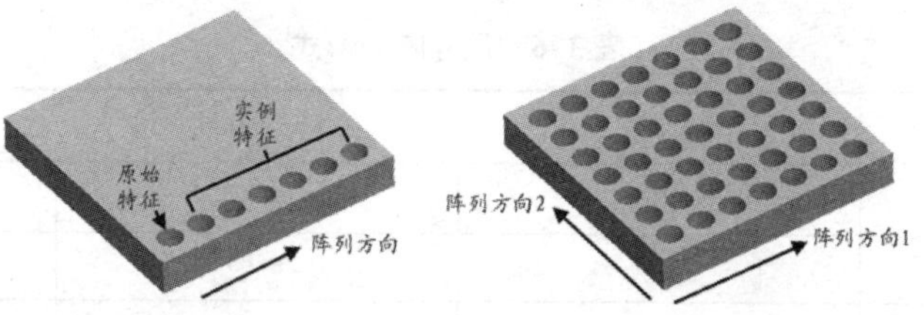

（a）　　　　　　（b）

图 3–89　线性阵列

（a）一维阵列；（b）二维阵列

旋转阵列：使用角度尺寸创建阵列，阵列后的特征以指定中心成环状排列，如图 3–90 所示。

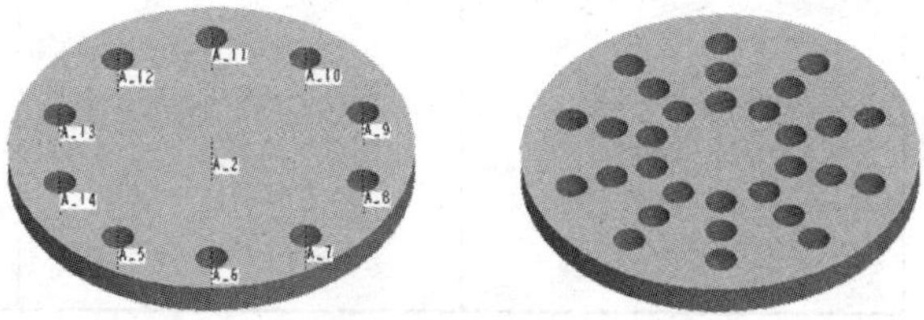

（a）　　　　　　（b）

图 3–90　旋转阵列

（a）一维阵列；（b）二维阵列

2. 阵列方法分类（图 3–91）

尺寸阵列：使用驱动尺寸并指定阵列尺寸增量来创建特征阵列。

方向阵列：通过指定方向参照来创建线性阵列。

轴阵列：通过指定轴参照来创建旋转阵列或螺旋阵列。

表阵列：编辑阵列表，在阵列表中为每一阵列实例指定尺寸值来创建阵列。

参照阵列：参照一个已有的阵列来阵列选定的特征。

填充阵列：用实例特征使用特定格式来填充选定区域来创建阵列。

曲线阵列：按照选定的曲线排列阵列特征。

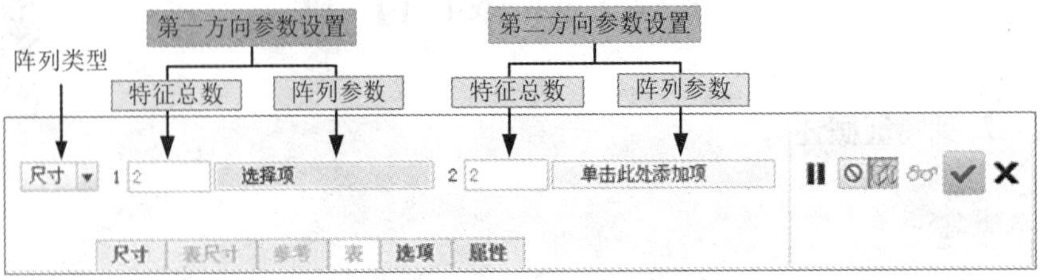

图 3–91　阵列特征操控板

3.12.2　尺寸阵列

尺寸阵列操控板如图 3–95 所示。

1. 尺寸阵列形式（表 3–6、图 3–92）

表 3–6　尺寸阵列形式

比较项目	阵列方法		
	相同	可变	常规
实例特征再生速度	最快	一般	最慢
实例特征大小可否变化	否	可以	可以
实例特征可否与放置平面的边缘相交	否	可以	可以
特征之间可否交错重叠	否	否	可以
可否在原始特征的放置平面以外生成实例特征	否	可以	可以
示例图	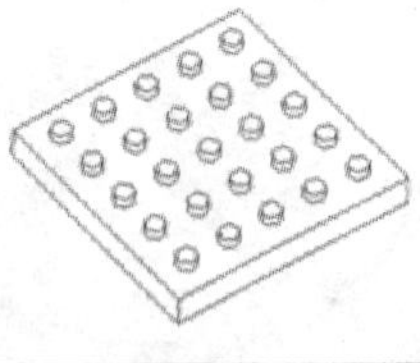	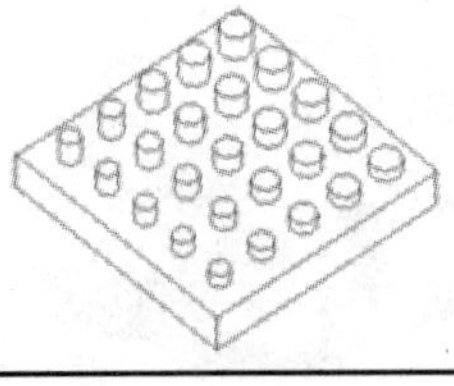	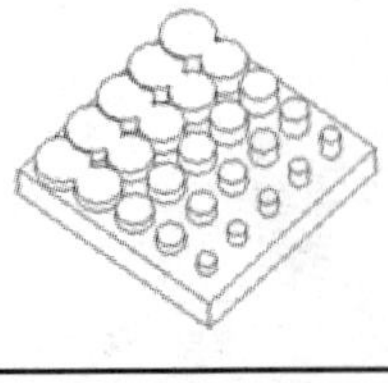

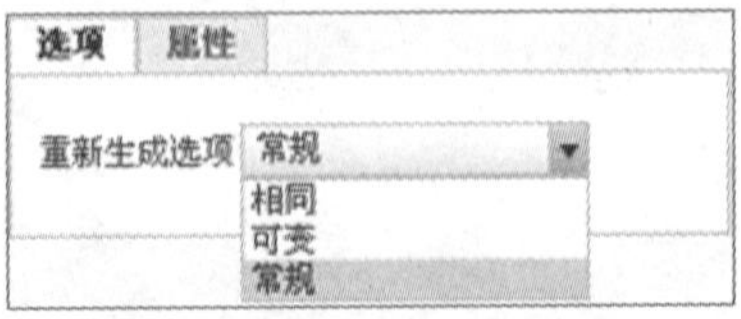

图 3–92　阵列形式的选择

由表可看出，“相同”阵列要求严格，一旦出现了不允许的设计操作，特征阵列会以失败告终，但是这种方法创建的阵列简单，并且特征再生迅速。“常规”阵列的设计约束少，应用广泛，但是实例特征再生时间长。“可变”阵列综合了二者的长处，是折中的阵列方法。

2. 创建尺寸阵列

在创建尺寸阵列时，必须从原始特征上选取一个或多个定形或定位尺寸作为驱动尺寸。选定驱动尺寸后，将以该尺寸的标注参照为基准，沿尺寸标注的方向创建实例特征，如图 3–93 所示。实例特征的生成方向总是从标注参照开始沿着尺寸标注的方向，如图 3–94 所示。

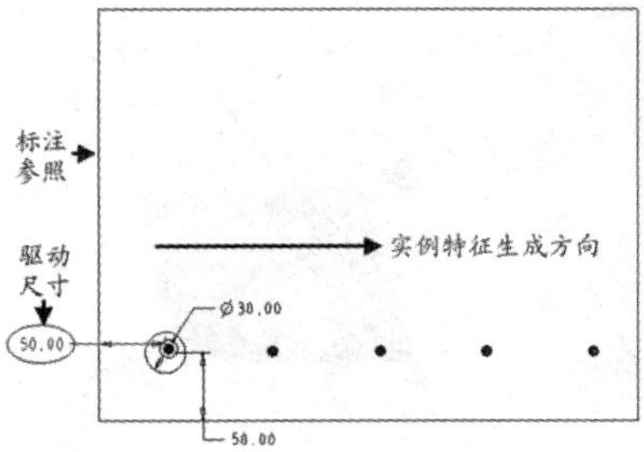

图 3–93　创建驱动尺寸

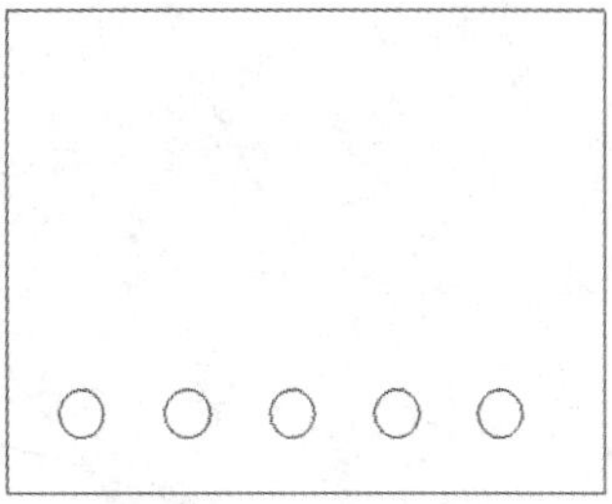

图 3–94　生成阵列特征

3. 确定尺寸增量

尺寸增量主要有以下两种用途。

① 如果选取原始特征上的定位尺寸作为驱动尺寸，可以通过尺寸增量指明在该尺寸方向上各实例特征之间的间距。

② 如果选取原始特征上的定形尺寸作为驱动尺寸，可以通过尺寸增量指明在该阵列方向上各实例特征对应尺寸依次增加（或减小）量的大小，如图 3–95 所示。

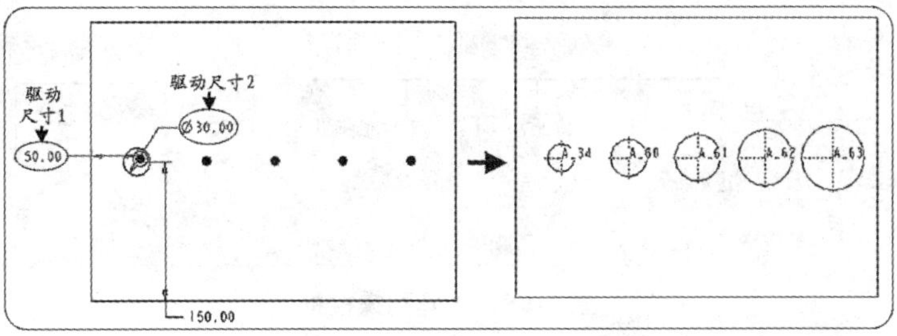

图 3–95　创建尺寸增量

3.12.3　方向阵列

方向阵列操控板如图 3–96 所示。

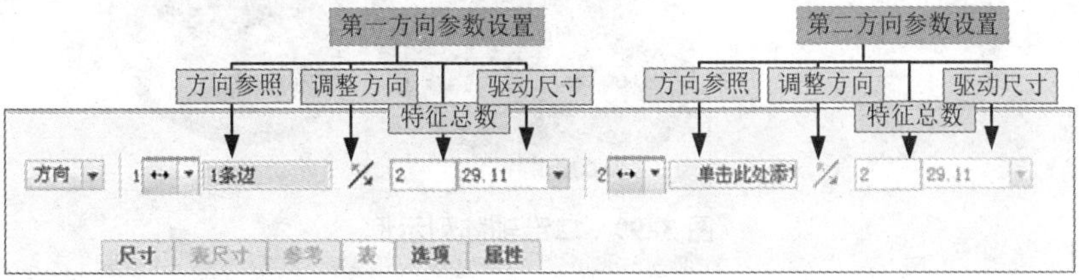

图 3–96　方向阵列操控板

可以作为方向参照的元素有以下几种。

① 实体上的平直边线。

② 平面或平整曲面。

③ 坐标系。

④ 基准轴。

方向阵列示例如图 3–97 所示。

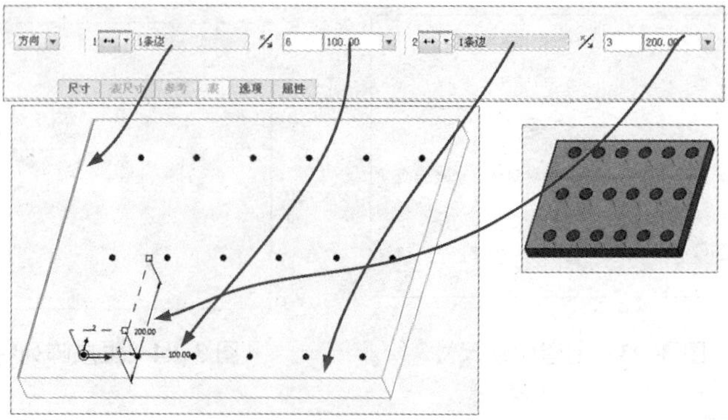

图 3–97　方向阵列示例

3.12.4　创建轴阵列

轴阵列主要用于创建旋转阵列。设计中首先选取一个旋转轴线作为参照，然后围绕该旋转轴线创建特征阵列，既可以创建一维旋转阵列，也可以创建二维旋转阵列。

轴阵列操控板和二维轴阵列示例分别如图 3–98 和图 3–99 所示。

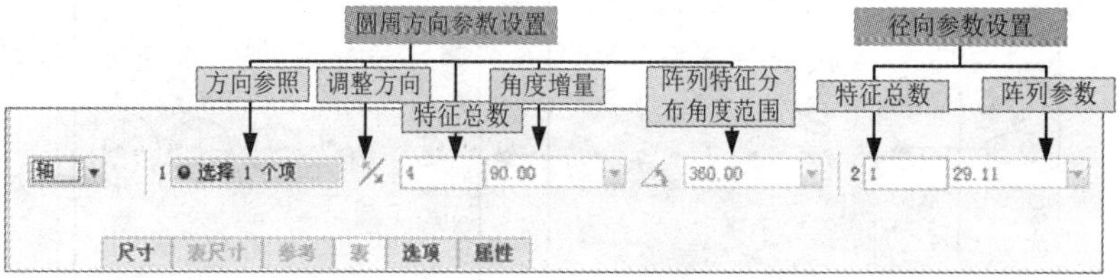

图 3–98　轴阵列操控板

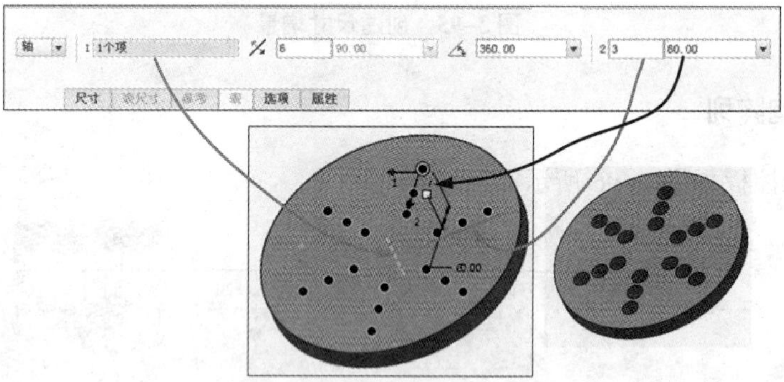

图 3–99　二维轴阵列示例

3.13　旋 转 特 征

3.13.1　旋转特征的基本概念

旋转特征是指草绘一个截面后，在指定的旋转方向，以某一旋转角度绕中心线旋转而成的一类特征，如图 3–100 所示。旋转特征适合创建回转体零件。

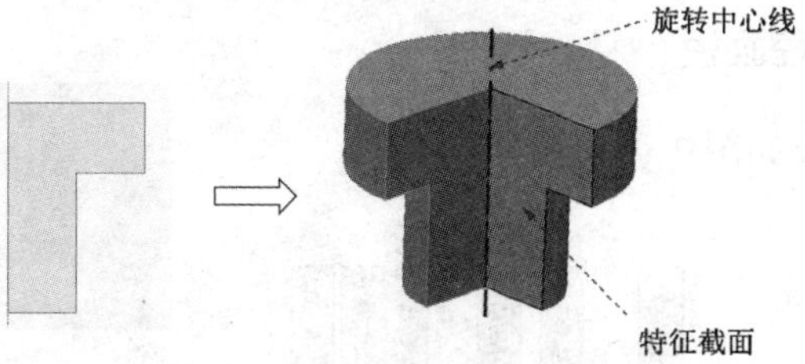
旋转中心线
特征截面

图 3–100　旋转特征基本概念

3.13.2　旋转特征操作的基本流程

旋转特征的一般操作流程如下：

① 单击“功能”选项卡形状区域中的“旋转”按钮，系统弹出“旋转”操控面板。

② 定义旋转类型，在旋转操控板中选取“实体”或“曲面”类型。

③ 打开“放置”面板以进行截面的草绘。

④ 设置旋转特征的参数，包括旋转角度、旋转方向，或设置切除材料等。

⑤ 执行特征预览或者特征的生成，并改变视角查看模型效果。

具体操作过程如图 3–101 所示。

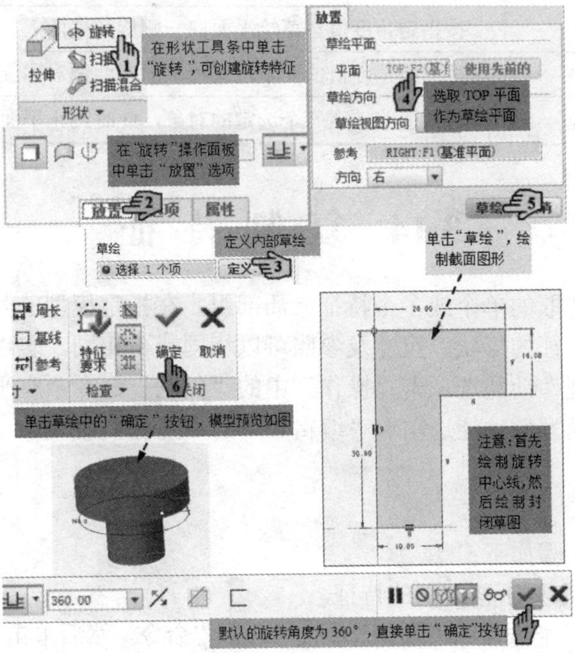
旋转
拉伸
扫描混合
形状
在形状工具条中单击“旋转”，可创建旋转特征
放置
草绘平面
平面
使用先前的
草绘方向
草绘视图方向
选取 TOP 平面作为草绘平面
参考
RIGHT:F1(基准平面)
方向
右
在“旋转”操作面板中单击“放置”选项
放置
属性
定义内部草绘
草绘
选择 1 个项
定义
单击“草绘”，绘制截面图形
周长
基线
参考
特征要求
确定
取消
检查
关闭
单击草绘中的“确定”按钮，模型预览如图
注意：首先绘制旋转中心线，然后绘制封闭草图
360.00
默认的旋转角度为 360°，直接单击“确定”按钮

图 3–101　旋转特征操作流程

创建旋转特征时，草绘截面的要求：

① 截面中需绘制一条中心线作为旋转轴。

② 若创建实体特征，其截面必须完全封闭；创建曲面特征，其截面可以不封闭。

③ 所有截面图元必须位于旋转中心线的同一侧，不能跨越中心线。

④ 若截面中建立有两条或两条以上的中心线，系统默认最先建立的中心线作为旋转轴。

3.13.3 旋转特征操控面板

旋转特征的操控面板如图 3–102 所示。

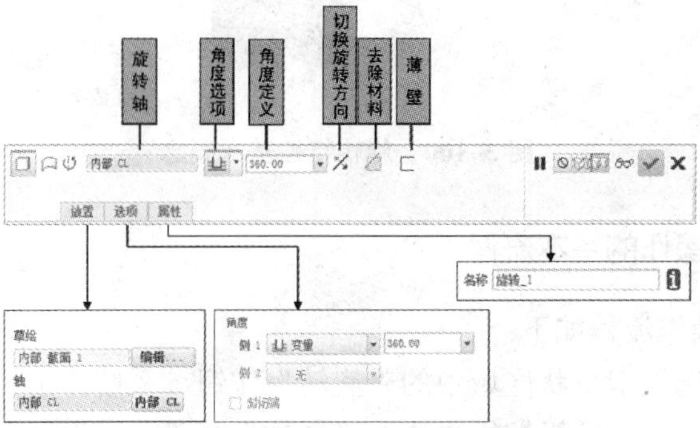

图 3–102 旋转特征操控面板

旋转特征角度的定义方式与使用说明见表 3–7。

表 3–7 旋转特征的角度定义方式与使用说明

角度定义方式	功能与使用说明
可变（Variable）	按指定角度值自草绘平面向一侧旋转截面
对称（Symmetric）	按指定角度值的一半自草绘平面向两侧对称旋转截面
至选定项（Up To）	将截面旋转至一个选定的对象，此时终止平面或曲面必须包含旋转轴

3.14 复制特征

复制特征是指将选取的单个或多个特征、局部组，在指定模型的其他位置进行再生。由复制产生的特征与原特征的形状、尺寸及参照可以相同或不相同。实现特征的复制有两种方法：一种是利用“模型”功能选项卡“操作”中的“复制”命令，有平移复制和旋转复制两种；另一种是利用“模型”功能选项卡“编辑”中的“镜像”命令。

3.14.1 平移复制

平移复制的操作步骤如下：

① 在图形区中选取要平移复制的特征。

② 单击“模型”功能选项卡“操作”中的“复制”命令，然后单击“粘贴”命令中的“选择性粘贴”，系统弹出“选择性粘贴”对话框。

③ 在“选择性粘贴”对话框中，勾选“从属副本”和“对副本应用移动/旋转变换”复选框，单击“确定”按钮。

④ 设置相关移动参数，完成平移复制。

具体操作过程如图 3–103 所示。

说明：单击“移动（复制）”操控面板中的“变换”按钮，然后再单击“新移动”选项，可以设置新的方向参考和平移距离进行特征的第二次平移复制操作。

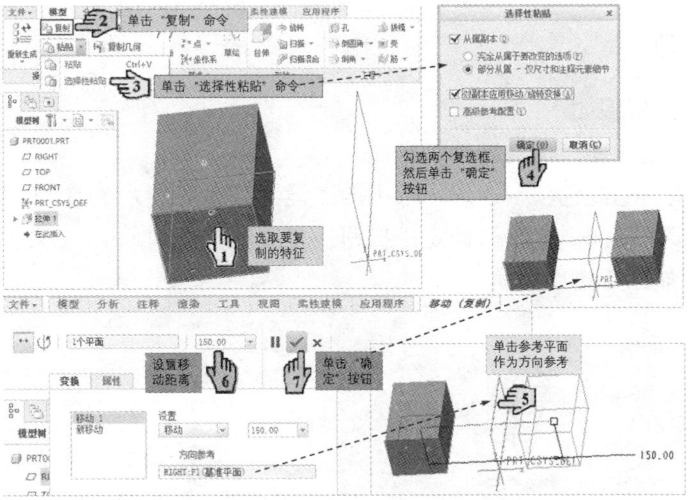

单击“复制”命令
单击“选择性粘贴”命令
选择性粘贴
从属副本
完全从属于要改变的选项
部分从属 - 仅尺寸和注释元素细节
对副本应用移动/旋转变换
高级参考配置
确定
取消
勾选两个复选框，然后单击“确定”按钮
选取要复制的特征
设置移动距离
单击“确定”按钮
单击参考平面作为方向参考
150.00

图 3–103　平移复制操作

3.14.2　旋转复制

旋转复制的操作步骤如下：

① 在图形区中选取要旋转复制的特征。

② 单击“模型”功能选项卡“操作”中的“复制”命令，然后单击“粘贴”命令中的“选择性粘贴”，系统弹出“选择性粘贴”对话框。

③ 在“选择性粘贴”对话框中，勾选“从属副本”和“对副本应用移动/旋转变换”复选框，单击“确定”按钮。

④ 设置相关旋转参数，完成旋转复制。

具体操作过程如图 3–104 所示。

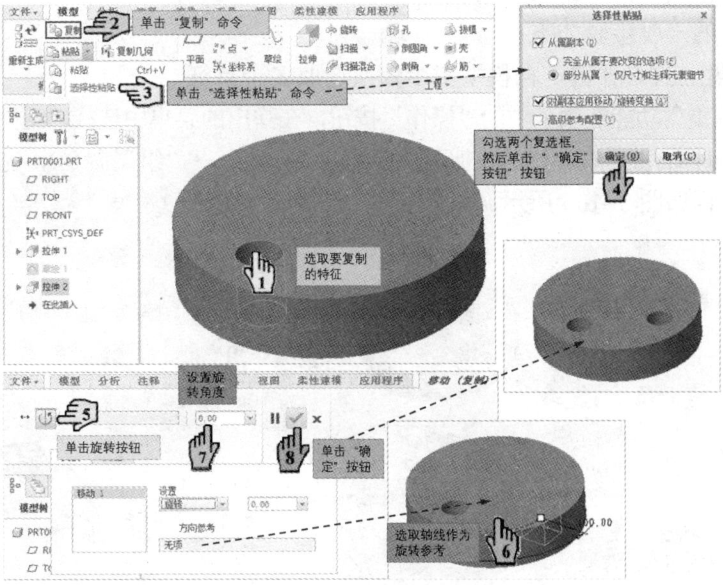

单击“复制”命令
单击“选择性粘贴”命令
选择性粘贴
从属副本
完全从属于要改变的选项
部分从属 - 仅尺寸和注释元素细节
对副本应用移动/旋转变换
高级参考配置
确定
取消
勾选两个复选框，然后单击““确定”按钮”按钮
选取要复制的特征
设置旋转角度
单击旋转按钮
单击“确定”按钮
选取轴线作为旋转参考

图 3–104　旋转复制操作

3.14.3 镜像复制

镜像复制的操作步骤如下：

① 在图形区中选取要镜像复制的特征。

② 选择“模型”功能选项卡“编辑”中的“镜像”命令，系统弹出“镜像”操控面板。

③ 选取镜像参考平面，单击“确定”按钮，完成镜像复制。

具体操作过程如图 3–105 所示。

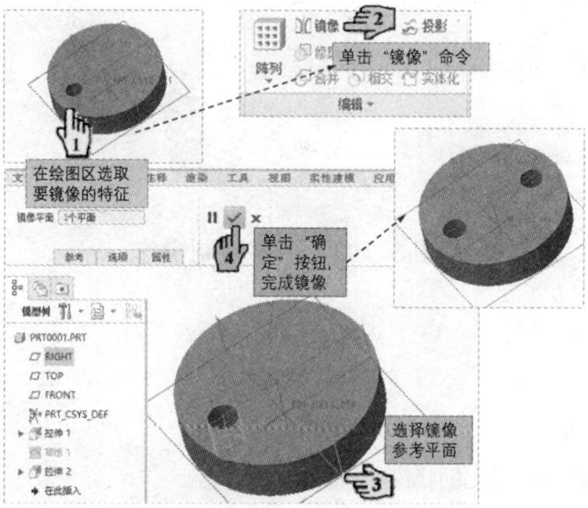

图 3–105 镜像复制操作

3.15 特征的成组

需要一次完成多个特征的阵列时，必须将多个特征组成一组，这就是特征的成组。成为一组的多个特征在模型树中必须是连续的。

创建“组”的一般步骤如下：

① 按住键盘上的 Ctrl 键，在模型树中依次选取多个特征。

② 单击“模型”功能选项卡中的“操作”按钮，在弹出的菜单中选择“组”命令（或者直接在模型树中按下鼠标右键，在弹出的快捷菜单中选择“分组”→“组”命令），完成特征的成组。

具体操作过程如图 3–106 所示。

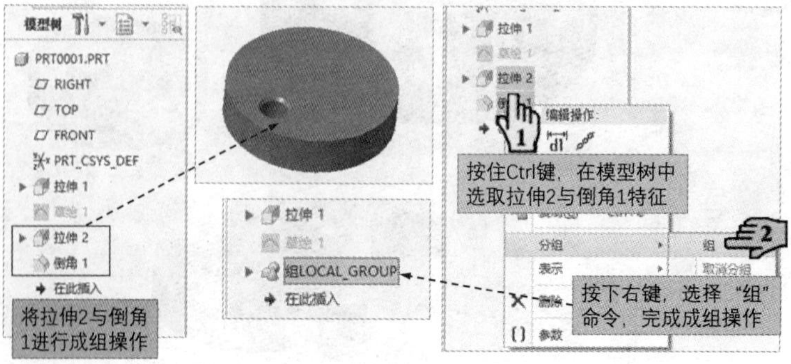

图 3–106 特征的成组操作

3.16 扫 描 特 征

3.16.1 扫描特征的基本概念

扫描特征是指由二维截面沿一条平面或空间轨迹运动，形成曲面或实体特征。使用扫描建立增加材料或移除材料特征时，必须给定两大特征要素，即扫描轨迹和扫描截面，如图 3–107 所示。需要注意：创建实体特征时，扫描截面必须是完全封闭的，创建曲面特征时，扫描截面可以是开放的；扫描轨迹既可以是开放图形，也可以是封闭图形。

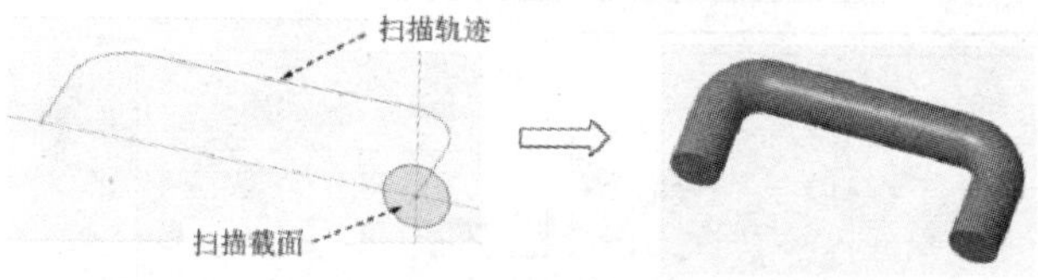
扫描轨迹
扫描截面

图 3–107　扫描特征

3.16.2 扫描特征的基本操作流程

扫描特征的一般操作流程如下：

1）创建草图，绘制扫描轨迹。

注意：在创建扫描轨迹时，应注意以下两点，否则可能导致扫描失败。

① 扫描轨迹自身不能相交。

② 相对于扫描截面的大小，扫描轨迹中的弧或样条半径不能太小，否则，扫描特征在经过该弧时会由于自身相交而出现特征生成失败的现象。

2）选择“扫描”命令，选取扫描轨迹，然后绘制扫描截面。

说明：系统会自动在扫描轨迹的起点处生成草绘平面，该草绘平面与轨迹线垂直，并且会自动生成两条相互垂直的参考线。在绘制扫描截面时，参照系统给定的参考线进行绘制，以防特征生成失败。

3）预览效果，确定。

具体操作过程如图 3–108 所示。

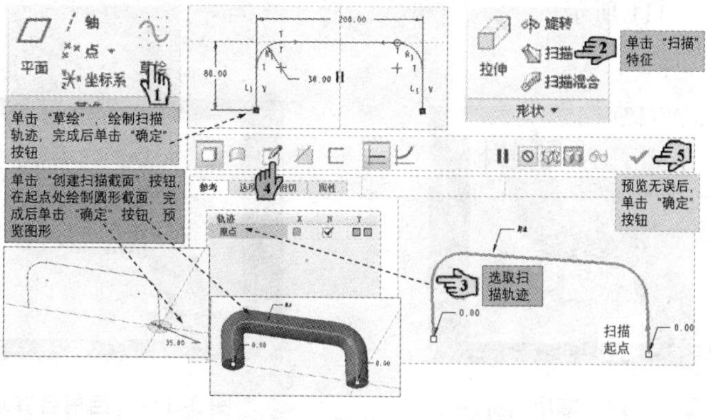
单击“草绘”，绘制扫描轨迹，完成后单击“确定”按钮
单击“扫描”特征
单击“创建扫描截面”按钮，在起点处绘制圆形截面，完成后单击“确定”按钮，预览图形
预览无误后，单击“确定”按钮
选取扫描轨迹
扫描起点
旋转
扫描
扫描混合
拉伸
形状
平面
轴
点
坐标系

图 3–108　扫描特征操作流程

3.16.3 扫描特征操控面板

扫描特征的操控面板如图 3–109 所示。

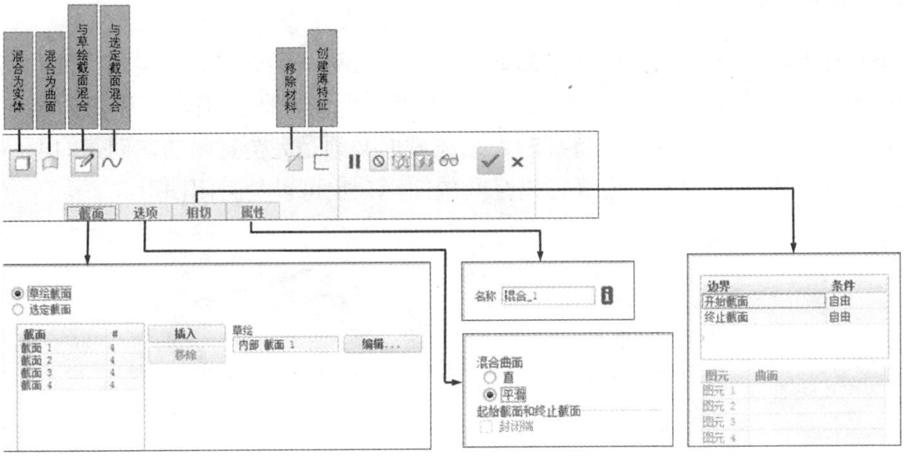

图 3–109 扫描特征的操控面板

“截面”选项卡说明：

垂直于轨迹：扫描过程中，特征截面始终垂直于某个轨迹。该轨迹可以是原始轨迹线或某条一般轨迹线。

垂直于投影：扫描过程中，特征截面始终垂直于一条假想的曲线。该曲线是某个轨迹在指定平面上的投影曲线。

恒定法向：截面的法向与指定的参考方向保持平行。

“选项”选项卡说明：

“合并端”属性位于“扫描”操控面板的“选项”选项卡中。如果扫描特征的轨迹为开放草绘（即轨迹的起点和终点不接触），则可以针对扫描特征的各端启用或禁用“合并端”属性。

禁用合并端：不将扫描端附加至邻接几何，这是默认选项，如图 3–110 所示。

启用合并端：将扫描的各端合并至邻接实体。为此，扫描端必须与另一个实体几何接触。合并的扫描端如图 3–111 所示。

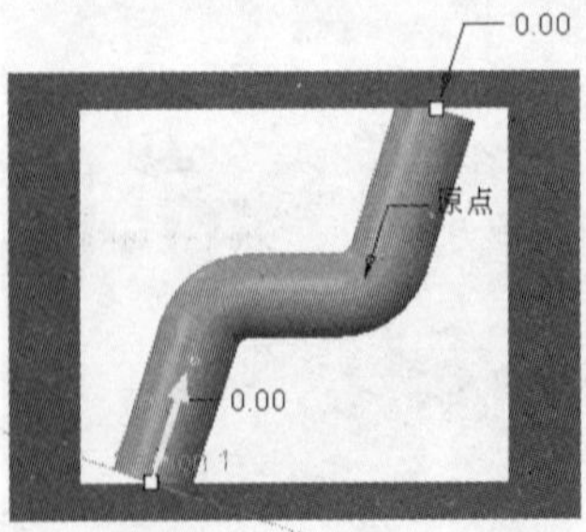

图 3–110 禁用合并端

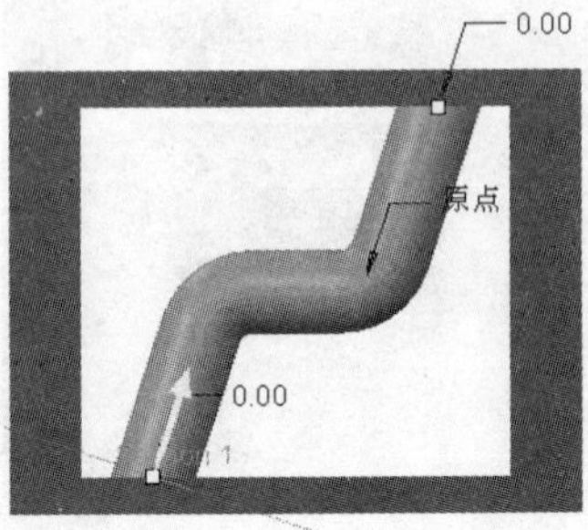

图 3–111 启用合并端

3.17　螺旋扫描特征

3.17.1　螺旋扫描特征的基本概念

螺旋扫描是指将一个截面沿着假想的螺旋轨迹线进行扫描而生成的特征。进行螺旋扫描操作时，需要定义螺旋扫描中心轴线、螺旋扫描轨迹、螺旋扫描的截面和螺旋扫描起点等要素，如图 3–112 所示。

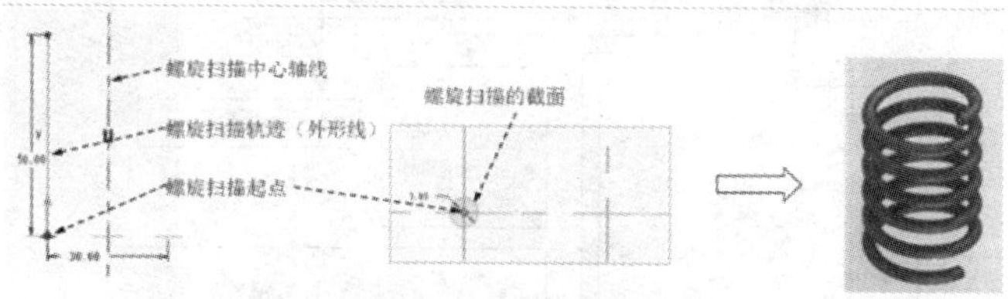

图 3–112　螺旋扫描特征

3.17.2　螺旋扫描特征的基本操作流程

螺旋扫描特征的一般操作流程如下：

1）选择“螺旋扫描”命令。

2）定义螺旋扫描轨迹（外形线）。

注意：生成螺旋扫描特征时，外形线会绕中心线旋转出一个假想的轮廓面，以限定假想螺旋轨迹位于其上。绘制扫描外形线应遵循的规则：

① 在截面中草绘中心线，以定义旋转轴。

② 草绘图元必须形成一个开放环，而不允许封闭。

③ 草绘图元任意点处的切线不可与中心线正交。

3）创建螺旋扫描截面。

4）修改螺距，选择旋向，完成螺旋扫描的创建。

具体操作过程如图 3–113 所示。

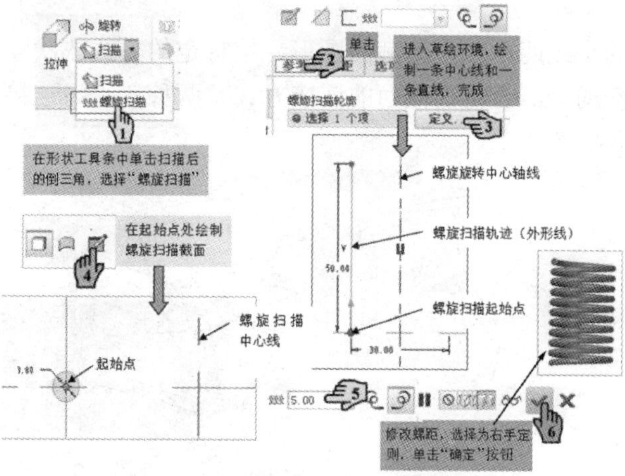

图 3–113　螺旋扫描特征的操作流程

3.17.3 螺旋扫描特征操控面板

螺旋扫描特征的操控面板如图 3–114 所示。

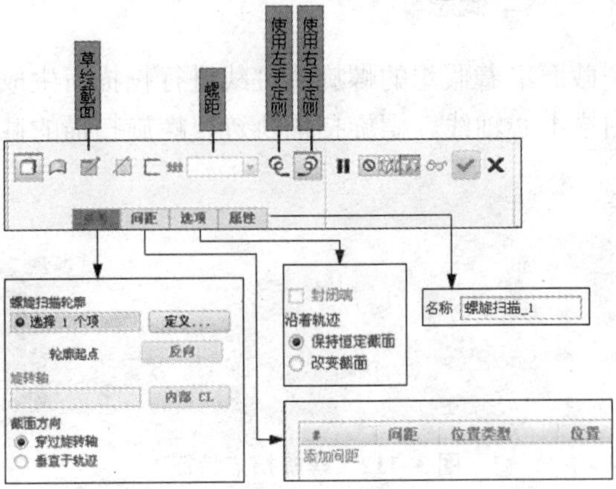

图 3–114　螺旋扫描特征的操控面板

各功能选项说明见表 3–8。

表 3–8　选项功能介绍

参考	定义螺旋扫描轮廓、旋转轴及截面方向（默认为穿过旋转轴）
间距	通过添加间距（螺距），可创建螺距变化的实体特征
选项	定义截面是否可变（默认为保持恒定截面）
属性	为特征输入自定义名称，以替换自动生成的名称

3.18 混合特征

3.18.1 混合特征的基本概念

混合特征是指将两个或两个以上的截面图形，按特定的方式依次连接形成实体或曲面特征，各截面之间是渐变的。混合特征截面的连接方式有两种：平滑连接和直线连接，系统默认为平滑连接，如图 3–115 所示。

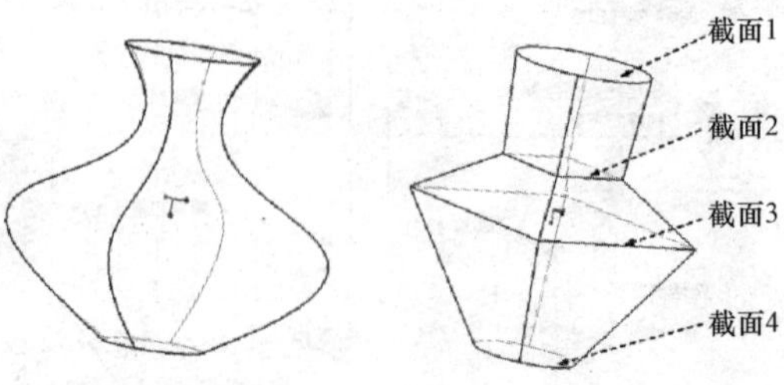

（a）　　（b）

图 3–115　混合特征

（a）平滑连接；（b）直线连接

3.18.2 混合特征的基本操作流程

混合特征的一般操作流程如下：

1）选择“混合”命令。

2）定义混合类型。系统在默认情况下，操控面板中的“混合为实体”和“与草绘截面混合”按钮均为按下状态。

3）创建混合特征的各个截面。绘制截面时，需要注意以下几方面：

① 每个特征截面的线段数量（或顶点数）必须相等。

如果各特征截面的顶点数不相等，则必须按照“以少变多”的原则产生新的顶点数：单击“草绘分割”命令，直接在截面图形上新增所需的截断点，如图 3–116 所示；利用右键快捷菜单中的“混合顶点”命令将某顶点设置为混合顶点，相邻截面上的多个顶点会同时连接至该指定的混合顶点，如图 3–117 所示。但是混合可开始或终止于单个点。

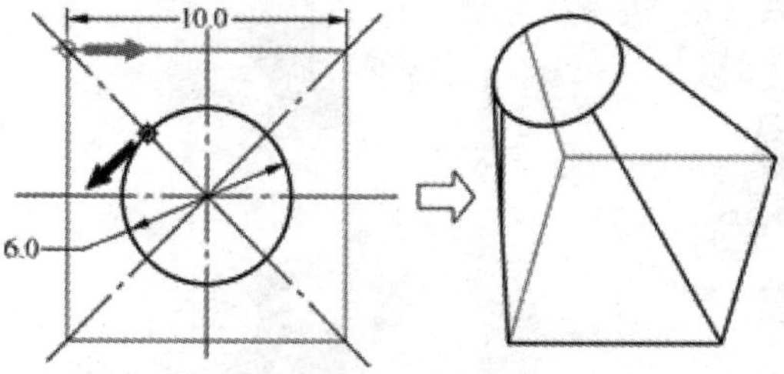

图 3–116 在截面中产生截断点

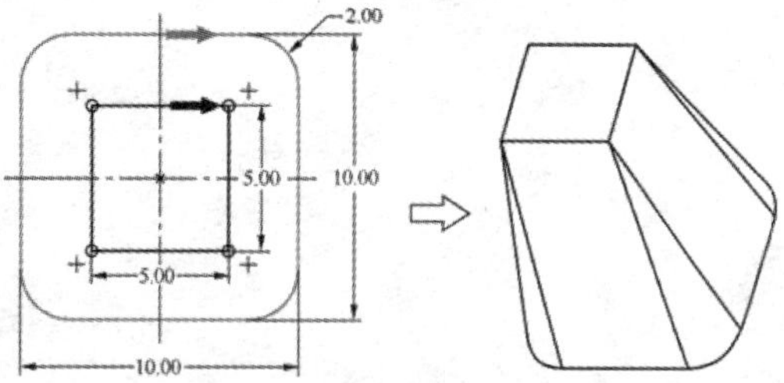

图 3–117 建立混合顶点

② 要合理确定每个截面的起点，以免生成的混合特征产生扭曲。

如果某截面的起点位置不对，则必须在截面图形上重新选定顶点，然后选择右键快捷菜单中的“起点”命令加以更正。

③ 在截面 1 后，每个后续截面的偏移深度都可以用两种方法进行定义。

偏移尺寸：用来指定截面草绘平面的偏移距离。默认情况下，截面从之前创建的截面按指定距离进行偏移。也可以在新截面偏移时所基于的混合特征中选择任何其他截面。

参考：可以通过选择某一参考来定义截面的草绘平面位置。例如，可以选择一个基准平面。此选项与拉伸特征的“到选定项”深度选项相似。

④ 如果混合中的第一个截面是一个内部草绘，那么混合中的其余截面必须为内部草绘。如果第一个截面是通过选择链定义的，那么其余截面也必须通过选择链定义。

4）在混合操控面板中选择各个截面的连接方式：平滑连接或直线连接。

5）单击“确定”按钮，完成混合特征的创建。

具体操作过程如图 3–118 所示。

3.18.3 混合特征操控面板

混合特征的操控面板如图 3–119 所示。

“选项”选项卡说明：

封闭端：混合为曲面时，特征起始和终止端为开放的；选择封闭端后，特征起始和终止端自行封闭。

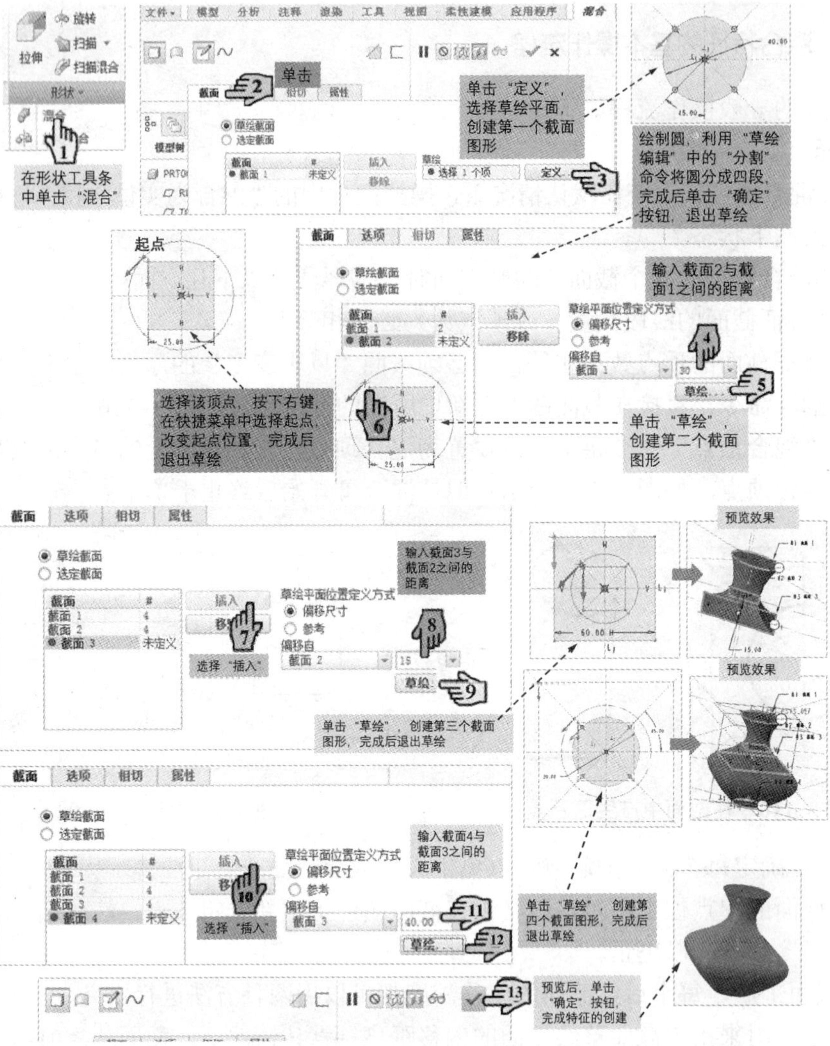
单击
单击“定义”，选择草绘平面，创建第一个截面图形
在形状工具条中单击“混合”
绘制圆，利用“草绘编辑”中的“分割”命令将圆分成四段，完成后单击“确定”按钮，退出草绘
起点
输入截面2与截面1之间的距离
选择该顶点，按下右键，在快捷菜单中选择起点，改变起点位置，完成后退出草绘
单击“草绘”，创建第二个截面图形
输入截面3与截面2之间的距离
选择“插入”
单击“草绘”，创建第三个截面图形，完成后退出草绘
预览效果
输入截面4与截面3之间的距离
选择“插入”
单击“草绘”，创建第四个截面图形，完成后退出草绘
预览后，单击“确定”按钮，完成特征的创建

图 3–118　混合特征的操作流程

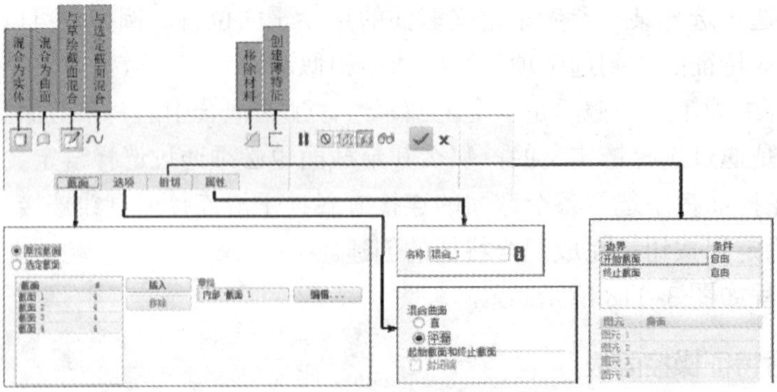
混合为实体
混合为曲面
与草绘截面混合
与选定截面混合
移除材料
创建薄特征

图 3–119　混合特征的操控面板

“相切”选项卡说明：“相切”选项卡可以控制混合的效果。控制条件包括有自由、相切和垂直。各控制条件说明见表 3–9。

表 3–9　控制条件说明

自由	将开始截面或终止截面设置为不受曲面参考的影响
垂直	将开始截面或终止截面混合效果设置为与曲面参考垂直
相切	将开始截面或终止截面混合效果设置为与曲面参考相切

3.19　扫描混合特征

3.19.1　扫描混合特征的基本概念

将一组截面的边用过渡（渐变）曲面沿某一条轨迹线进行连接，就形成了扫描混合特征。它既具有扫描特征的特点，又有混合特征的特点，是扫描和混合两种建模方式的综合，即在扫描的同时进行混合的建模方式。

扫描混合可以有两种轨迹：原点轨迹（必需）和第二轨迹（可选）。每个“扫描混合”特征必须至少有两个截面，且可在这两个截面间添加截面。要定义扫描混合的轨迹，可选择一条草绘曲线、基准曲线或边的链。在原点轨迹指定段的顶点或基准点处草绘要混合的截面。图 3–120 所示的扫描混合特征是由三个截面和一条扫描轨迹线扫描混合而成的。

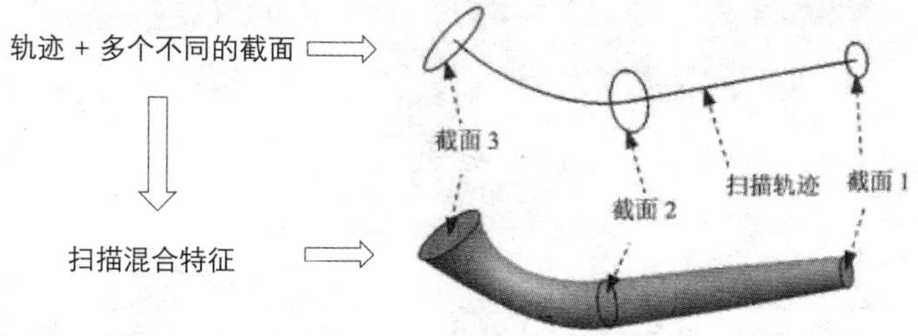

图 3–120　扫描混合特征

3.19.2　扫描混合特征的基本操作流程

扫描混合特征的一般操作流程如下：

① 创建草图，定义扫描混合的轨迹线。

② 选择“扫描混合”命令，选取扫描混合的轨迹线，然后绘制扫描混合的各个截面。

③ 预览特征，单击“确定”按钮，完成扫描混合特征的创建。

具体操作过程如图 3–121 所示。

3.19.3　扫描混合特征操控面板

扫描混合特征的操控面板如图 3–122 所示。

“截面”选项卡说明：

垂直于轨迹：特征的每个截面在扫描过程中保持与“原始轨迹”垂直。此选项为系统默认的设置。

理论篇

垂直于投影：沿投影方向看去，特征的每个截面在扫描过程中保持与“原始轨迹”垂直。*Z* 轴与指定方向上的“原始轨迹”的投影相切。此时需要首先选取一个方向参考，并且截面坐标系的 *Y* 轴方向与方向参考一致。

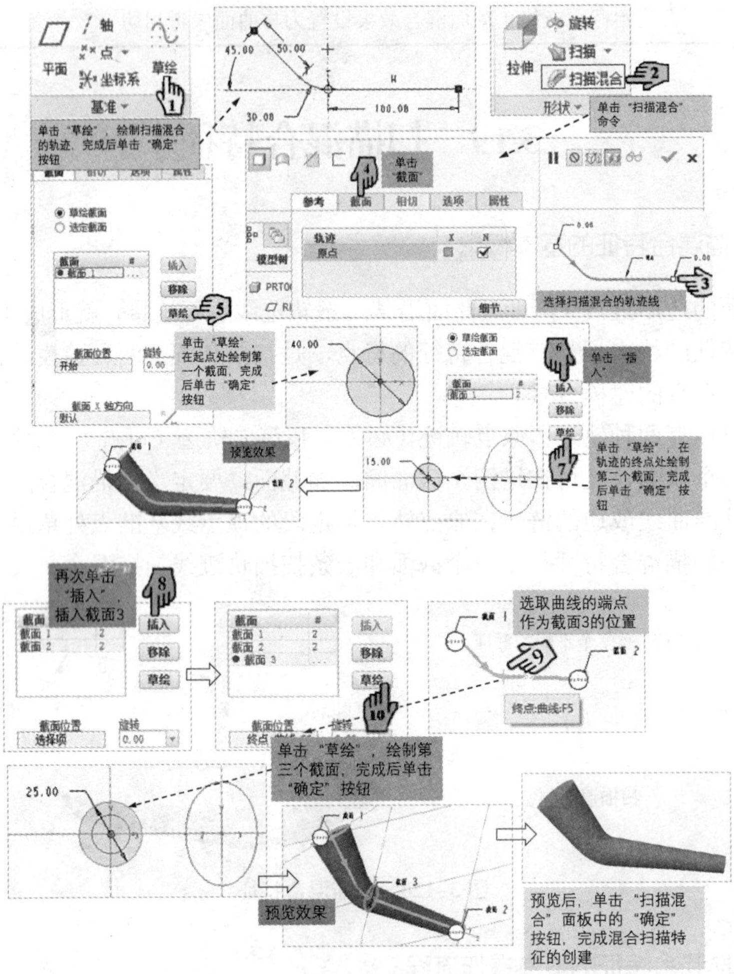
单击“草绘”，绘制扫描混合的轨迹，完成后单击“确定”按钮
单击“扫描混合”命令
单击“截面”
选择扫描混合的轨迹线
单击“草绘”，在起点处绘制第一个截面，完成后单击“确定”按钮
单击“插入”
单击“草绘”，在轨迹的终点处绘制第二个截面，完成后单击“确定”按钮
预览效果
再次单击“插入”，插入截面3
选取曲线的端点作为截面3的位置
单击“草绘”，绘制第三个截面，完成后单击“确定”按钮
预览效果
预览后，单击“扫描混合”面板中的“确定”按钮，完成混合扫描特征的创建

图 3–121　扫描混合操作过程

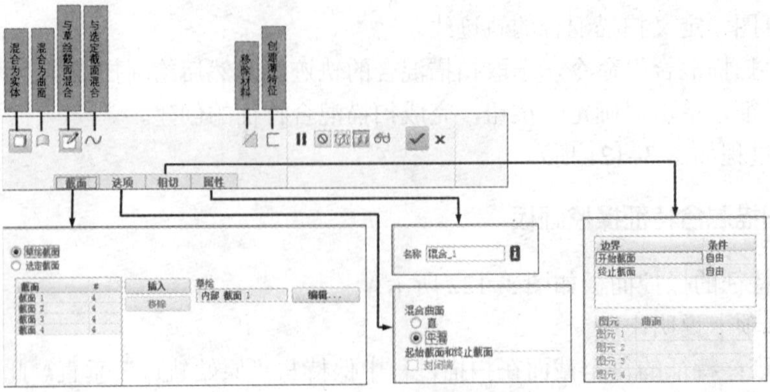
混合为实体
混合为曲面
与草绘截面混合
与选定截面混合
移除材料
创建薄特征
截面
选项
相切
属性

图 3–122　扫描混合特征的操控面板

恒定法向：每个界面的 Z 轴方向在扫描过程中始终平行于所选参考的方向，此时需要先选取一个方向参考。

“选项”选项卡说明：

通过在该界面中选中不同的选项，可以控制特征截面的形状。

封闭端：设置曲面的封闭端点。

无混合控制：设置混合控制。

设置周长控制：混合特征中各截面的周长将沿轨迹线呈线性变化，这样通过修改某个已定义截面的周长便可以控制特征中各截面的形状。

设置横截面面积控制：通过修改某位置的截面面积来调整特征的形状。

3.20 特征的重新排序及插入操作

3.20.1 概述

特征顺序是特征创建的次序，它具有两个特点：提供参照的父特征在模型树中必然位于子特征之前；参照已有模型创建的当前特征不会对参照特征产生影响。

创建零件时，零件中特征的创建顺序非常重要，如果各特征的顺序安排不当，则可能造成特征生成失败，或者创建的结果不符合设计的要求。

3.20.2 特征的重新排序操作

特征排序是指创建的特征在模型树中以创建时间的先后顺序排列显示。而特征重新排序是指将插入的新特征或其他特征拖至新位置，从而改变该特征在创建整个实体模型中的次序，如图 3–123 所示将倒圆角 1 与拉伸 2 进行重新排序。当然，特征排序不能将子特征拖至其父特征之前，除非解除特征之间的父子关系。

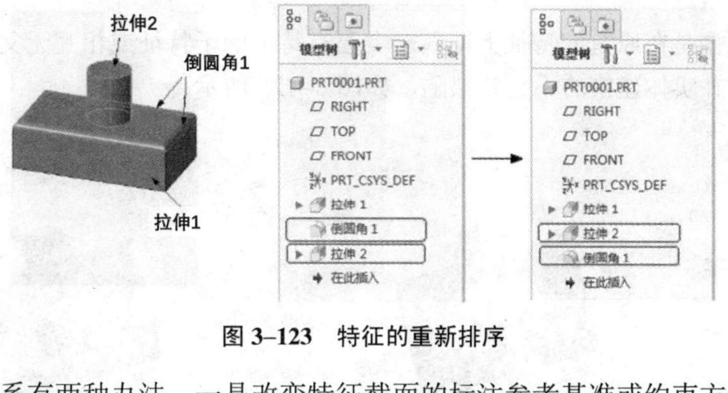

图 3–123 特征的重新排序

解除父子关系有两种办法：一是改变特征截面的标注参考基准或约束方式：二是特征的重新排序，即改变特征的草绘平面和草绘平面的参考平面。

特征的重新排序操作有两种方法。

（1）通过“重新排序”命令排序

通过该方式排序可以避免在模型树中进行重复的移动操作。尤其在创建特征较多的模型时，使用该命令可以直接将特征调整到合适位置。一般操作流程如下：

① 单击“模型”功能选项卡“操作”中的“重新排序”命令，系统弹出“特征重新排序”对话框。

② 选择要重新排序的特征，改变特征的新增位置，最后选择目标特征。

③ 预览特征，单击“确定”按钮，完成特征重新排序操作。

具体操作过程如图 3–124 所示。

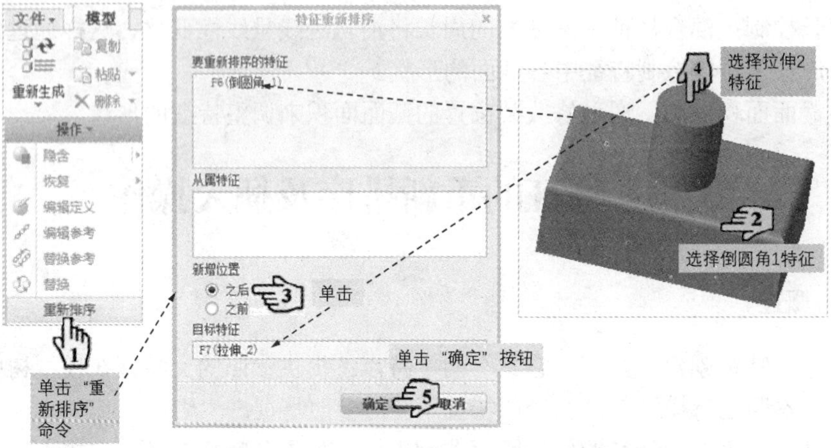

图 3–124 通过“重新排序”命令排序操作流程

（2）通过模型树排序

在模型树中拖动特征节点到新的位置后，就可以改变特征节点在特征序列中的位置。但是特征节点的移动必须满足一个条件，即相互顺序发生改变的特征之间不能是父子关系。

在模型树中选取要排序的特征，用鼠标左键直接拖动到合适的位置，即可改变该特征在创建整个实体模型中的次序。

3.20.3 特征的插入操作

特征插入操作是在原有的特征上插入一个已有特征的子特征或相互无父子关系的其他特征，这样可以弥补实体建模的不完整缺陷，如图 3–125 所示。

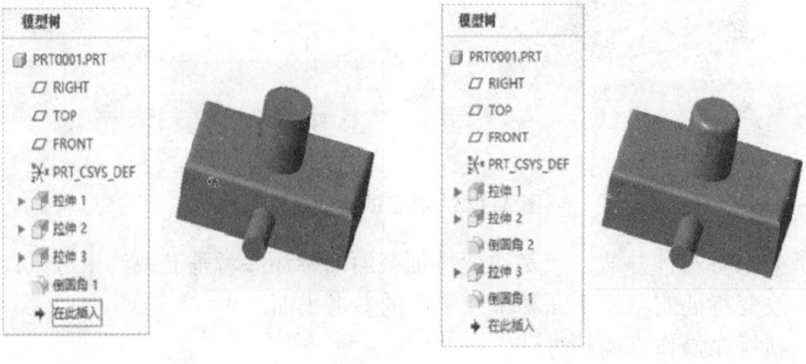

（a）　　　　（b）

图 3–125 特征插入操作

（a）特征插入前；（b）特征插入后

特征的插入操作有两种方法。

（1）通过“在此插入”命令进行插入操作

操作流程如下：

① 在模型树中需要插入新特征的已有特征上单击鼠标右键，单击“在此插入”命令。

② 创建要插入的新特征。

③ 在模型树中右键单击“在此插入”，在出现的快捷菜单中单击“退出插入模式”，完成特征的插入操作。

具体操作过程如图 3–126 所示。

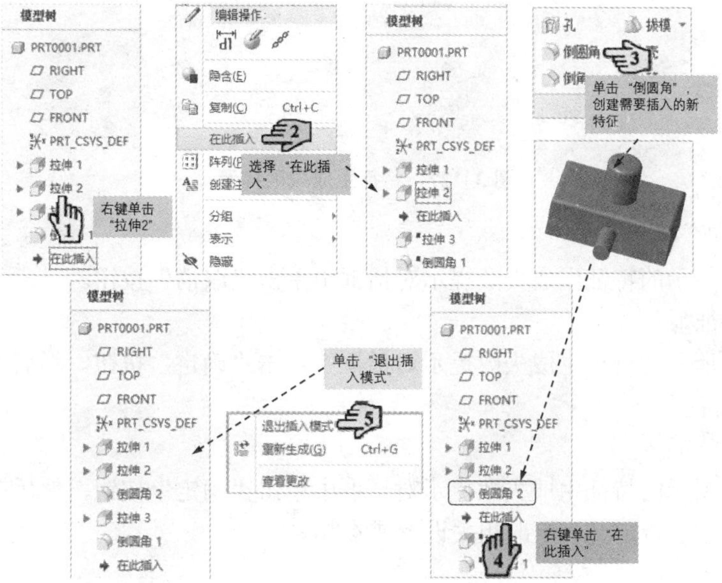

图 3–126 通过“在此插入”命令进行插入操作

（2）在模型树中直接拖动“在此插入”符号进行插入操作

在模型树中，将特征插入符号“在此插入”从末尾处用鼠标左键直接拖动至拉伸 2 的后面、拉伸 3 的前面，然后单击“倒圆角”命令创建需要插入的新特征。完成后，再将插入符号“在此插入”拖动至模型树的底部，即可完成特征的插入操作。

3.21 特征失败及其解决方法

3.21.1 特征失败的原因

在创建或重定义特征时，由于给定的数据不当或参考的丢失，会出现特征生成失败的情况。在 Creo Parametric 设计中，特征生成失败的原因主要有以下几种：

① 创建了与另一个特征相冲突的特征，例如，在一边创建了倒角后，在同一边又创建倒圆角。

② 尺寸值定义或修改不当，例如，倒圆角的半径值大于壳的厚度值。

③ 因删除或隐含父特征而使参照丢失。

④ 模型不再满足阵列约束，例如，修改了相同的阵列并且实例重叠。

⑤ 特征定义的不正确，使其成为独立的特征，例如，开放截面的伸出项延伸到了边界曲面之外。

⑥ 分割不能再生，因为分型面已被改变，并且它不再遵循分型面的规则。

3.21.2 特征生成失败的解决方法

Creo Parametric 特征生成失败后会出现提示，如图 3–127 所示。解决特征生成失败的方法主要有以下几种。

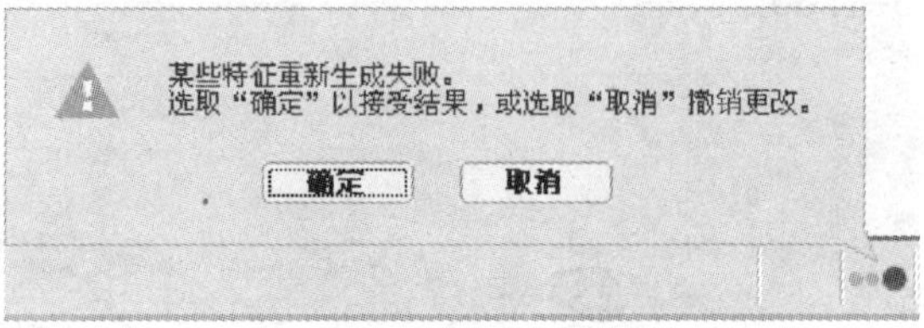
某些特征重新生成失败。
选取“确定”以接受结果，或选取“取消”撤销更改。
确定
取消

图 3–127 特征生成失败提示

（1）取消更改

在图 3–127 所示的特征生成失败提示对话框中单击“取消”按钮。

（2）删除特征

在图 3–127 所示的特征生成失败提示对话框中单击“确定”按钮，然后在模型树中将生成失败的特征删除。

（3）重定义特征

在图 3–127 所示的特征生成失败提示对话框中单击“确定”按钮，然后在模型树中将生成失败的特征进行重新定义，更改相关设置或参数。

（4）修剪隐含特征

在图 3–127 所示的特征生成失败提示对话框中单击“确定”按钮，然后在模型树中将生成失败的特征隐含。

3.22 零件模型的测量与分析

3.22.1 测量距离

测量距离的一般操作流程为：

① 选择“分析”功能选项卡“测量”区域中的“距离”命令，系统弹出“测量：距离”对话框。

② 按住 Ctrl 键，分别选取两个测量要素。

说明：“测量：距离”的测量要素可以是面与面、点与面、点与线、线与线、点与点、点与坐标系、点与曲线、点与点间的投影（投影参考为平面）等。

③ 在“测量：距离”对话框的结果区域中，可查看测量后的结果，也可以在模型上直接显示测量或分析结果。

测量面与面的距离的操作过程如图 3–128 所示。

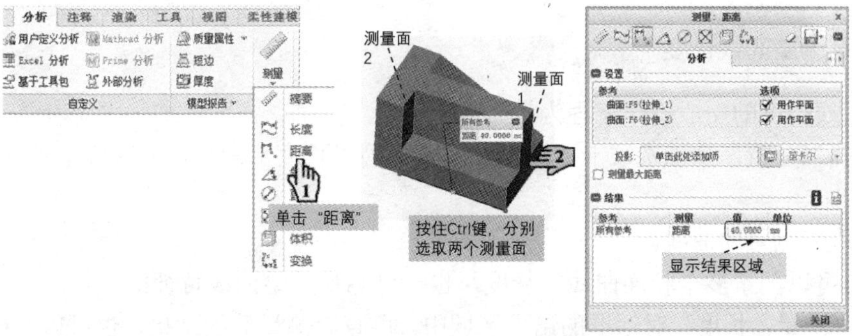

图 3–128　测量面与面的距离

测量点与点间的投影距离的操作过程如图 3–129 所示。

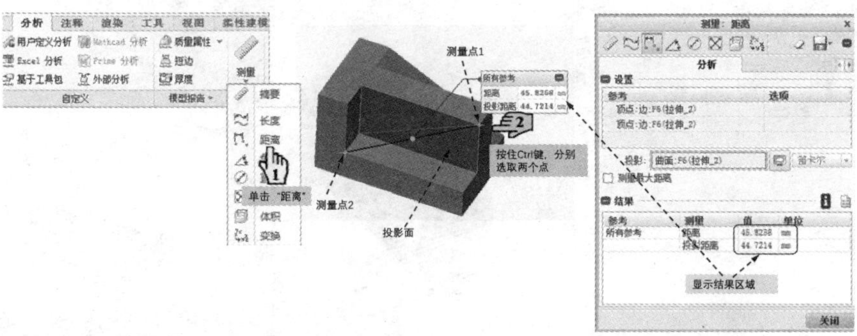

图 3–129　测量点与点间的投影距离

3.22.2　测量角度

测量角度的一般操作流程为：

① 选择“分析”功能选项卡“测量”区域中的“角度”命令，系统弹出“测量：角度”对话框。

② 按住 Ctrl 键，分别选取两个测量要素。

说明：“测量：角度”的测量要素可以是面与面、线与面、线与线等。

③ 在“测量：角度”对话框的结果区域中，可查看测量后的结果，也可以在模型上直接显示测量或分析结果。

测量线与面的角度的操作过程如图 3–130 所示。

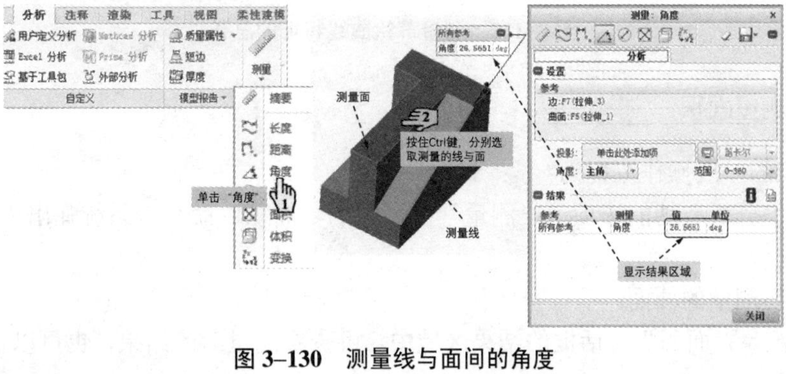

图 3–130　测量线与面间的角度

理论篇

3.22.3 测量曲线长度

测量曲线长度的一般操作流程为：

① 选择“分析”功能选项卡“测量”区域中的“长度”命令，系统弹出“测量：长度”对话框。

② 选取要测量的曲线。

说明：可以测量多个相连曲线的长度，也可以测量草绘曲线特征的总长。

③ 在“测量：长度”对话框的结果区域中，可查看测量后的结果，也可以在模型上直接显示测量或分析结果。

测量多个相连曲线的长度的操作过程如图 3–131 所示。

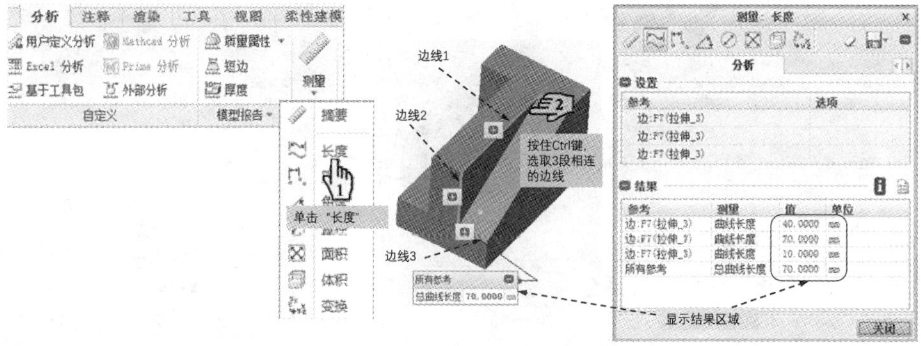

图 3–131 测量多个相连曲线的长度

测量草绘曲线特征的总长的操作过程如图 3–132 所示。

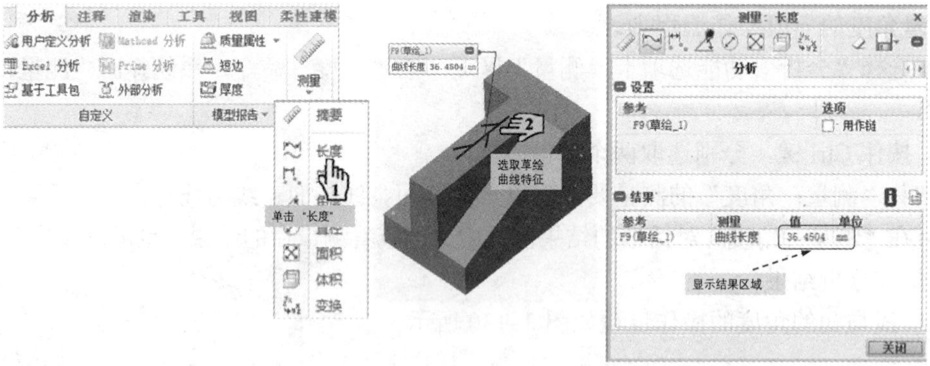

图 3–132 测量草绘曲线特征的总长

3.22.4 测量面积

测量面积的一般操作流程为：

① 选择“分析”功能选项卡“测量”区域中的“面积”命令，系统弹出“测量：面积”对话框。

② 选取要测量的曲面。

③ 在“测量：面积”对话框的结果区域中，可查看测量后的结果，也可以在模型上直接

显示测量或分析结果。

测量面积的操作过程如图 3–133 所示。

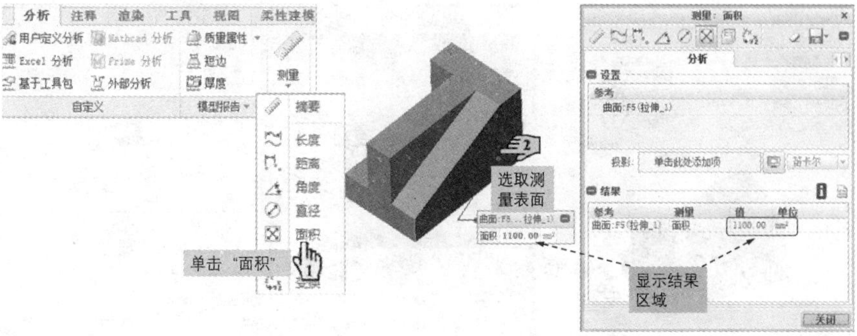

图 3–133　测量面积

3.22.5　计算两坐标系间的转换值

测量功能还可以对任意两个坐标系间的转换值进行计算，操作的一般流程为：

① 选择“分析”功能选项卡“测量”区域中的“变换”命令，系统弹出“测量：变换”对话框。

② 选取要测量的目标。

③ 在“测量：变换”对话框的结果区域中，可查看测量后的结果，也可以在模型上直接显示测量或分析结果。

计算两坐标系间转换值的操作过程如图 3–134 所示。

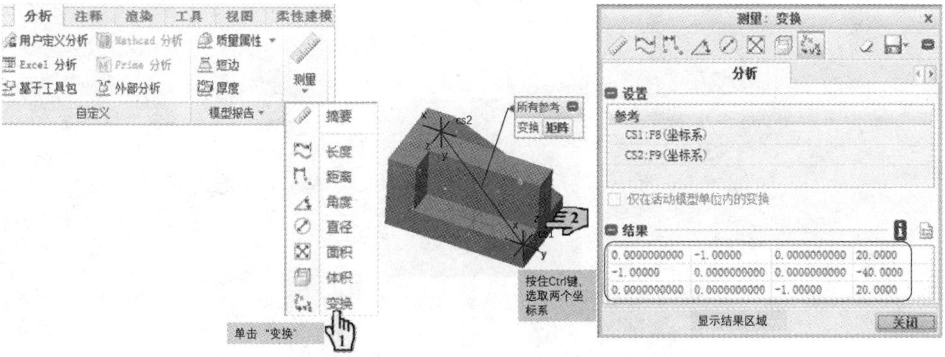

图 3–134　计算两坐标系间的转换值

3.22.6　质量属性分析

通过模型质量属性分析，可以获得模型的体积、总的表面积、质量、重心位置、惯性矩及惯性张量等数据。质量属性分析的一般操作流程为：

① 选择“分析”功能选项卡“模型报告”区域中的“质量属性”节点下的“质量属性”命令。

② 在弹出的“质量属性”对话框中打开“分析”选项卡。

③ 在“坐标系”区域中，取消“使用默认设置”复选框（否则系统自动选取默认的坐标系），然后选取所需的坐标系。

④ 在“分析”选项卡的结果区域中，显示出分析后的各项数据。

具体操作过程如图 3–135 所示。

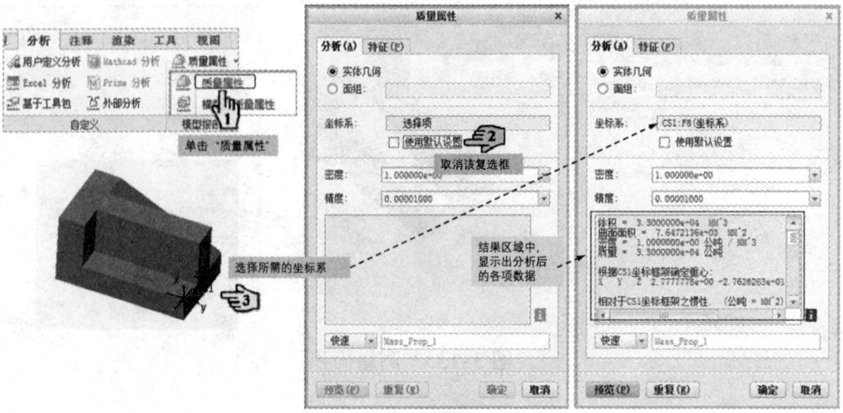

图 3–135　质量属性分析

第4章

装配设计

本章导读

完成零件设计后，将设计的零件按照设计要求的约束条件装配在一起，才能形成一个完整的产品或机构装置。在Creo Parametric系统中，零件的装配是在装配模块中完成的。模型装配的过程就是按照一定的约束条件，将各零件组装成一个整体并能满足设计功能的过程。为了提高工作效率及更加方便、清晰地了解装配模型的结构，可以建立各种模型的视图并加以管理。其主要内容包括：

- 基本装配约束
- 装配模型的一般创建过程
- 装配体中元件的复制
- 装配体中元件的阵列
- 装配干涉检查
- 修改装配体中的元件
- 装配体中的“层”操作
- 模型的视图管理
- 自顶向下设计简介

学习目标

- 掌握基本的装配约束
- 掌握装配的一般创建过程
- 掌握装配体中元件的复制、阵列和修改操作
- 掌握装配的干涉检查
- 掌握装配体中的“层”操作与模型的视图管理
- 了解自顶向下设计的设计方法

4.1 基本装配约束

在装配模块中，可以将生成的零件通过相互关系之间的装配约束装配在一起，并检查零件之间是否有干涉及装配体的运动情况是否合乎设计要求。

图 4–1 装配约束

在 Creo Parametric 装配环境中，通过定义装配约束，可以指定一个元件相对于装配体（组件）中其他元件（或特征）的放置方式和位置。一个元件通过装配约束添加到装配体中后，它的位置会随着与其有约束关系的元件改变而相应改变，并且约束设置值作为参数可随时修改，并可与其他参数建立关系方程，这样整个装配体实际上是一个参数化的装配体。

零件的装配过程，实际上就是一个约束限位的过程，根据不同的零件模型及设计需要，选择合适的约束类型，从而完成零件模型的定位。一般情况下，要完成一个零件的完全定位，可能需要同时满足几种约束条件。Creo Parametric 提供了多种装配约束类型，如图 4–1 所示。

4.1.1 “距离”约束

“距离”约束用于将元件参考定位在距装配参考的设定距离处。使用“距离”约束定义两个装配元件中的点、线和平面之间的距离值。约束对象可以是元件中的平整表面、边线、顶点、基准点、基准平面和基准轴，所选对象不必是同一种类型，如定义一条直线与一个平面之间的距离。当约束对象是两平面时，两平面平行，如图 4–2 所示；当约束对象是两直线时，两直线平行；当约束对象是一直线与一平面时，直线与平面平行。当距离值为 0 时，所选对象将重合、共线或共面。

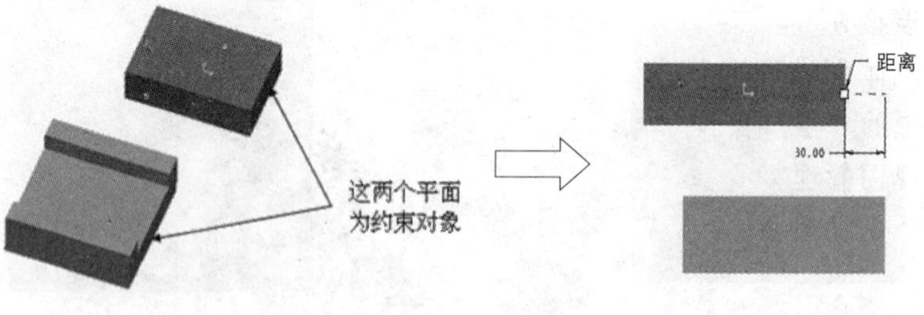

图 4–2 “距离”约束

（a）约束前；（b）约束后

4.1.2 “角度偏移”约束

“角度偏移”约束用来将选定的元件参考以某一角度定位到选定的装配参考。用“角度偏移”约束可以定义两个装配元件中的平面之间的角度，也可以约束线与线、线与面之间的角度。该约束通常需要与其他约束配合使用，才能准确地定位角度，如图 4–3 所示。

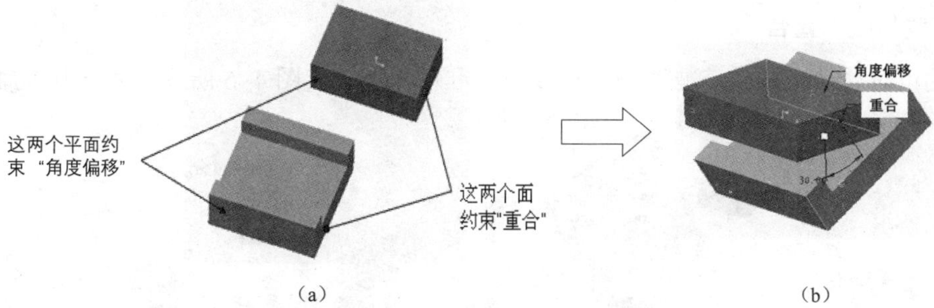

图 4–3 “角度偏移”约束

（a）约束前；（b）约束后

4.1.3 “平行”约束

“平行”约束主要平行于装配参考放置元件，定义两个装配元件的平行位置关系。其参考可以是线对线、线对平面或平面对平面，如图 4–4 所示的面与面平行。

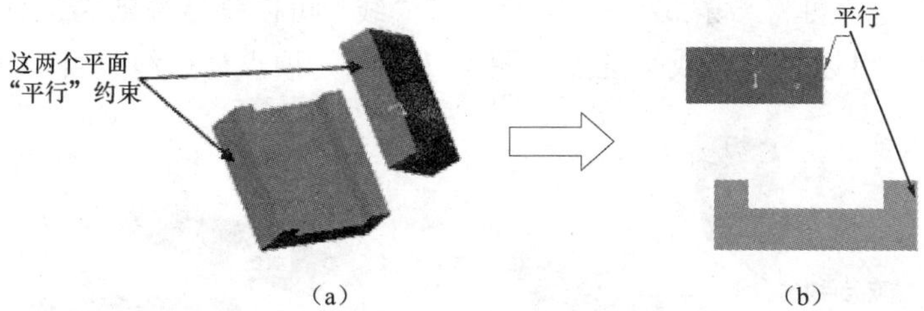

图 4–4 “平行”约束

（a）约束前；（b）约束后

4.1.4 “重合”约束

“重合”约束用于将元件参考定位为与装配参考重合，是装配中应用最多的一种约束。该约束可以定义两个装配元件中的点、线和面重合。约束的对象可以是实体的顶点、边线和平面，可以是基准特征，还可以是具有中心轴线的旋转面。在使用“重合”约束时，需要注意约束方向的正确设定，单击“反向”按钮可以更改重合的约束方向。

下面根据约束对象的不同，列出几种常见的“重合”约束的应用情况。

1.“面与面”重合

用“面与面”约束可使装配体中的两个平面重合并且朝向相同方向，如图 4–5 所示。

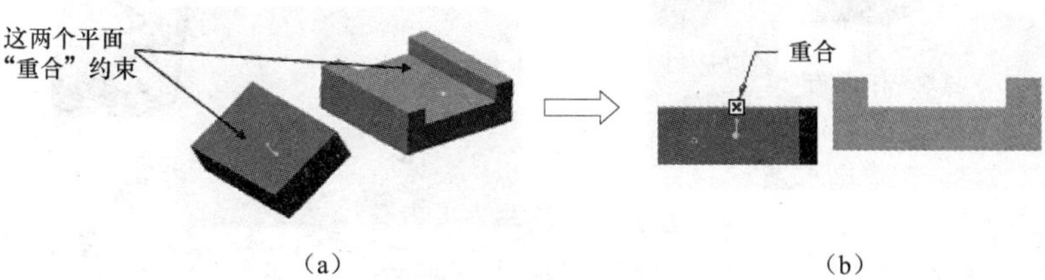

图 4–5 “面与面”重合

（a）约束前；（b）约束后

2.“线与线”重合

当约束对象是直线或基准轴时，直线或基准轴相重合。图 4–6 所示为两条基准轴线。

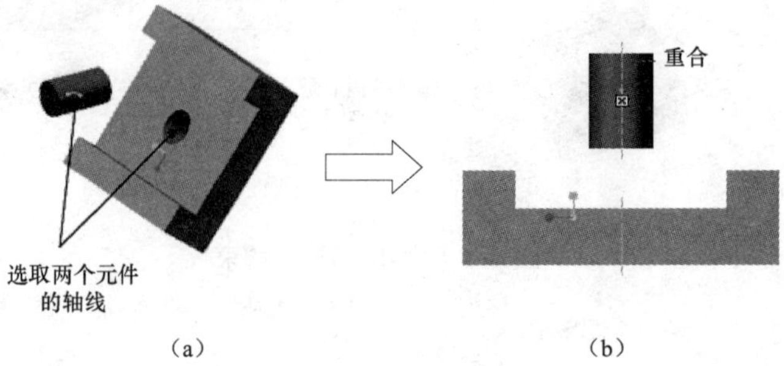

图 4–6 “线与线”重合

(a) 约束前；(b) 约束后

3.“线与点”重合

用“线与点”重合可将一条线与一个点重合。“线”可以是零件或装配件上的边线、轴线或基准曲线；“点”可以是顶点或基准点。图 4–7 所示为顶点与边线重合。

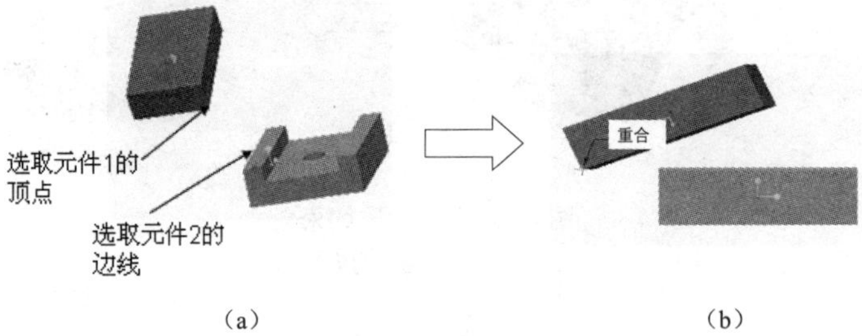

图 4–7 “线与点”重合

(a) 约束前；(b) 约束后

4.“面与点”重合

用“面与点”重合可使一个曲面和一个点重合。“曲面”可以是零件或装配件上的基准平面、曲面特征或零件的表面；“点”可以是零件或装配件上的顶点或基准点。图 4–8 所示为顶点与零件表面重合。

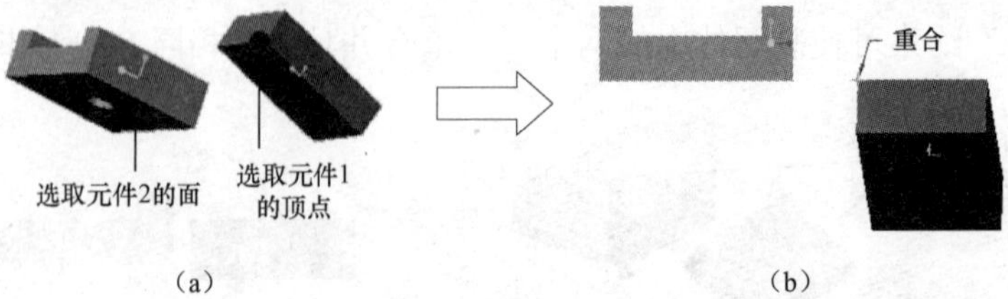

图 4–8 “面与点”重合

(a) 约束前；(b) 约束后

5. “线与面”重合

用“线与面”重合可将一个曲面与一条边线重合。“曲面”可以是零件或装配件中的基准平面、表面或曲面面组；“边线”为零件或装配件上的边线。图 4–9 所示为零件表面与边线重合。

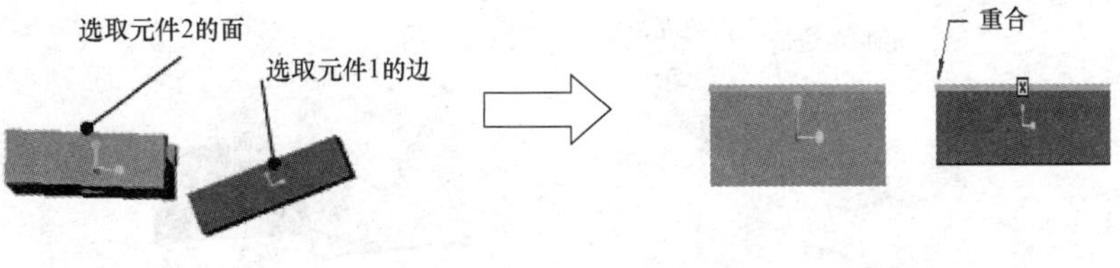

（a）　　（b）

图 4–9 “线与面”重合

（a）约束前；（b）约束后

6. “坐标系”重合

用“坐标系”重合可将两个元件的坐标系重合，或者将元件的坐标系与装配体的坐标系重合，即一个坐标系中的 *X* 轴、*Y* 轴和 *Z* 轴与另一个坐标系中的 *X* 轴、*Y* 轴和 *Z* 轴分别重合，如图 4–10 所示。

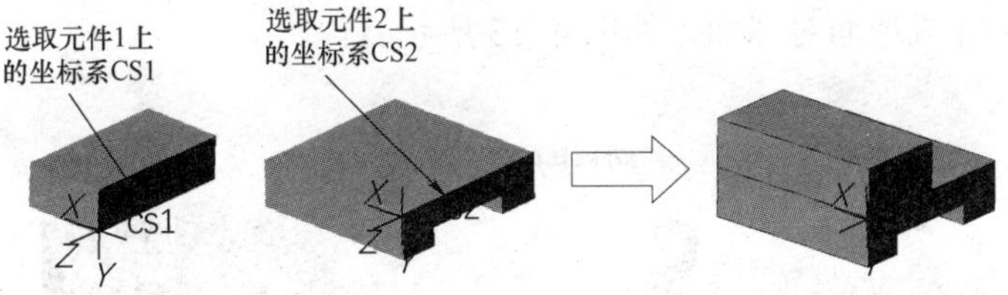

（a）　　（b）

图 4–10 “坐标系”重合

（a）约束前；（b）约束后

4.1.5 “法向”约束

“法向”约束用于将元件参考定位为与装配参考垂直，其参考可以是线对线（共面的线）、线对平面或平面对平面。图 4–11 所示为线与面垂直。

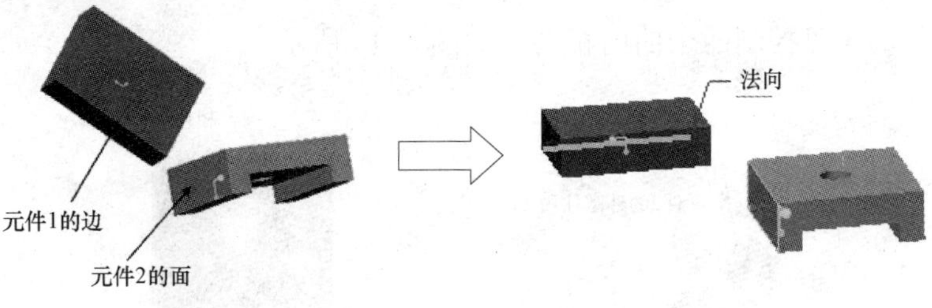

（a）　　（b）

图 4–11 “法向”约束

（a）约束前；（b）约束后

理论篇

4.1.6 “共面”约束

“共面”约束主要用于将元件边、轴、目的基准轴或曲面定位为与类似的装配参考共面。图 4–12 所示为边与边共面。

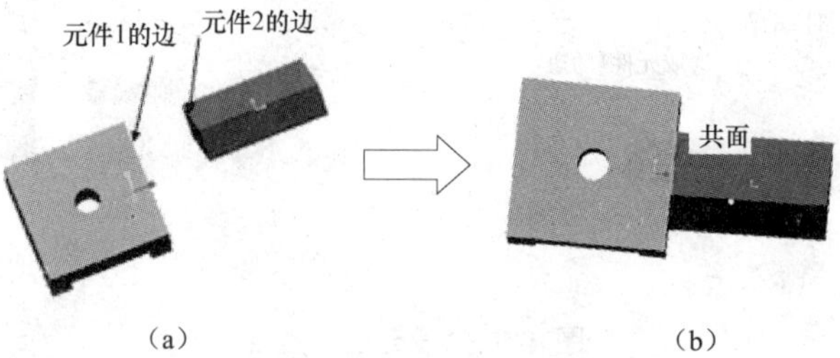

图 4–12 “共面”约束

（a）约束前；（b）约束后

4.1.7 “居中”约束

用“居中”约束可以控制两坐标系的原点相重合，但各坐标轴不重合，因此，两零件可以绕重合的原点进行旋转。当选择两柱面居中时，两柱面的中心轴将重合。参考可以为圆锥对圆锥、圆环对圆环或球面对球面，如图 4–13 所示。

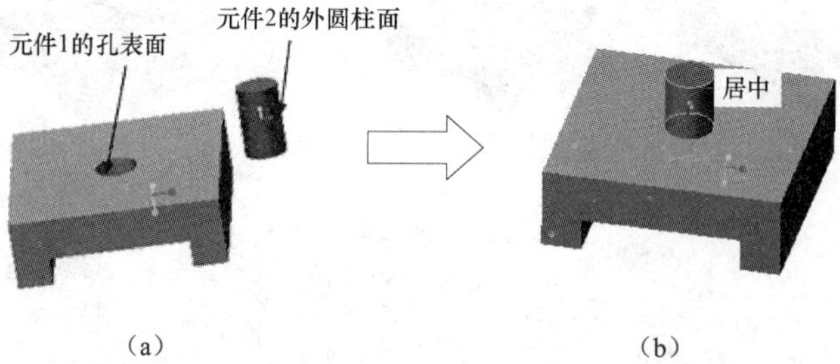

图 4–13 “居中”约束

（a）约束前；（b）约束后

4.1.8 “相切”约束

用“相切”约束可控制两个曲面相切，如图 4–14 所示。

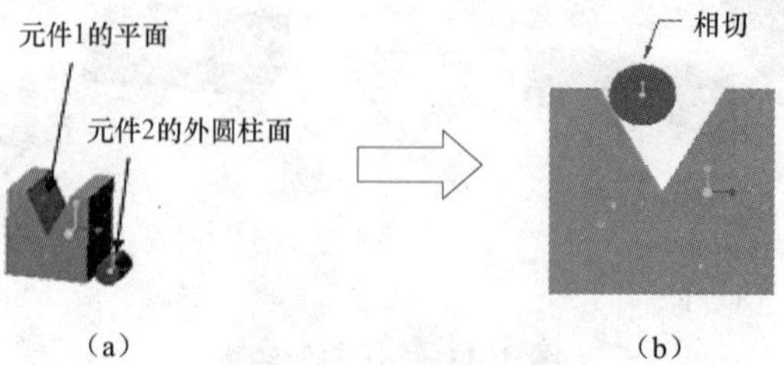

图 4–14 “相切”约束

（a）约束前；（b）约束后

4.1.9 “固定”约束

“固定”约束也是一种装配约束形式，可以用该约束将元件固定在图形区的当前位置。当向装配环境中引入第一个元件时，也可对该元件实施这种约束形式。

4.1.10 “默认”约束

“默认”约束也称为缺省约束，可用该约束将元件上的默认坐标系与装配环境的默认坐标系重合。当向装配环境中引入第一个元件时，常常对该元件实施这种约束形式。

4.1.11 “自动”约束

“自动”约束是基于所选参考的自动约束，系统会根据所选参考而智能地提供一种可能的约束类型。

4.1.12 使用“放置”约束的一般原则及注意事项

定义“放置”约束是装配设计的一项基本内容。下面总结几点使用“放置”约束的一般原则及注意事项。

① 当定义某些约束时，系统会显示约束方向，根据设计要求决定是否反向约束方向。例如，当为“距离”约束输入偏移值时，系统会显示约束的偏移方向，此时要选择相反方向，则可以单击方向箭头，或输入一个负值，或在图形窗口中往反方向拖动控制图柄至合适位置。

② 一些约束对其参考的类型有要求。例如，“距离”约束的参考要求为点对点、点对线、线对线、平面对平面、平面曲面对平面曲面、点对平面或线对平面；“平行”约束的参考是线对线（共面的线）、线对平面或平面对平面。

③ 一次只能添加一个约束。例如，不能使用一个单一的约束选项约束一个零件上的两个不同的孔与另一个零件上的两个不同的孔，而必须定义两个单独的约束。

④ 元件的装配需要定义放置约束集。所述的放置约束集由若干个（一般为 2 个或 3 个）“放置”约束构成，用来完全定义元件的放置和方向。进入“元件放置”选项卡的“放置”面板，可以看到当前定义的放置约束集。若要新建约束，可以在“放置”面板的放置约束收集器中选择“新建约束”选项。

⑤ 装配中，有些不同的约束可以达到同样的效果，如选择两平面“重合”与定义两平面的“距离”为 0，均能达到同样的约束目的，此时应根据设计意图和产品的实际安装位置选择合理的约束。

4.2 装配模型的一般创建过程

下面以一个装配体模型——连杆与销钉的装配为例，如图 4–15 所示，说明装配体创建的一般操作过程。

4.2.1 新建装配文件

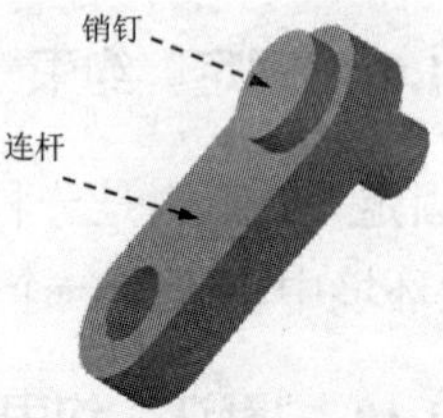

图 4–15 连杆与销钉的装配

新建装配文件的一般操作过程如下：

① 单击“文件”→“新建”按钮，系统弹出“新建”对话框。

② 在“新建”对话框中选择“类型”选项下的“装配”单选项；选择“子类型”选项下的“设计”单选项（系统默认）；在“名称”文本输入框中输入文件名称；取消“使用默认模板”复选框，取消使用默认模板。

③ 单击该对话框中的“确定”按钮，系统弹出“新文件选项”对话框。

④ 在“新文件选项”对话框中，选取适当的装配模板，在模板选项中选取“mmns_asm_design”模板，然后单击该对话框中的“确定”按钮，完成新的装配文件的创建。

具体操作过程如图 4–16 所示。

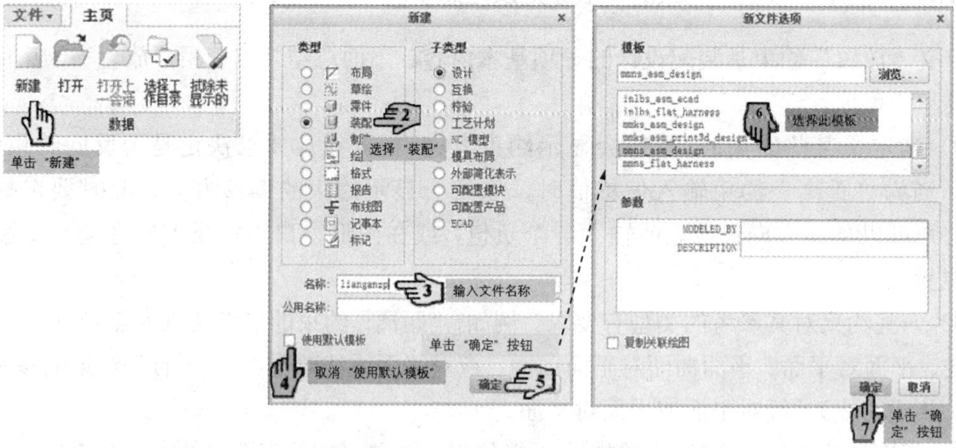

图 4–16 新建装配文件操作过程

完成操作后，系统进入装配环境，图 4–17 所示为装配环境界面。

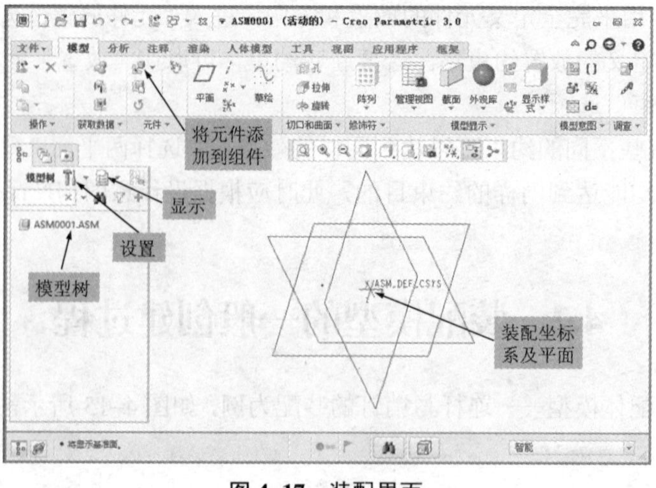

图 4–17 装配界面

4.2.2 装配第一个零件

装配第一个零件的一般操作过程如下：

① 引入第一个零件。单击“模型”功能选项卡“元件”区域中的“组装”按钮，系统弹出“打开”对话框，选择装配的第一个文件，然后单击“打开”按钮。

“组装”菜单下的几个命令的说明如图 4–18 所示。

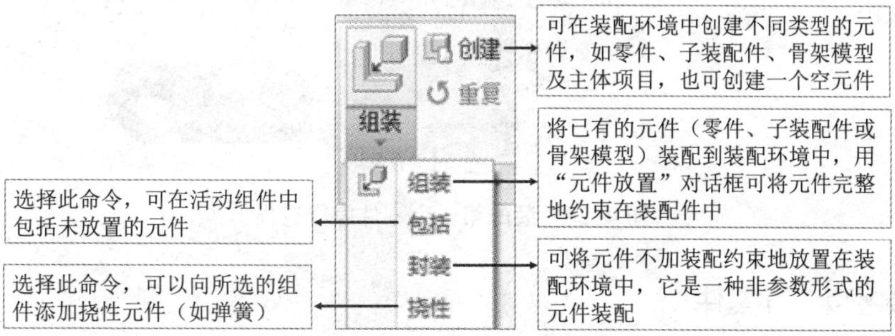

图 4–18　组装菜单下的命令说明

② 完全约束放置第一个零件。完成上步操作后，系统弹出图 4–19 所示的元件放置操控面板。在该操控面板中单击“放置”选项卡，在“约束类型”下拉列表中选择默认选项，将元件按默认放置，此时操控板中显示的信息为“状况：完全约束”，说明零件已经完全约束放置，单击操控板中的“确定”按钮。

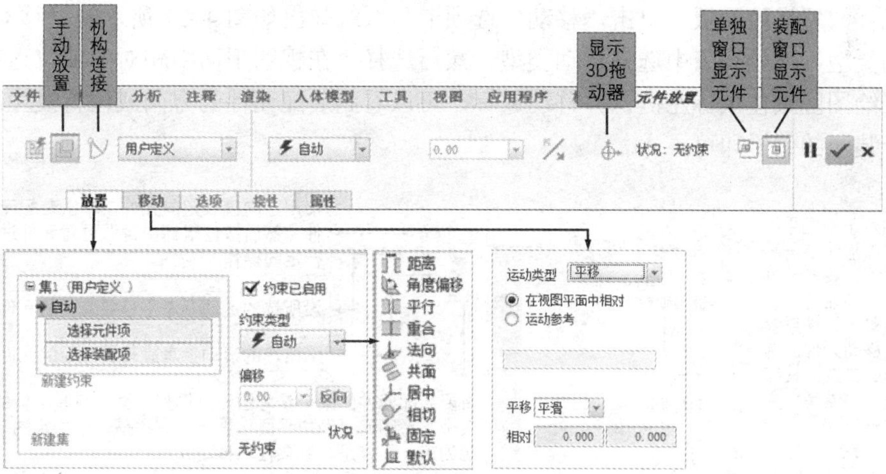

图 4–19　元件放置操控面板

注意：还有如下两种完全约束放置第一个零件的方法。

① 选择“固定”选项，将其固定，完全约束放置在当前的位置。

② 让第一个零件中的某三个正交的平面与装配环境中的三个正交的基准平面（ASM_TOP、ASM_FRONT、ASM_RIGHT）重合，以实现完全约束放置。

第一个零件——连杆装配的具体操作过程如图 4–20 所示。

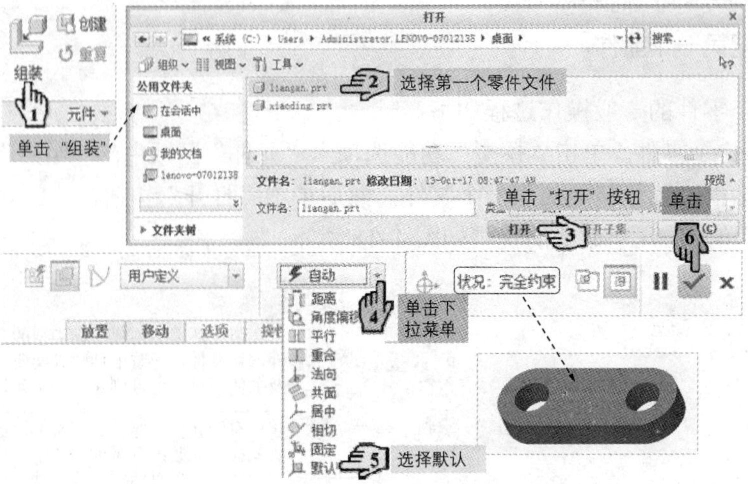

图 4–20　装配第一个零件操作过程

4.2.3　装配第二个零件

装配第二个零件的操作过程如下：

① 引入第二个零件。单击"模型"功能选项卡"元件"区域中的"组装"按钮，系统弹出文件"打开"对话框，选择装配的第二个文件，然后单击"打开"按钮。

② 引入第二个零件后，该零件的方向和位置有可能不便于装配，可以通过移动元件的方法先进行调整，然后再进行零件的装配。调整方法主要有以下几种。

方法 1：利用元件放置操控面板中的"移动"选项卡调整零件的方位。

在元件放置操控面板中单击"移动"选项卡，系统弹出如图 4–21 所示的"移动"界面。在"运动类型"下拉列表中选择运动类型，然后选择"在视图平面中相对"或"运动参考"选项，在绘图区按住鼠标左键，并移动鼠标，可以看到装配元件的方向或位置发生改变，调整到便于装配的位置即可。

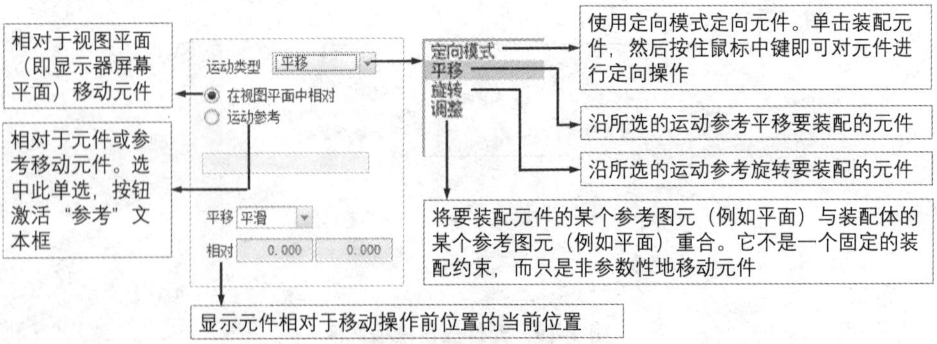

图 4–21　移动界面

方法 2：使用键盘快捷键移动元件。

在添加元件约束时，可以采用如下方法快速移动零件：

按住键盘上的 Ctrl+Alt 键，同时按住鼠标右键并拖动鼠标，可以在视图平面内平移元件。

按住键盘上的 Ctrl+Alt 键，同时按住鼠标左键并拖动鼠标，可以在视图平面内旋转元件。

按住键盘上的 Ctrl+Alt 键，同时按住鼠标中键（滚轮）并拖动鼠标，可以全方位旋转元件。

方法 3：使用 3D 动态拖动器移动元件。

在图 4–19 所示元件放置操控板中，单击“显示 3D 拖动器”按钮，拖动动态轴中的元素，即可移动元件。动态轴中的元素默认显示为红、蓝、绿三色，当显示为灰色时，说明表面元件在此方向上受到约束或不可移动。

方法 4：打开辅助窗口。

在图 4–19 所示元件放置操控板中，单击“单独窗口显示元件”按钮，即可打开一个包含要装配元件的辅助窗口。在此窗口中可单独对要装入的元件进行缩放（中键滚轮）、旋转（中键）和平移（Shift+中键），将要装配的元件调整到方便选取装配约束参考的位置。

③ 完全约束放置第二个零件。

当引入元件到装配件中时，系统将选择“自动”放置。从装配体和元件中选择一对有效参考后，系统将自动选择适合指定参考的约束类型。约束类型的自动选择可省去手动从约束列表中选择约束的操作步骤，从而有效地提高工作效率。但某些情况下，系统自动指定的约束不一定符合设计意图，需要重新进行选取。

第二个零件——销钉装配的具体操作过程如图 4–22 所示。

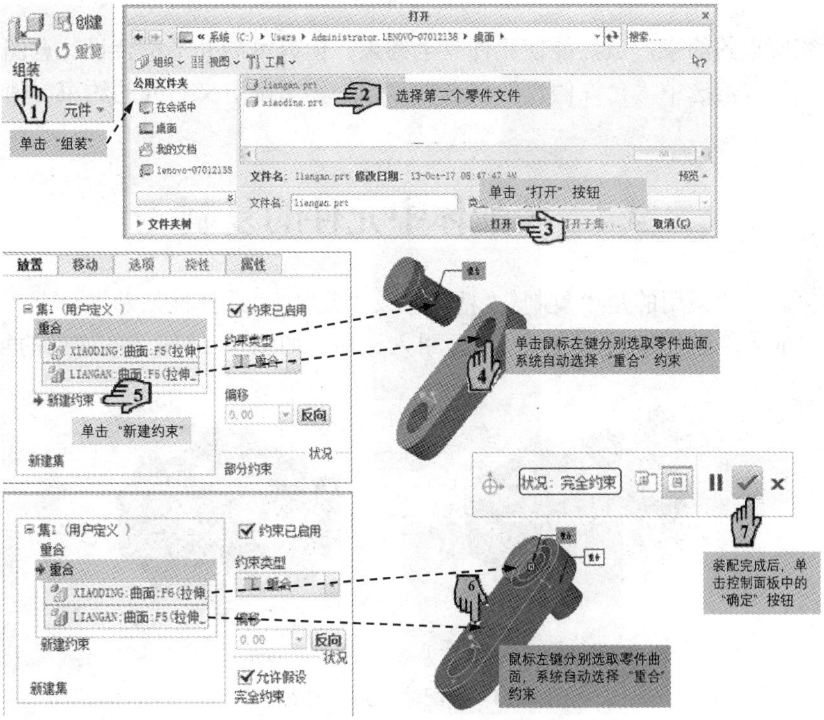

图 4–22　装配第二个零件操作过程

4.3　使用允许假设

在装配过程中，Creo 会自动启用“允许假设”功能，通过假设存在某个装配约束，使元件自动地被完全约束，从而帮助用户高效率地装配元件。“允许假设”复选框位于操控板中“放置”界面的“状况”选项组，用以切换系统的约束定向假设开关。在装配时，只要能够做出假设，系统将自动选中“允许假设”复选框（即使之有效）。“允许假设”的设置是针对具体元件的，并与该元件一起保存。

例如，在图 4–23 所示的销钉装配中，将图中的销钉装配到连杆上的孔里，在分别添加一个曲面重合约束和一个平面重合约束后，元件放置操控板中的“状况”选项组就显示“完全约束”，这是因为系统自动启用了“允许假设”。假设存在第三个约束，该约束限制销钉在孔中的径向位置，这样就完全约束了该销钉，完成了销钉的装配。

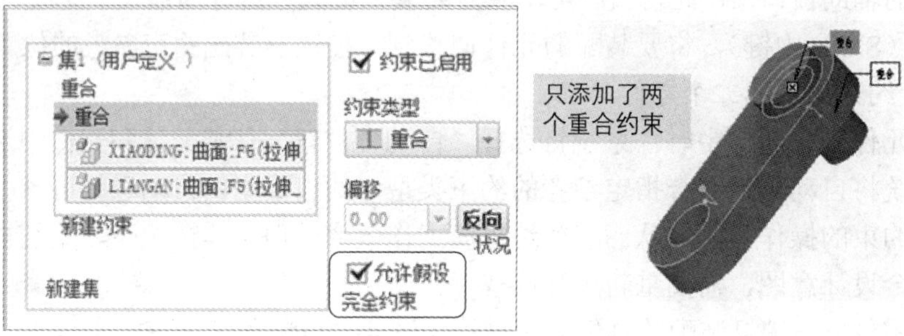

图 4–23　允许假设

有时系统假设的约束，虽然能使元件完全约束，但有可能并不符合设计意图，遇到这种情况时，可以先取消选中“允许假设”复选框，添加和明确定义另外的约束，使元件重新完全约束。

4.4　装配体中元件的复制

元件的复制一般采用的是“复制”“粘贴”或“复制”“选择性粘贴”命令，使用该方法可以对装配后的元件进行复制，而不必重复引入元件。如图 4–24 所示的螺钉的复制。

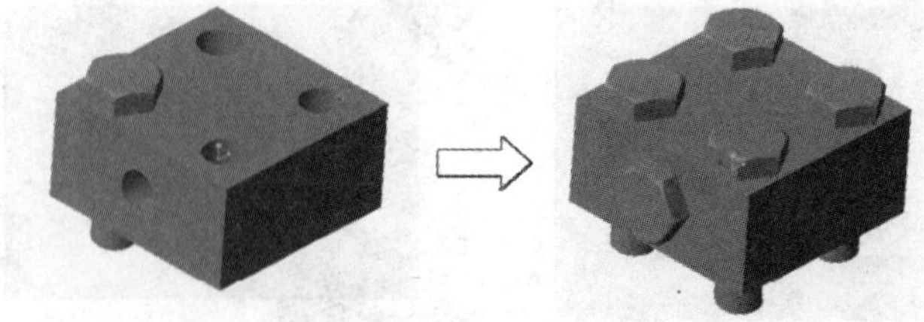

（a）　　　　　　　　（b）

图 4–24　装配体中元件的复制

（a）复制前；（b）复制后

装配体中元件的复制操作过程如下：

① 选中已装配好的螺钉元件，单击“模型”功能选项卡“操作”区域中的“复制”按钮，再单击“粘贴”按钮，系统弹出元件放置操控板。

② 在组件中依次选取放置参考。

③ 在元件放置操控板中单击“确定” 按钮，完成第一次复制。

④ 单击“模型”功能选项卡“操作”区域中“复制”按钮的下拉菜单，在弹出的菜单中选择“选择性粘贴”命令，系统弹出“选择性粘贴”对话框。

⑤ 在“选择性粘贴”对话框中，选中“制作有改变选项的完全从属的副本”和“对副本应用移动/旋转变换”，单击“确定”按钮，系统弹出“移动（复制）”操控板。

⑥ 选取方向参考，输入移动距离值，如果方向相反，则输入负值。

⑦ 单击操控板中的“确定”按钮，完成第二次复制。

⑧ 重复以上操作，直到所有螺钉复制完成。

装配体中螺钉的复制操作具体过程如图 4–25 和图 4–26 所示。

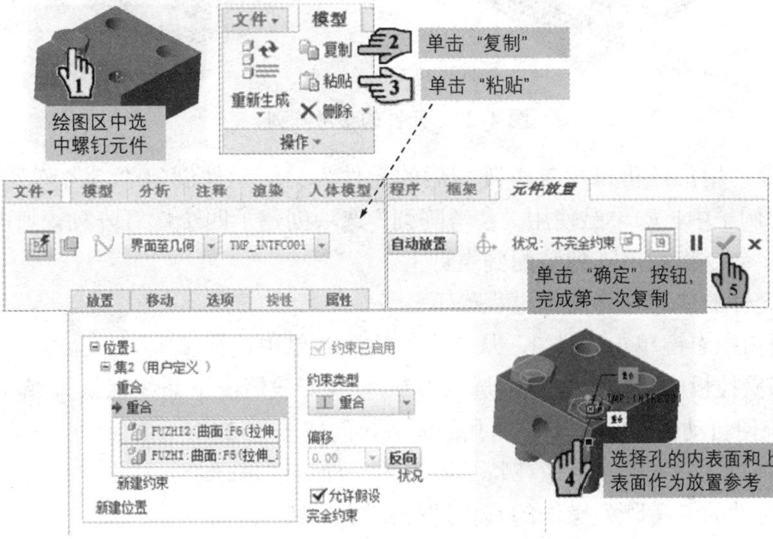

图 4–25　螺钉的第一次复制

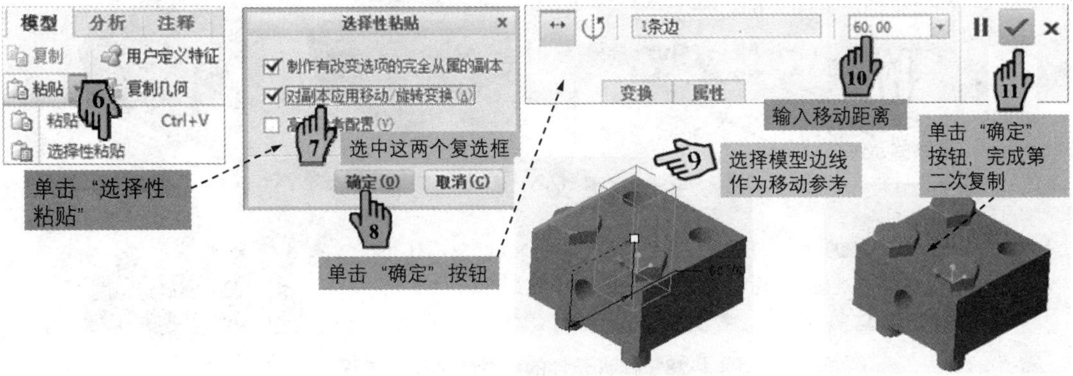

图 4–26　螺钉的第二次复制

4.5　装配体中元件的阵列

与在零件模型中特征的阵列一样，在装配体中，也可以进行元件的阵列。装配体中的元件包括零件和子装配件，元件阵列的类型主要包括“参考阵列”和“尺寸阵列”。

4.5.1 参考阵列

图 4–27 所示，元件“参考阵列”是以装配体中某一零件中的特征阵列为参考，来进行元件的阵列的。图 4–27 中的四个阵列螺钉，是参考装配体中元件 1 上的四个阵列孔进行创建的，所以，在创建“参考阵列”之前，应在装配体的某一零件中创建参考特征的阵列。

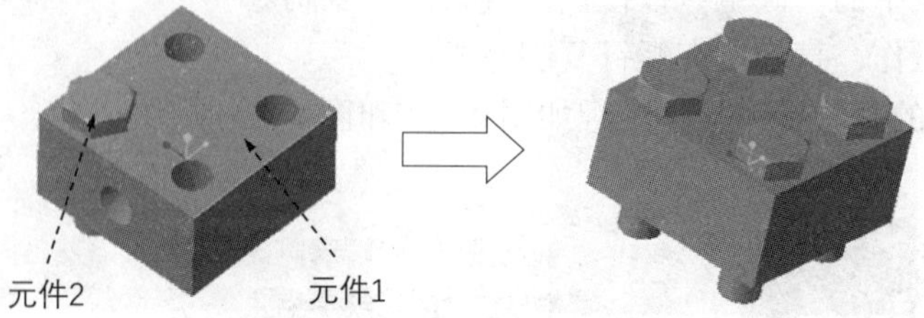

图 4–27　元件的参考阵列

在 Creo 中，用户还可以用参考阵列后的元件为另一元件创建“参考阵列”。例如，在图 4–27 所示的例子中，如果已使用“参考阵列”选项创建了四个螺钉阵列，则可以再一次使用“参考阵列”命令将螺母阵列装配到螺钉上。

装配体中元件的参考阵列操作过程如下：

① 在模型树中右键单击元件 2，从弹出的快捷菜单中选择“阵列”命令。

② 在阵列操控板的阵列类型框中选取“参考”(一般情况下系统默认)，单击“确定”按钮。此时，系统便自动参考元件 1 中的孔的阵列，创建图 4–27 所示的元件阵列。如果修改阵列中的某一个元件，则系统就会像在特征阵列中一样修改每一个元件。

装配体中元件的参考阵列操作的具体过程如图 4–28 所示。

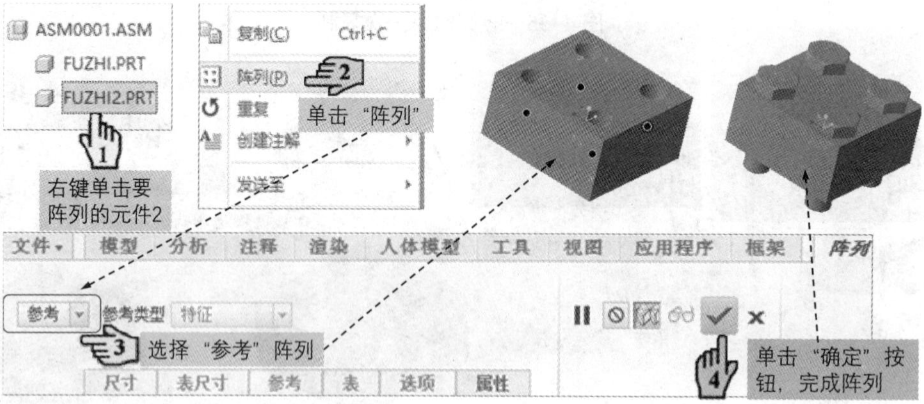

图 4–28　螺钉元件的参考阵列操作过程

4.5.2 尺寸阵列

元件的“尺寸阵列”是使用装配中的约束尺寸创建阵列的，所以只有使用诸如“距离”或“角度偏移”这样的约束类型才能创建元件的“尺寸阵列”，如图 4–29 所示。创建元件的“尺寸阵列”，遵循在“零件”模式中阵列特征的同样规则。注意：如果要重定义阵列化的元件，必须在重定义元件放置后再重新创建阵列。

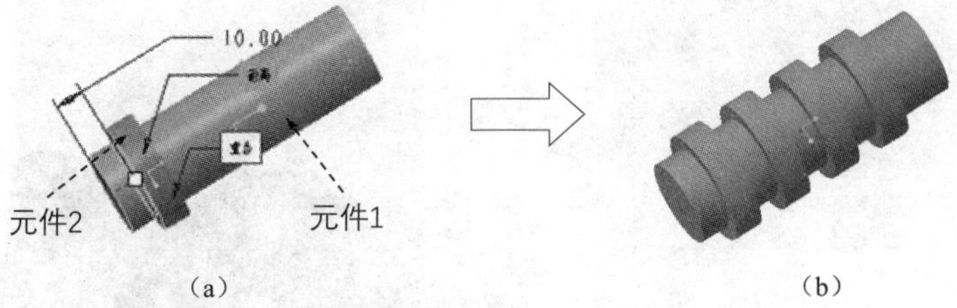

图 4–29　元件的尺寸阵列

（a）元件的装配；（b）元件阵列

装配体中，元件的尺寸阵列操作过程如下：

① 在模型树中右键单击元件 2，从弹出的快捷菜单中选择“阵列”命令。

② 选取要在第一方向上改变的尺寸。

③ 在出现的增量尺寸文本框中输入增量值，并按 Enter 键。

④ 在阵列操控板中输入实例总数。

⑤ 单击阵列操控板中的“确定”按钮，完成元件的阵列。

装配体中元件的尺寸阵列操作具体过程如图 4–30 所示。

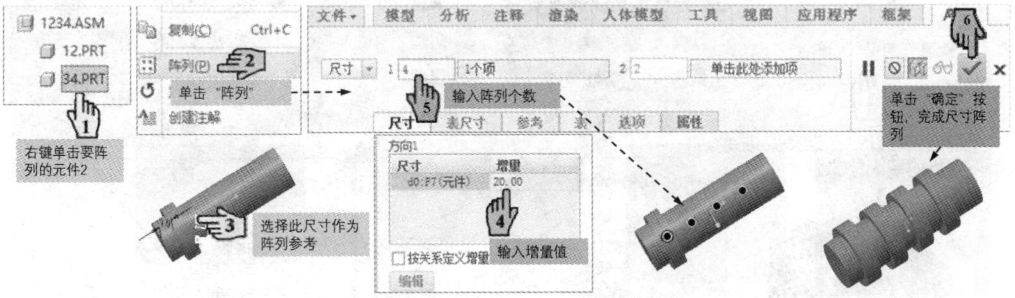

图 4–30　元件的尺寸阵列操作过程

4.6　装配干涉检查

在产品设计的过程中，当各个零部件组装完成后，设计人员还需要检查产品中各个零部件之间的干涉情况，包括：有无干涉、哪些零部件之间有干涉及干涉量的大小等，以便进行必要的修改。Creo 系统中可以通过“全局干涉”命令来检查零部件间的干涉情况。

干涉检查的一般操作过程如下：

① 打开需要进行干涉检查的装配文件。

② 在装配模块中选择“分析”功能选项卡“检查几何”区域“全局干涉”节点下的“全局干涉”命令。

③ 在弹出的“全局干涉”对话框中单击“分析”选项卡，再单击下部的“预览”按钮，则分析的结果显示在“结果”区域中。

分析的结果包括干涉的零件名称及干涉的体积大小。单击相应的干涉项，则可以在模型上看到干涉部位以红色加亮的方式显示，如图 4–31 所示。如果装配体中没有干涉的元件，则系统在信息显示区显示“没有干涉零件”。

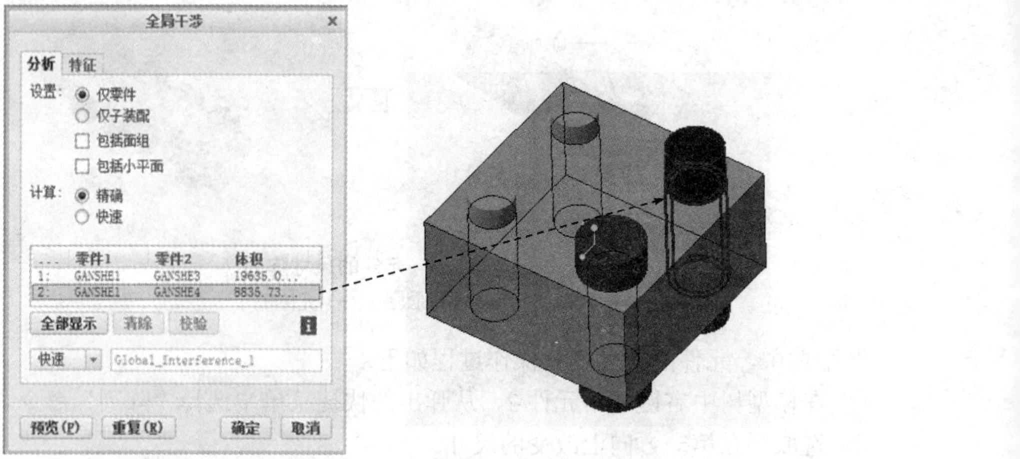

图 4–31 “分析”选项卡与加亮显示干涉部位

干涉检查的具体操作过程如图 4–32 所示。

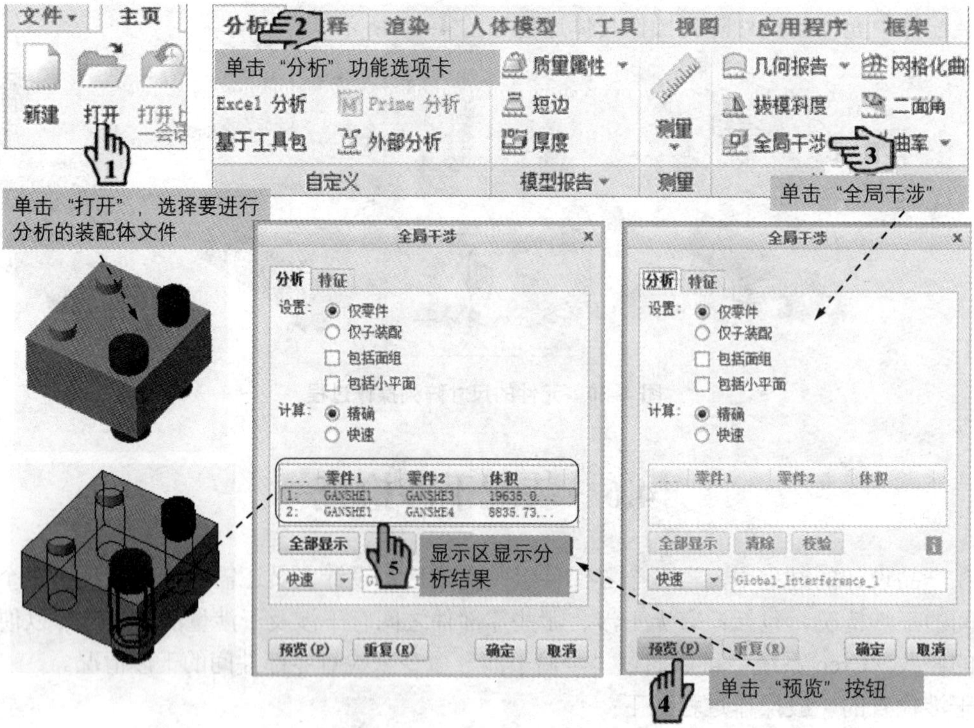

图 4–32 干涉检查的具体操作过程

4.7 修改装配体中的元件

完成一个装配体后，可以对该装配体中的任何元件（包括零件和子装配件）进行打开与删除、尺寸的修改、装配约束偏距值的修改、装配约束的重定义等操作。这些操作命令一般从模型树中获取，其操作的一般过程为：

① 打开需要修改的装配体文件。

② 在装配模型树界面中单击“设置”命令，在出现的菜单中选择“树过滤器”命令，然后选中“显示”选项组下的“特征”复选框。这样每个零件中的特征都将在模型树中显示。

③ 单击模型树中需要修改的零件前面的三角符号。

④ 在模型树中，右键单击要修改的特征，从弹出的菜单中即可选取所需的编辑、编辑定义等命令，对所选取的特征进行相应操作。

⑤ 装配模型的再生。单击快速访问工具栏中的“重新生成”命令。

注意：装配模型修改后，必须进行“重新生成”操作，否则模型不能按修改的要求更新。

修改装配体中的元件的具体操作过程如图 4–33 所示。

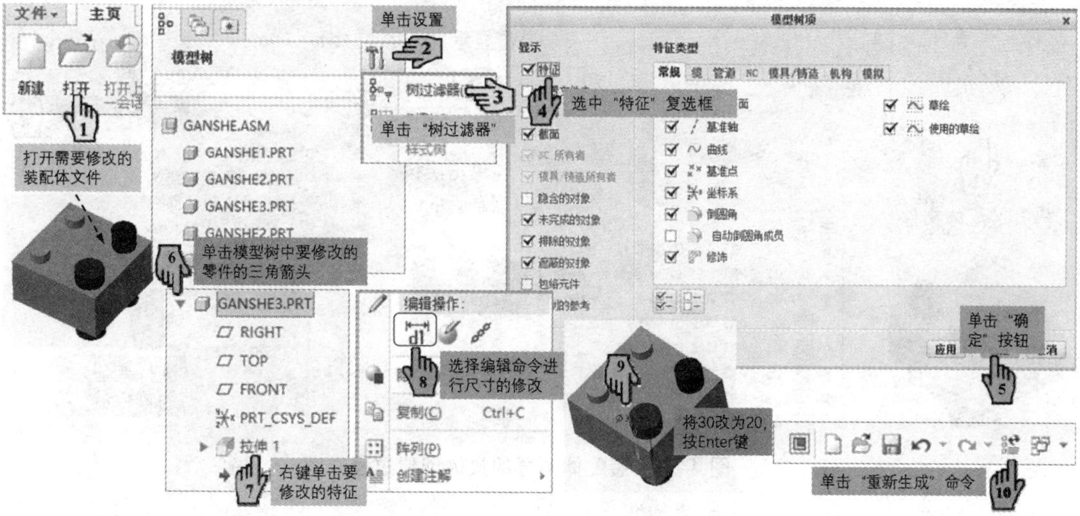

图 4–33　装配体中修改元件尺寸的操作过程

4.8　装配体中的“层”操作

当装配体中元件引入较多时，屏幕中的基准面、基准轴等太多，会影响设计人员的操作，这就要用到装配体中“层”的功能，将暂时不用的基准元素遮蔽起来，使绘图界面简洁，便于操作。

可以对装配体中的各元件分别进行层的操作。装配体中的元件进行层操作的一般过程为：

① 打开装配体文件。

② 在“导航”选项卡中选择“显示”→“层树”命令，此时在导航区显示装配层树，如图 4–34 所示。

③ 选取对象。从装配元件下拉列表（图 4–35 所示）框中选取零件，此时该零件所有的层显示在零件层树中，如图 4–36 所示。

④ 对零件中的层进行诸如隐藏、新建层及设置层的属性等操作。

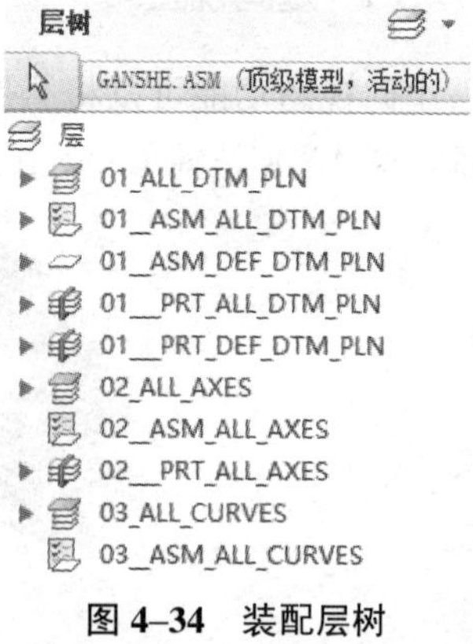

图 4–34　装配层树

理论篇

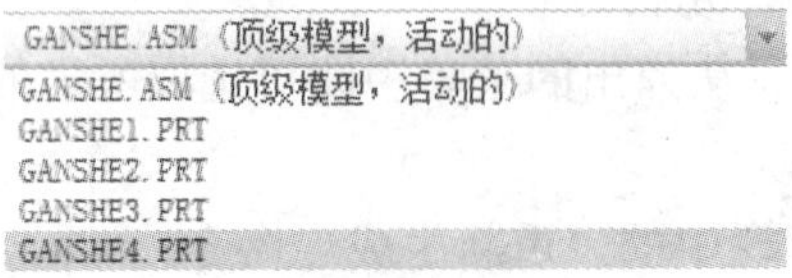

图 4–35　装配元件列表

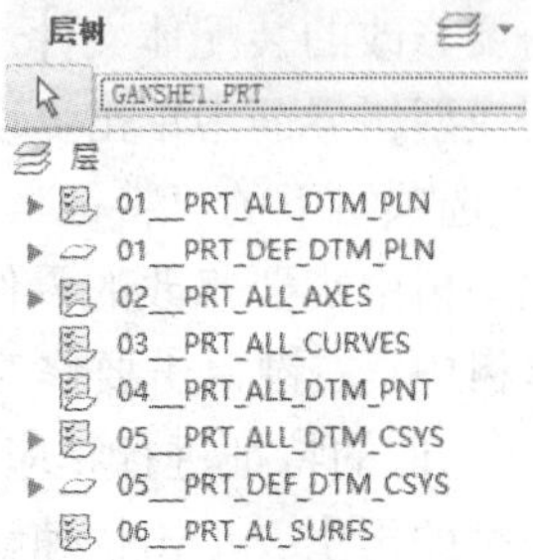

图 4–36　零件层树

创建装配体中层的具体操作过程如图 4–37 所示。

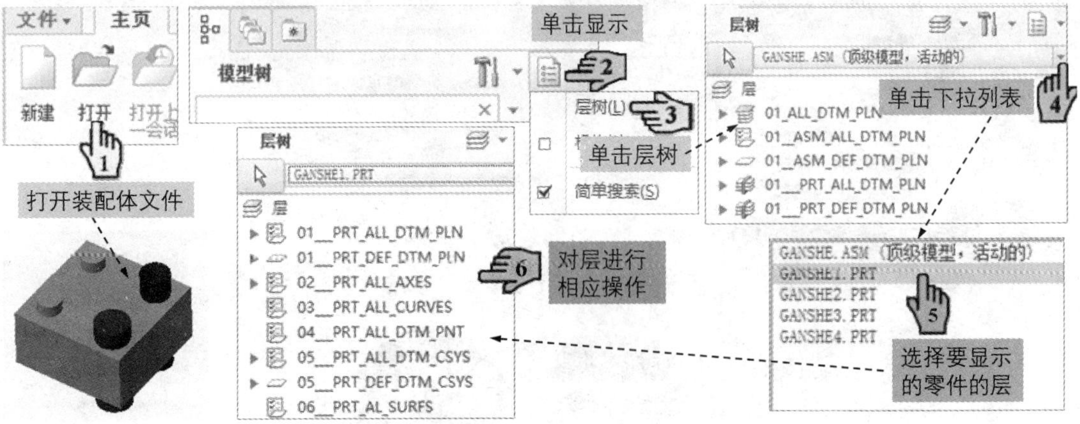

图 4–37　装配体中层的具体创建过程

4.9　模型的视图管理

在实际应用中，为了使设计更加方便，进一步提高工作效率，或为了更清晰地了解模型的结构，可以建立各种视图并加以管理，这就要用到 Creo 系统中的“视图管理”功能。在 Creo 中的“视图管理器”中，可以管理“简化表示”视图、“样式”视图、“分解”视图、“定向”视图及这些视图的全部视图。

4.9.1　定向视图

定向视图功能可以将组件以指定的方位进行摆放，以便观察模型或为将来生成工程图做准备。图 4–38 是轴承座装配体定向视图的例子，下面说明创建定向视图的操作方法。

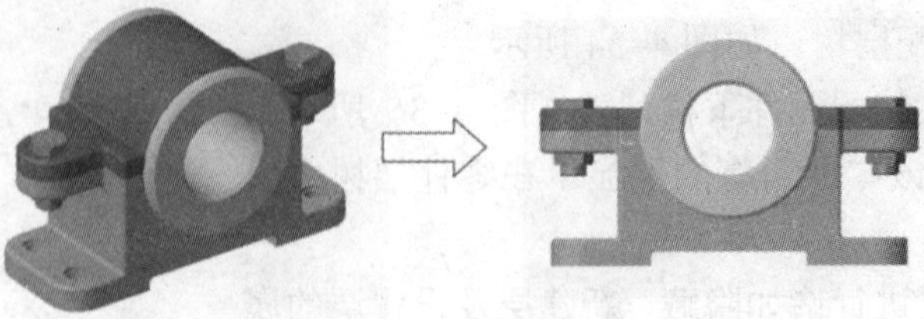

图 4–38　定向视图

1. 创建定向视图

① 打开装配体文件。

② 选择“视图”功能选项卡“模型显示”区域的“管理视图”命令，在弹出的“视图管理器”对话框的“定向”选项卡中单击“新建”按钮，命名新建视图，并按 Enter 键。

③ 选择“编辑”→“重新定义”命令，系统弹出“方向”对话框，在“类型”下拉列表中选取“按参考定向”，如图 4–39 所示。

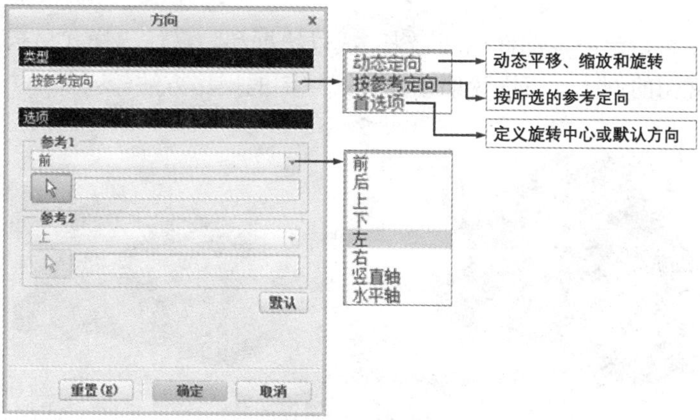

图 4–39 “方向”对话框

④ 定向组件模型，定义放置的参考。

⑤ 单击“确定”按钮，关闭“方向”对话框，再单击“视图管理器”对话框的“关闭”按钮，完成定向视图。

轴承座装配体定向视图的具体创建过程如图 4–40 所示。

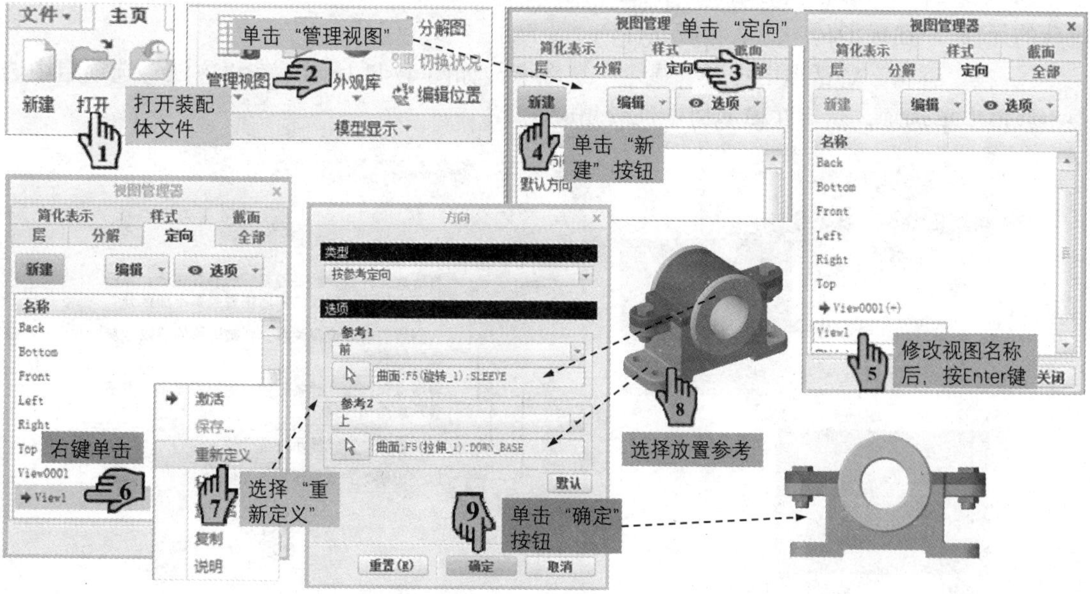

图 4–40 轴承座定向视图创建过程

2. 设置不同的定向视图

用户可以为装配体创建多个定向视图，每一个都对应于装配体的某个局部或层。在进行不同局部的设计时，可将相应的定向视图设置到当前工作区中。操作方法是，在“视图管理器”对话框的“定向”选项卡中选择相应的视图名称，然后双击；或选中视图名称后，选择“选项”→“激活”命令。

4.9.2 样式视图

样式视图可以将指定的零部件遮蔽起来，或以线框和隐藏线等样式显示。图 4–41 所示是轴承座装配样式视图的例子，下面说明创建样式视图的操作方法。

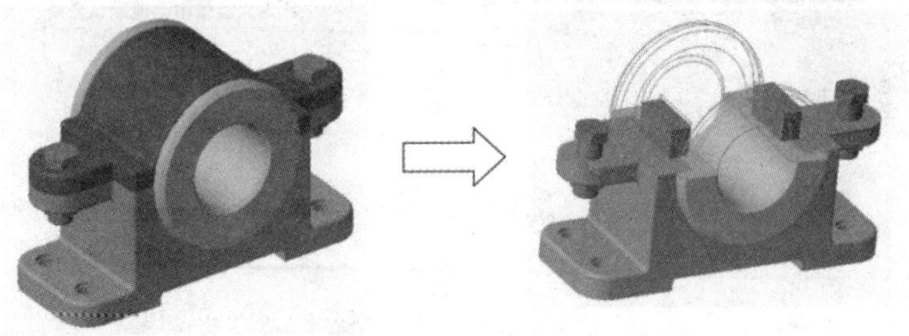

图 4–41 样式视图

1. 创建样式视图

① 打开装配体文件。

② 选择“视图”功能选项卡“模型显示”区域的“管理视图”命令，在弹出的“视图管理器”对话框的“样式”选项卡中单击“新建”按钮，命名新建视图，并按 Enter 键。

③ 系统弹出“编辑”对话框，如图 4–42 所示，此时“遮蔽”选项卡中提示“选取将被遮蔽的元件”，在模型树中选取相应元件。

④ 在“编辑”对话框中打开“显示”选项卡，如图 4–43 所示，在“方法”选项组中选中“线框”单选项，然后在模型树中选取相应元件。

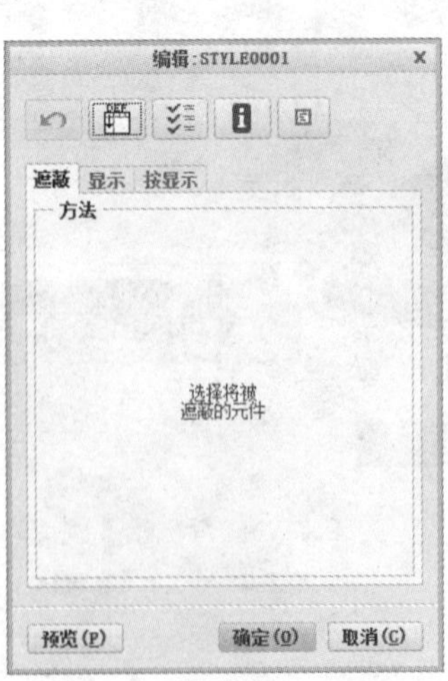

图 4–42 “编辑”对话框

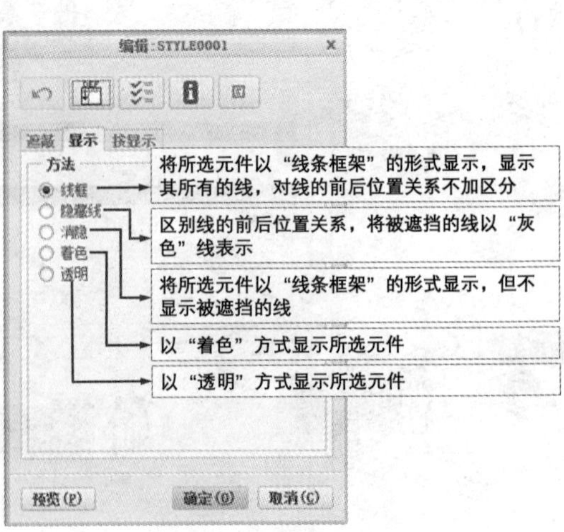

图 4–43 “显示”选项卡

⑤ 单击“编辑”对话框中的“确定”按钮，完成视图的编辑，再单击“视图管理器”对话框中的“关闭”按钮，完成样式视图的创建。

轴承座装配体样式视图的具体创建过程如图 4–44 所示。

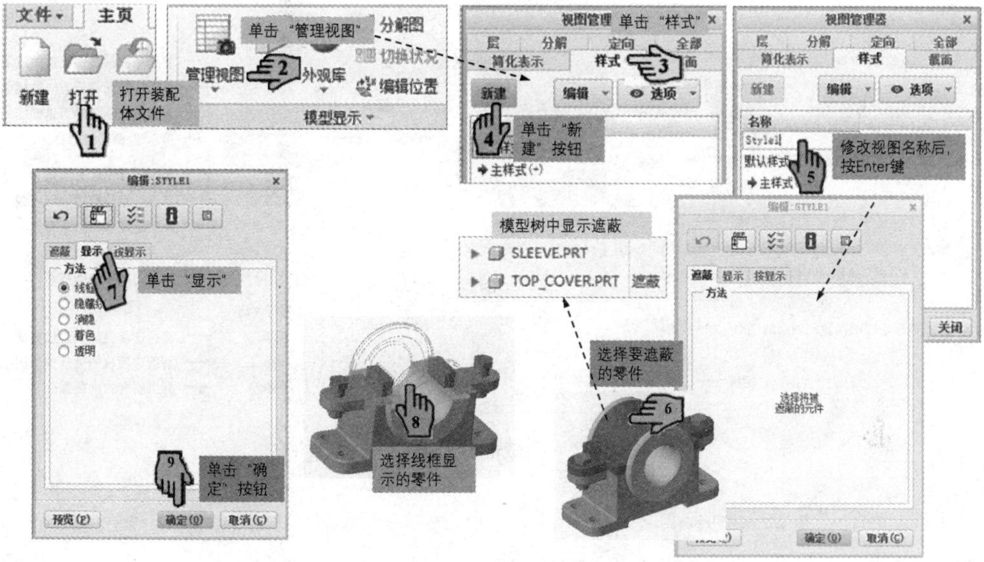

图 4–44　轴承座样式视图创建过程

2. 设置不同的样式视图

用户可以为装配体创建多个样式视图，每一个都对应于装配体的某个局部，在进行不同局部的设计时，可将相应的样式视图设置到当前工作区中。操作方法：在“视图管理器”对话框的“样式”选项卡中选择相应的视图名称，然后双击，或选中视图名称后，选择“选项”→“激活”命令，此时在当前视图名称前有一个绿色箭头指示。

4.9.3　剖截面

1. 剖截面的基本概念

剖截面也称横截面，主要作用是查看模型剖切的内部形状和结构。在零件模块或装配模块中创建的剖截面，可用于在工程图模块中生成剖视图。

在 Creo 系统中，剖截面分为以下两种类型。

①“平面”剖截面：用单个平面对模型进行剖切，如图 4–45 所示。

②“偏移”剖截面：用草绘的曲面对模型进行剖切，如图 4–46 所示。

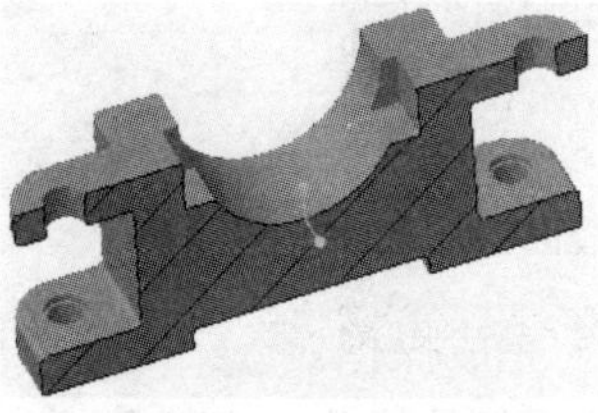

图 4–45　“平面”剖截面

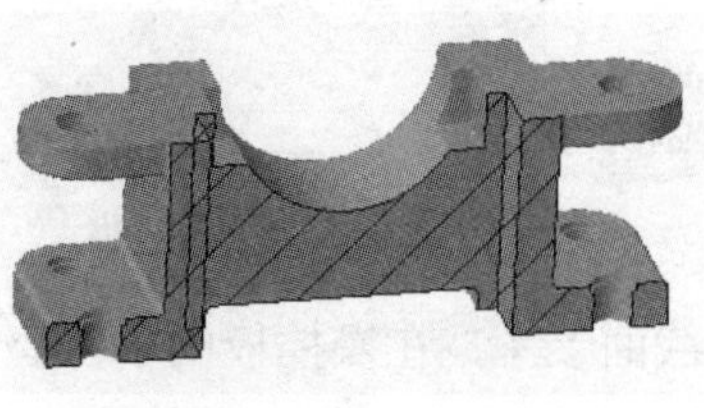

图 4–46　“偏移”剖截面

选择“视图”功能选项卡“模型显示”区域的“管理视图”命令，单击弹出的“视图管理器”对话框的“截面”选项卡，即可进入剖截面操作界面。操作界面中各命令的说明如图 4–47 所示。

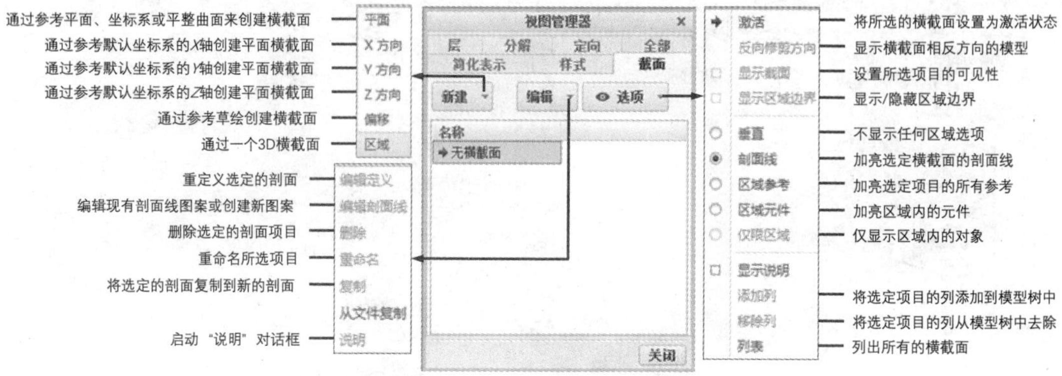

图 4–47 剖截面操作界面说明

2. 创建一个“平面”剖截面

创建“平面”剖截面的一般操作过程为：

① 选择“视图”功能选项卡“模型显示”区域的“管理视图”命令，系统弹出“视图管理器”对话框，在该对话框中选择“截面”选项卡。

② 在弹出的“视图管理器”对话框中单击“新建”节点下的“平面”选项，输入名称，并按 Enter 键，系统弹出“平面截面”操控面板，如图 4–48 所示。

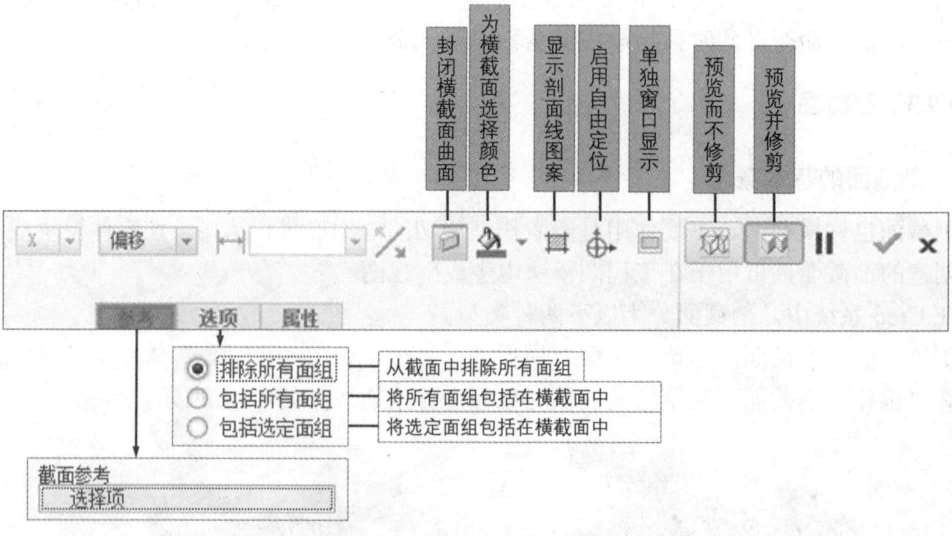

图 4–48 “平面截面”操控面板

③ 选择截面参考，在操控板中单击“确定”按钮，完成操作。

创建轴承座装配体中的底座零件的“平面”剖截面的具体操作过程如图 4–49 所示。

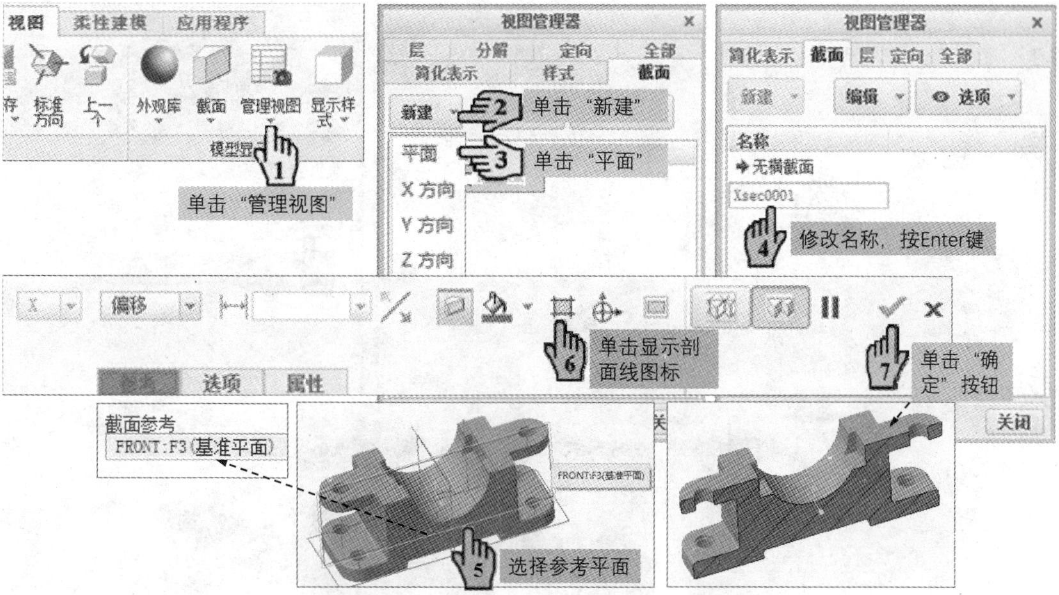

图 4–49　底座的“平面”剖截面创建过程

3. 创建一个“偏移”剖截面

创建“偏移”剖截面的一般操作过程为：

① 选择“视图”功能选项卡“模型显示”区域的“管理视图”命令，系统弹出“视图管理器”对话框，选择该对话框中的“截面”选项卡。

② 在弹出的视图管理器中单击“新建”节点下的“偏移”选项，输入名称，并按 Enter 键，系统弹出“偏移截面”操控面板，如图 4–50 所示。

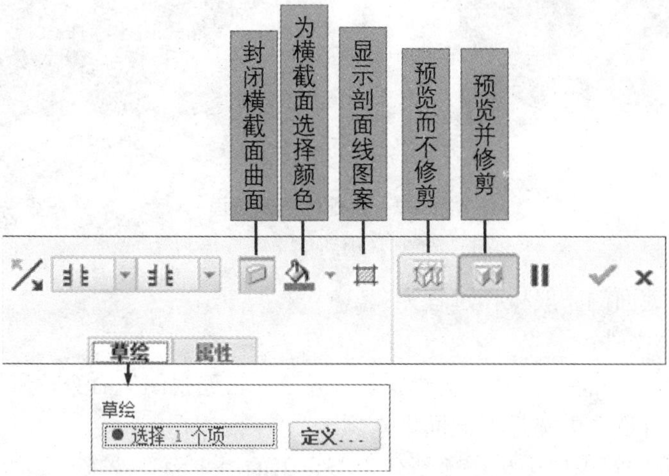

图 4–50　“偏移截面”操控面板

③ 绘制偏距横截面草图，在操控板中单击“确定”按钮，完成操作。

创建轴承座装配体中的底座零件的“偏移”剖截面的具体操作过程如图 4–51 所示。

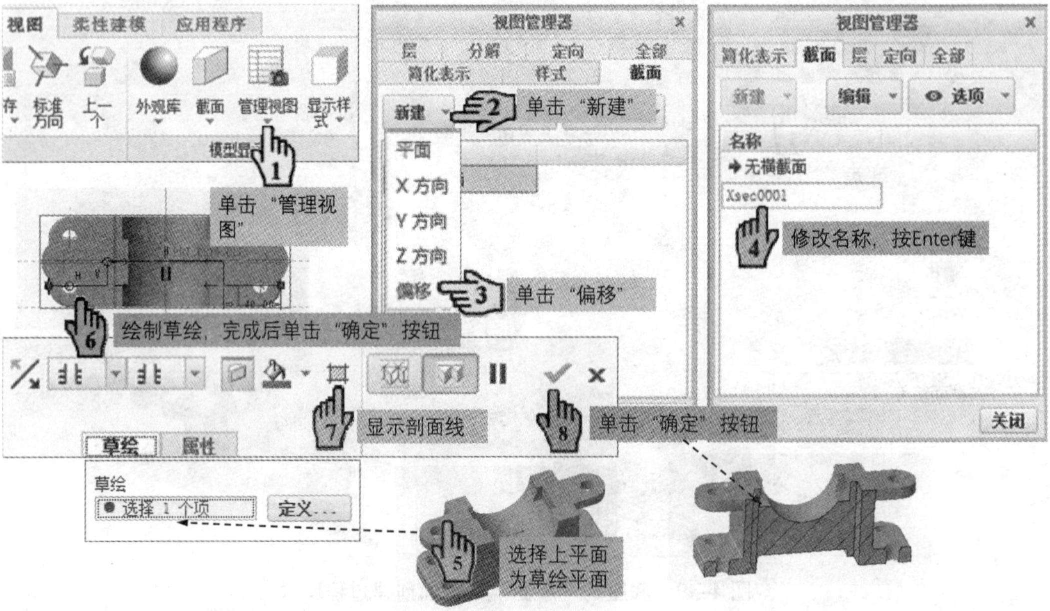

图 4–51　底座的“偏移”剖截面创建过程

4. 创建装配体的剖截面

轴承座装配体的剖截面如图 4–52 所示。

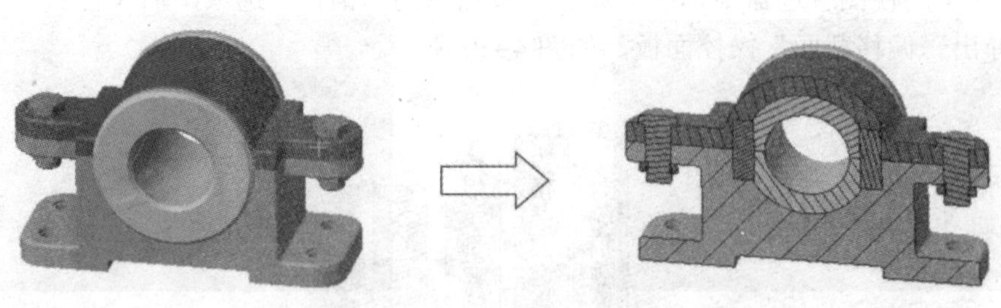

图 4–52　装配体的剖截面

（a）创建“剖截面”前；（b）创建“剖截面”后

创建装配体剖截面的一般操作过程为：

① 打开装配体文件。

② 选择“视图”功能选项卡“模型显示”区域“管理视图”命令，系统弹出“视图管理器”对话框，在该对话框中选择“截面”选项卡。

③ 在弹出的视图管理器中单击“新建”节点下的“平面”选项，输入名称，并按 Enter 键，系统弹出截面操控面板。

④ 选择装配体截面参考，在操控板中单击“确定”按钮，完成操作。

创建轴承座装配体剖截面的具体操作过程如图 4–53 所示。

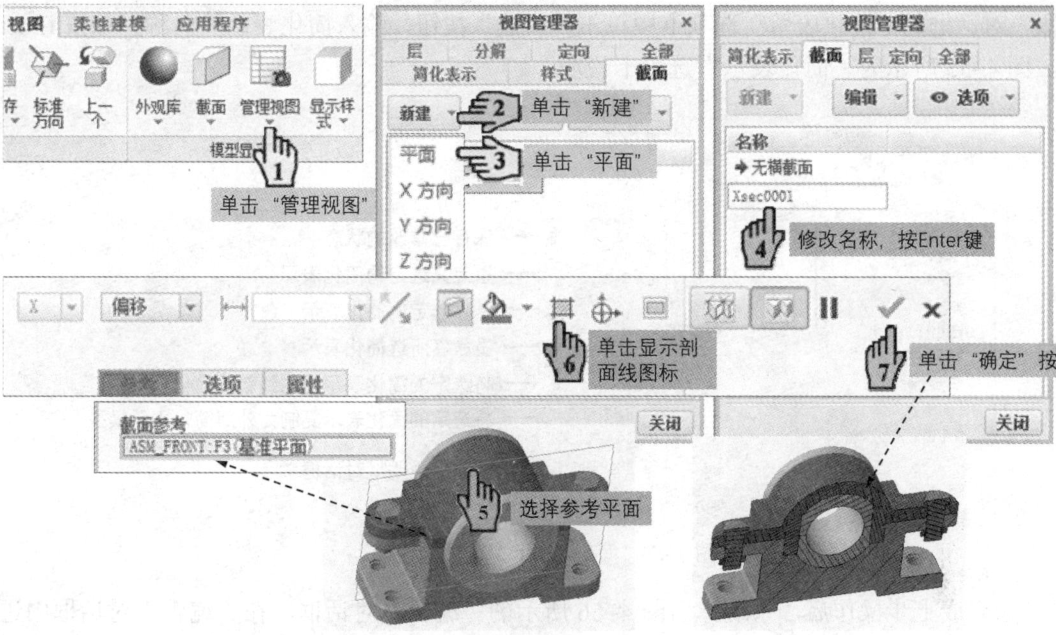

图 4–53　轴承座剖截面的创建过程

4.9.4　简化表示

1. 简化表示的基本概念

对于复杂的装配体的设计，通常会存在以下问题：

① 重绘、再生和检索的时间太长。

② 在设计局部结构时，感觉图面太复杂、太乱，不利于局部零部件的设计。

为了解决这些问题，可以利用简化表示功能，将设计中暂时不需要的零部件从装配体的工作区中移除，从而可以减少装配体的重绘、再生和检索的时间，并且简化装配体。如图 4–54 所示的轴承座装配模型，为了能够清楚地观察和表达定位块的形状和位置，并且缩短装配模型的再生、检索时间，需要对装配模型的某些零件进行简化表示。用简化表示的方法可以将暂时不需要的零部件从工作区中移除。

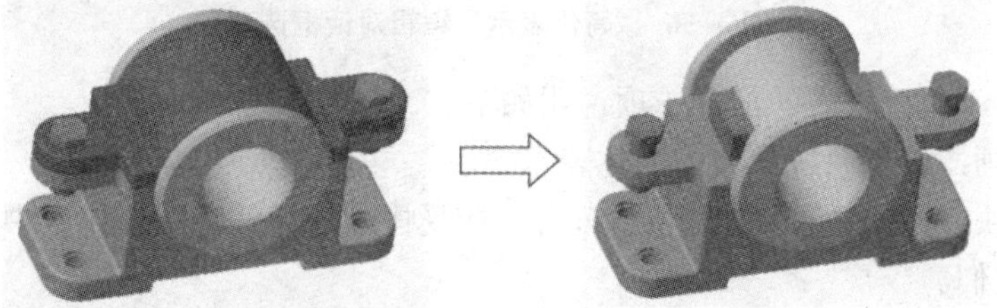

图 4–54　简化表示

2. 创建简化表示的一般过程

① 打开装配体文件。

② 选择“视图”功能选项卡“模型显示”区域的“管理视图”命令，在弹出的“视图管

理器”对话框的“简化表示”选项卡中单击“新建”按钮，输入简化表示的名称，并按 Enter 键。图 4–55 所示为“简化表示”选项卡说明。

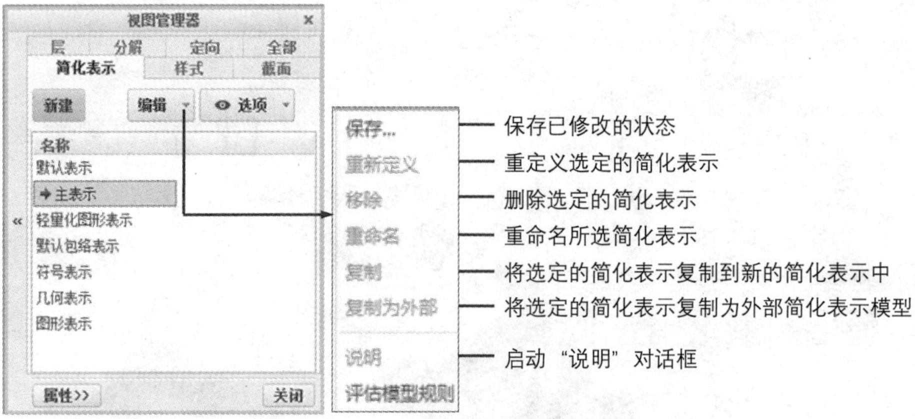
视图管理器
层
分解
定向
全部
简化表示
样式
截面
新建
编辑
选项
名称
默认表示
主表示
轻量化图形表示
默认包络表示
符号表示
几何表示
图形表示
属性>>
关闭
保存...
重新定义
移除
重命名
复制
复制为外部
说明
评估模型规则
保存已修改的状态
重定义选定的简化表示
删除选定的简化表示
重命名所选简化表示
将选定的简化表示复制到新的简化表示中
将选定的简化表示复制为外部简化表示模型
启动“说明”对话框

图 4–55 “简化表示”选项卡说明

③ 完成上步操作后，系统弹出图 4–56 所示的“编辑”对话框，在“编辑”对话框中进行相应的设置。

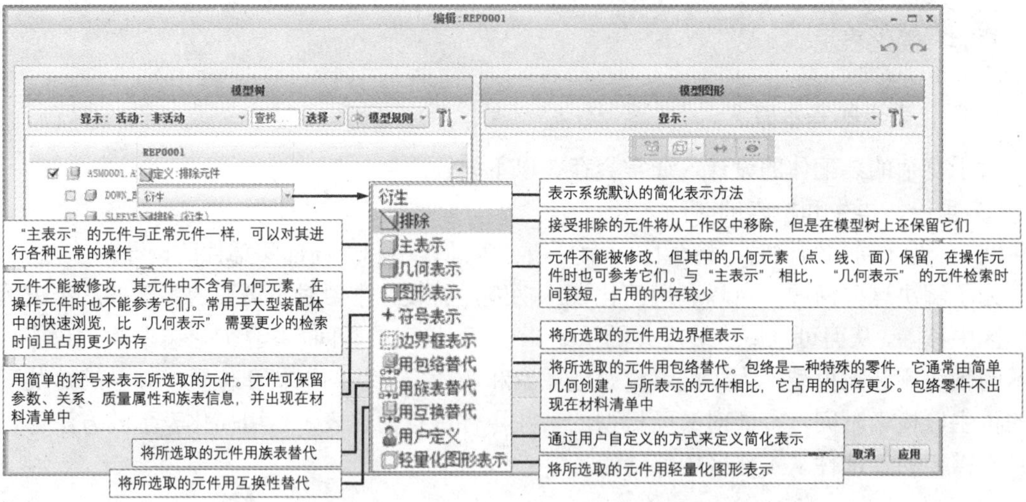
编辑:REP0001
模型树
模型图形
REP0001
衍生
排除
主表示
几何表示
图形表示
符号表示
边界框表示
用包络替代
用族表替代
用互换替代
用户定义
轻量化图形表示
表示系统默认的简化表示方法
接受排除的元件将从工作区中移除，但是在模型树上还保留它们
元件不能被修改，但其中的几何元素（点、线、面）保留，在操作元件时也可参考它们。与“主表示”相比，“几何表示”的元件检索时间较短，占用的内存较少
将所选取的元件用边界框表示
将所选取的元件用包络替代。包络是一种特殊的零件，它通常由简单几何创建，与所表示的元件相比，它占用的内存更少。包络零件不出现在材料清单中
通过用户自定义的方式来定义简化表示
将所选取的元件用轻量化图形表示
“主表示”的元件与正常元件一样，可以对其进行各种正常的操作
元件不能被修改，其元件中不含有几何元素，在操作元件时也不能参考它们。常用于大型装配体中的快速浏览，比“几何表示”需要更少的检索时间且占用更少内存
用简单的符号来表示所选取的元件。元件可保留参数、关系、质量属性和族表信息，并出现在材料清单中
将所选取的元件用族表替代
将所选取的元件用互换性替代
取消
应用

图 4–56 “简化表示”编辑对话框选项

编辑对话框下拉列表中的部分选项说明如下。

“衍生”选项：表示系统默认的简化表示方法。

“排除”选项：从装配体中排除所选元件，接受排除的元件将从工作区中移除，但是在模型树上还保留它们。

“主表示”选项：“主表示”的元件与正常元件一样，可以对其进行各种正常的操作。

“几何表示”选项：“几何表示”的元件不能被修改，但其中的几何元素（点、线、面）保留，所以，在操作元件时也可参考它们。与“主表示”相比，“几何表示”的元件检索时间较短，占用的内存较少。

“图形表示”选项：“图形表示”的元件不能被修改，并且其元件中不设有几何元素（点、

线、面)，所以，在操作元件时也不能参考它们。这种简化方式常用于大型装配体中的快速浏览，它比“几何表示”需要更少的检索时间且占用更少内存。

“符号表示”选项：用简单的符号来表示所选取的元件。“符号表示”的元件可保留参数、关系、质量属性和族表信息，并出现在材料清单中。

“边界框表示”选项：将所选取的元件用边界框表示。

“用包络替代”选项：将所选取的元件用包络替代。包络是一种特殊的零件，它通常由简单几何创建，与所表示的元件相比，它占用的内存更少。包络零件不出现在材料清单中。

“用族表替代”选项：将所选取的元件用族表替代。

“用互换替代”选项：将所选取的元件用互换性替代。

“用户定义”选项：通过用户自定义的方式来定义简化表示。

“轻量化图形表示”选项：将所选取的元件用轻量化图形表示。

④ 单击“编辑”对话框中的“确定”按钮，完成视图的编辑，然后单击“视图管理器”对话框中的“关闭”按钮。

用户可以为装配体创建多个简化表示，每一个都对应于装配体的某个局部，在进行不同局部的设计时，可将相应的简化表示设置到当前工作区中。操作方法为：在“视图管理器”对话框中选择相应的视图名称，然后双击（或选中视图名称后，选择“选项”→“激活”命令）。此时在当前视图名称前有一个绿色箭头指示。

轴承座装配体简化表示的具体操作过程如图 4–57 所示。

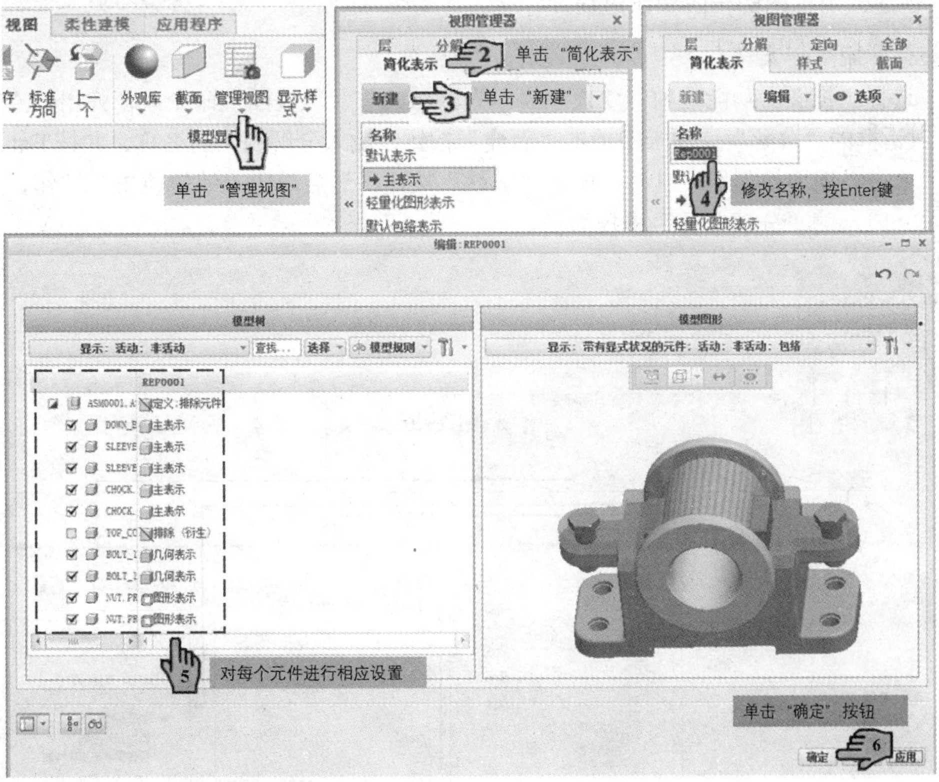

图 4–57　轴承座简化表示创建过程

4.9.5 创建装配模型的分解视图

1. 分解视图的基本概念

装配模型的分解视图也叫爆炸视图，就是将装配体中的各零部件沿着直线或坐标轴移动或旋转，使各个零件从装配体中分解出来，如图 4–58 所示。分解状态便于表达各元件的相对位置，因而常常用于表达装配体的装配过程及装配体的构成。

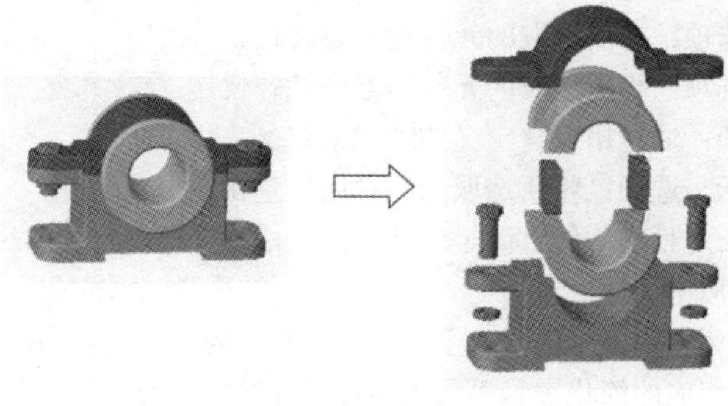

（a）　　（b）

图 4–58 装配模型的分解视图

（a）分解前；（b）分解后

2. 创建分解视图的一般操作过程

① 打开装配体文件。

② 选择“视图”功能选项卡“模型显示”区域的“管理视图”命令，在弹出的“视图管理器”对话框的“分解”选项卡中单击“新建”按钮，输入分解视图的名称，并按 Enter 键。

③ 单击“视图管理器”对话框中的“属性”按钮，然后单击“编辑位置”按钮，系统弹出图 4–59 所示的“分解工具”操控面板。

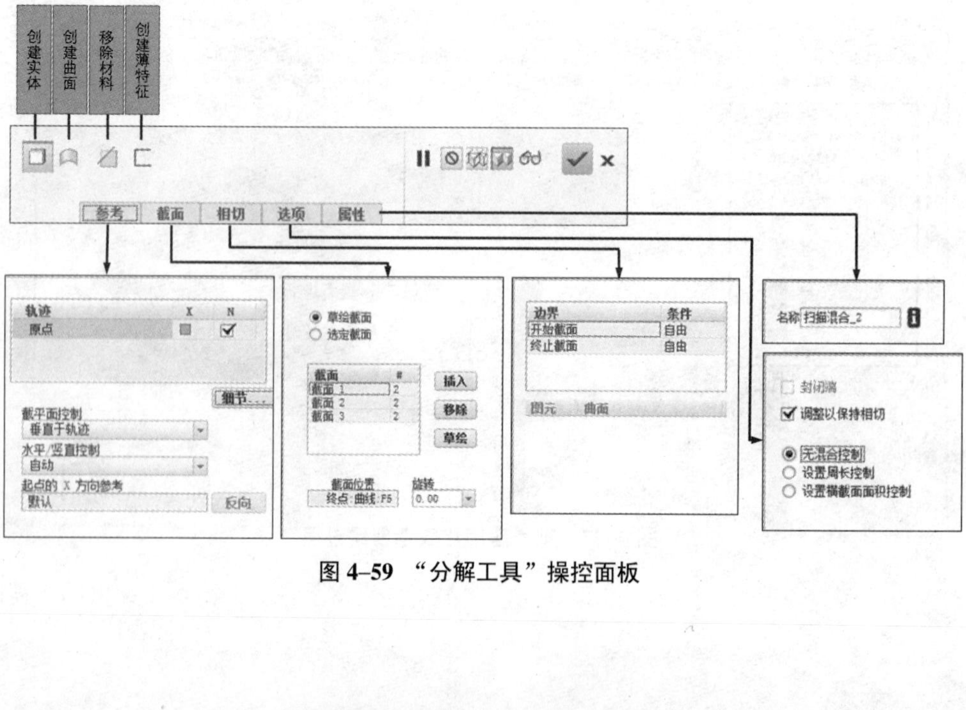

图 4–59 “分解工具”操控面板

④ 选择运动参考，定义平移运动。

说明：在选择元件移动时，单击选取元件后，会在元件上面出现一个小坐标系，选取一坐标轴方向即可将元件沿该坐标轴方向移动。在选择移动方向时，除了选取轴线以外，还可以选取基准平面，移动的方向为平面的法线方向。

⑤ 保存分解状态，然后单击“视图管理器”对话框中的“关闭”按钮。

创建轴承座装配体分解视图的具体操作过程如图 4–60 所示。

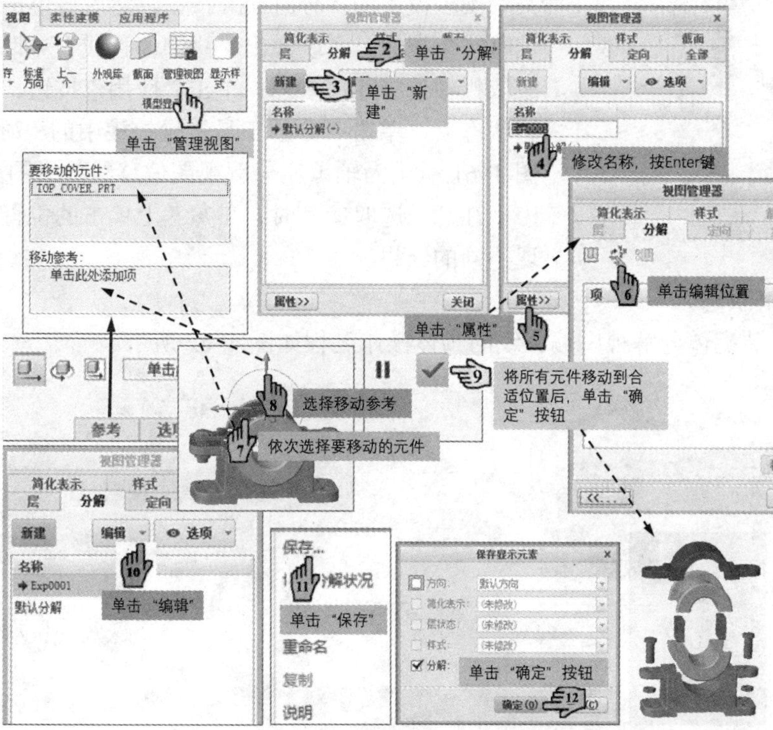

图 4–60　轴承座分解视图创建过程

3. 设定当前状态

用户可以为装配体创建多个分解状态，根据需要，可以将某个分解状态设置到当前工作区中。操作方法为：在“视图管理器”对话框的“分解”选项卡中选择相应的视图名称，然后双击，或选中视图名称后，选择“选项”→“激活”命令，此时在当前视图位置有一绿色箭头指示。

4. 取消分解视图的分解状态

选择“视图”功能选项卡“模型显示”区域中的“分解图”命令，可以取消分解视图的分解状态，从而回到正常状态。

4.9.6 创建分解状态的偏移线

创建偏移线的一般操作过程为：

① 打开装配体文件。

② 选择“视图”功能选项卡“模型显示”区域的“管理视图”命令，在弹出的“视图管

理器”对话框的“分解”选项卡中单击“新建”按钮，输入分解视图的名称，并按 Enter 键。

③ 创建装配体的分解状态。

④ 修改分解线的样式。单击“分解工具”操控板中的“分解线”按钮，然后再单击“默认线型”按钮；系统弹出“线型”对话框，在“线型”拉列表中选择线型，单击“应用”按钮。

图 4–61　轴承座分解视图偏移线

⑤ 创建装配体的分解状态的偏移线。单击“分解工具”操控板中的“分解线”按钮，然后再单击“创建修饰偏移线”按钮；系统弹出“修饰偏移线”对话框，在智能选取栏中选择相应参考，单击“应用”按钮。完成以上分解状态后，单击“分解工具”操控板中的“确定”按钮。图 4–61 所示为轴承座分解视图偏移线效果图。

注意：选取参考时，在参考上单击的位置不同，会出现不同的结果。

⑥ 保存分解状态。

创建轴承座装配体分解视图偏移线的具体操作过程如图 4–62 所示。

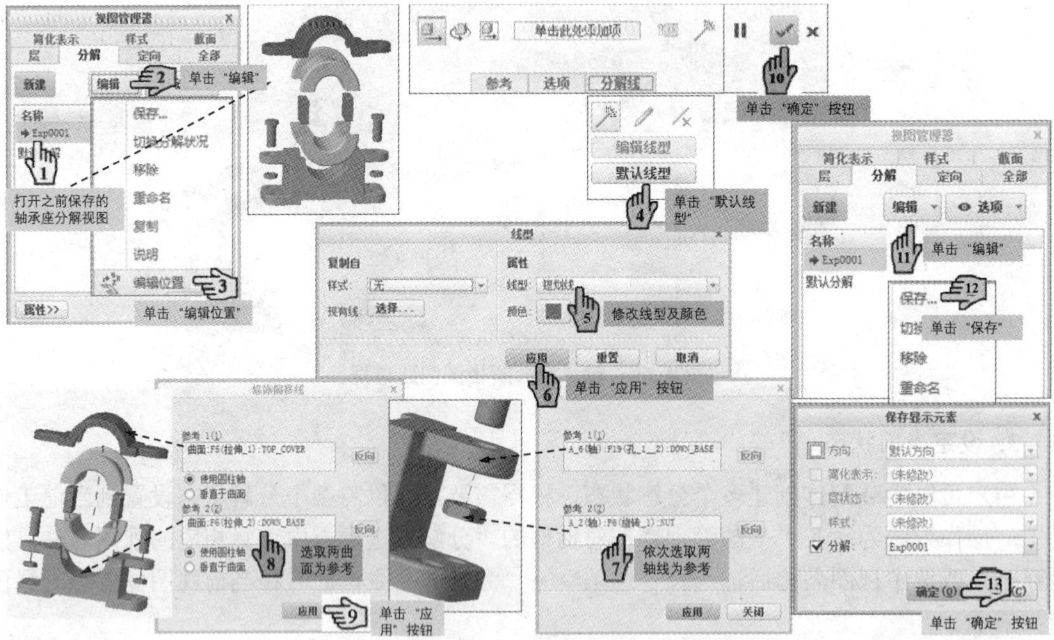
打开之前保存的轴承座分解视图
单击“编辑”
单击“编辑位置”
单击“默认线型”
修改线型及颜色
单击“应用”按钮
依次选取两轴线为参考
选取两曲面为参考
单击“应用”按钮
单击“确定”按钮
单击“编辑”
单击“保存”
单击“确定”按钮

图 4–62　轴承座分解视图偏移线创建过程

4.9.7　全部视图

全部视图可以将以前创建的各种视图组合起来，形成一个新的视图。如图 4–63 所示的全部视图中，既有分解视图，又有简化表示、剖面视图等视图。

创建全部视图的一般操作过程为：

① 打开装配体文件。

② 选择“视图”功能选项卡“模型显示”区域的“管理视图”命令，在弹出的“视图管

理器”对话框的“全部”选项卡中单击“新建”按钮，输入全部视图的名称，并按 Enter 键。

③ 系统弹出“新建显示状态”对话框，则单击“参考原件”按钮。

④ 在“视图管理器”对话框中选择“编辑”→“重新定义”命令，系统弹出“全部视图”对话框，如图 4–64 所示。

⑤ 在“全部视图”对话框中，分别在定向视图、简化视图和样式视图等列表中选择要组合的视图。

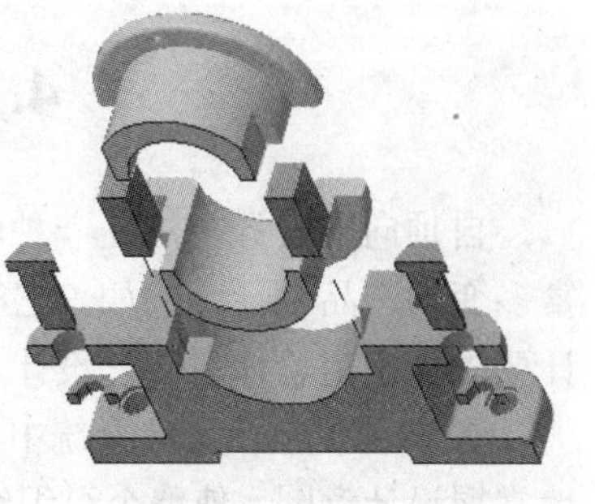

图 4–63　轴承座的全部视图

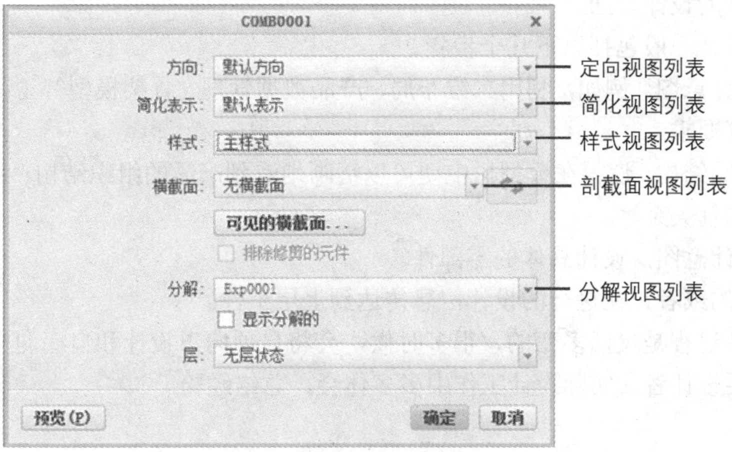

图 4–64　“全部视图”对话框

⑥ 单击“确定”按钮，在“视图管理器”对话框中单击“关闭”按钮。创建轴承座装配体全部视图的具体操作过程如图 4–65 所示。

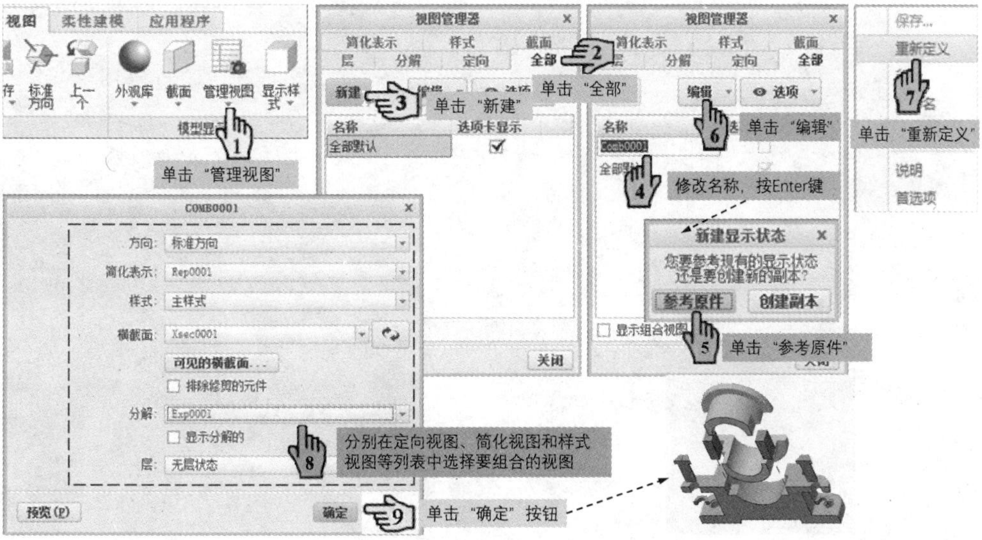

图 4–65　轴承座全部视图创建过程

4.10 自顶向下设计简介

自顶向下设计方法是一种较为常用的设计方法，适用于全新的产品设计或者系列较为丰富多变的产品设计，例如，它在家电产品、通信电子产品等领域应用比较广泛。自顶向下设计要求先确定总体思路、设计总体布局，然后设计其中的零件或子装配组件。

在 Creo Parametric 系统中，采用自顶向下设计可以较为方便地管理大型组件，可以有效地掌握设计意图，使整个组织结构明确，并且可以实现各个设计小组的分工协作、资源共享，同步设计指定框架下的元件或子装配组件。自顶向下设计是一种先进的设计思想，是一种具有极高设计效率的设计方法。

自顶向下设计一般包括以下几个步骤。

① 定义设计意图。例如，利用二维布局、产品数据管理、骨架模型等工具来表达设计意图、条件限制等要求。

② 定义产品结构，使得在模型树中便可以清晰地看到产品的组织结构，包括产品的各子系统、零件的相互关系等。

③ 传达设计意图，设计具体的零部件。

④ 将完成的或者正在进行的设计信息传达到上层组件。

当然，设计过程是灵活多变的，很多时候，会将自顶向下设计和自底向上设计思想结合起来。这些需要设计者在实际设计工作中多多体会，总结经验。

第 5 章

创建工程图

本章导读

工程图是设计者和制造者沟通交流的语言，本章主要介绍了工程图设计的方法和步骤。其内容包括：

- Creo 工程图概述
- 设置符合国标的工程图环境
- 新建工程图
- 视图的创建与编辑
- 尺寸的创建与编辑
- 创建注释文本
- 工程图基准
- 标注几何公差
- 标注表面粗糙度

学习目标

- 掌握工程图环境的设置方法
- 掌握新建工程图的方法
- 掌握视图的创建与编辑
- 掌握尺寸的创建与编辑
- 掌握注释文本的创建与编辑
- 掌握几何公差的创建与编辑
- 掌握表面粗糙度的创建与编辑

5.1 Creo 工程图概述

Creo 是一个参数化设计软件，其工程图和模型之间具有关联性。模型修改，后期工程图则随之改变；同理，工程图尺寸修改后，模型尺寸也会相应改变。另外，Creo 工程图中所有视图都相互关联，其中一个视图尺寸更改后，其他相应视图也随之变化。这些关联性使设计者工作更加方便和高效。

利用 Creo 工程图，可以进行如下操作：

① 创建工程图及各种视图；

② 以多种方式显示视图；

③ 添加草绘图元；

④ 可自动和手动进行尺寸创建；

⑤ 方便添加基准、公差、注释等符号或文本；

⑥ 可导入和导出不同类型工程图，实现不同软件兼容；

⑦ 打印输出工程图，也可使用插件进行批量打印；

⑧ 通过配置文件来制定符合不同标准的工程图。

5.2 设置符合国标的工程图环境

工程图制作需要符合机械制图国家标准。为方便学习和使创建的工程图符合我国国标，本书随书光盘的 creo3.0_system_file 文件夹中提供了一些支持该软件的系统文件。读者可按下面的方法进行有关设置。

步骤 1：将随书光盘中的 creo3.0_system_file 文件夹复制到 C 盘中，复制后路径为 C:\creo3.0_system_file。

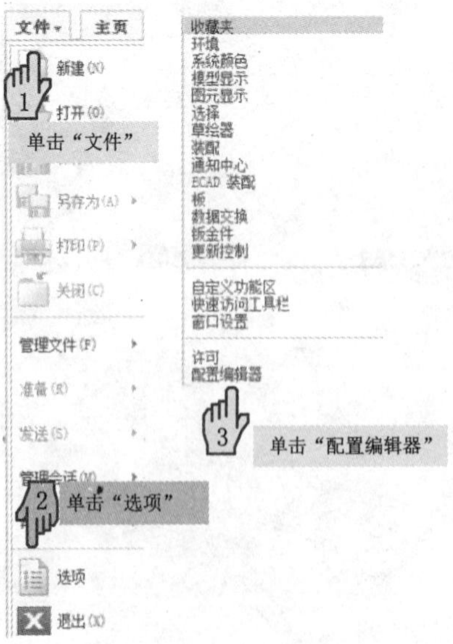

图 5–1 配置编辑器

步骤 2：找到 Creo 3.0 软件安装目录，将随书光盘 creo3.0_system_file 文件夹中的 config.pro 文件复制到 Creo 安装目录中的\text 文件夹下面。如果默认安装在 C 盘，则复制路径为 C:\Program Files\PTC\Creo 3.0\M020\Common Files\text。

步骤 3：重新启动 Creo 3.0。

步骤 4：选择“文件”下拉菜单中的“选项”命令，在弹出的“Creo Parametri 选项”对话框中选择“配置编辑器”选项，如图 5–1 所示，即可进入软件环境设置界面。

步骤 5：设置配置文件 config.pro 中的相关选项的值。

① drawing_setup_file 的值设置为 C:\ creo3.0_system_file\drawing.dtl。

② format_setup_file 的值设置为 C:\ creo3.0_system_file\format.dtl。

③ pro_format dir 的值设置为 C:\ creo3.0_system_file\

GB format。

④ template_designasm 的值设置为 C:\ creo3.0_system_file\temeplate\asm start.asm。

⑤ template_drawing 的值设置为 C:\ creo3.0_system_file\temeplate\draw.drw。

⑥ template_mfgcast 的值设置为 creo3.0_system_file\temeplate\cast.mfg。

⑦ template_mfgmold 的值设置为 C:\ temeplate\mold.mfg。

⑧ template_sheetmetalpart 的值设置为 C:\ creo3.0_system_file\temeplate\sheetstart.prt。

⑨ template_solidpart 的值设置为 C:\creo3.0_system_file\temeplate\start.prt。

下面以 drawing_setup_file 为例来说明设置方法，其他设置基本相同。

步骤 6：退出 Creo，再次启动 Creo，系统新的配置即可生效。

环境设置的具体操作步骤如图 5-2 所示。

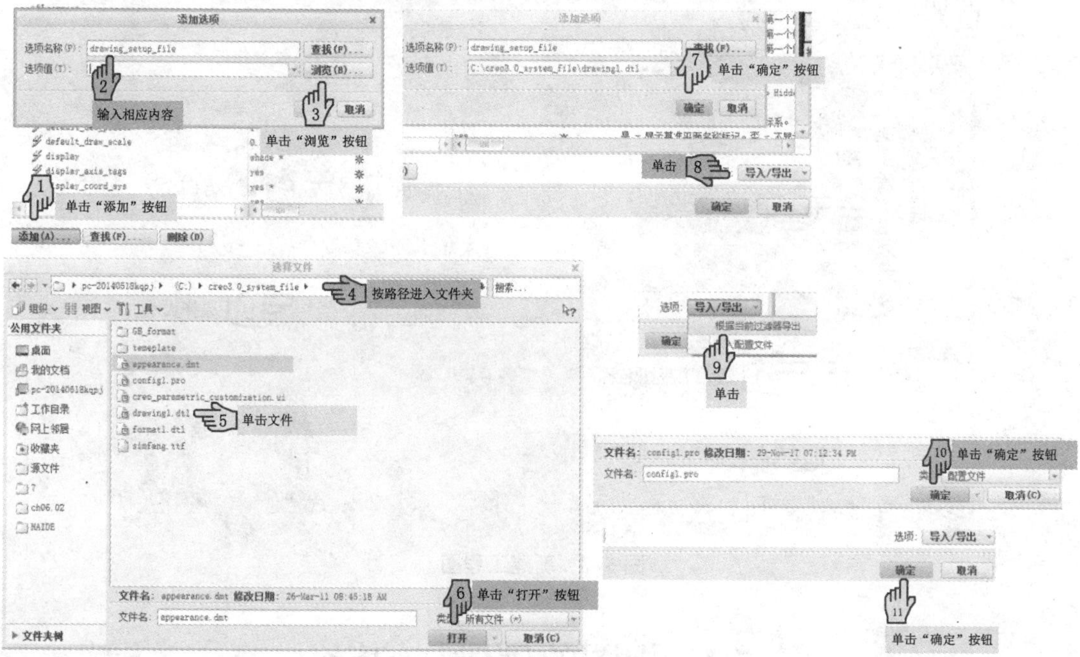

图 5–2　环境设置

5.3　新建工程图

新建工程图操作如下：

步骤 1：设置工作目录。

步骤 2：新建工程图，操作如图 5–3 所示。

新建工程图时，注意如下事项：

① 注意“草绘”和“绘图”的区别。

新建工程图

②“默认模型”区域：一般默认选取当前活动模型，如果需要选择其他模型，选择“浏览”按钮。

③“指定模板”区域：在该区域选择工程图模板，注意如下事项：

如果选择“使用模板”单选项，在“模板”区域选择所需模板或单击“浏览”按钮，再选择所需模板；

如果选择“格式为空”单选项，在“模板”区域，单击“浏览”按钮，再选择所需格式文件，打开的绘图文件只使用其图框格式，不使用模板。

如果选择“空”单选项，在“方向”中选取图纸方向（其中“可变”为自定义图纸幅面尺寸），在“大小”中选择图幅。

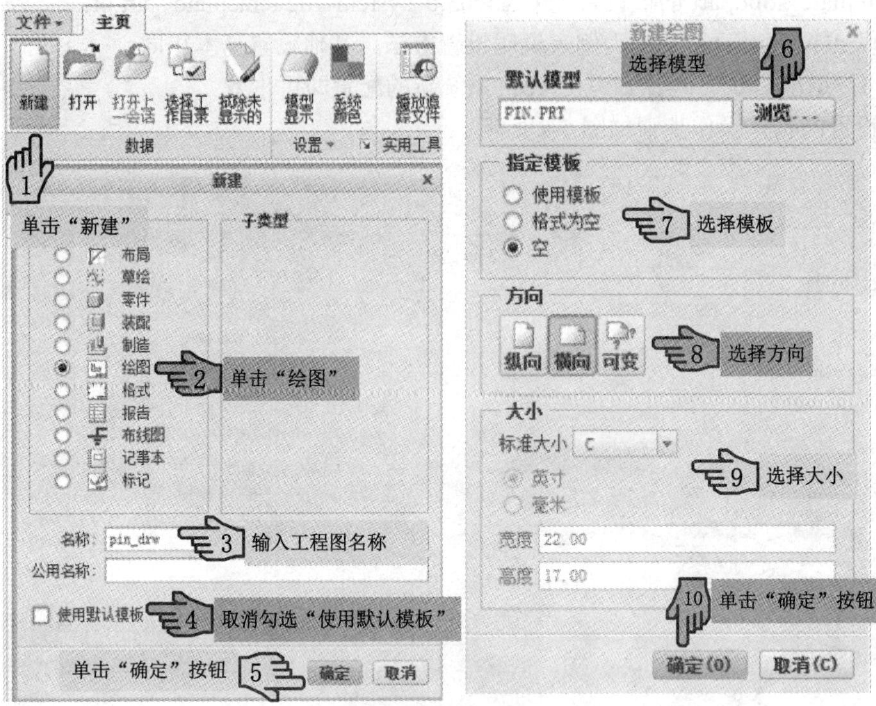

图 5–3　新建工程图

5.4　视图的创建与编辑

5.4.1　基本视图

创建主视图

本节主要介绍两个基本视图：主视图和投影视图。

1. 创建主视图

下面以 dizuo.prt 零件为例来讲解主视图创建步骤。

① 设置工作目录为 D:\creowork\ch05.03.01（图 5-4）。

② 新建绘图，图纸选择 A4 横向，进入工程图模块（具体步骤参考 5.3 节）。

③ 主视图定向。

主视图主要有两种定向方法：采用已保存的视图方位进行定向（图 5–5）和采用参考进行定向（图 5–6）。

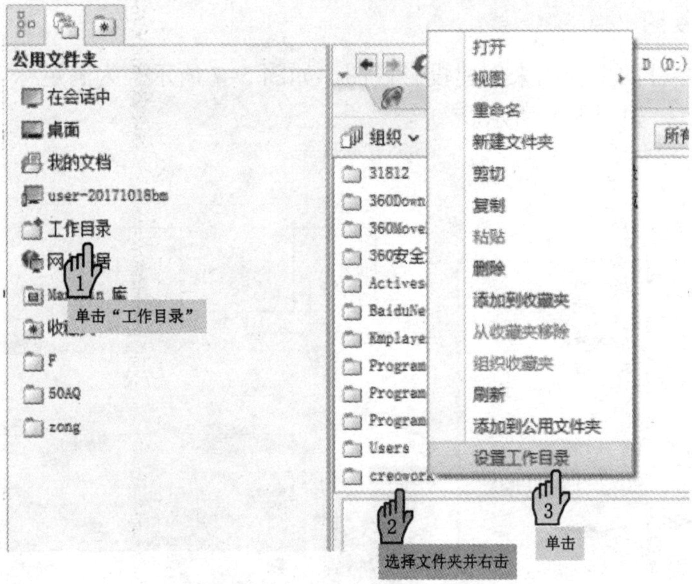

图 5-4　设置工作目录

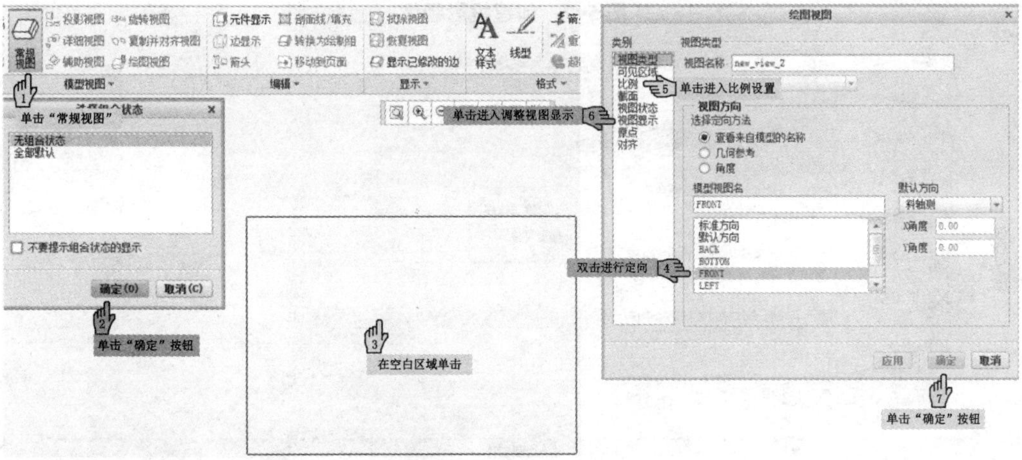

图 5-5　视图方位定向

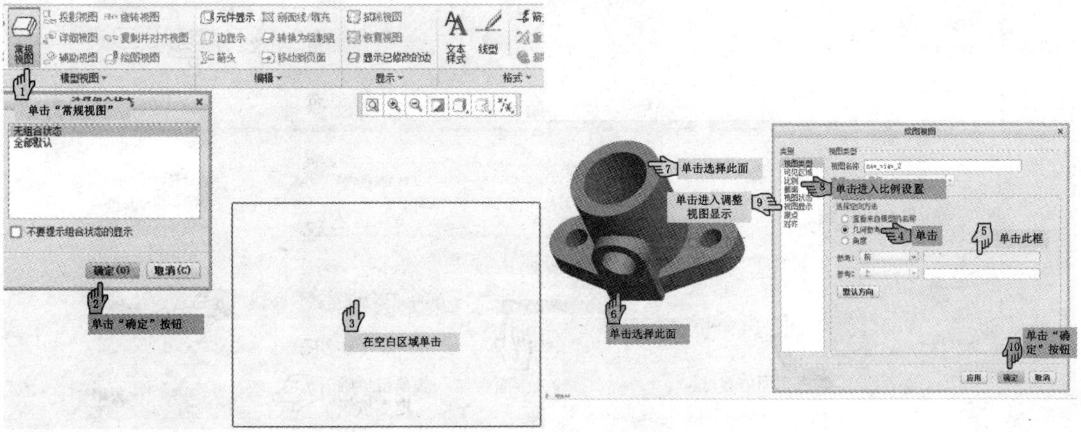

图 5-6　视图参考定向

理论篇

2. 创建投影视图

以 dizuo.prt 零件的主视图来创建投影视图，如图 5–7 所示。为满足标准，需要进行设置，如图 5–8 所示。

创建投影视图

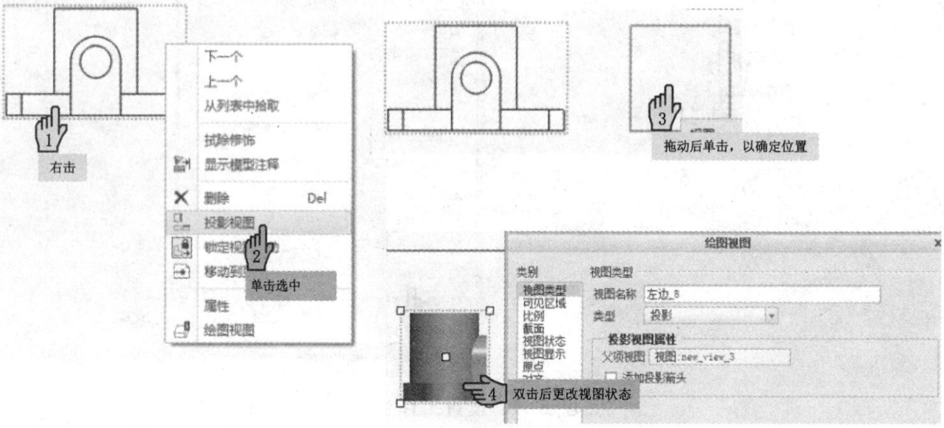

图 5–7　创建投影视图

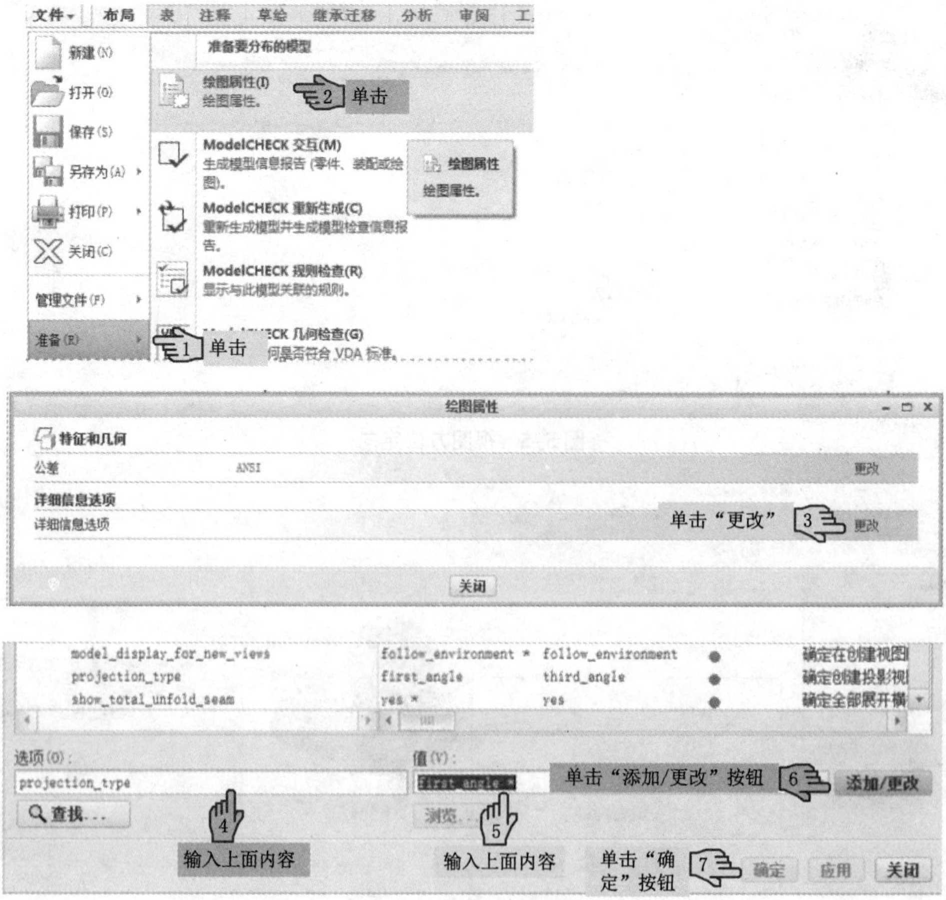

图 5–8　投影视角设置

5.4.2　高级视图

本节主要介绍局部视图、局部放大视图、轴测图和剖视图。

1. 创建局部视图

以 5.4.3 节创建的投影视图为例，来创建局部视图，如图 5–9 所示。

创建局部视图

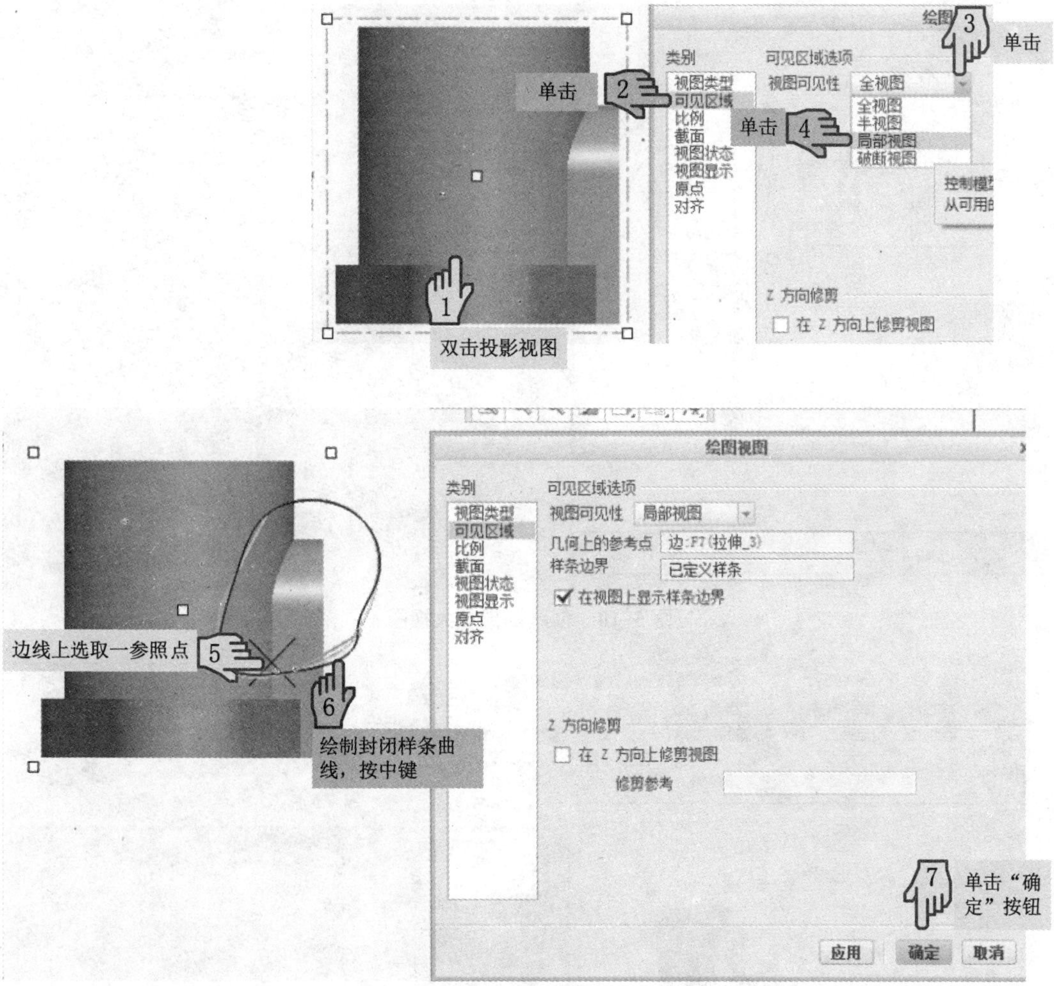

图 5–9　创建局部视图

2. 创建局部放大视图

以 5.4.1 节创建的主视图为例，来创建局部放大视图，如图 5–10 所示。

3. 创建轴测图

创建轴测图时，一般是先在零件或装配体中，在“视图管理器”里创建一个定向，例如 View0001，然后在工程图中添加轴测图时选取该定向即可。以 5.4.1 节创建的主视图为例，来创建轴测图，如图 5–11 所示。

创建局部放大图

创建轴测图

理论篇

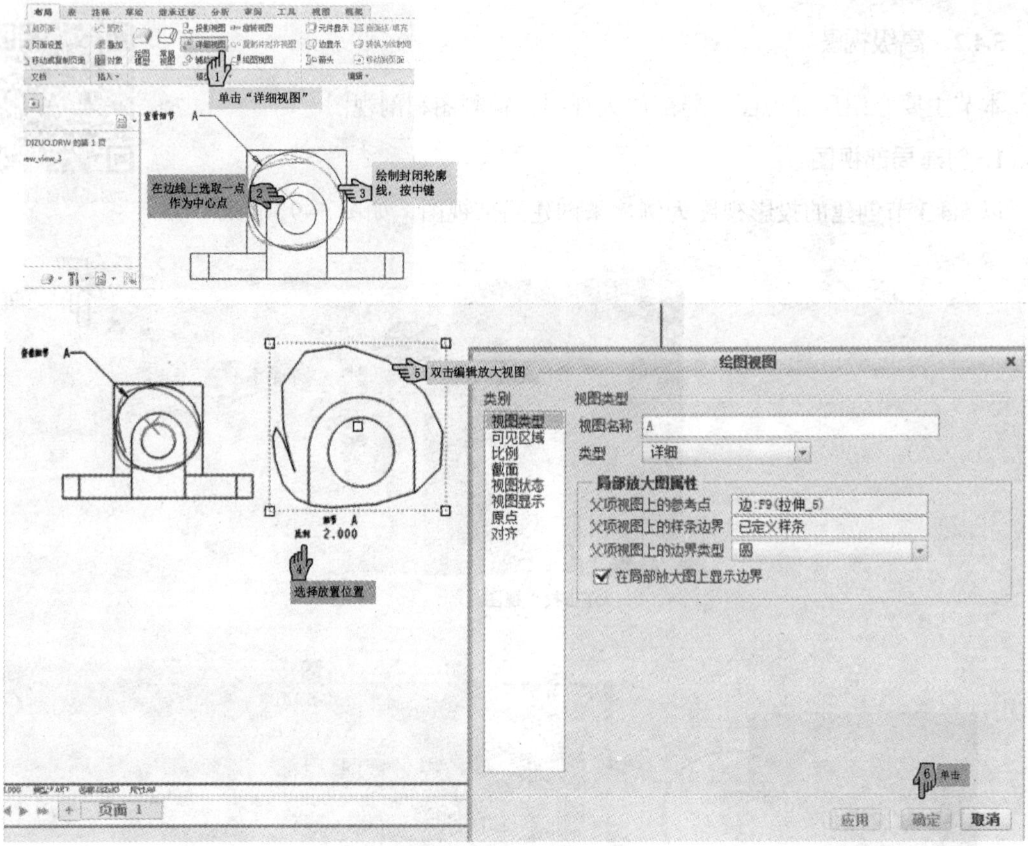

图 5–10　创建局部放大视图

图 5–11　创建轴测图

4. 创建全剖视图

以 5.4.1 节创建的投影视图为例，来创建全剖图，如图 5–12 所示。

2D 横截面也可以在零件图或装配体模型中的“视图管理器”中建立，在绘图模块直接进行选择即可。

创建全剖视图

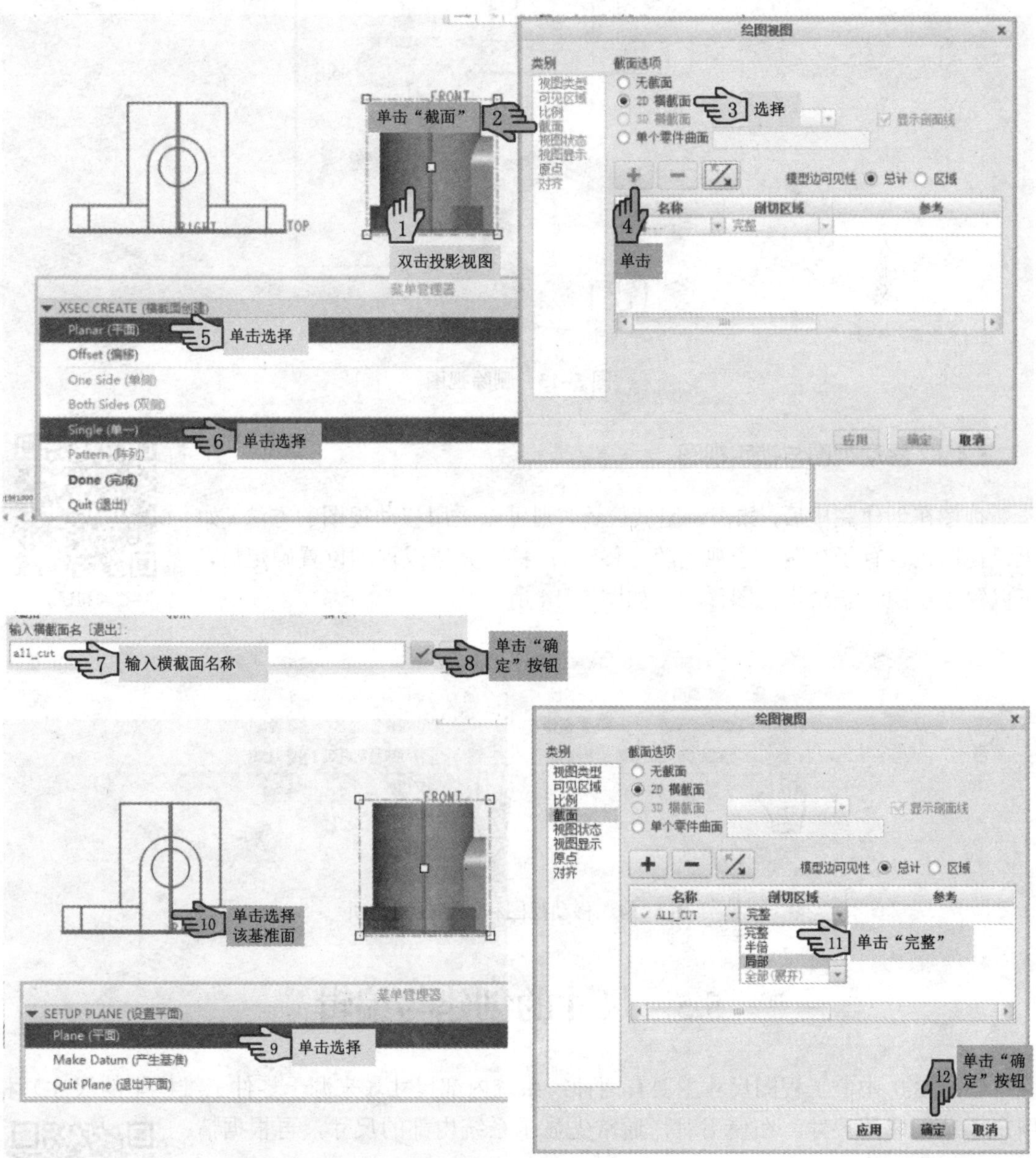

图 5–12　创建全剖视图

理论篇

5.4.3 删除视图

删除视图

如果需要删除某个视图，则选中该视图，右击，在弹出的快捷菜单中选择“删除”即可，如图 5–13 所示。但是要注意，如果删除一个带有子视图的视图，则会将子视图一并删除。

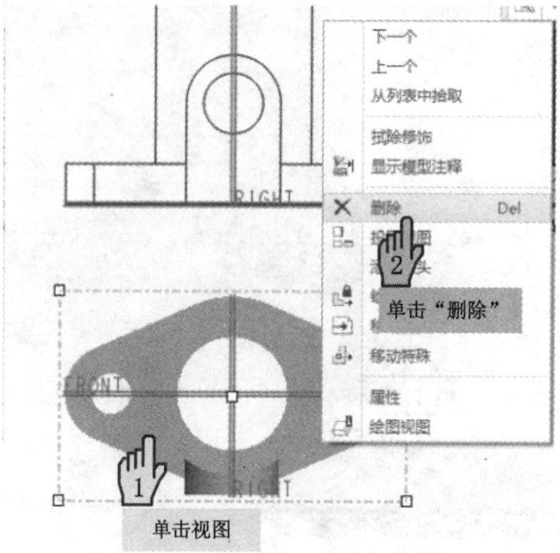

图 5–13 删除视图

5.4.4 移动视图与锁定视图

移动和锁定

视图在创建完毕后，如需调整其位置，则可以采用移动视图的方法（如果该视图包含有子视图，子视图随之移动）；移动完毕或视图位置确定后，可以锁定视图，来禁止视图移动。如图 5–14 所示。

图 5–14 移动视图和锁定视图选项

5.5 尺寸的创建与编辑

Creo 3.0 中，工程图尺寸主要有两种：系统内部尺寸（来源于零件三维模型的尺寸）和用户手动创建的尺寸。在使用时，通常先显示系统内部的尺寸，再根据情况手动创建尺寸。

5.5.1 自动生成尺寸

自动生成尺寸

通过三维模型来创建工程图，视图中零件的尺寸来源于三维模型尺寸，它们源于统一的内部数据库，这些尺寸可以彼此互相驱动，也称为驱动尺寸。以 creowork\ch05.05\link_base.drw 为例，如图 5–15 所示。

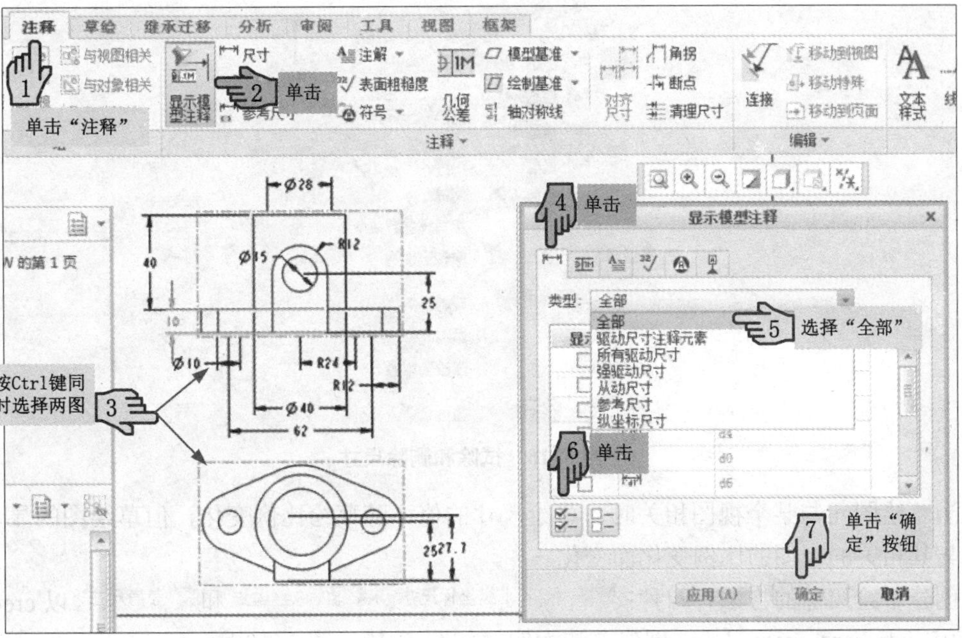

图 5–15　自动生成尺寸

自动生成尺寸时，注意如下事项：

①“显示模型注释”对话框不仅可以显示三维模型中的尺寸，还可以显示三维模型中创建的几何公差、基准和表面粗糙度等。

② 如果要在等轴测视图中显示模型的尺寸，应先将工程图设置文件 drawing.dtl 中的选项 alllow_3d_ dimensions 设置为 yes，具体操作参考图 5–8。

③ 可以在模型树中，通过选取某个具体特征或零件来显示其尺寸。

④ 工程图中，显示尺寸的位置取决于视图定向，对于模型中拉伸或旋转特征的截面尺寸，在工程图中显示在草绘平面与屏幕垂直的视图上。

⑤ 如果要拭除（暂时是尺寸不可见）某尺寸，可在“绘图树”中选择该尺寸，右击，选择“拭除”命令，即可拭除该尺寸，如图 5–16 所示。也可以通过“取消拭除”将尺寸重新显示出来。

5.5.2　手动创建尺寸

手动创建尺寸

手动创建的尺寸受零件模型驱动，也称为从动尺寸或草绘尺寸。当三维模型改变时，这些尺寸也随之改变，但是这些尺寸在工程图中不能被修改，也不能驱动三维模型。

当草绘图元与某个视图相关时，草绘尺寸的值与草绘比例（由绘图设置文件 drawing.dtl 中的选项 draft_scale 指定）有关。例如，某个草绘圆的半径为 5，当 draft_ scale 值为 1 时，该圆半径尺寸显示为 5，若修改 draft_scale 值为 2（应先在“审阅”下选择“更新绘制”进行更新），该圆半径尺寸显示为 10。

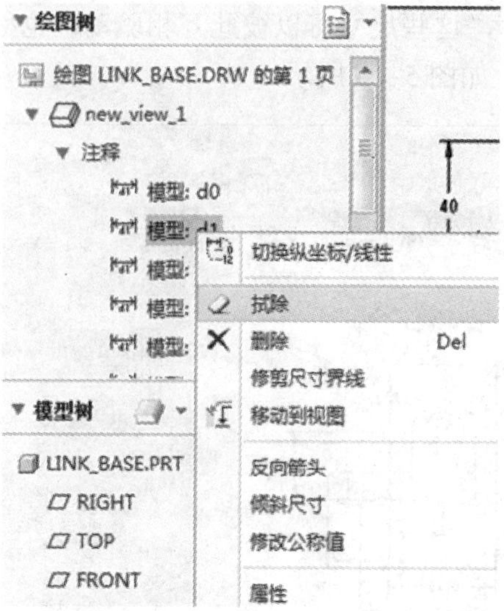

图 5–16　拭除和删除尺寸

当草绘图元与某个视图相关时，草绘尺寸的值不随草绘比例变化，但草绘图的显示大小随着与其相关的视图的比例变化而变化。

创建草绘尺寸的方法有四种：尺寸、纵坐标尺寸、自动标注纵坐标和参考尺寸。以 creowork\ch05.05\link_base_manual.drw 创建方法为例，如图 5–17～图 5–19 所示。

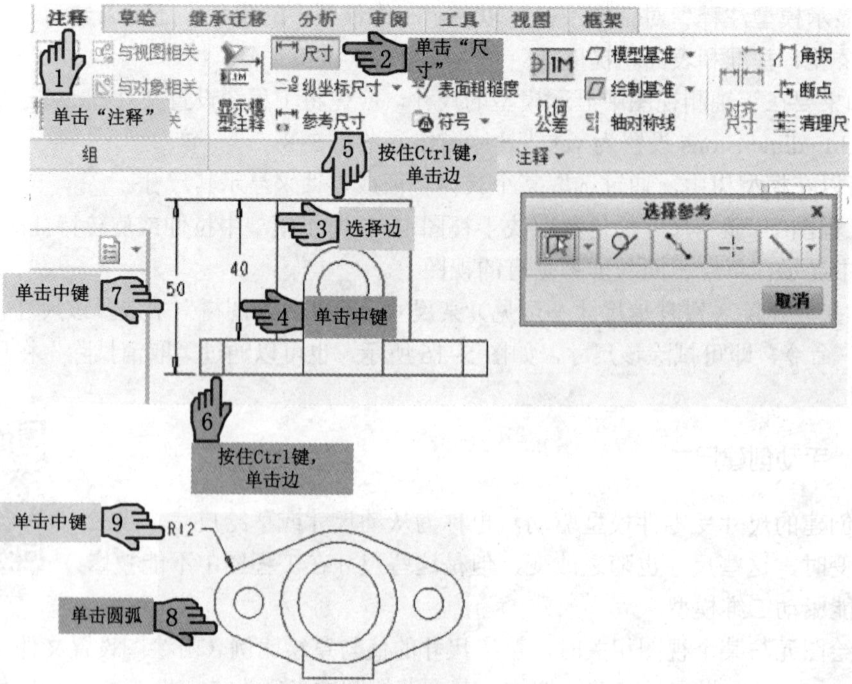

图 5–17　创建尺寸

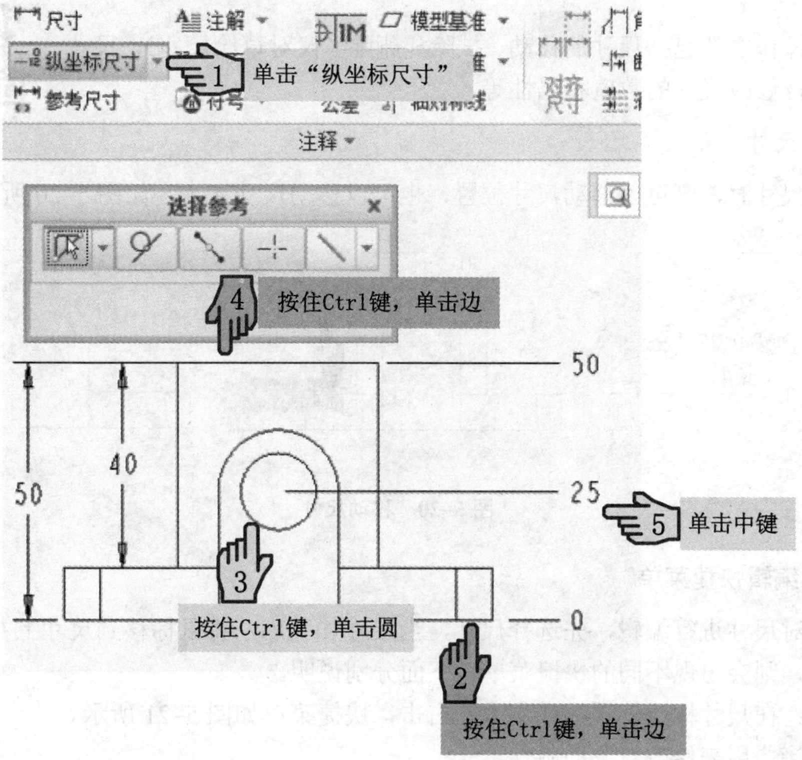

图 5–18　创建纵坐标尺寸

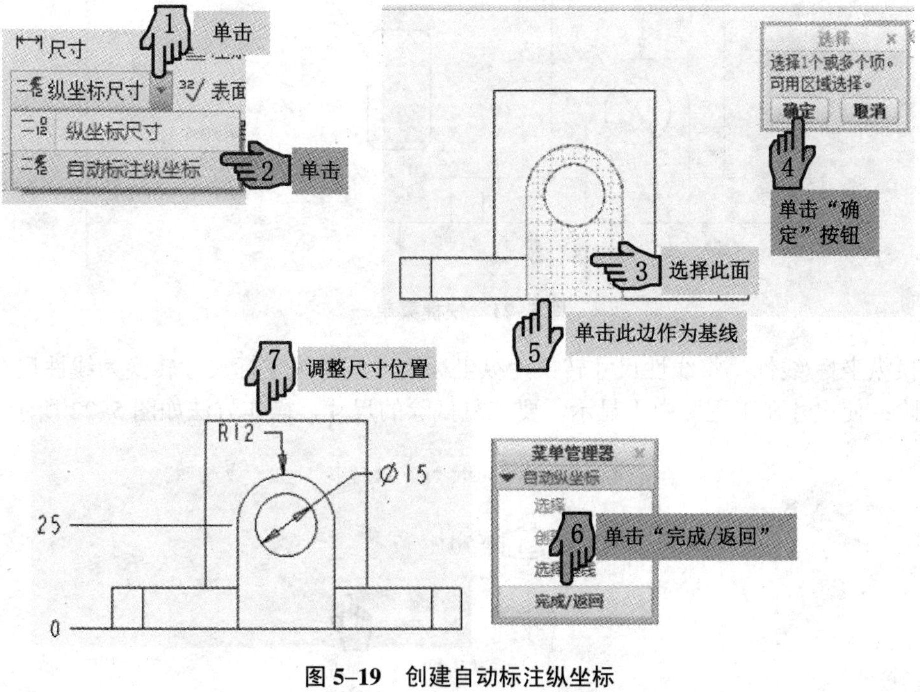

图 5–19　创建自动标注纵坐标

5.5.3 尺寸的操作

尺寸的操作

尺寸的操作主要包括尺寸的移动、拭除和删除（仅对草绘尺寸），尺寸的切换视图，修改尺寸的数值和属性等。

1. 移动尺寸

在移动尺寸时，既可以移动尺寸位置，也可以移动尺寸文本，如图 5–20 所示。

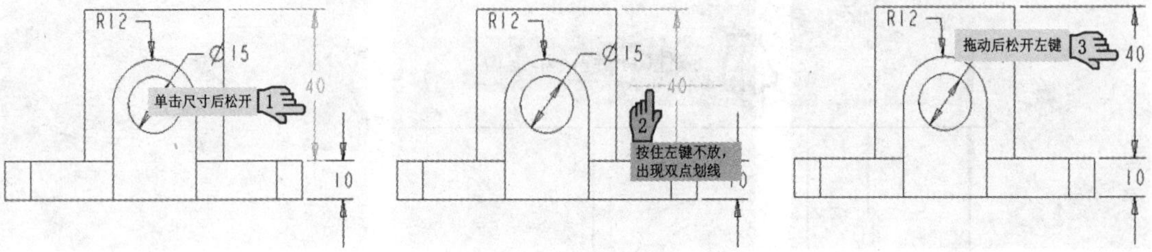

图 5–20 移动尺寸

2. 尺寸编辑快捷菜单

如果要对尺寸进行编辑，先选择尺寸，当尺寸加亮后，将鼠标移到尺寸上右击，如果右击位置不同，则会出现不同的快捷菜单，下面分别说明。

情况一：在尺寸标注位置线或文本上右击，快捷菜单如图 5–21 所示。

编辑连接：用来修改对象的附件。

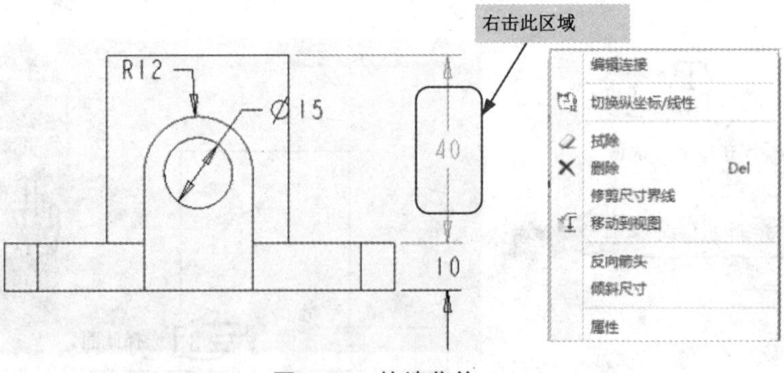

图 5–21 快捷菜单一

切换纵坐标/线性：将线性尺寸转换为纵坐标尺寸或将纵坐标尺寸转换为线性尺寸。

拭除：使尺寸在工程图中不显示。要恢复拭除的尺寸，操作方法如图 5–22 所示。

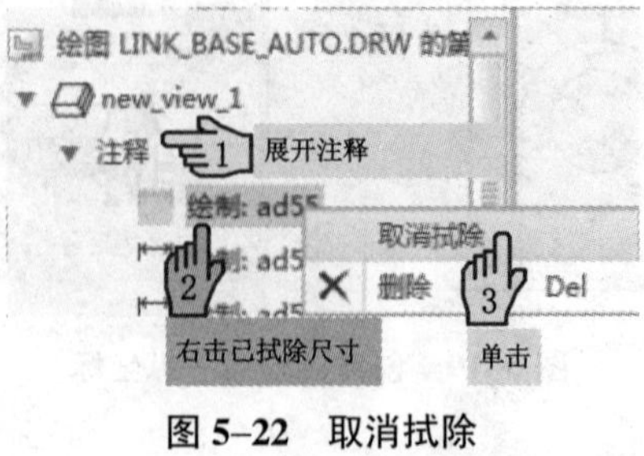

图 5–22 取消拭除

删除：删除尺寸。

修剪尺寸界限：修剪尺寸的界限。

移动到视图：将尺寸从一个视图移动到另一个视图。

反向箭头：切换尺寸的箭头方向。

属性：选择该选项后，弹出“尺寸属性”对话框（图 5–23），进行尺寸编辑修改。

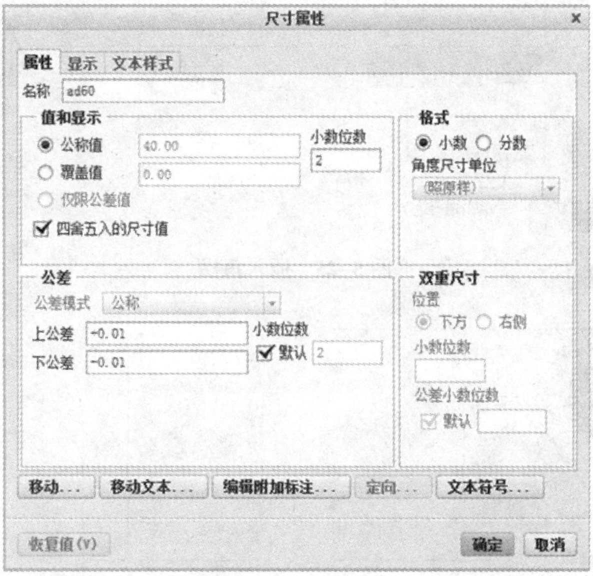

图 5–23 “尺寸属性”对话框

情况二：在尺寸界线上右击，弹出快捷菜单，如图 5–24 所示。

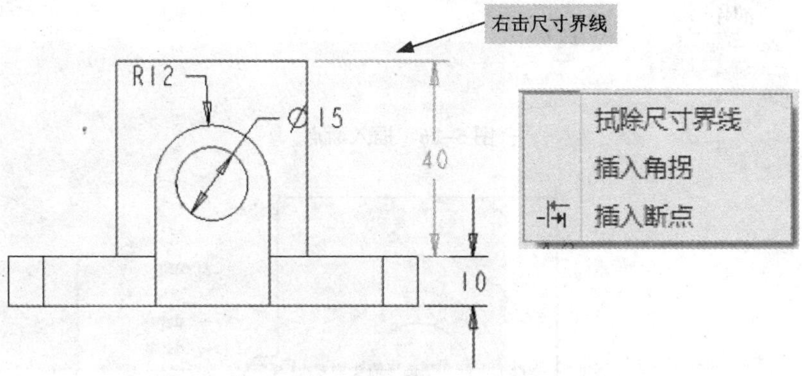

图 5–24 快捷菜单二

拭除尺寸界线：将尺寸界线不显示。如果要恢复拭除的尺寸界线，则右击后选择“显示尺寸界线”即可。

插入角拐：创建尺寸边线的角拐。操作如图 5–25 所示。

插入断点：将选中的尺寸界线断开，如图 5–26 所示。如果要将插入的断点移除，则按相同操作，然后选择“移除所有断点”即可。

情况三：在尺寸标注线的箭头上右击，弹出快捷菜单，如图 5–27 所示。

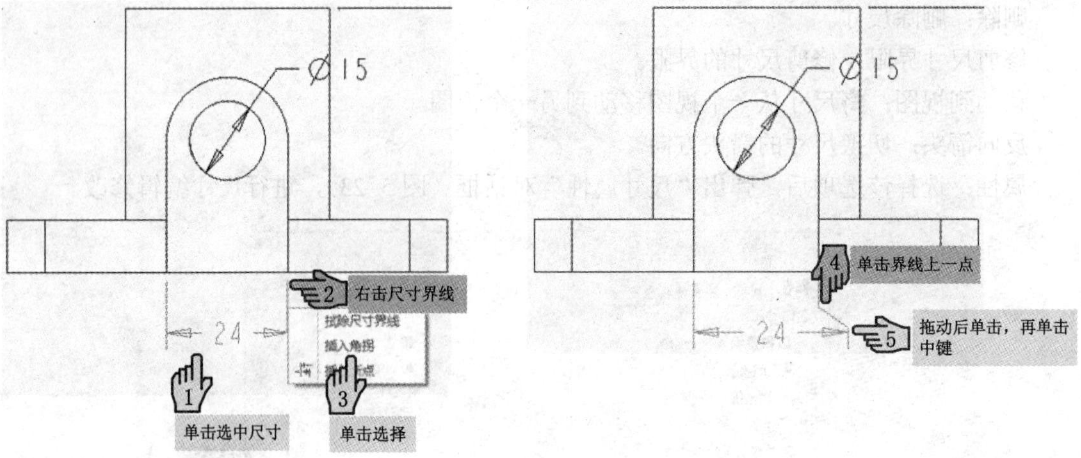

图 5–25　插入角拐

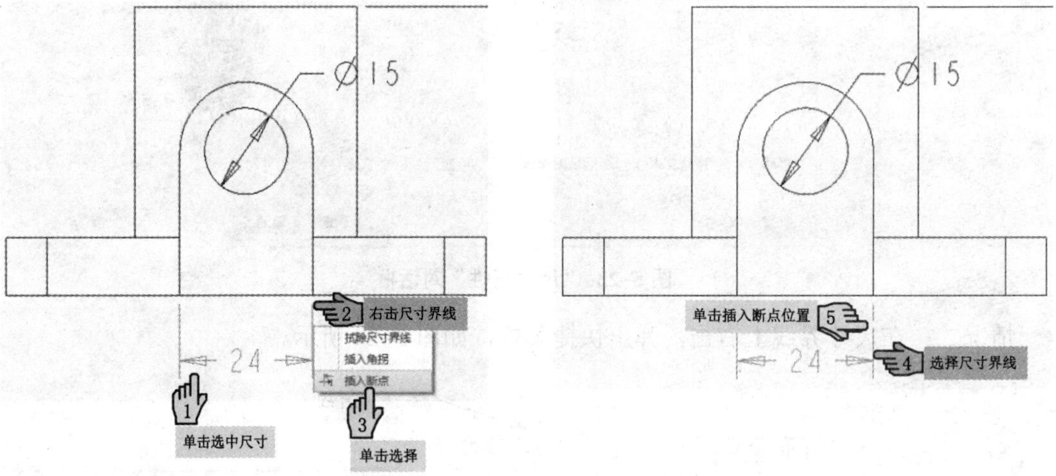

图 5–26　插入断点

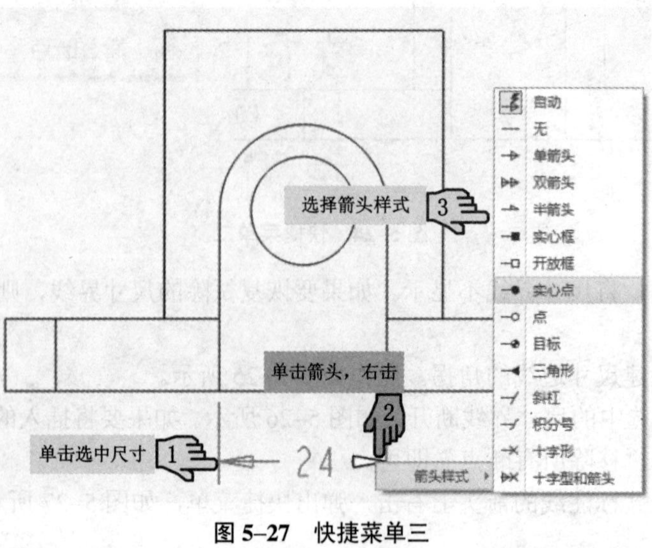

图 5–27　快捷菜单三

3. 清除尺寸

通过“清除尺寸”命令，可以对尺寸进行调整，以 link_base_operate.drw 为例来说明，如图 5–28 所示。

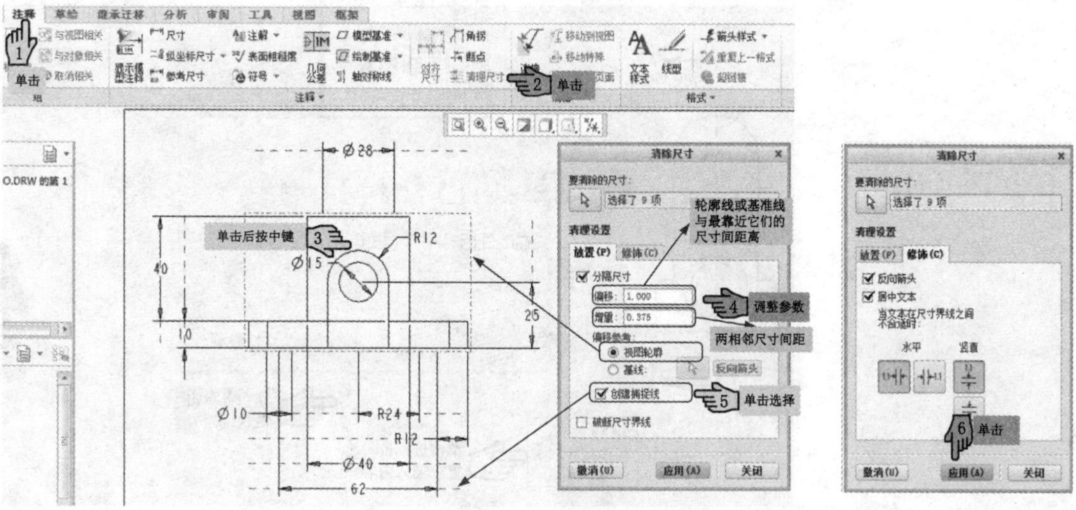

图 5–28　清除尺寸

5.6　创建注释文本

通过“注释”菜单，可以创建所需的注释文本。注解类型种类较多，如图 5–29 所示。注释文本可以是无方向指引，也可以是有方向指引，下面分别说明创建方法。

创建注释文本

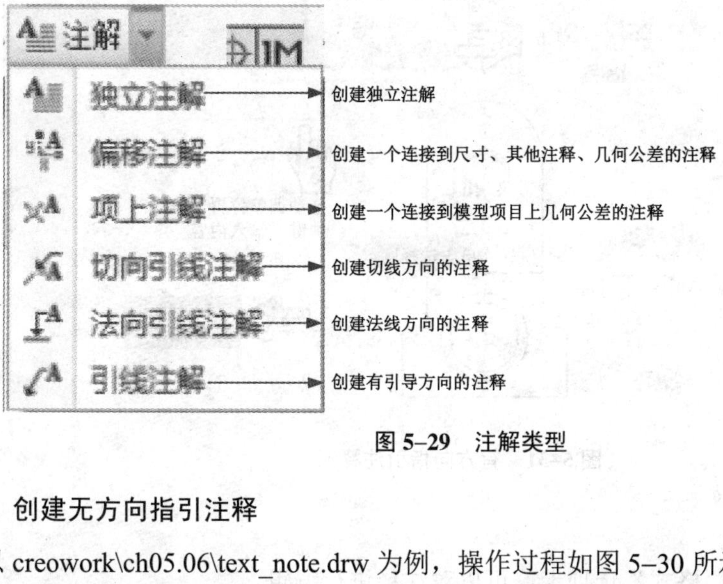

图 5–29　注解类型

1. 创建无方向指引注释

以 creowork\ch05.06\text_note.drw 为例，操作过程如图 5–30 所示。

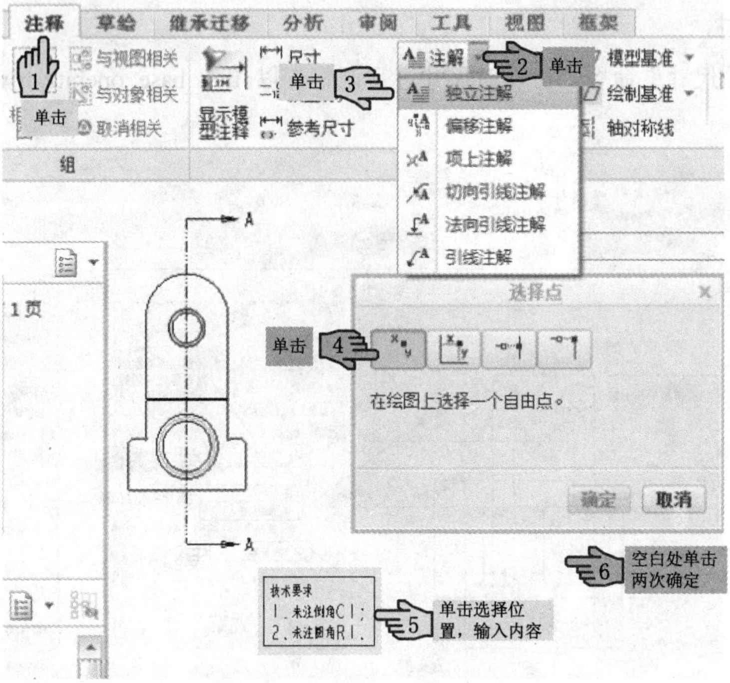

图 5–30　无方向指引注释

2. 创建有方向指引注释

以 creowork\ch05.06.01\text_note.drw 为例，操作过程如图 5–31 所示。

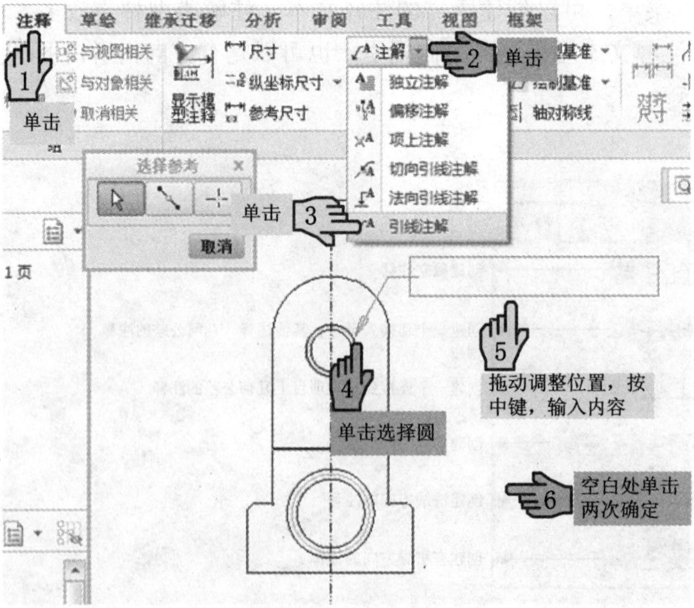

图 5–31　有方向指引注释

3. 注释的编辑

通过图 5–32 所示的“格式”选项卡，可以对注释进行编辑。

图 5–32 “格式”选项卡

5.7 工程图基准

1. 在工程图模块中创建基准轴

以 creowork\ch05.07\text_datum.drw 为例，讲解基准轴创建的操作过程，如图 5–33 所示。

创建基准

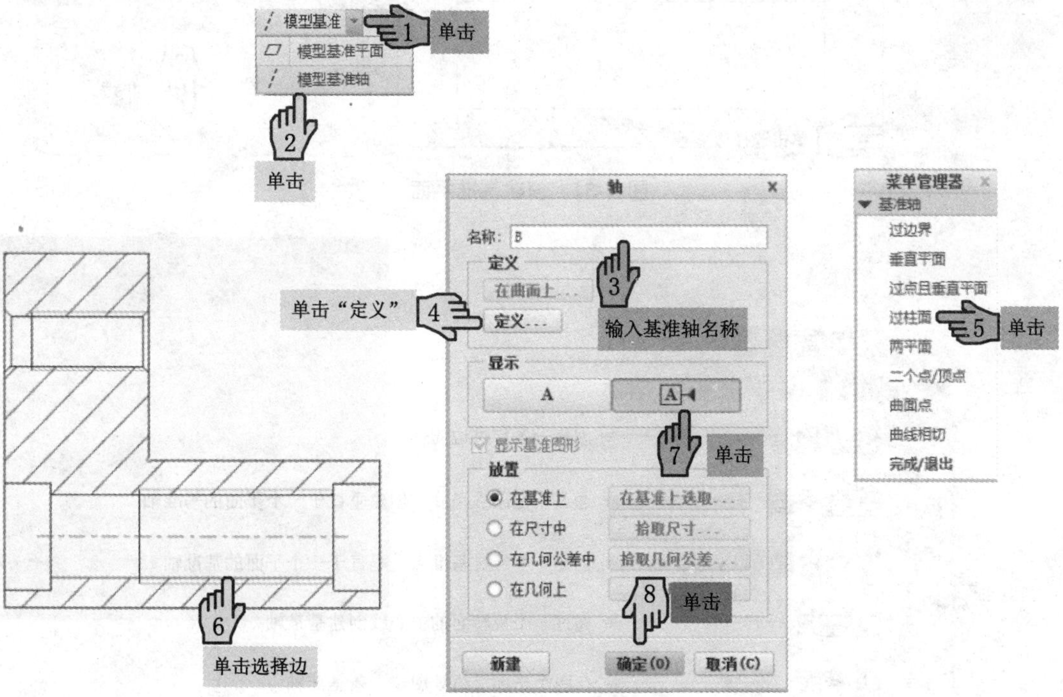

图 5–33 创建基准轴

2. 在工程图模块中创建基准面

仍以 creowork\ch05.07\text_datum.drw 为例，讲解基准面创建的操作过程，如图 5–34 所示。通过弹出的基准平面“菜单管理器”（图 5–35），可以创建多种类型的基准平面，这里不再赘述。

3. 基准的拭除和删除

基准的拭除和删除同尺寸的拭除和删除，具体参考 5.5 节。

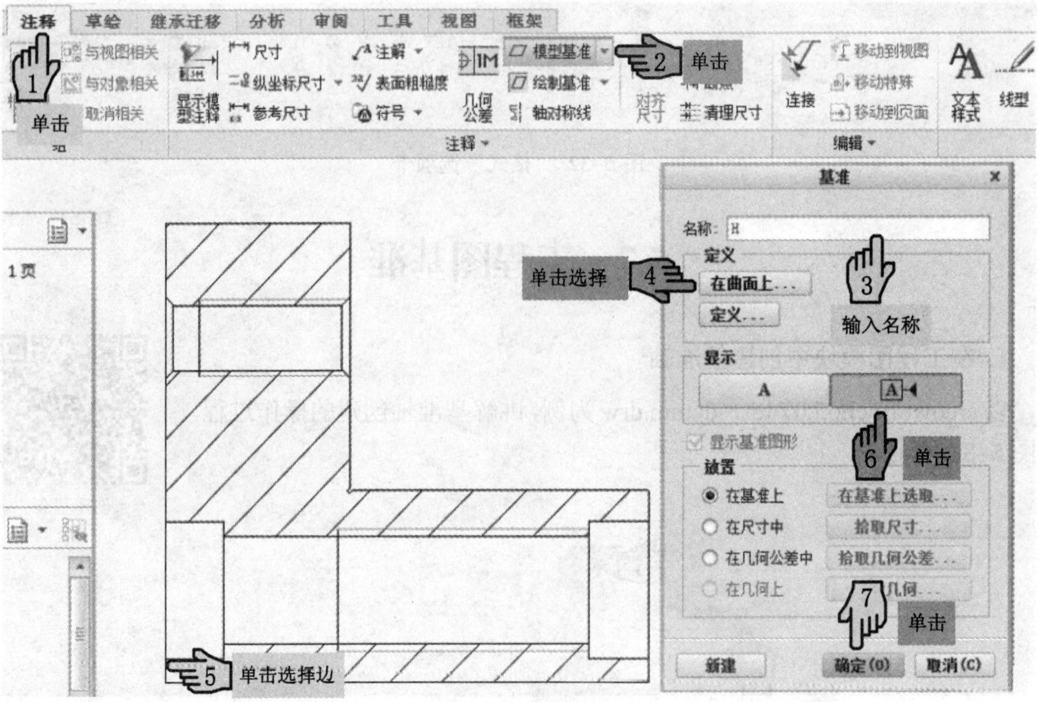

图 5–34　创建基准平面

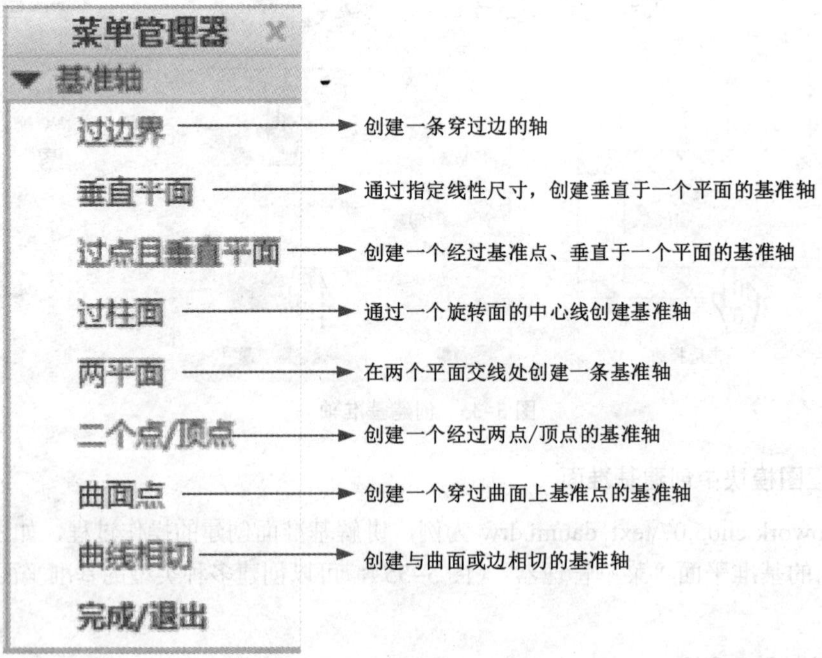

图 5–35　基准平面“菜单管理器”

5.8　标注几何公差

以 creowork\ch05.08\text_tolerance.drw 为例，来讲解几何公差标注方法，如图 5–36 所示。

标注几何公差

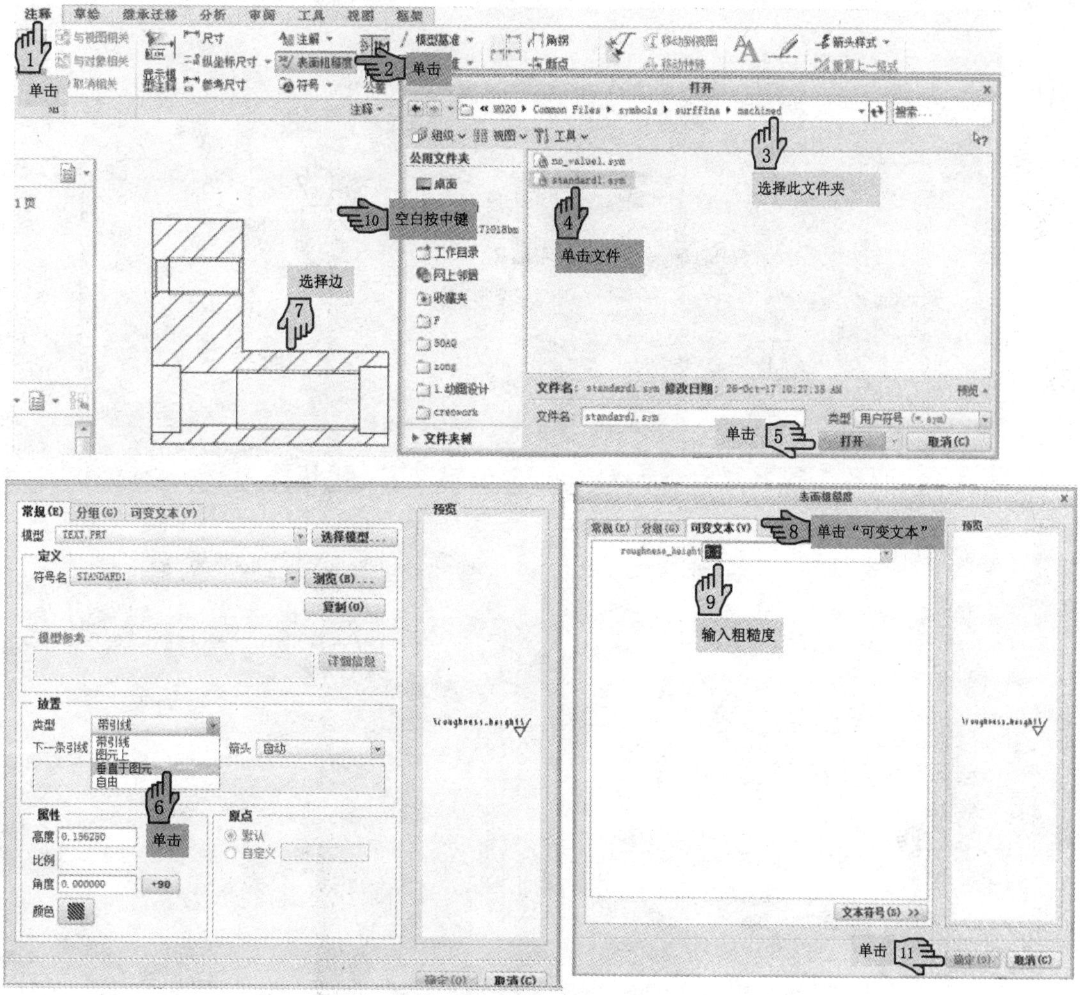

图 5–36　创标注几何公差

理论篇

5.9 标注表面粗糙度

以 creowork\ch05.09\text_roughness.drw 为例，讲解基准面创建的操作过程，如图 5–37 所示。

表面粗糙度

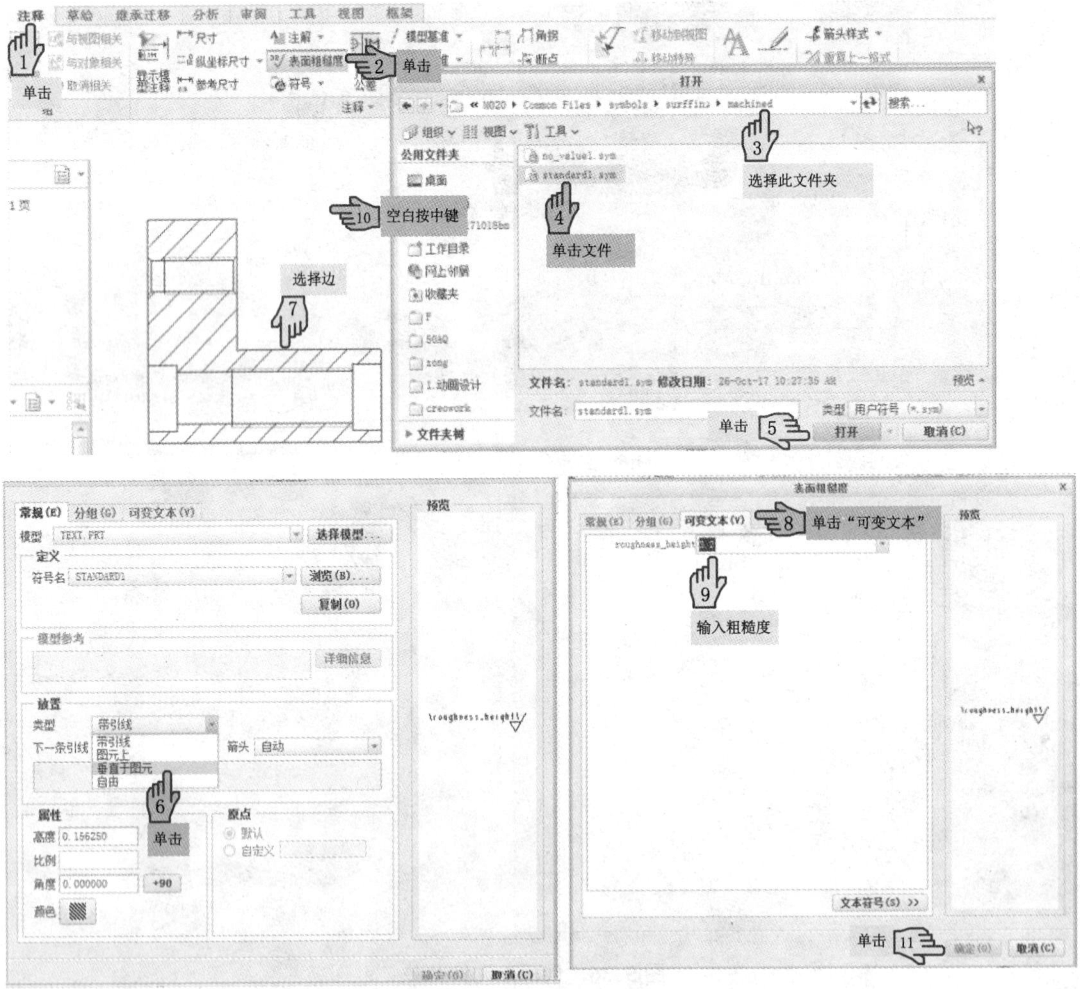

图 5–37　标注表面粗糙度

第 6 章

模型的外观设置

本章导读

产品的三维建模完成以后，为了更好地观察产品的造型、结构和外观颜色及纹理情况，需要对产品模型进行外观设置和渲染处理，本章主要内容包括：

- 创建和编辑
- 外观应用和清除外观
- 管理外观

学习目标

- 掌握模型外观的设置与编辑
- 掌握模型外观的管理

6.1 概　　述

在创建零件和装配三维模型时，通过“显示样式”来调整显示效果远远不够的，还需要对模型进行必要的外观设置，然后再对模型进行进一步的渲染处理。

1. 模型外观库

可从“外观库”（Appearance Gallery）类型下拉菜单中访问外观库。外观库分为三个不同的调色板，如图 6–1 所示。

2. 外观管理器

可通过从“外观库”类型下拉菜单中选择“外观管理器”来访问外观管理器。“外观管理器”对话框包含左侧的“外观库”和右侧的“外观编辑器”，如图 6–2 所示。

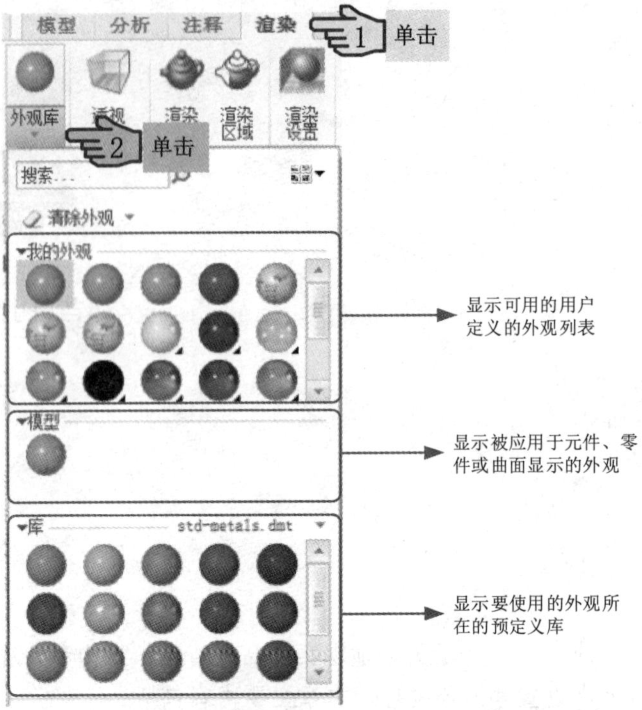

图 6-1　外观库

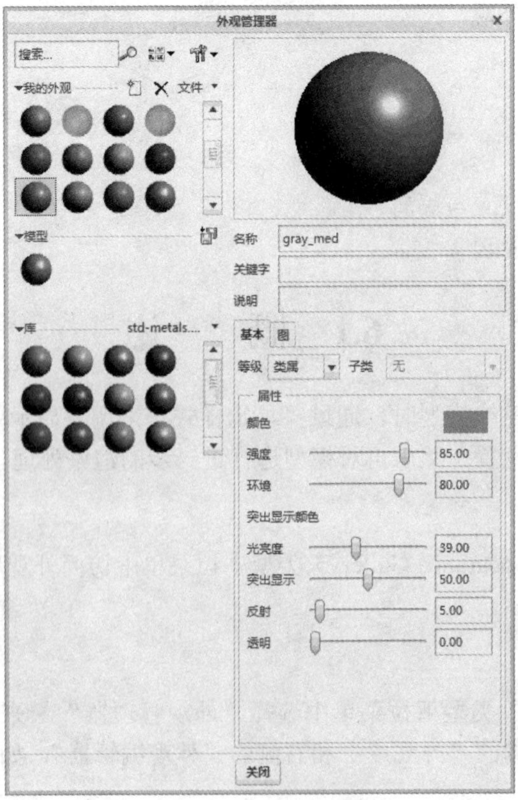

图 6-2　外观管理器

6.2　模型的外观设置

模型的外观设置有多种情况，在零件模式下，可以给整个零件或单个零件表面设置外观，在装配模式下，可以给整个装配体或单个零件设置外观。

如果选择整个零件，则整个零件都应用为指定的外观。在装配模式下，如果选择整个装配体，则全部应用为指定外观；如果选择某个元件，则该元件应用为指定外观。

6.2.1　将库外观复制到“我的外观”调色板中

首先设置工作目录为 creowork\ch06.02，打开文件 lunxi.asm。将库外观复制到“我的外观”调色板中，操作如图 6–3 所示。

库外观复制　　台虎钳分解图

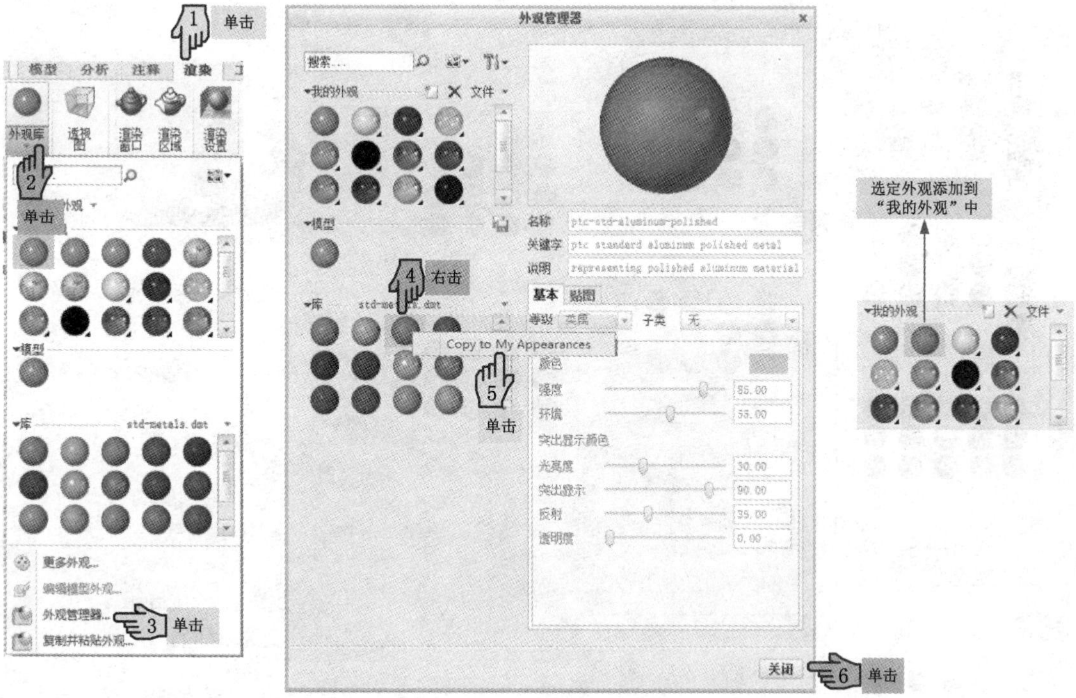

图 6–3　库外观复制到“我的外观”调色板

6.2.2　将外观应用到装配元件中

接 6.2.1 节来介绍将外观应用到装配元件中，操作如图 6–4 所示。

6.2.3　复制和编辑外观

接 6.2.2 节来介绍复制和编辑外观，操作如图 6–5 所示。

复制和编辑

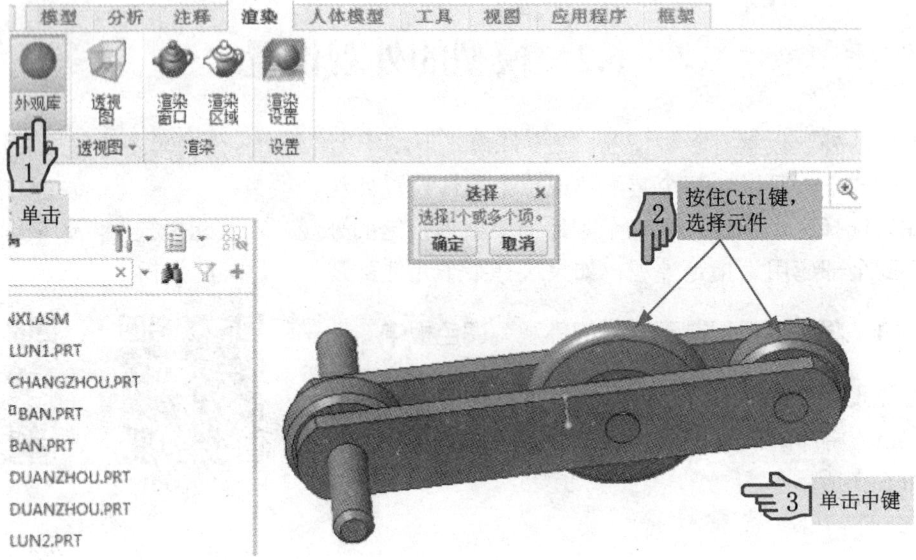

图 6–4　将外观应用到装配元件

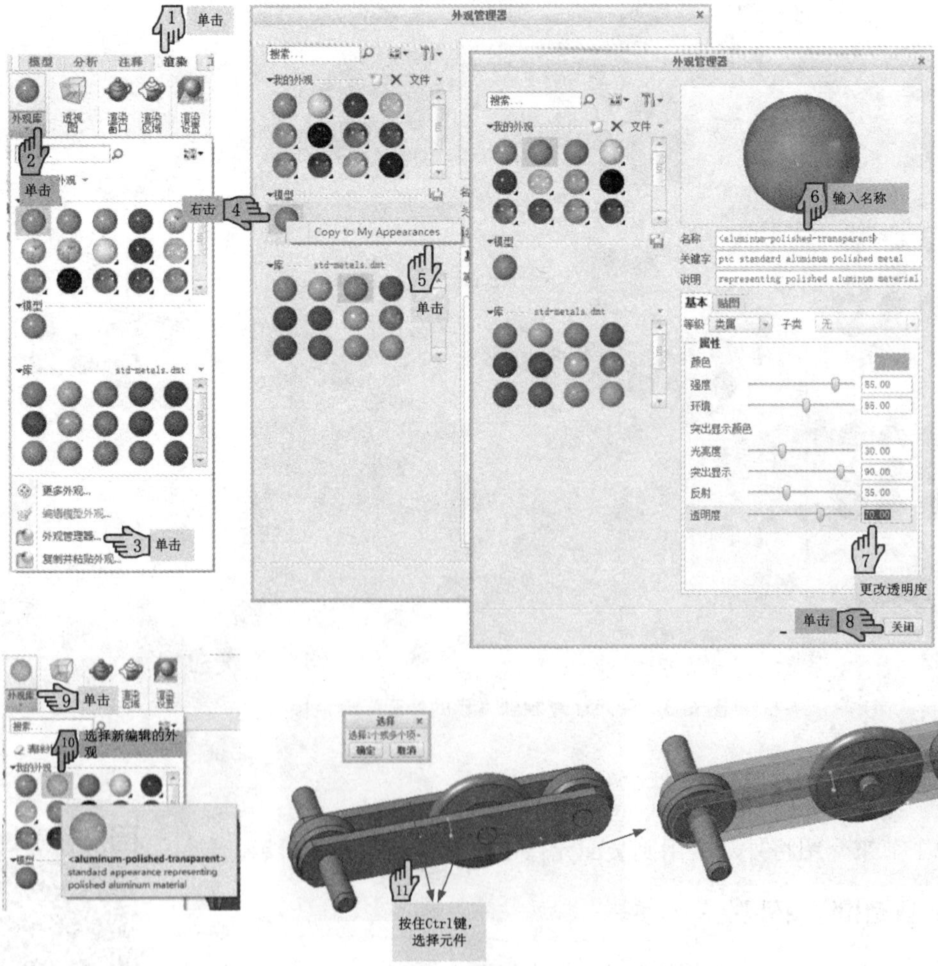

图 6–5　复制和编辑外观

6.2.4 新建外观

新建外观，操作如图 6–6 所示。

新建外观

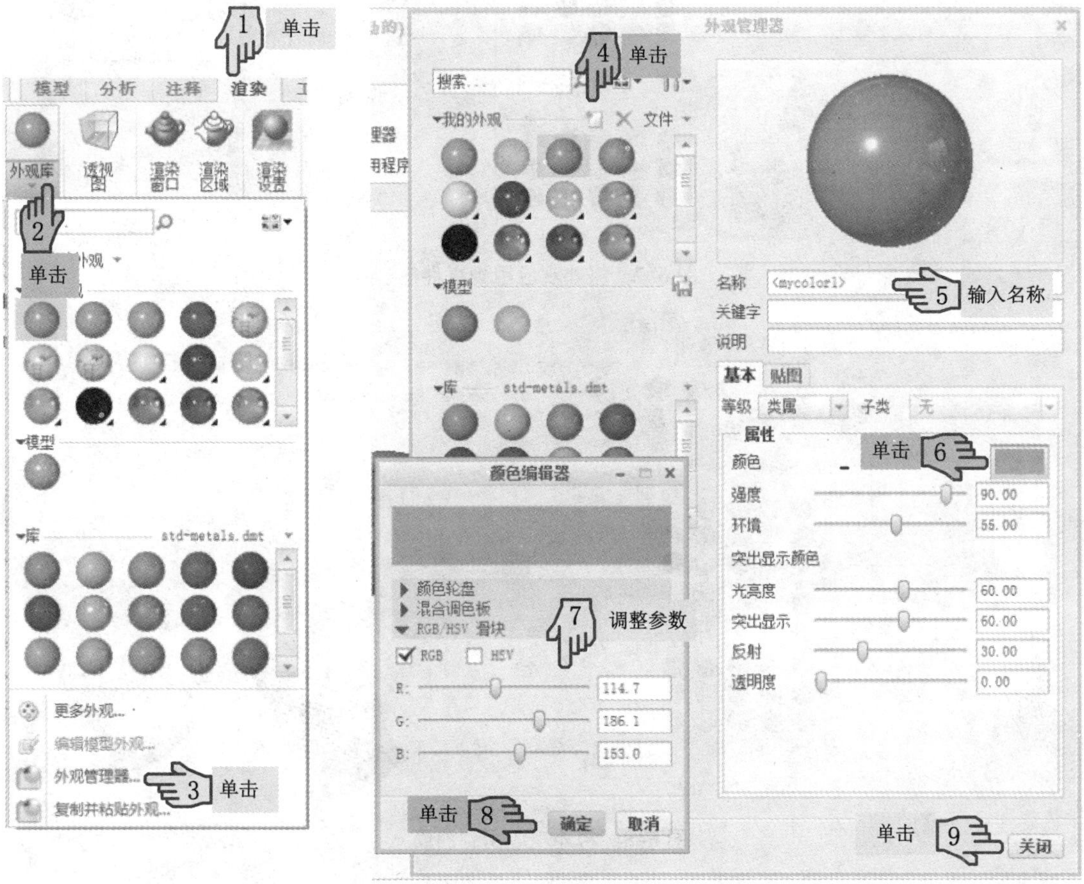

图 6–6　新建外观

6.2.5 将外观应用到零件中

接 6.2.3 节来介绍将外观应用到零件中，如图 6–7 所示。

6.2.6 将外观应用到曲面

接 6.2.3 节来介绍将外观应用到曲面，如图 6–8 所示。

应用到元件　　应用到曲面

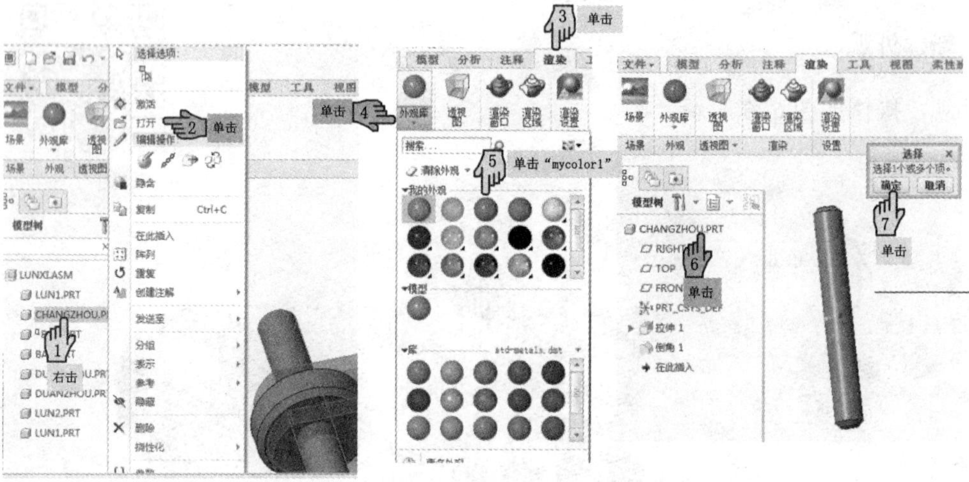

图 6–7　将外观应用到零件中

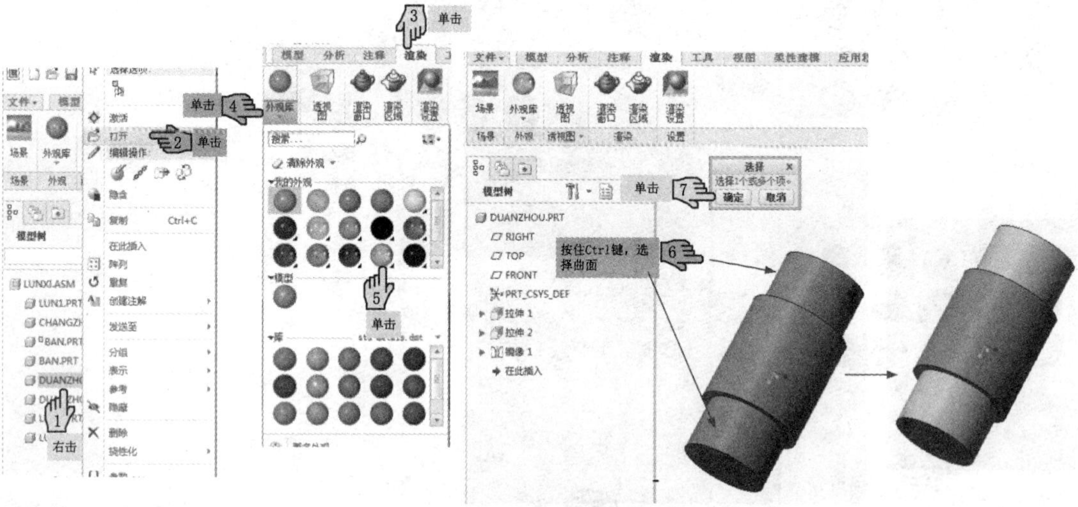

图 6–8　将外观应用到曲面

6.3　模型的渲染

要设置和定制渲染，一般应先设置配置文件 config.pro 的下列有关选项。

pro_colormap path：指定从磁盘装载的纹理文件（*.map）的路径，在 Creo 3.0 中，不对此选项进行设置。

photorender_default_width：设置输出大小的默认宽度（以像素为单位）。

photorender_default_height：设置输出大小的默认高度（以像素为单位）。

proes_texture_library：允许用户指定一个不同的图形库的路径。如果不设置 pro_texturc_library 选项，启动 Creo 后，系统将自动载入 Creo 的安装目录 C:\ProgramFiles\PTC\Creo 3.0\B000\Common Files\graphic-library\appearances 下的外观文件 appearance.dmt，该文件中的 15 个外观将显示在“外观管理器”的“我的外观”调色板中。

实践篇

项目 1

垫圈类、定位支承元件设计

任 务 工 单

<table>
<tr><td>项目名称</td><td colspan="6">项目 1　垫圈类、定位支承元件设计</td></tr>
<tr><td>姓名</td><td colspan="2"></td><td>学号</td><td></td><td>班级</td><td></td></tr>
<tr><td>任务目标</td><td colspan="6">知识目标：
1. 掌握草图绘制与编辑的基本命令
2. 掌握草图约束的基本含义及操作方法
3. 掌握草图标注及尺寸修改的方法
能力目标：
1. 能够绘制与编辑二维草图
2. 能够建立简单的三维模型
素质目标：具有问题分析能力；具有自我学习能力及创新能力</td></tr>
<tr><td rowspan="3">任务描述</td><td>任务 1</td><td colspan="5">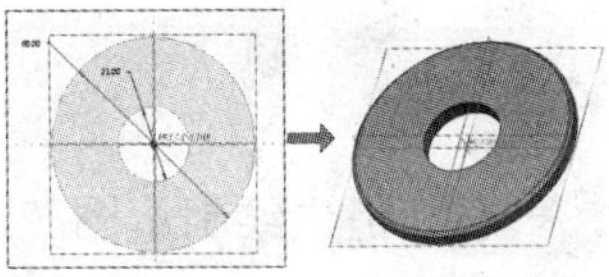</td></tr>
<tr><td>任务 2</td><td colspan="5">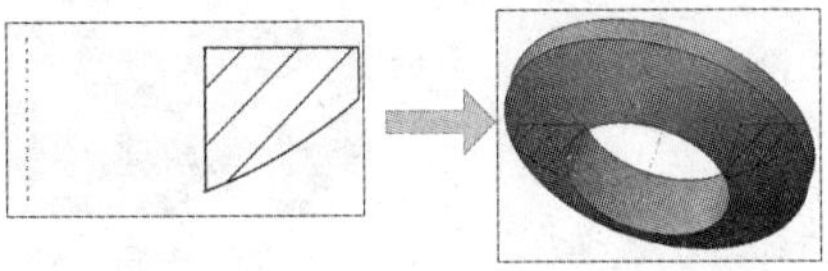</td></tr>
<tr><td>任务 3</td><td colspan="5">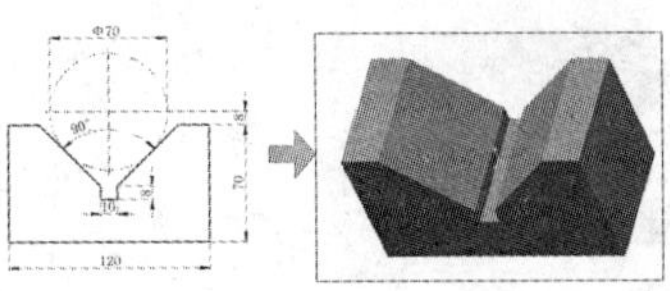</td></tr>
<tr><td>学习总结</td><td colspan="6"></td></tr>
</table>

续表

	项目	分值比例/%	分数		
			任务 1	任务 2	任务 3
考核方法	项目计划决策	10			
	项目实施检查	50			
	项目评估讨论	10			
	职业素养	20			
	学生互评	10			
	总分	100			
指导教师评语					

任务 1　圆形垫圈零件设计

1.1.1　圆形垫圈零件分析

圆形垫圈包括平垫圈、圆形小垫圈、圆形大垫圈和圆形特大垫圈。圆形垫圈一般用于金属零件的连接，增加支撑面积，防止损伤重要表面；而圆形大垫圈多用于木质结构中。平垫圈装配于螺母（螺栓、螺钉头部）与被连接件表面之间，保护被连接件表面，使之避免被螺母擦伤，并增大被连接件与螺母之间的接触面积，降低螺母等作用在被连接件表面上的单位连接压力。

根据圆形垫圈的主要造型结构（如图Ⅰ–1 所示），可以采用拉伸、旋转的方式来进行建模。

1.1.2　平垫圈设计思路

要建立三维模型，一般都是先绘制草图（二维图形），然后进行拉伸、旋转、扫描、混合等操作，形成三维模型，如图Ⅰ–2 和图Ⅰ–3 所示。草图绘制是建立三维模型的基础。

图Ⅰ–1　圆形垫圈

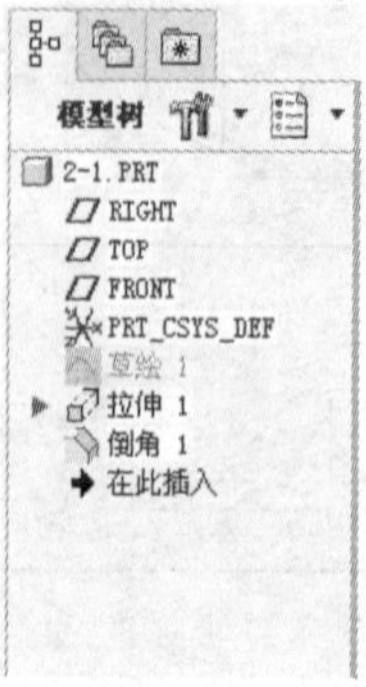

图Ⅰ–2　设计思路

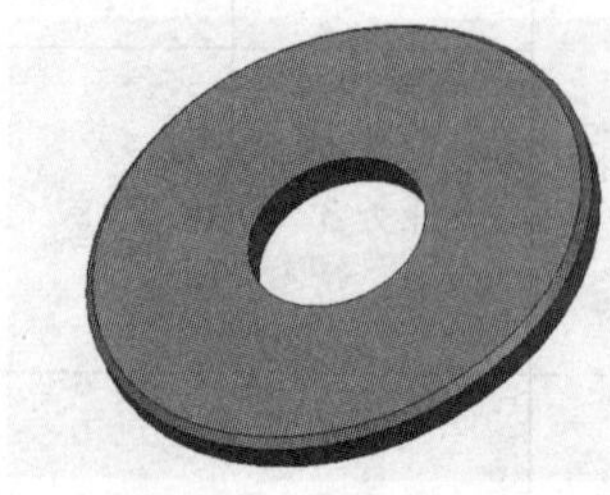

图Ⅰ–3　平垫圈三维模型

1.1.3 平垫圈设计过程

（1）建立平垫圈文件（如图Ⅰ–4所示）

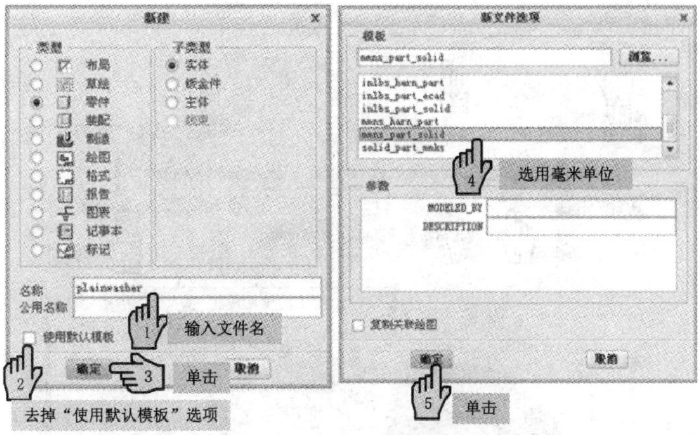

图Ⅰ–4　建立平垫圈文件

（2）绘制草图（如图Ⅰ–5所示）

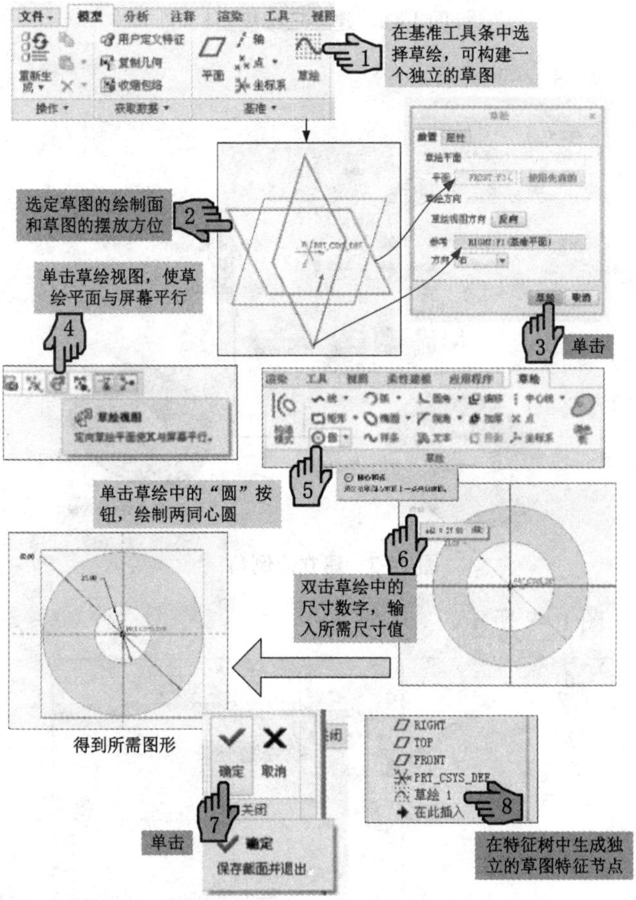

图Ⅰ–5　建立外部草绘

实践篇

（3）建立三维模型（如图Ⅰ-6所示）

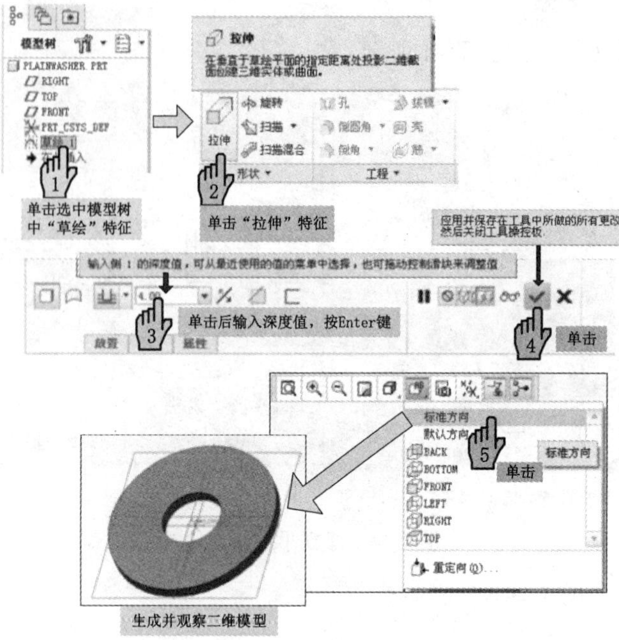
单击选中模型树中“草绘”特征
单击“拉伸”特征
应用并保存在工具中所做的所有更改，然后关闭工具操控板。
单击后输入深度值，按Enter键
单击
单击
生成并观察三维模型

图Ⅰ-6　建立三维模型

（4）建立边倒角（如图Ⅰ-7所示）

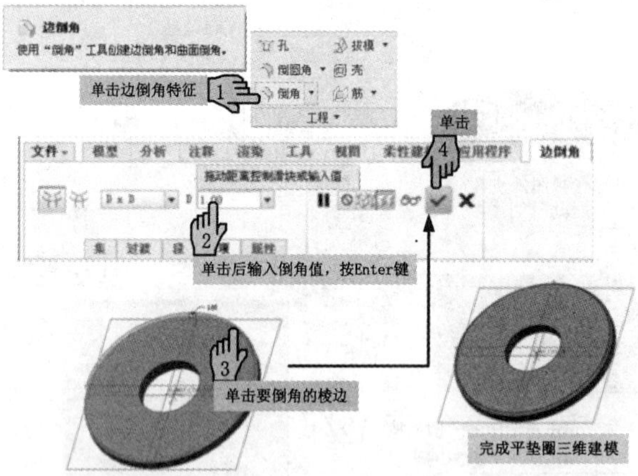
单击边倒角特征
单击
单击后输入倒角值，按Enter键
单击要倒角的棱边
完成平垫圈三维建模

图Ⅰ-7　建立边倒角

（5）保存模型（如图Ⅰ-8所示）

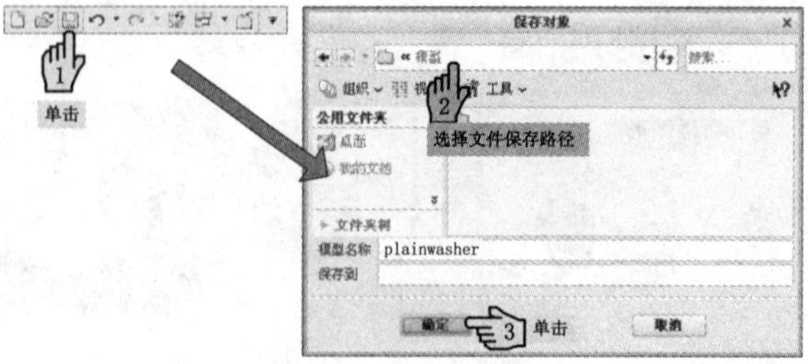
单击
保存对象
选择文件保存路径
plainwasher
单击

图Ⅰ-8　保存模型

任务 2　异形垫圈零件设计

1.2.1　异形垫圈零件分析

异形垫圈包括方斜垫圈、球面垫圈、锥面垫圈和开口垫圈等，如图Ⅰ–9 和图Ⅰ–10 所示。方斜垫圈用于槽钢、工字钢翼缘类倾斜面垫平，使连接件免受弯矩作用；球面垫圈与锥面垫圈配合使用，具有自动调节位置的作用，多用于工装设备；开口垫圈便于装配和拆卸，可以从侧面拆装，用于工装设备。根据异形垫圈的主要造型结构，可采用拉伸的方式对其建模或采用多种建模方式综合进行。

图Ⅰ–9　方斜垫圈

图Ⅰ–10　球面垫圈与锥面垫圈

1.2.2　异形垫圈零件设计思路

以球面垫圈为例。如图Ⅰ–11 所示（设 d=83，D=155，h=32，SR=120），球面垫圈截面为一恒定截面且球面垫圈为旋转体，因此，可以通过旋转特征生成球面垫圈的三维模型（如图Ⅰ–12 所示）。

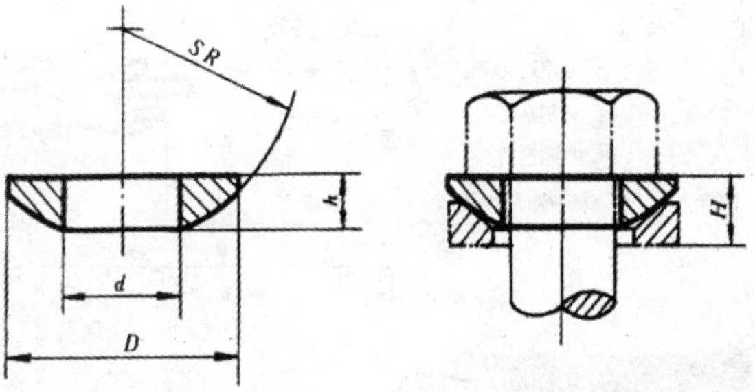

图Ⅰ–11　球面垫圈图

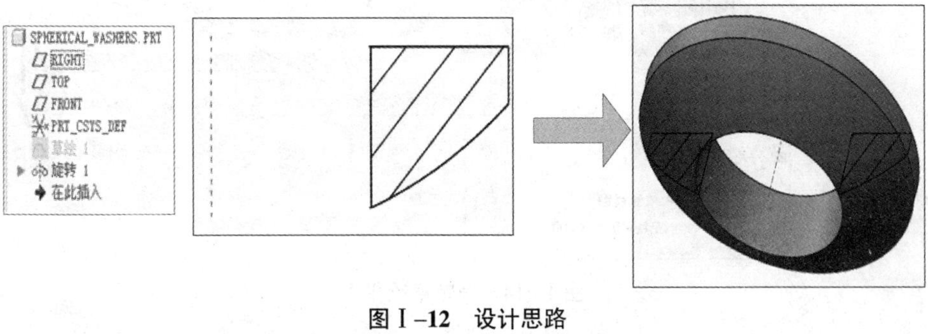

图Ⅰ–12　设计思路

1.2.3 异形垫圈零件设计过程

（1）建立异形垫圈零件文件（图Ⅰ-13）

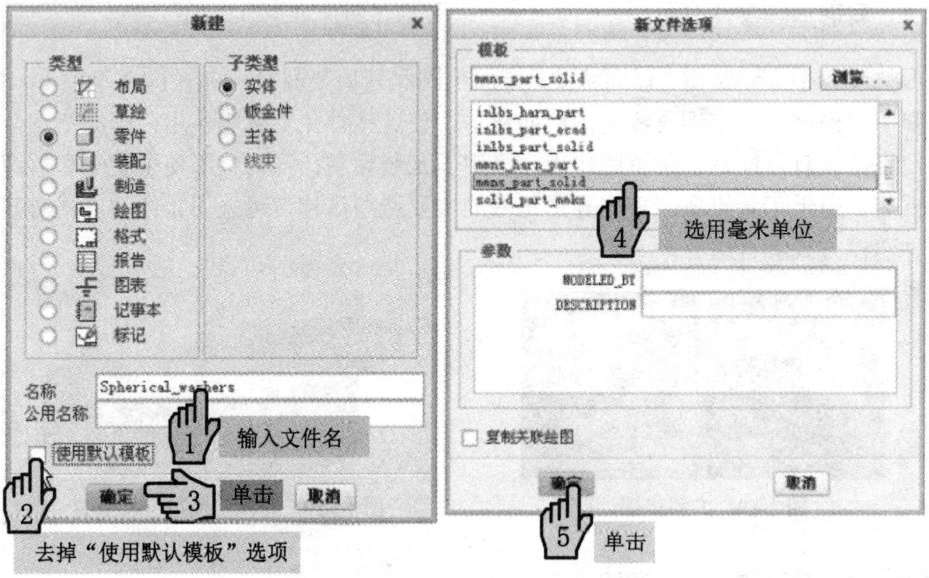
输入文件名
去掉“使用默认模板”选项
单击
选用毫米单位
单击

图Ⅰ-13 建立异形垫圈零件文件

（2）绘制草图

① 确定草绘平面，如图Ⅰ-14 所示。

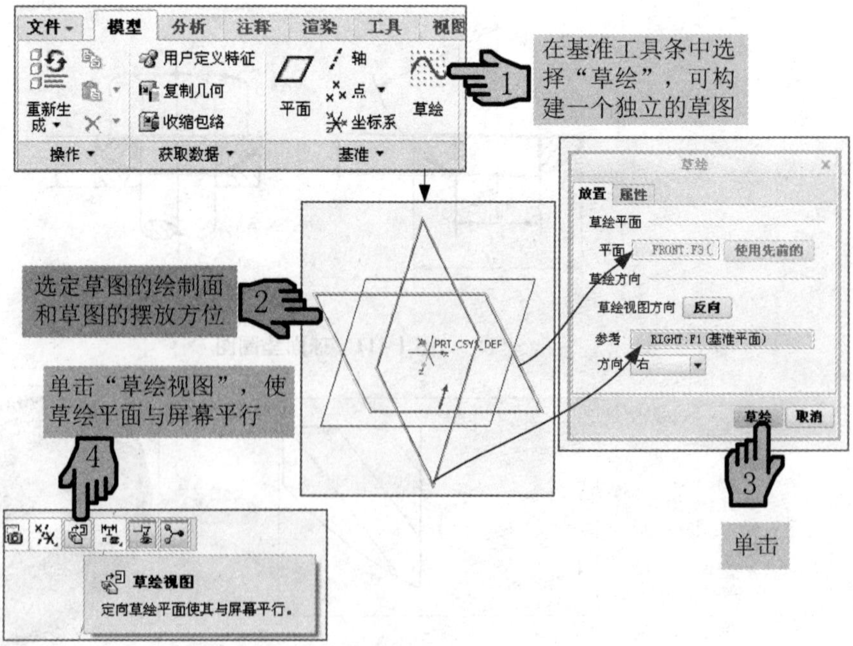
在基准工具条中选择“草绘”，可构建一个独立的草图
选定草图的绘制面和草图的摆放方位
单击“草绘视图”，使草绘平面与屏幕平行
单击

图Ⅰ-14 确定草绘平面

② 草图轮廓绘制，如图Ⅰ-15所示。

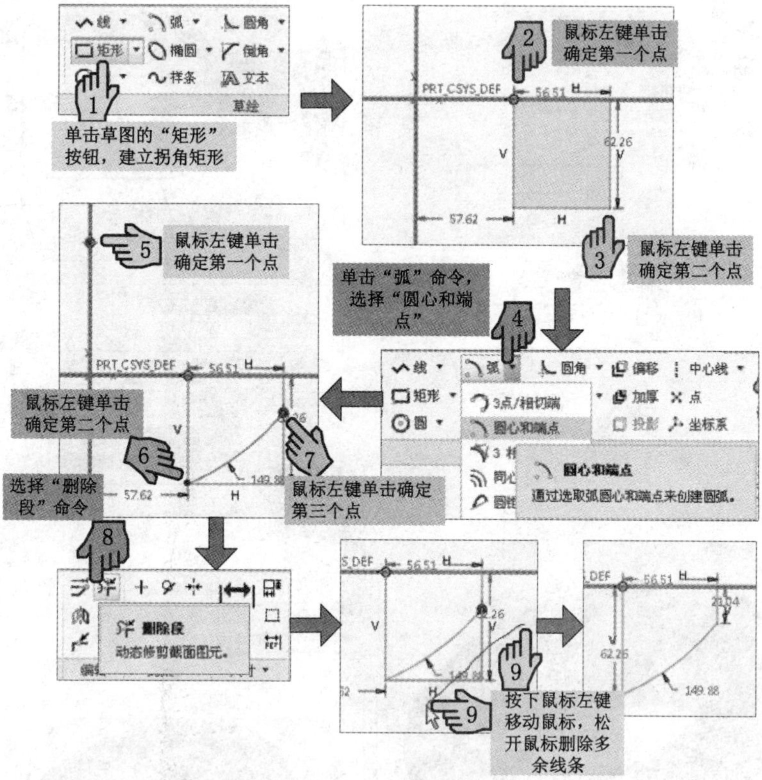

单击草图的“矩形”按钮，建立拐角矩形
鼠标左键单击确定第一个点
鼠标左键单击确定第二个点
单击“弧”命令，选择“圆心和端点”
鼠标左键单击确定第一个点
鼠标左键单击确定第二个点
鼠标左键单击确定第三个点
选择“删除段”命令
按下鼠标左键移动鼠标，松开鼠标删除多余线条

图Ⅰ-15　草图轮廓绘制

③ 编辑尺寸，如图Ⅰ-16所示。

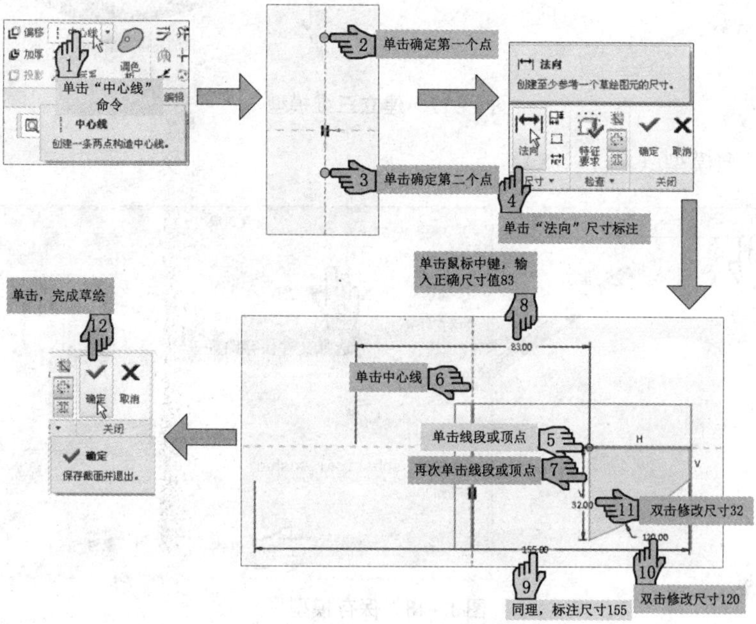

单击“中心线”命令
单击确定第一个点
单击确定第二个点
单击“法向”尺寸标注
单击中心线
单击线段或顶点
再次单击线段或顶点
单击鼠标中键，输入正确尺寸值83
同理，标注尺寸155
双击修改尺寸120
双击修改尺寸32
单击，完成草绘

图Ⅰ-16　编辑尺寸

实践篇

（3）建立三维模型（图Ⅰ-17）

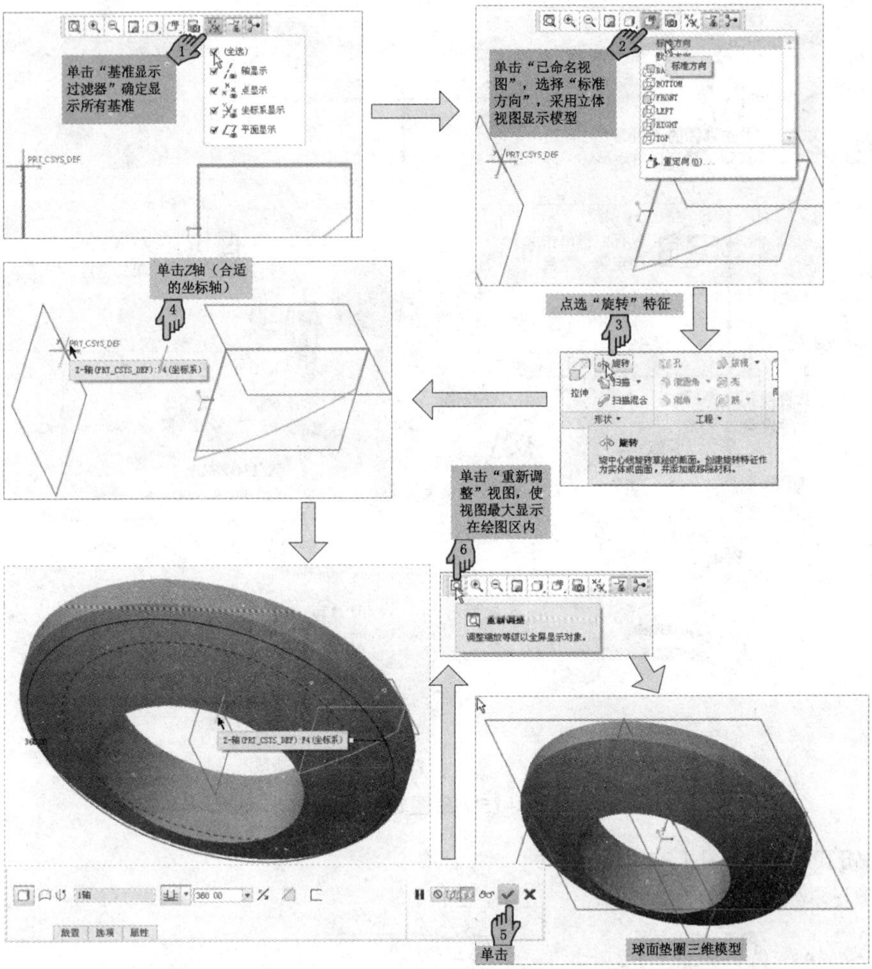

图Ⅰ-17　建立三维模型

（4）保存三维模型（图Ⅰ-18）

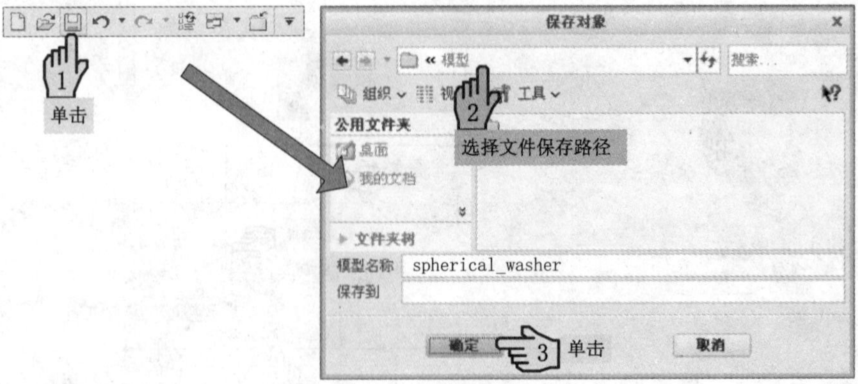

图Ⅰ-18　保存模型

任务 3　V 形块设计

1.3.1　V 形块零件分析

V 形块按 JB/T 8047—95 标准制造，也称为 V 形架，常用的有三口 V 形块、单口 V 形块和五口 V 形块。V 形块采用优质 HT200～250 材质，铸铁 V 形块的材质可以分为球铁和灰铁两类，成对供应，主要用于精密轴类零件的检测、划线及机械加工中的装夹，还可用于检验工件垂直度、平行度。

1.3.2　V 形块零件设计思路

V 形块零件设计思路如图Ⅰ–19 所示。

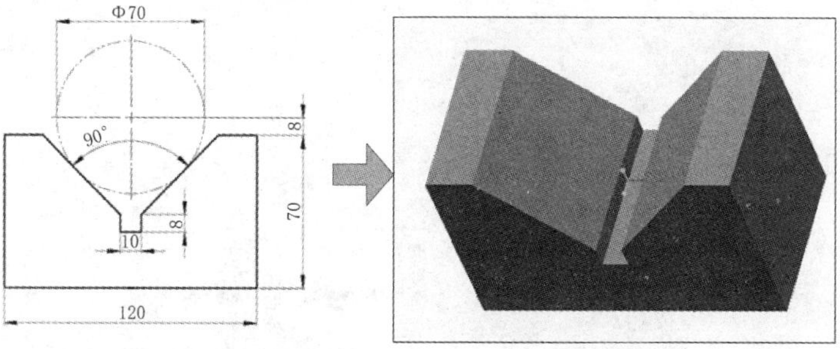

图Ⅰ–19　V 形块零件设计思路

1.3.3　V 形块零件设计过程

（1）建立 V 形块零件文件（图Ⅰ–20）

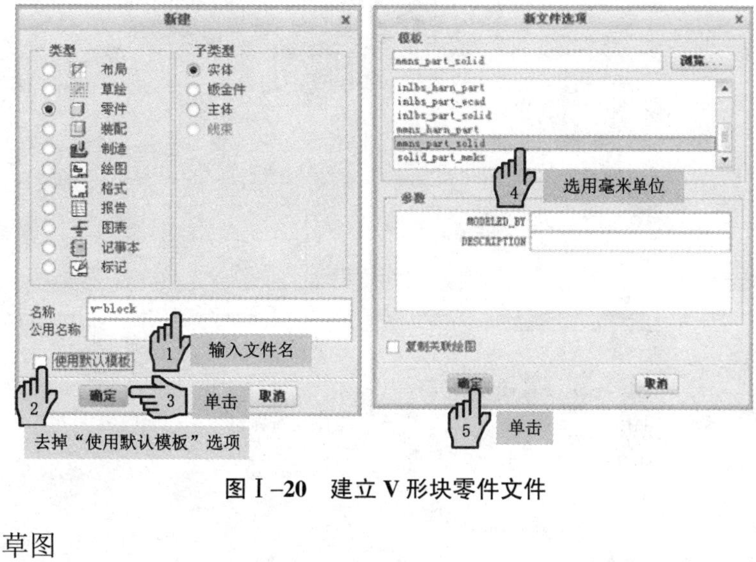

图Ⅰ–20　建立 V 形块零件文件

（2）绘制草图

① 确定草绘平面，如图Ⅰ–21 所示。

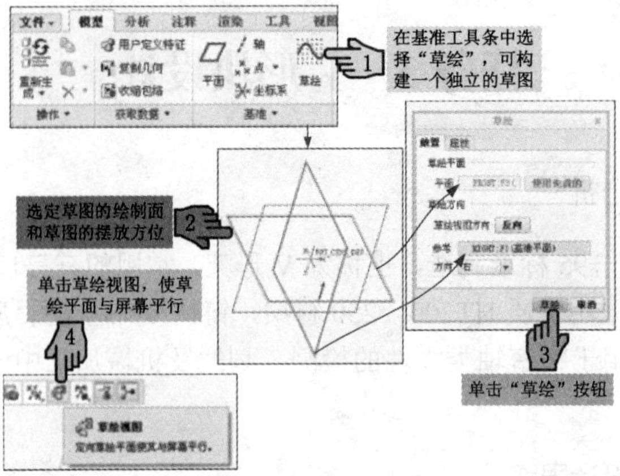
在基准工具条中选择“草绘”，可构建一个独立的草图
选定草图的绘制面和草图的摆放方位
单击草绘视图，使草绘平面与屏幕平行
单击“草绘”按钮

图Ⅰ-21　确定草绘平面

② 草图轮廓绘制，如图Ⅰ-22 所示。

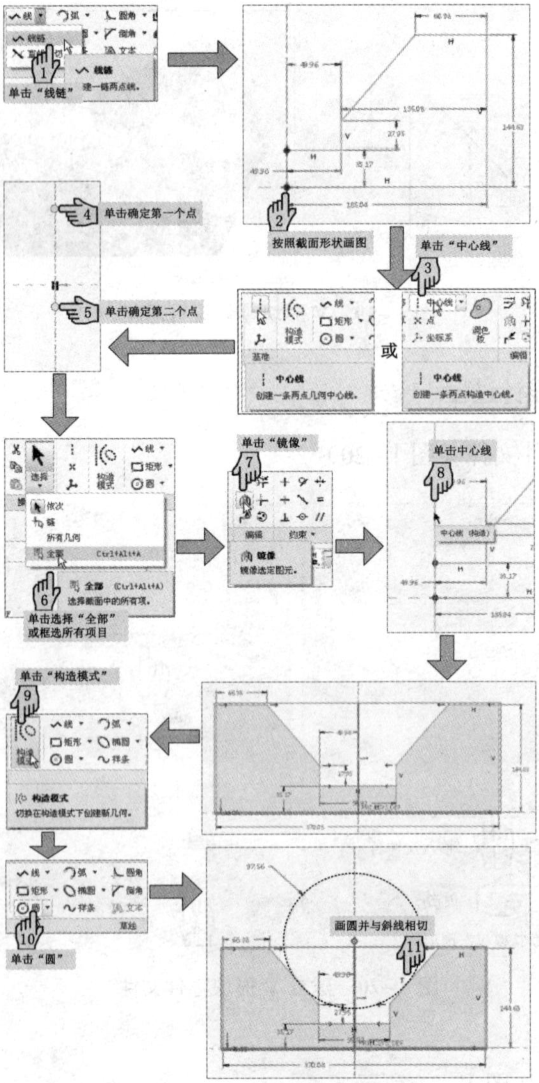
单击“线链”
按照截面形状画图
单击“中心线”
单击确定第一个点
单击确定第二个点
或
单击选择“全部”或框选所有项目
单击“镜像”
单击中心线
单击“构造模式”
单击“圆”
画圆并与斜线相切

图Ⅰ-22　草图轮廓绘制

③ 建立所需约束。

本步骤可根据学员绘制的图形决定，若是在前面绘图过程中巧妙地利用动态约束（如图Ⅰ–22 所示的第 11 步），此步骤可以简化。在绘制完图形后，学员要仔细检查图形的必要约束，保证图形的正确性。

图Ⅰ–23 所示为绘图过程中未用动态约束，而是利用约束工具绘制 V 形块截面的操作过程。

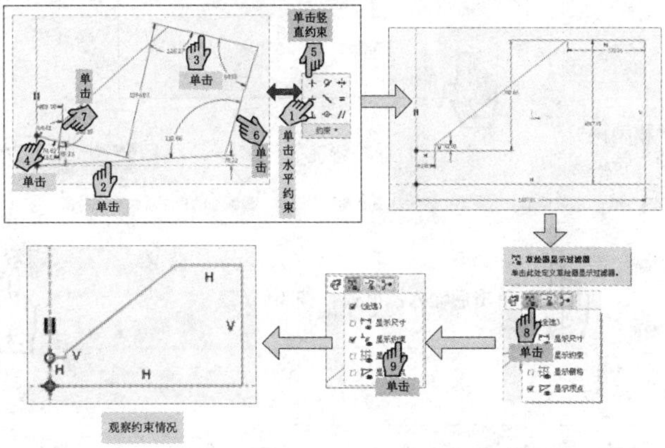

图Ⅰ–23　利用约束工具绘制 V 形块截面

④ 标注及修改尺寸。

根据设计要求，标注必要的尺寸，如图Ⅰ–24 所示。

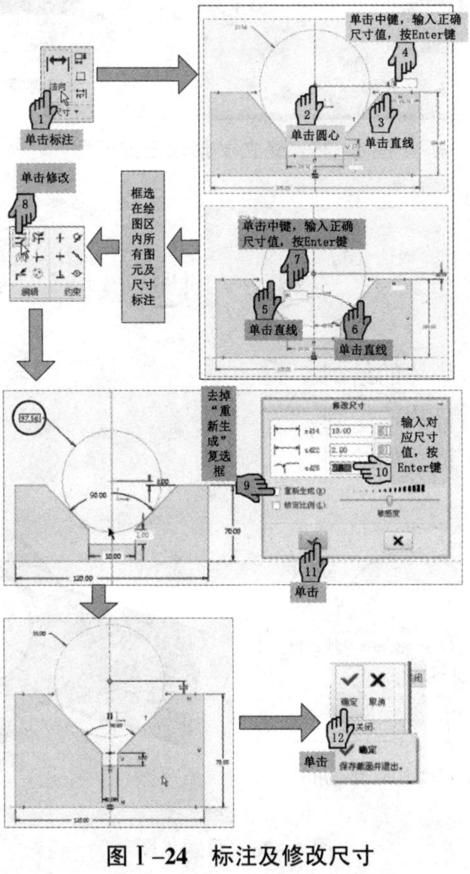

图Ⅰ–24　标注及修改尺寸

（3）建立三维模型（图Ⅰ–25）

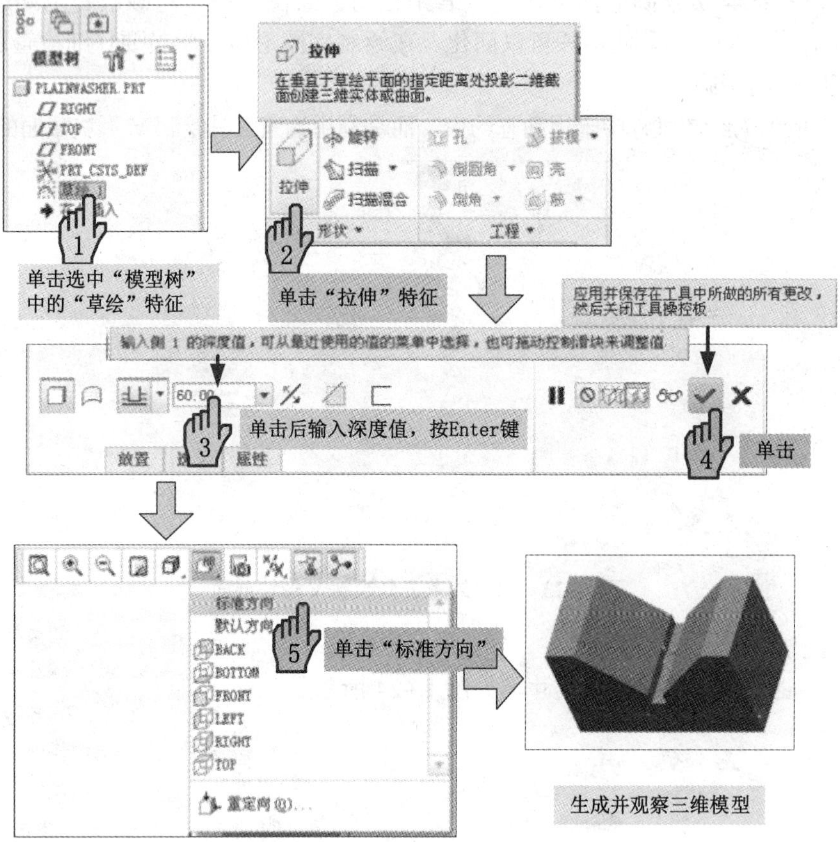

图Ⅰ–25　建立V形块三维模型

（4）保存模型

习　　题

1. 完成如图Ⅰ–26所示垫片的绘制。
2. 完成如图Ⅰ–27所示垫片的绘制。
3. 完成如图Ⅰ–28所示垫片的绘制。

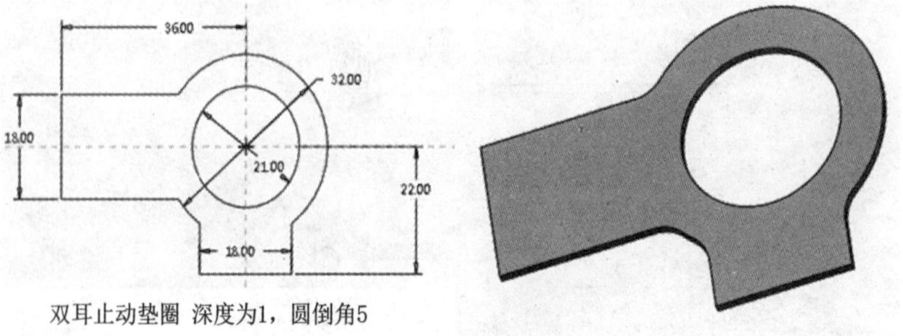

图Ⅰ–26　习题1图

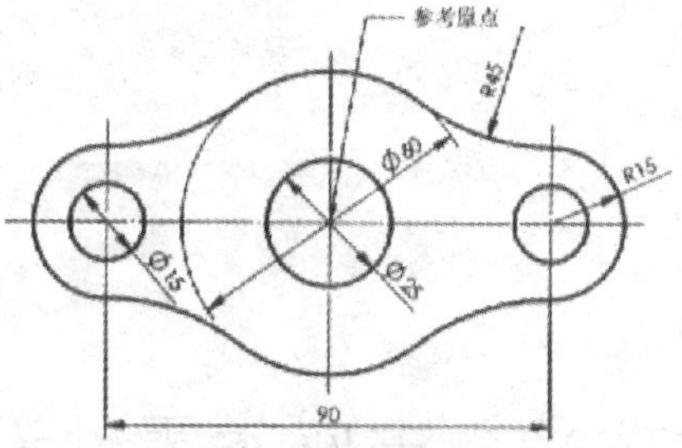

图Ⅰ–27　习题 2 图

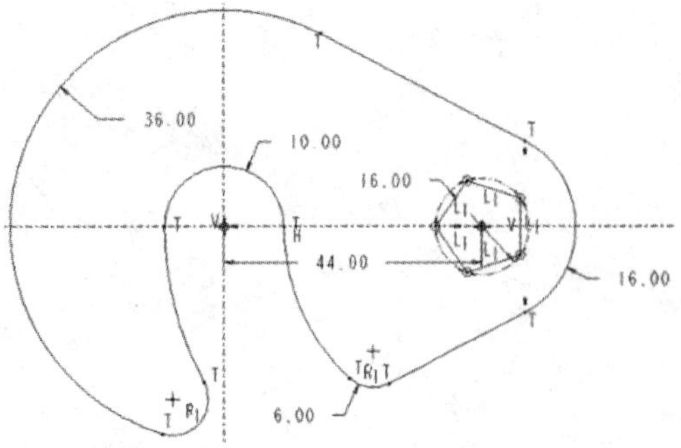

图Ⅰ–28　习题 3 图

4. 完成如图Ⅰ–29 所示图形的绘制。
5. 完成如Ⅰ–30 所示图形的绘制。

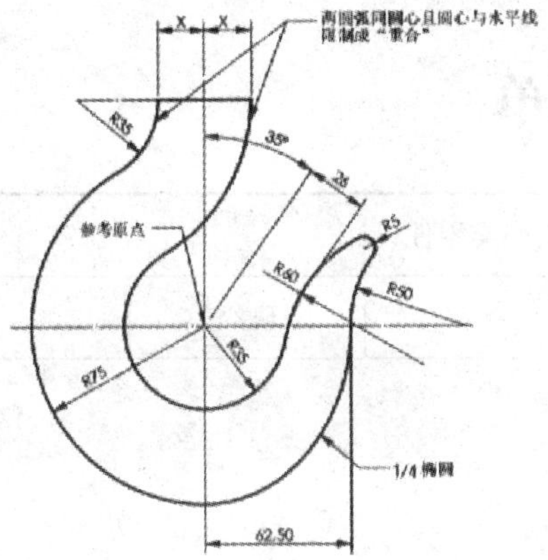

图Ⅰ–29　习题 4 图

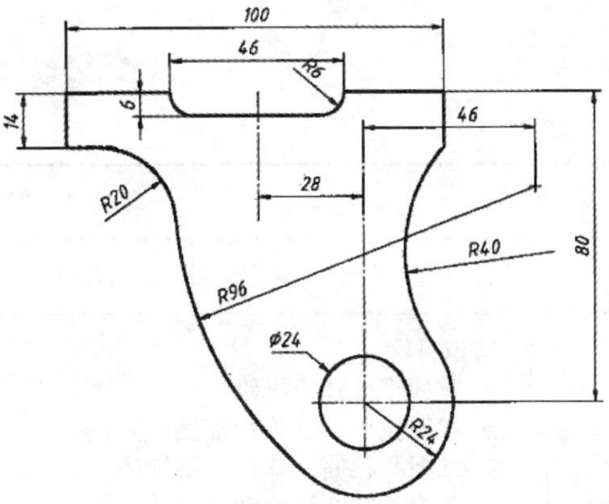

图Ⅰ–30　习题 5 图

6. 完成如图Ⅰ–31 所示图形的绘制。
7. 完成如图Ⅰ–32 所示图形的绘制。

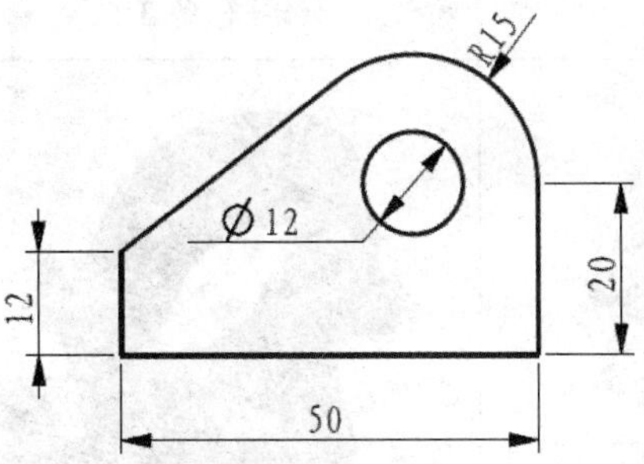

图Ⅰ–31　习题 6 图

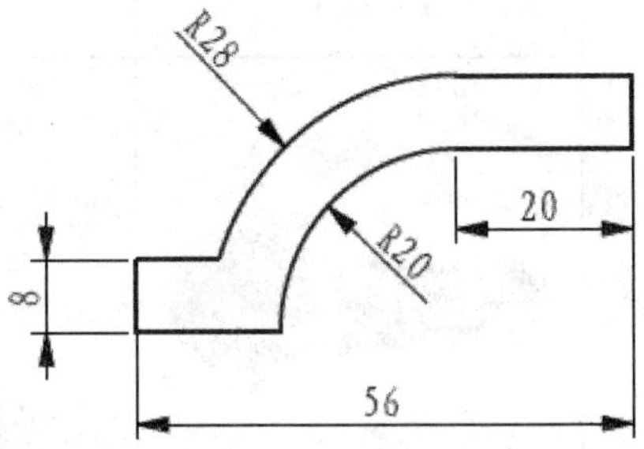

图Ⅰ–32　习题 7 图

项目 2

拨叉、支座类零件设计

任 务 工 单

<table>
<tr><td>项目名称</td><td colspan="6">项目 2　拨叉、支座类零件设计</td></tr>
<tr><td>姓名</td><td colspan="2"></td><td>学号</td><td></td><td>班级</td><td></td></tr>
<tr><td>任务目标</td><td colspan="6">知识目标：
1. 掌握零件建模思路
2. 掌握拉伸特征等特征操作方法
3. 掌握孔、筋、阵列等特征的操作方法
4. 掌握基准特征的创建方法
能力目标：
1. 能够绘制与编辑复杂零件的三维模型
2. 能够灵活应用拉伸、孔、筋、阵列、基准特征等命令
素质目标：具有问题分析能力；具有自我学习能力及创新能力</td></tr>
<tr><td rowspan="2">任务描述</td><td colspan="2">任务 1</td><td colspan="2">任务 2</td><td colspan="2">任务 3</td></tr>
<tr><td colspan="2"></td><td colspan="2"></td><td colspan="2">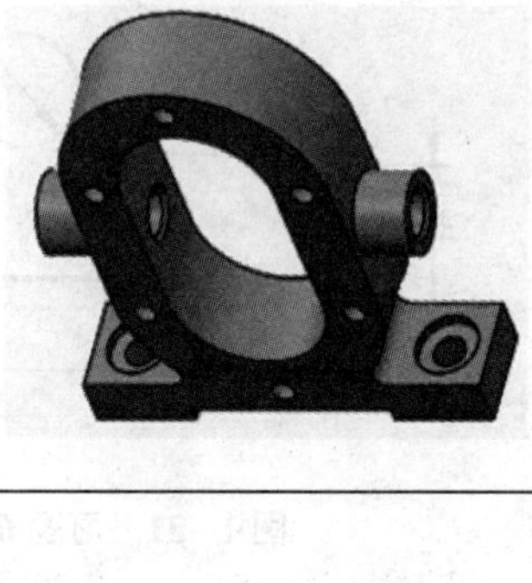</td></tr>
<tr><td>学习总结</td><td colspan="6"></td></tr>
</table>

续表

	项目	分值比例/%	分数		
			任务 1	任务 2	任务 3
考核方法	项目计划决策	10			
	项目实施检查	50			
	项目评估讨论	10			
	职业素养	20			
	学生互评	10			
	总分	100			
指导教师评语					

任务 1　连 杆 设 计

2.1.1　连杆设计分析

连杆（connecting rod）是机构中两端分别与主动和从动构件铰接，以传递运动和力的杆件，如图Ⅱ–1 所示。例如，在往复活塞式动力机械和压缩机中，用连杆来连接活塞与曲柄。连杆多为钢件，其主体部分的截面多为圆形或工字形，两端有孔，孔内装有青铜衬套或滚针轴承，供装入轴销而构成铰接。

图Ⅱ–1　连杆

2.1.2　连杆设计思路

连杆设计思路如图Ⅱ–2 所示。

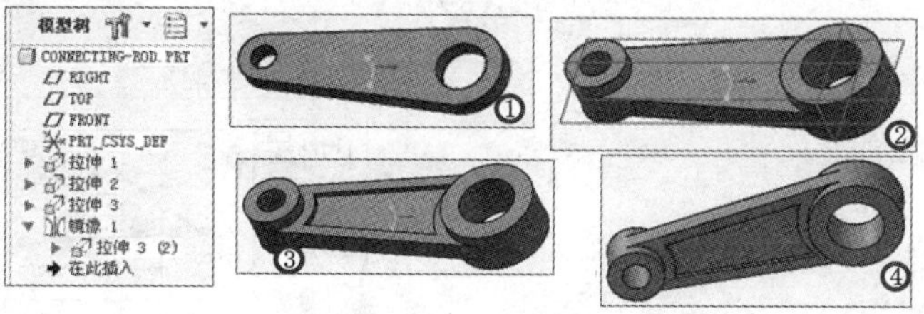

图Ⅱ–2　连杆设计思路

2.1.3　连杆设计过程

（1）新建零件文件（图Ⅱ–3）

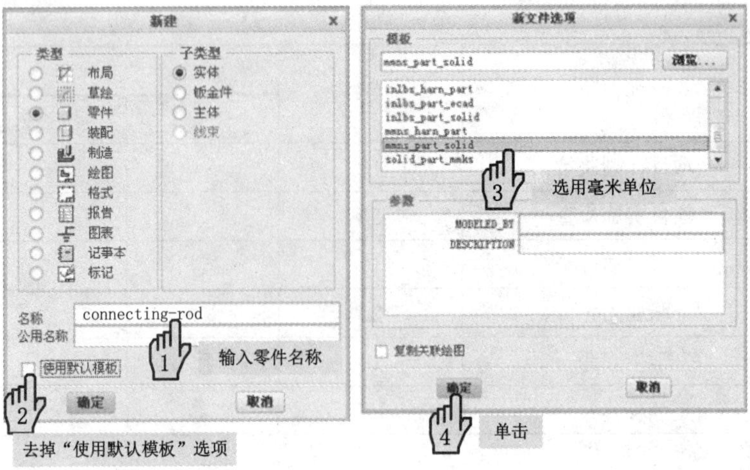

图Ⅱ-3　建立连杆文件

（2）创建连杆主框架结构（图Ⅱ-4）

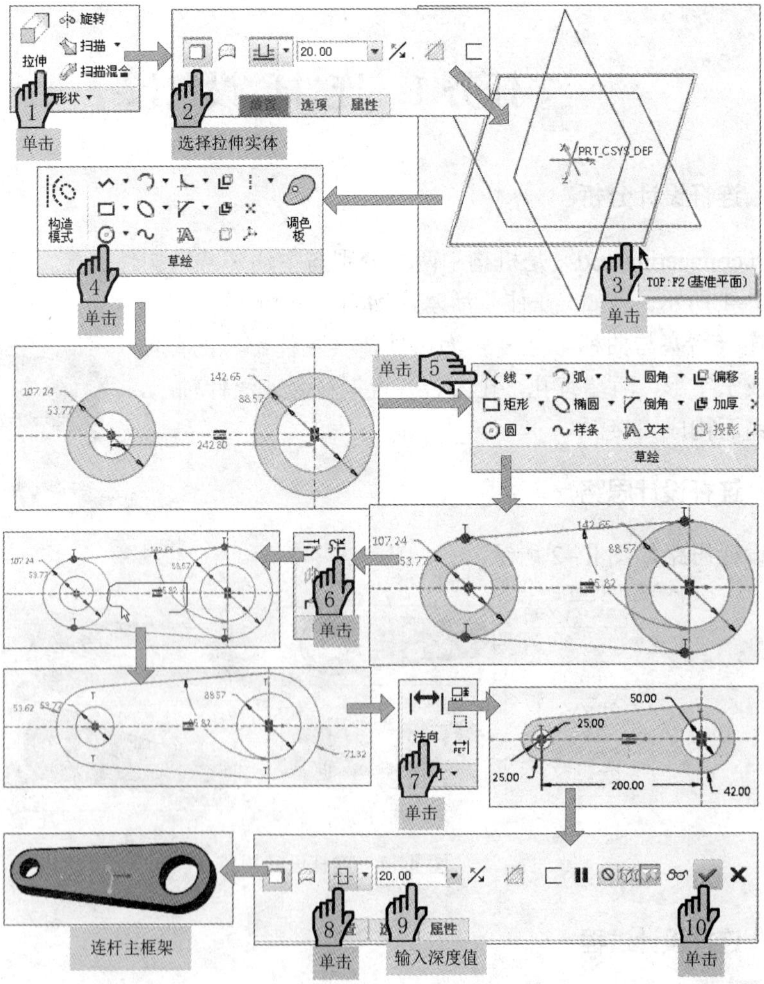

图Ⅱ-4　创建连杆主体框架

（3）创建圆台（图Ⅱ-5）

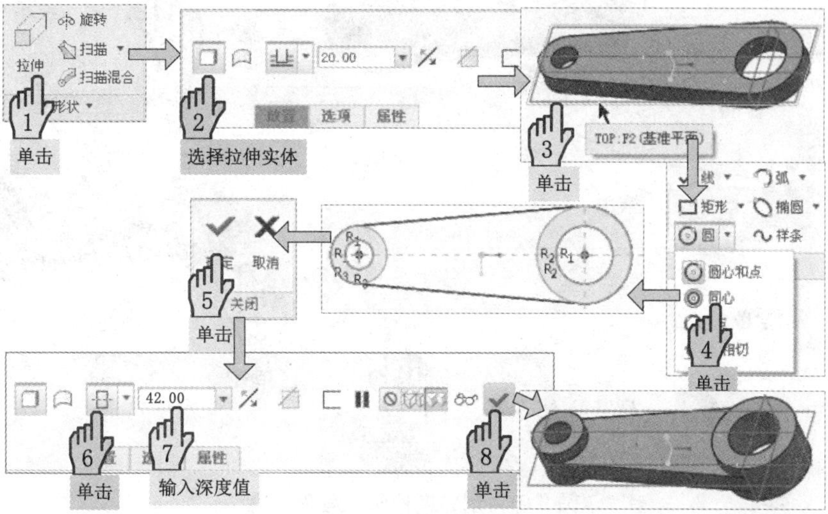

图Ⅱ-5　创建圆台

（4）创建连杆侧板造型（图Ⅱ-6～图Ⅱ-8）

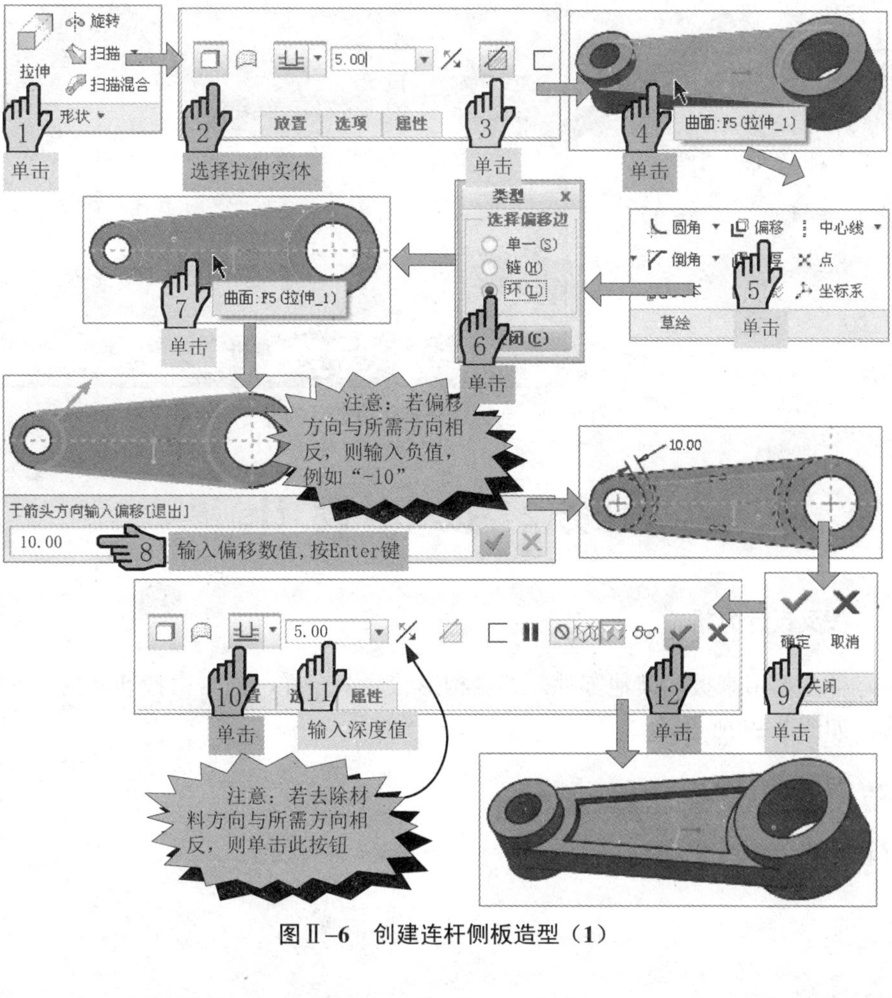

图Ⅱ-6　创建连杆侧板造型（1）

实践篇

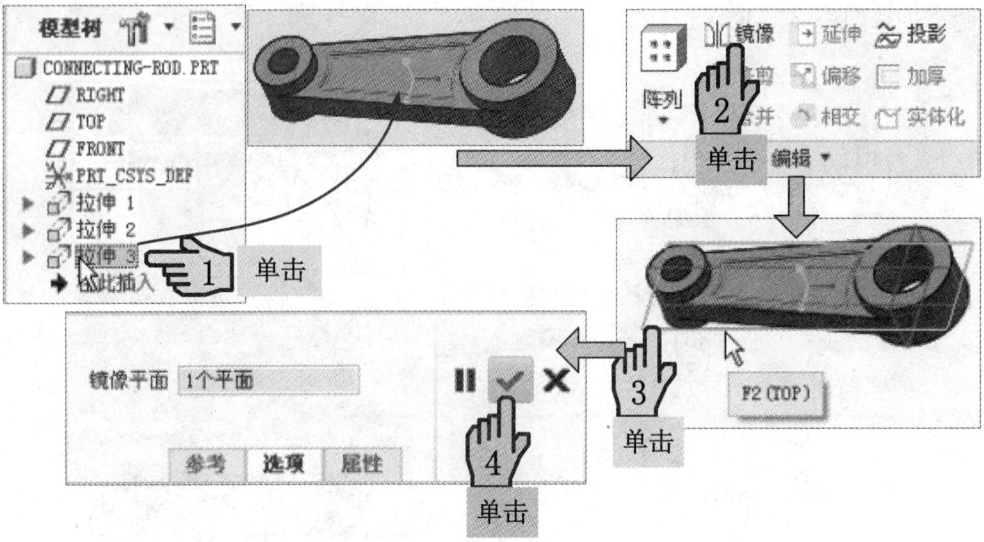

图Ⅱ-7　创建连杆侧板造型（2）

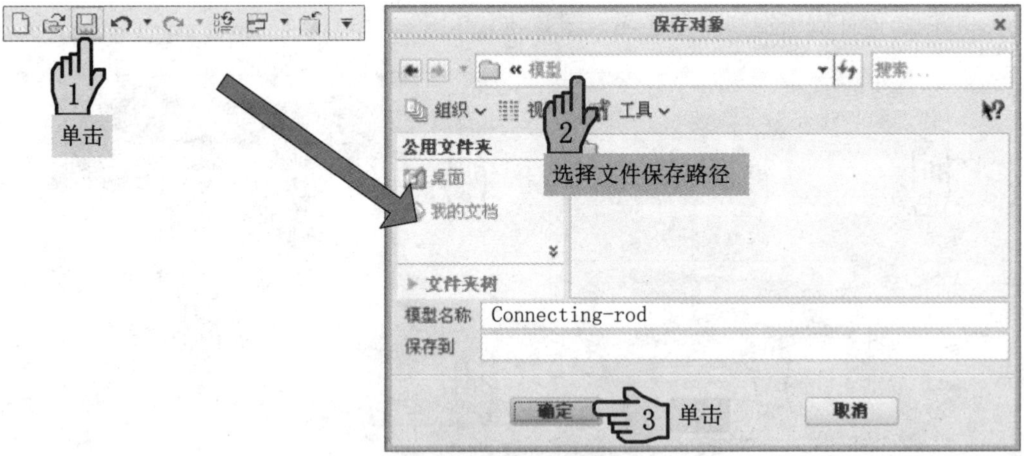

图Ⅱ-8　创建连杆侧板造型（3）

任务2　拨 叉 设 计

2.2.1　拨叉设计分析

拨叉零件主要用来拨动其他零件，其结构形状复杂多样，通常由拨动结构、支撑结构等部分组成，如图Ⅱ-9 所示。

2.2.2　拨叉设计思路

拨叉设计思路如图Ⅱ-10 所示。

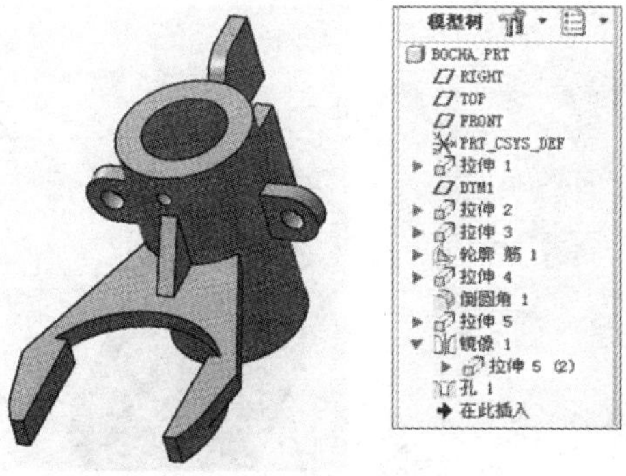

图Ⅱ–9　拨叉

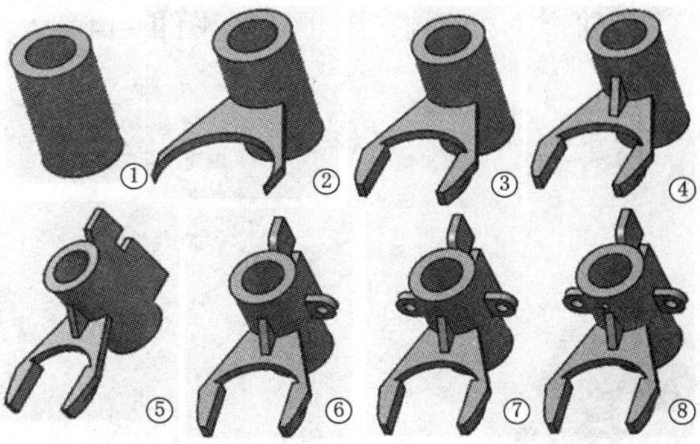

图Ⅱ–10　拨叉设计思路

2.2.3　拨叉设计过程

（1）新建零件文件图（图Ⅱ–11）

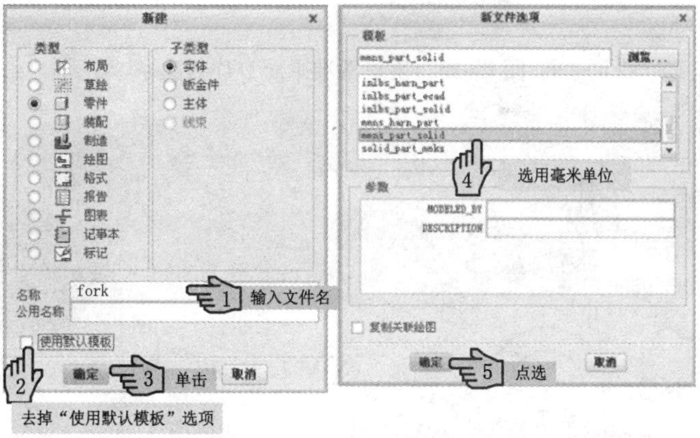

图Ⅱ–11　建立拨叉文件

（2）创建圆环体（图Ⅱ–12）

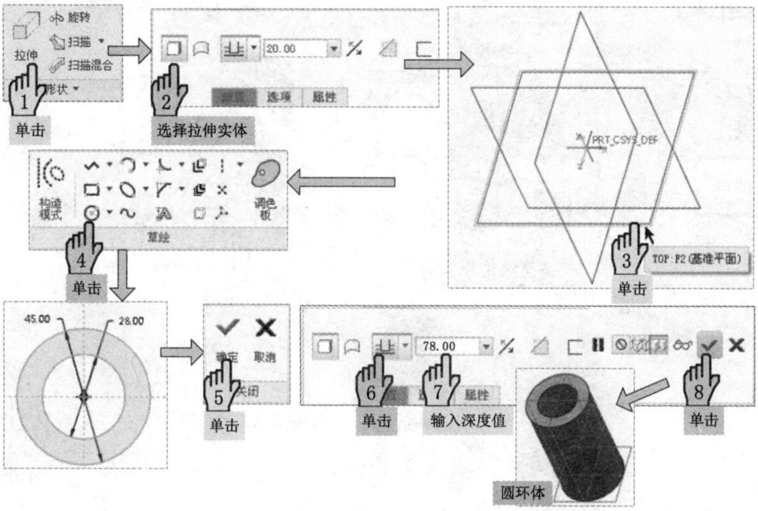

图Ⅱ–12　创建圆环体

实践篇

（3）创建拨叉结构（图Ⅱ-13、图Ⅱ-14）

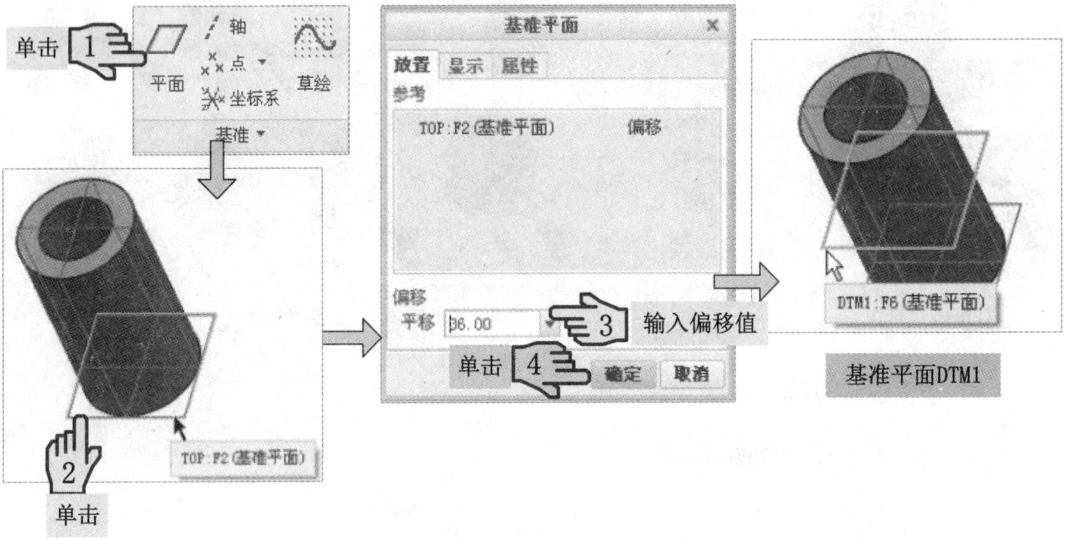

图Ⅱ-13　创建基准平面 DTM1

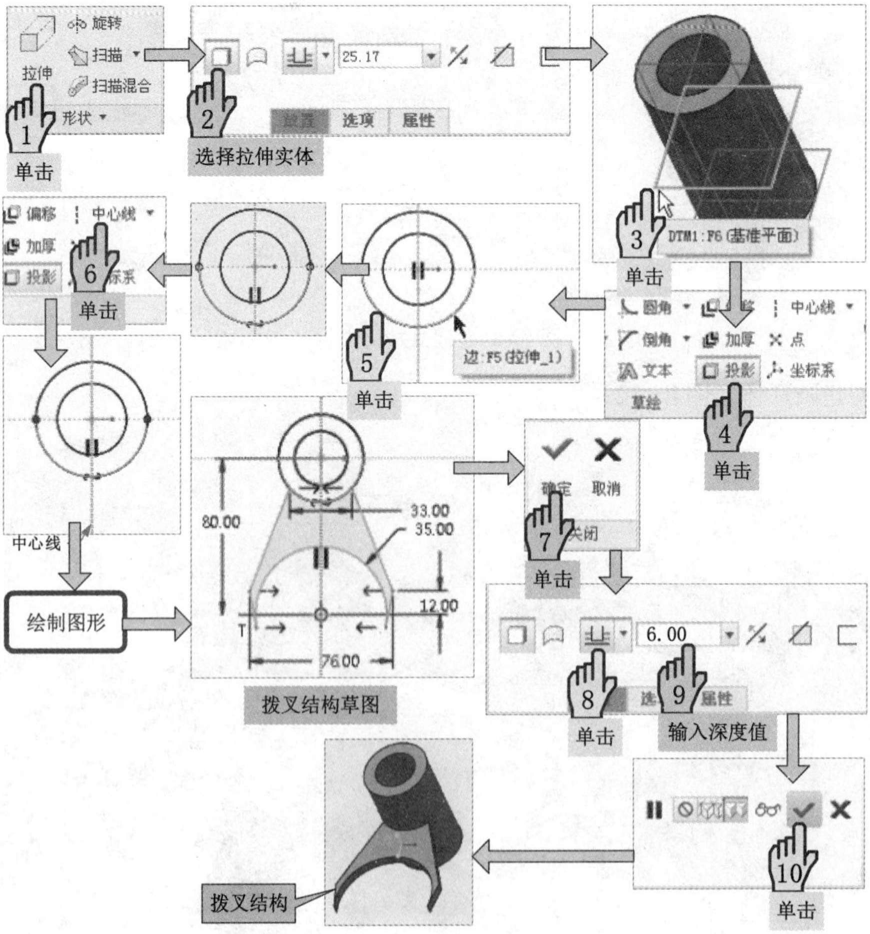

图Ⅱ-14　创建拨叉结构

（4）创建拨叉接触结构（图Ⅱ–15）

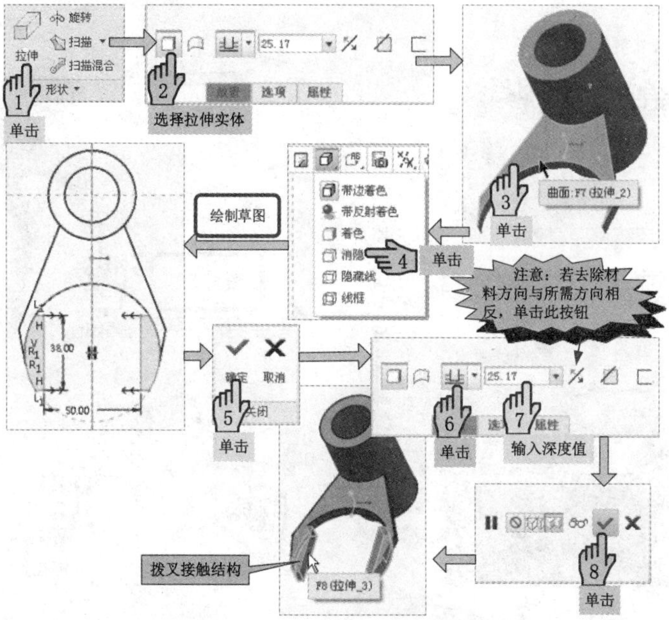

图Ⅱ–**15**　创建拨叉接触结构

（5）创建筋板（图Ⅱ–16）

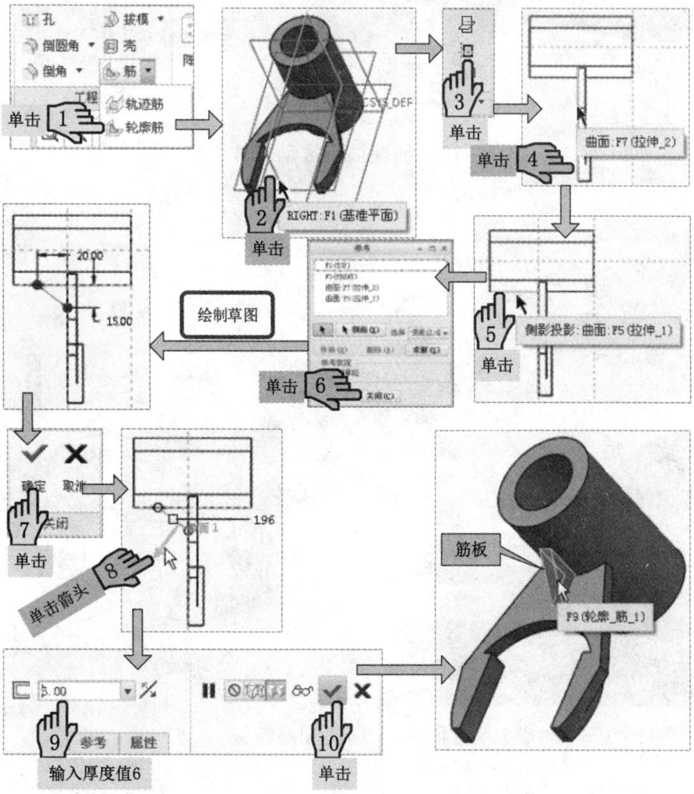

图Ⅱ–**16**　创建筋板

（6）创建拨叉拨动结构（图Ⅱ-17、图Ⅱ-18）

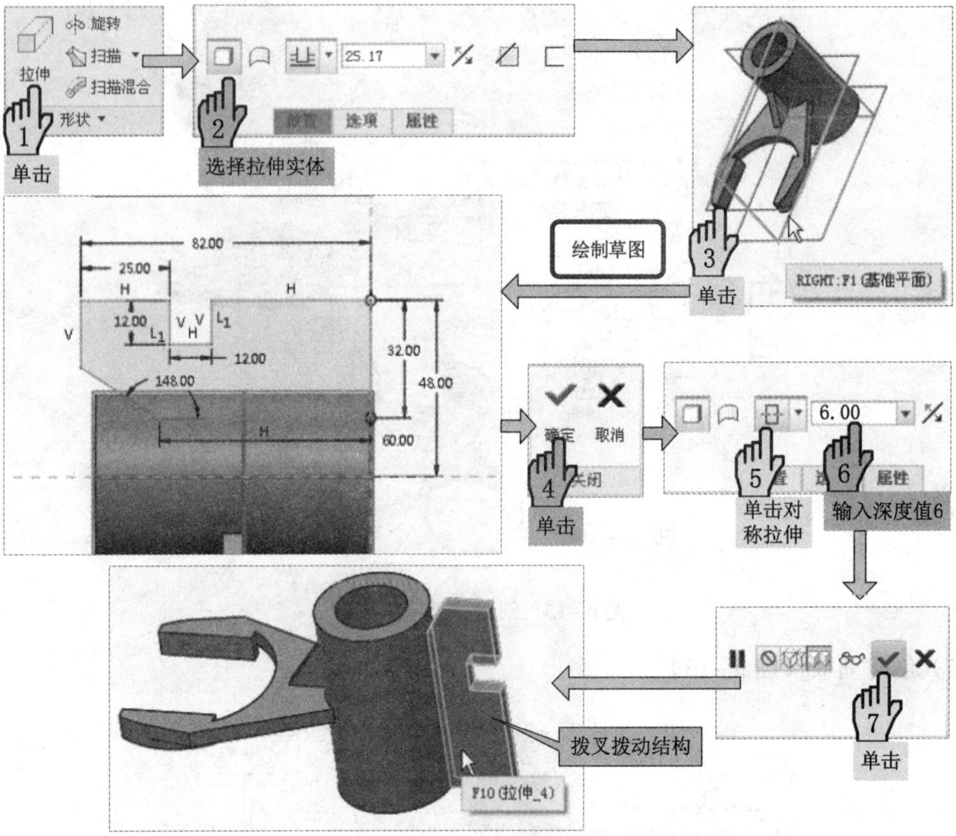

图Ⅱ-17　创建拨叉拨动主体结构

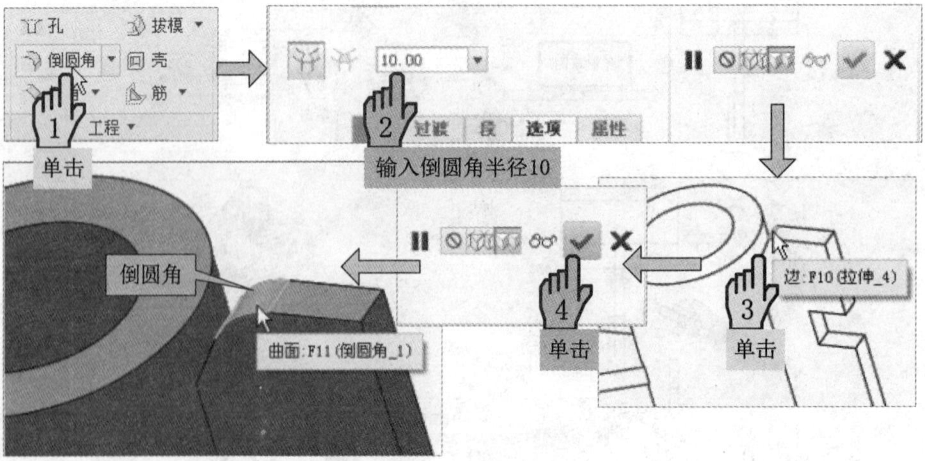

图Ⅱ-18　创建圆角特征

（7）创建拨叉侧耳结构（图Ⅱ-19、图Ⅱ-20）

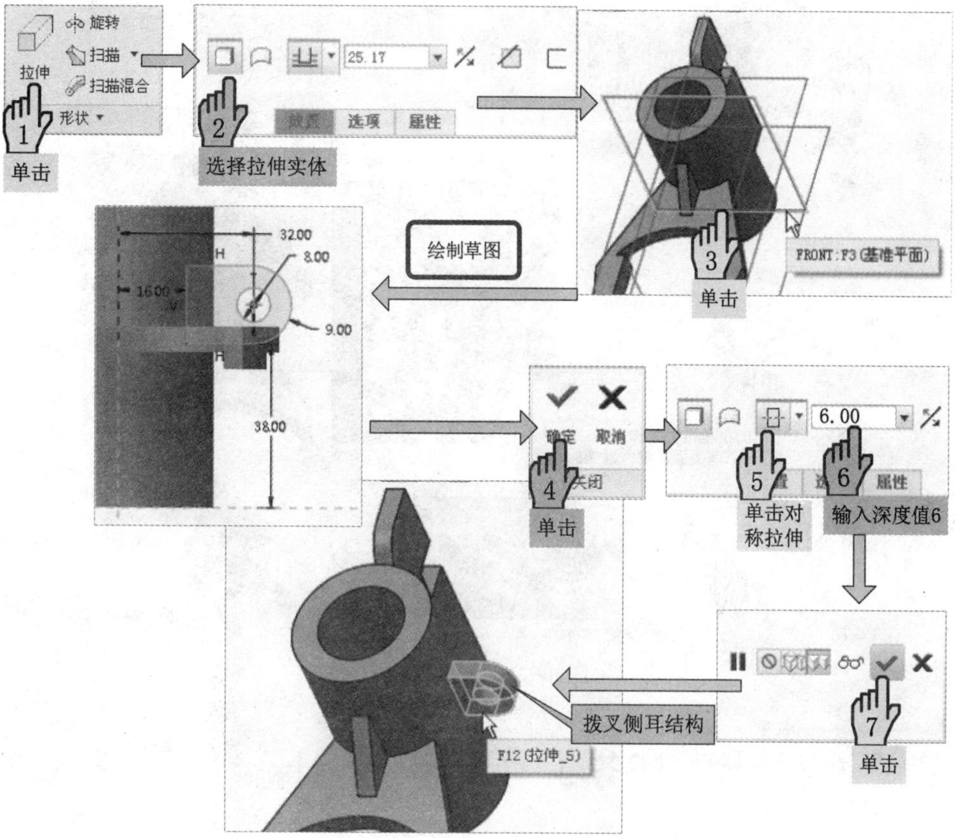

图Ⅱ–19　创建拨叉侧耳结构

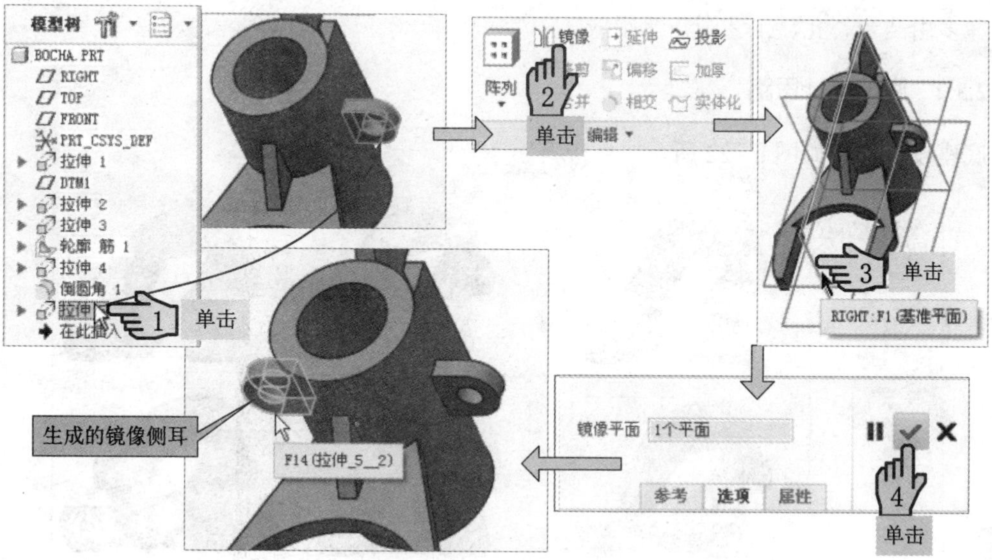

图Ⅱ–20　镜像侧耳结构

（8）创建螺纹孔（图Ⅱ–21）

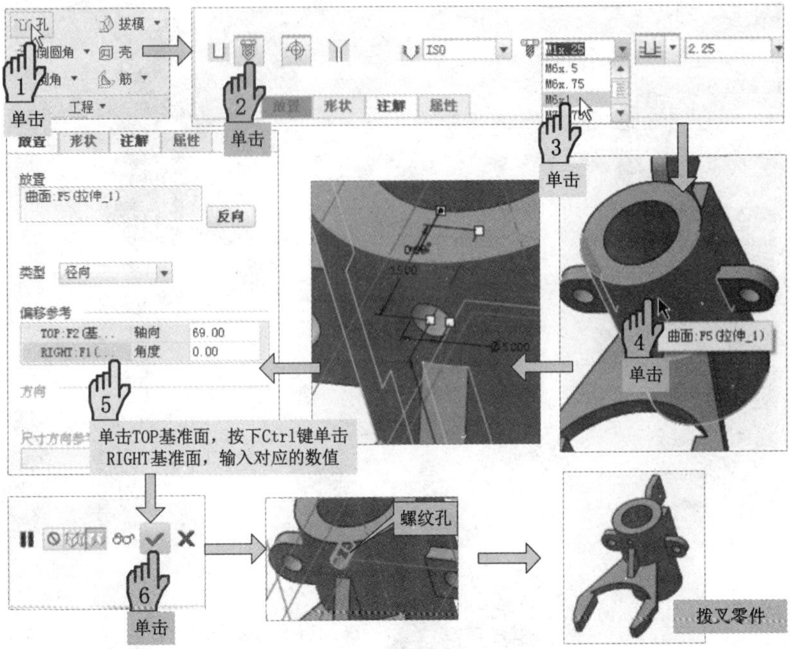

图Ⅱ–21　创建螺纹孔

任务3　底 座 设 计

2.3.1　底座设计分析

底座是用于支承和连接若干部件的基础零件，其结构形状多样，差别较大，多为不规则形状，多由凸台、孔、工艺圆角等组成。

2.3.2　底座设计思路

底座设计思路如图Ⅱ–22所示。

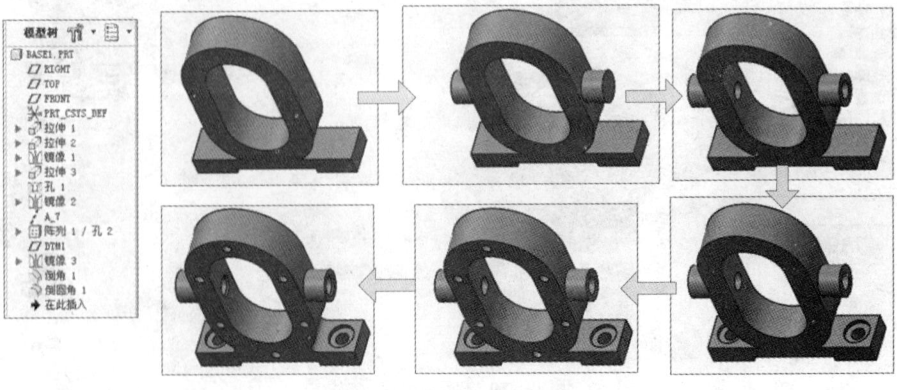

图Ⅱ–22　底座设计思路

2.3.3　底座设计过程

（1）新建零件文件

（2）创建主体框架（图Ⅱ–23）

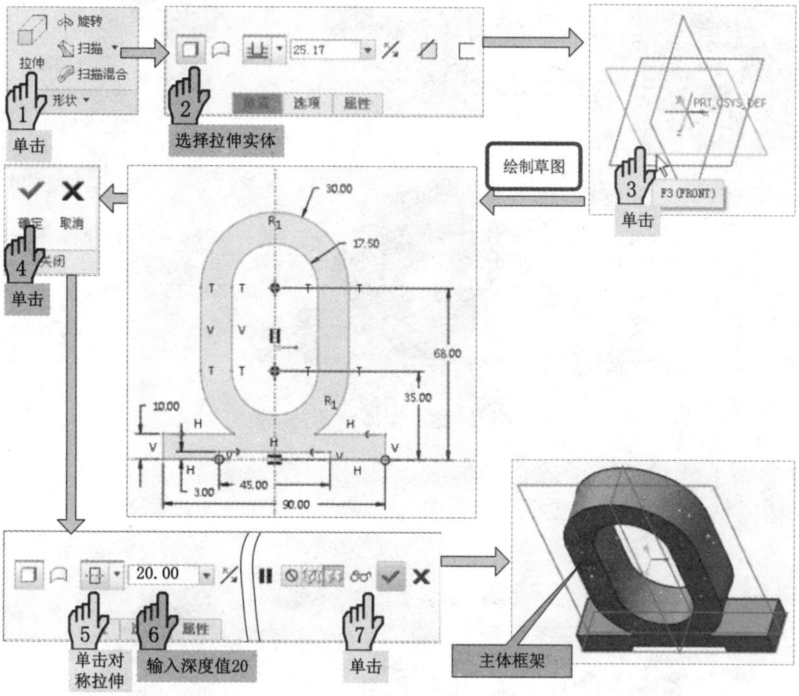

图Ⅱ–23　创建支座主体框架

（3）创建侧圆台（图Ⅱ–24）

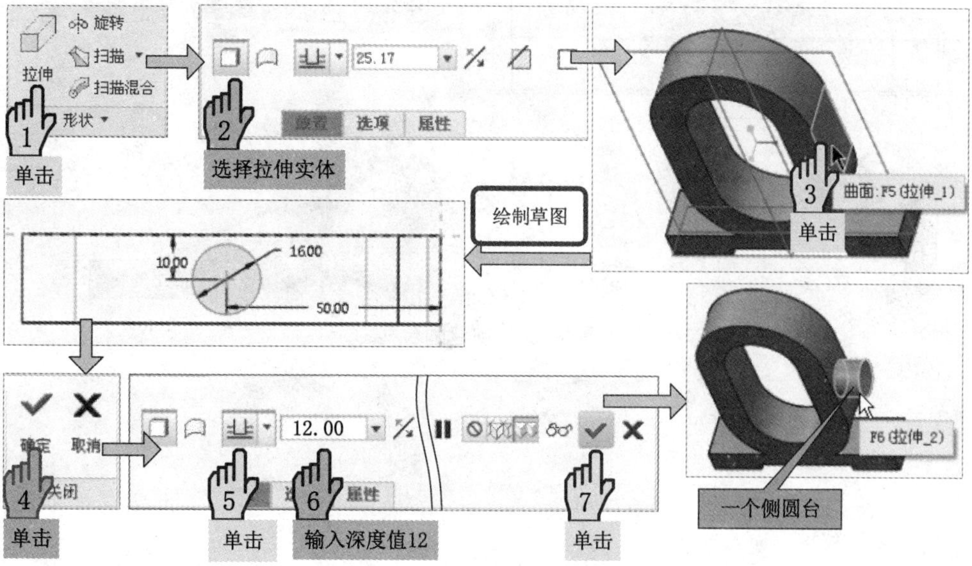

图Ⅱ–24　创建侧圆台

（4）镜像侧圆台（图Ⅱ–25）

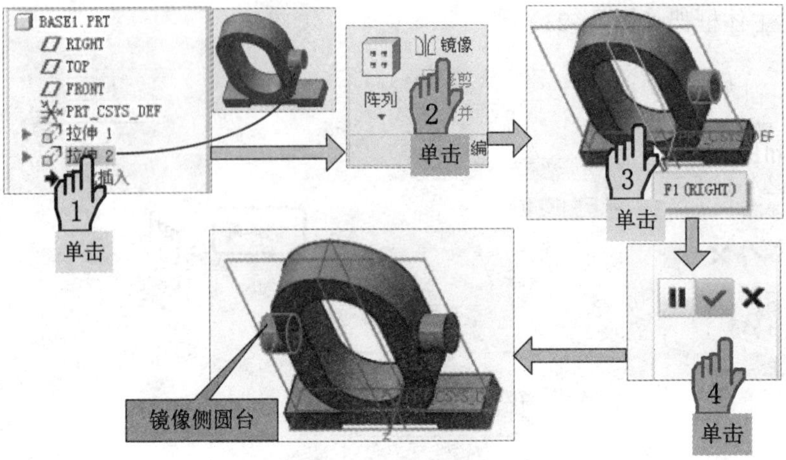

图Ⅱ–25　镜像侧圆台

（5）创建圆台上的孔（图Ⅱ–26）

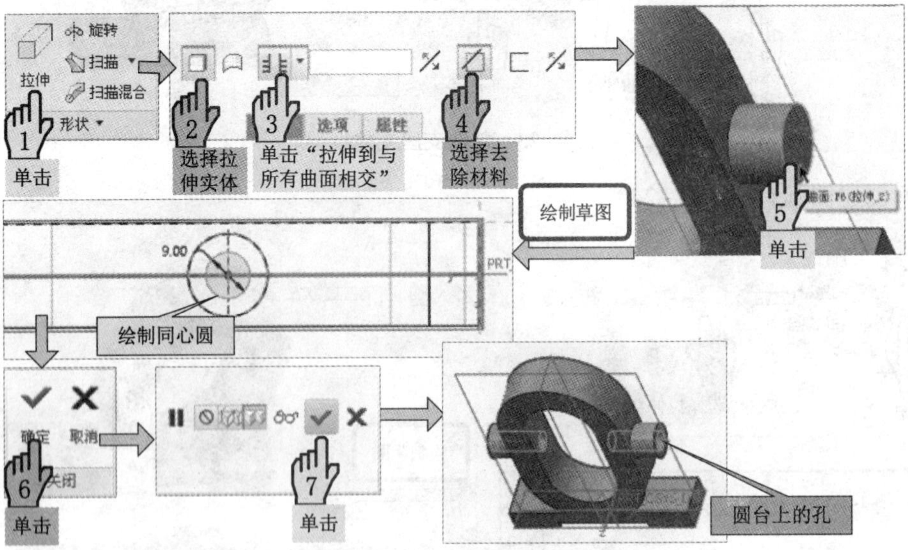

图Ⅱ–26　创建圆台孔

（6）创建底座上的沉孔（图Ⅱ–27）

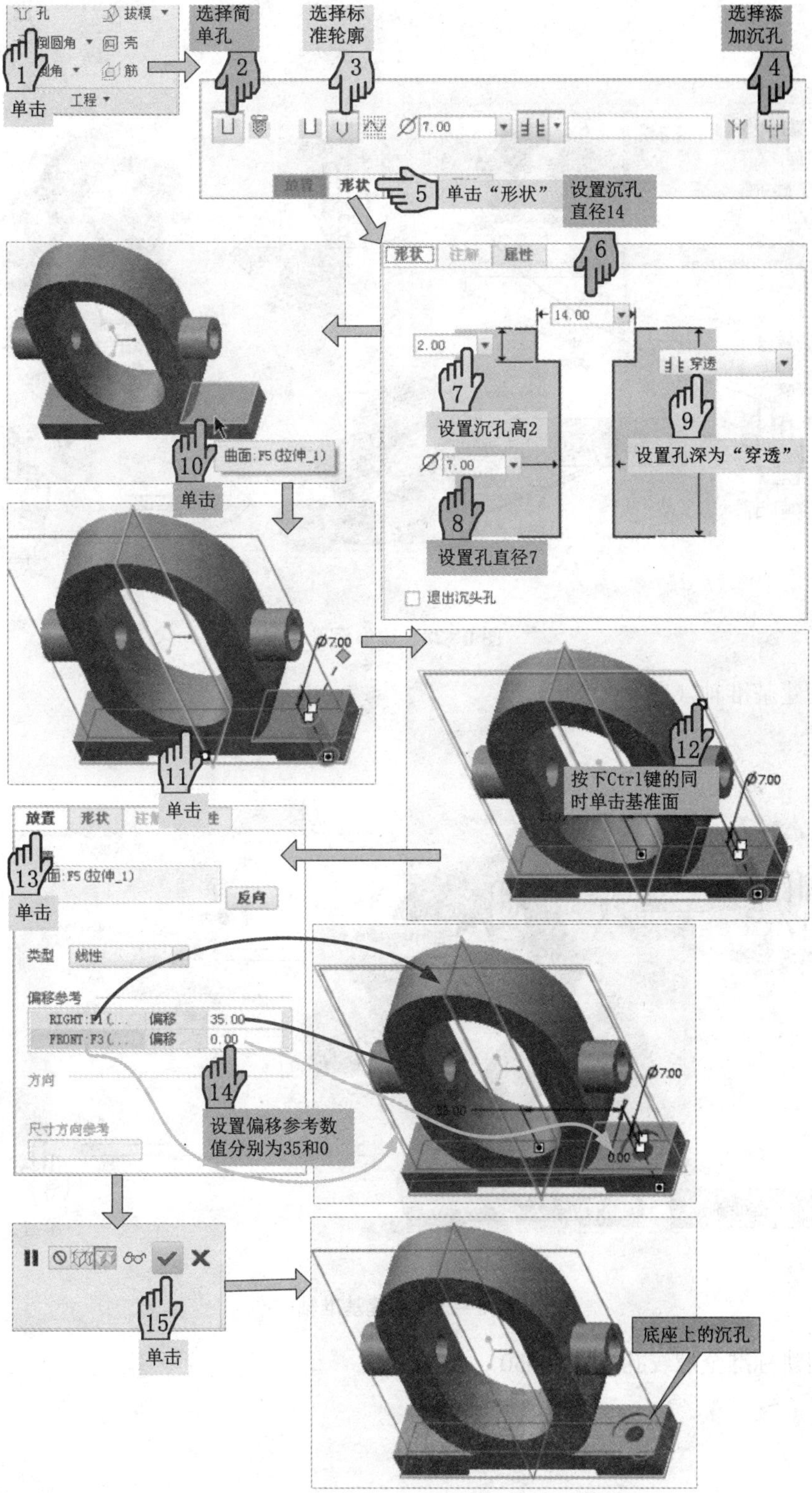

图Ⅱ–27　创建底座上的沉孔

（7）镜像底座上的沉孔（图Ⅱ–28）

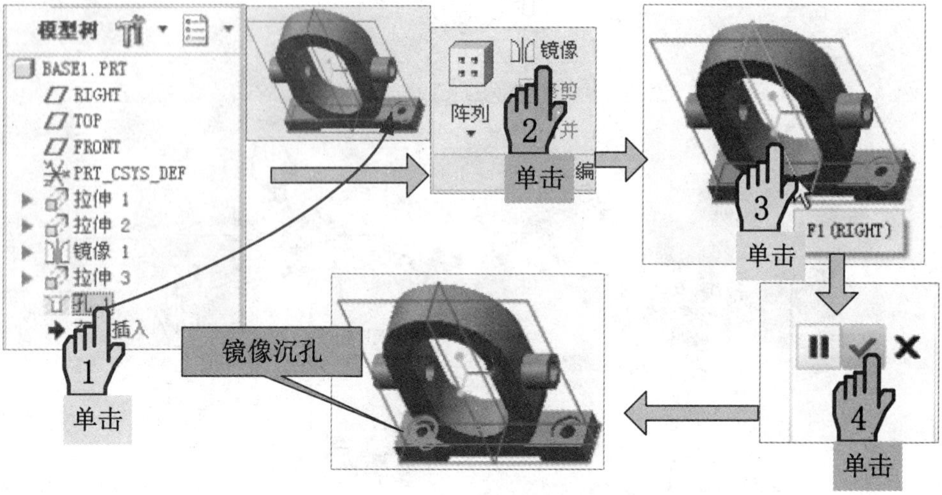

图Ⅱ–**28**　镜像沉孔

（8）创建基准轴（图Ⅱ–29）

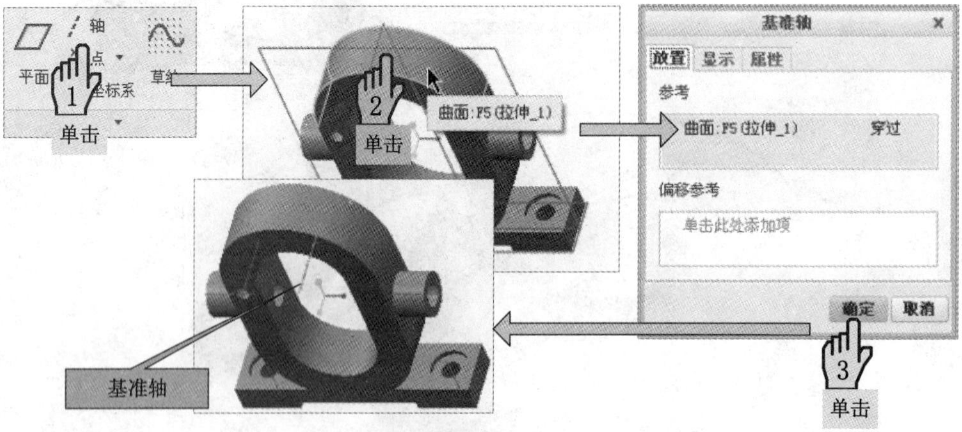

图Ⅱ–**29**　创建基准轴

（9）创建标准全螺纹孔（图Ⅱ–30）

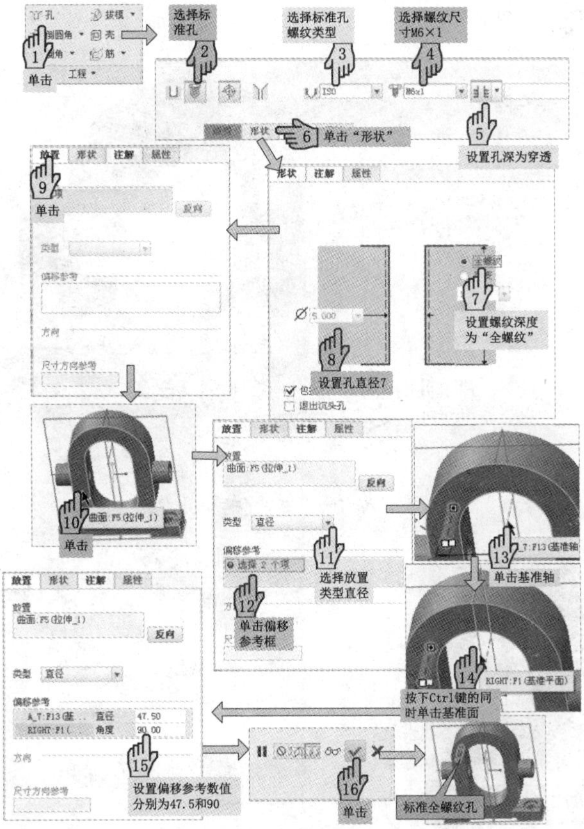

图Ⅱ-30　创建标准全螺纹孔

（10）阵列全螺纹孔（图Ⅱ-31）

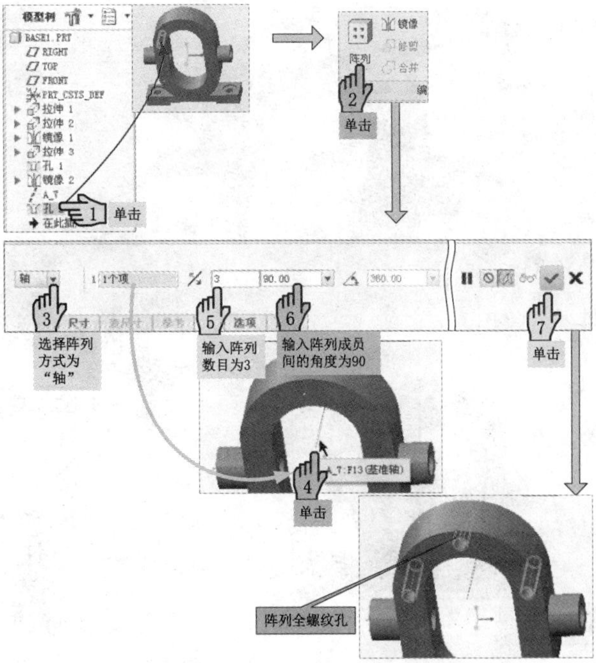

图Ⅱ-31　阵列全螺纹孔

（11）建立基准平面（图Ⅱ-32）

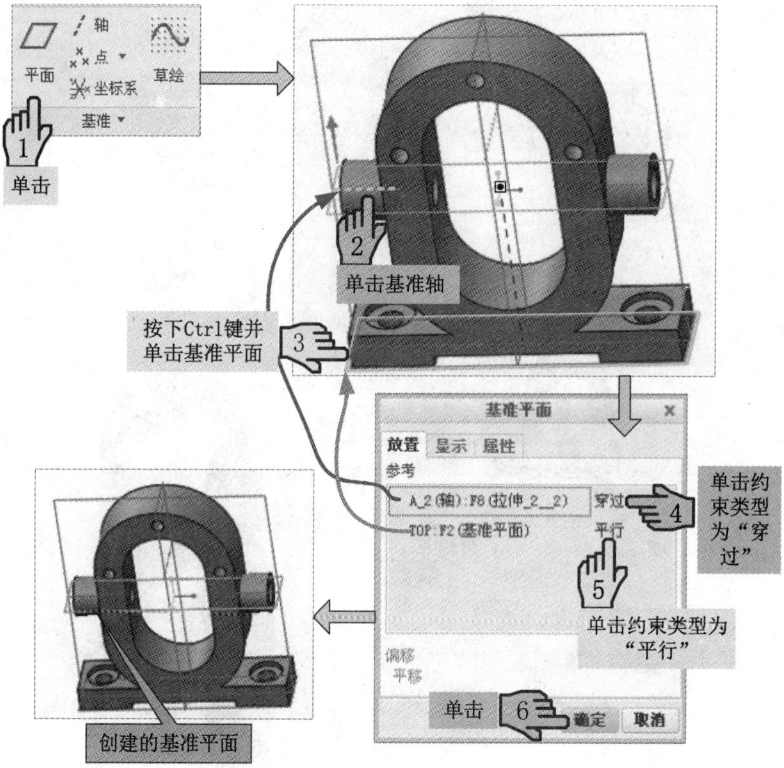

图Ⅱ-32　建立基准平面

（12）镜像特征（图Ⅱ-33）

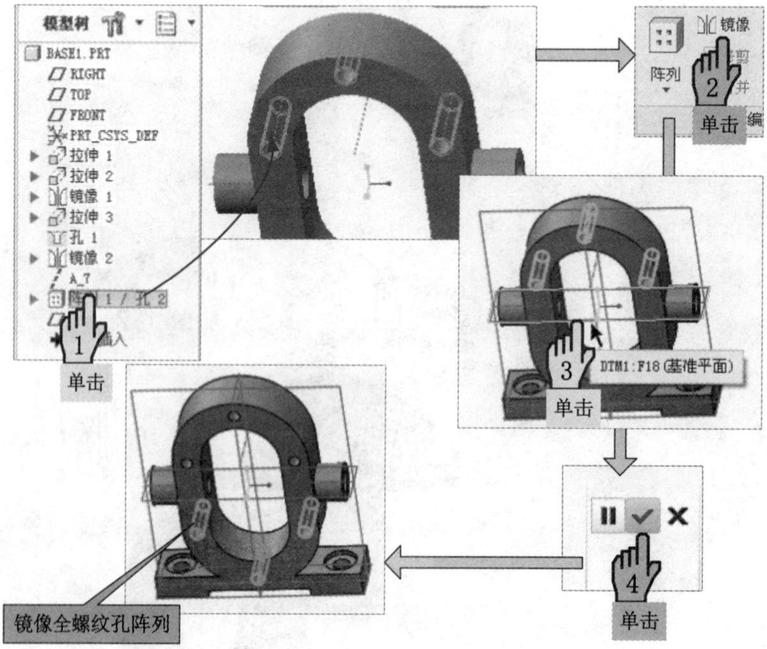

图Ⅱ-33　镜像特征

（13）创建倒角（图Ⅱ–34）

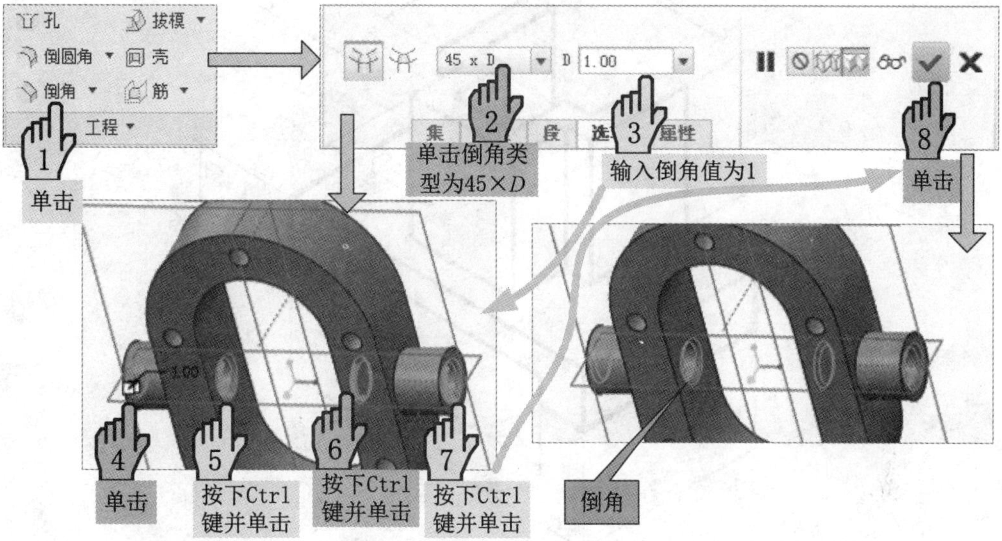

图Ⅱ–34　创建倒角

（14）创建倒圆角（图Ⅱ–35）

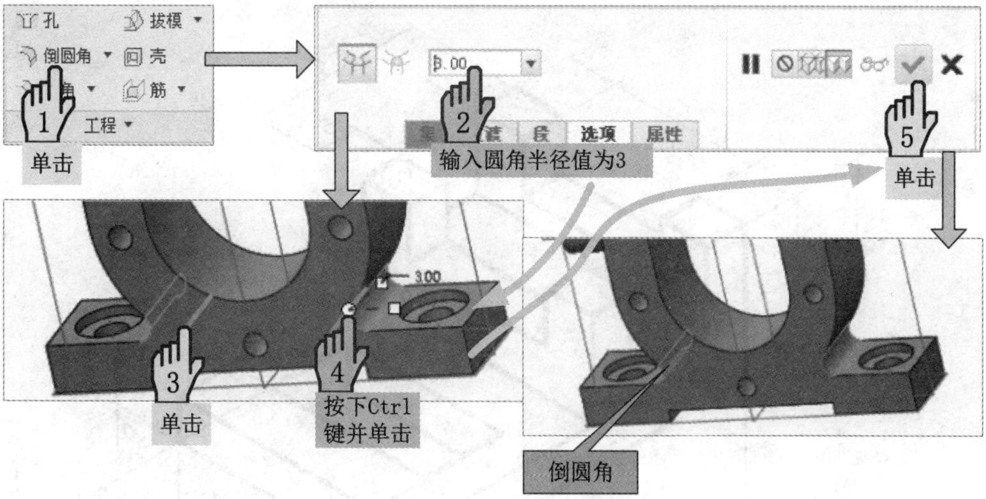

图Ⅱ–35　创建倒圆角

同理，使用相同的方法，执行倒圆角来设计一些铸造过渡的工艺倒圆角特征，倒圆角半径可设置为2。

习　　题

1. 完成如图Ⅱ–36 所示模型。

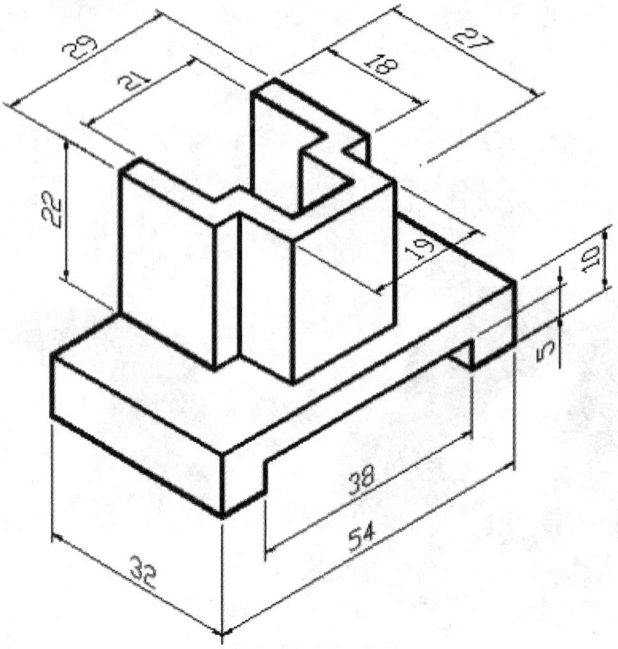

图Ⅱ–36　习题 1 图

2. 完成如图Ⅱ–37 所示模型。

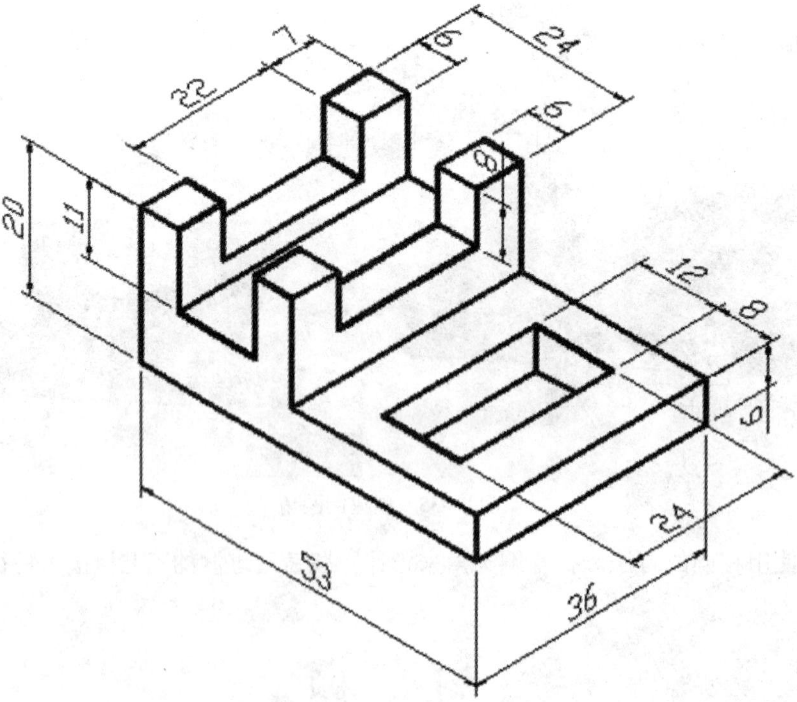

图Ⅱ–37　习题 2 图

3. 完成如图Ⅱ–38 所示模型。

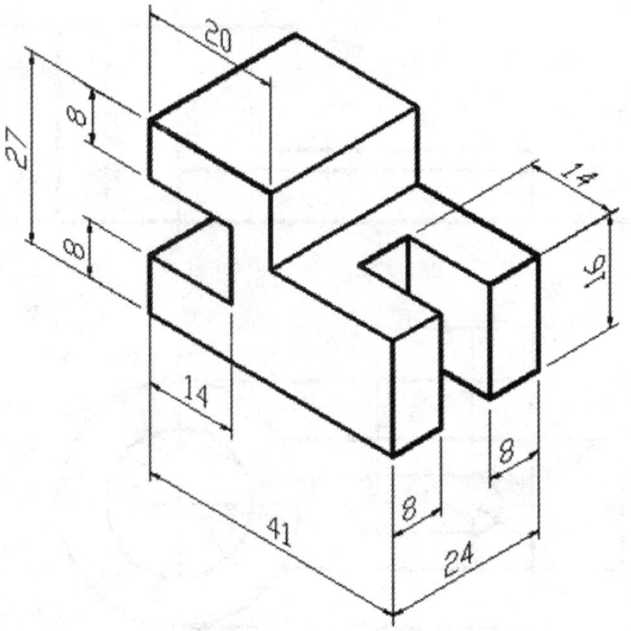

图Ⅱ–38　习题 3 图

4. 完成图Ⅱ–39 所示模型。

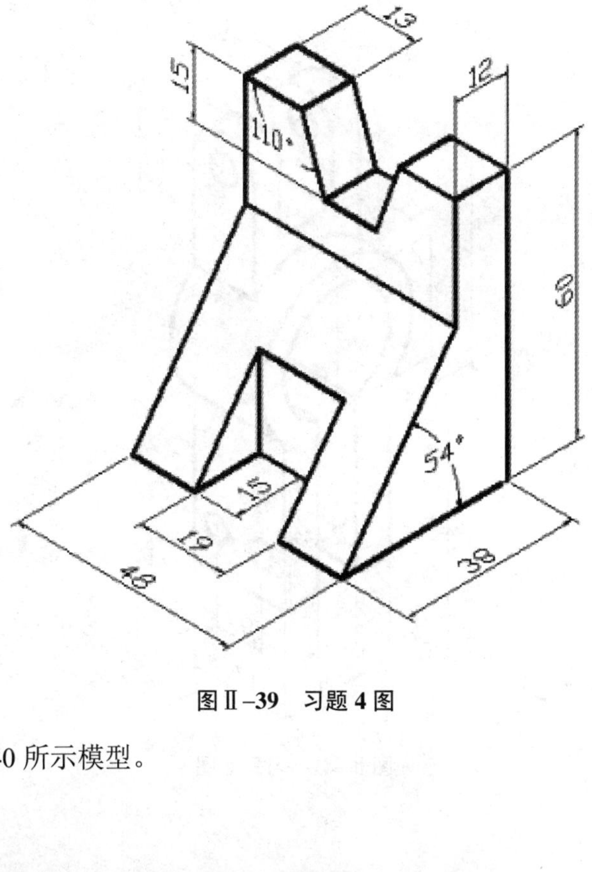

图Ⅱ–39　习题 4 图

5. 完成如图Ⅱ–40 所示模型。

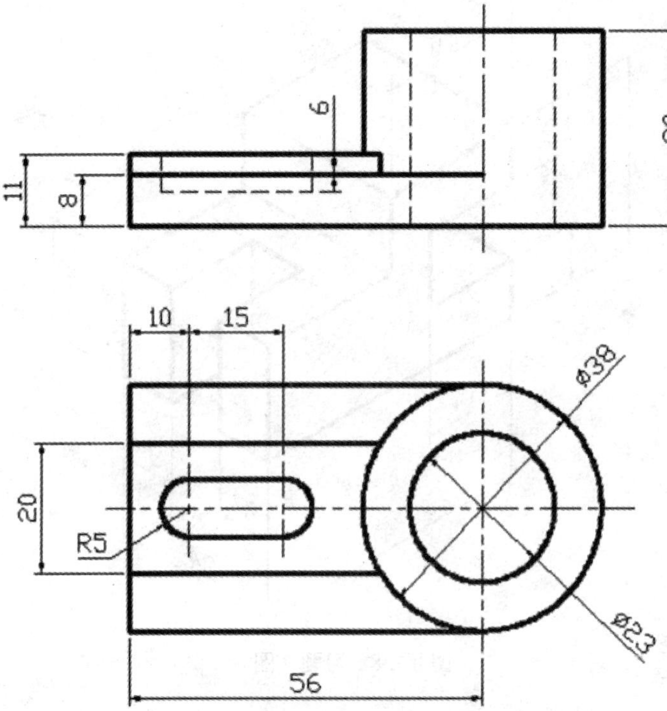

图Ⅱ–40 习题5图

6. 完成如图Ⅱ–41 所示模型。

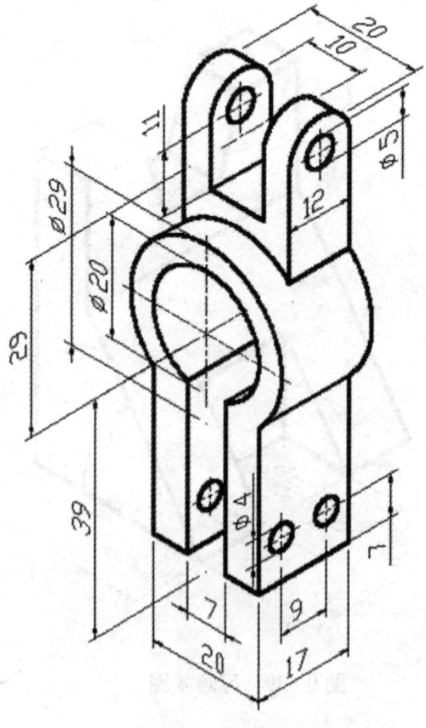

图Ⅱ–41 习题6图

7. 完成如图Ⅱ–42 所示模型。

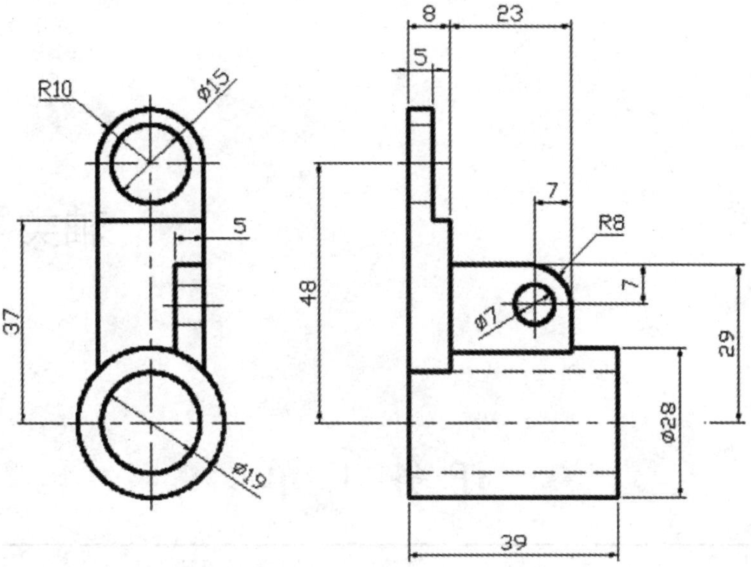

图Ⅱ–42　习题 7 图

8. 完成如图Ⅱ–43 所示模型。

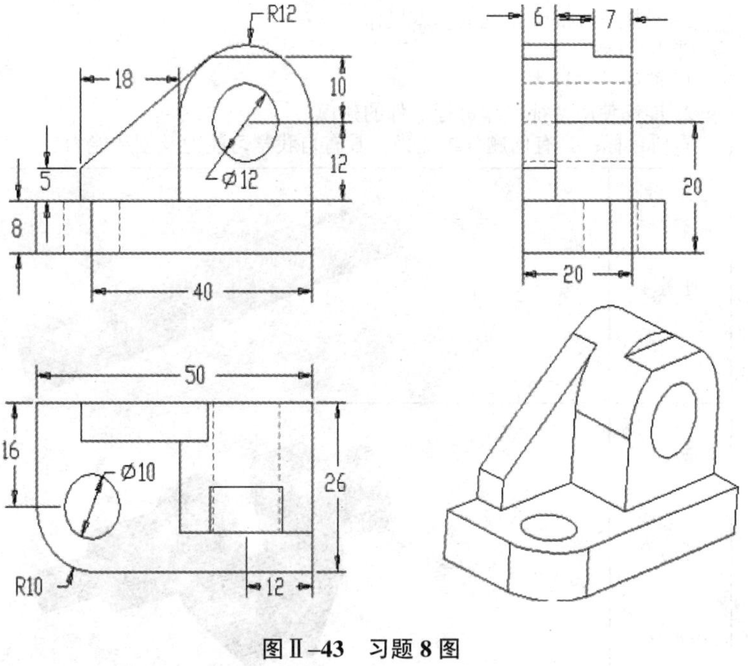

图Ⅱ–43　习题 8 图

实践篇

项目 3

轴类零件设计

任 务 工 单

<table>
<tr><td>项目名称</td><td colspan="5">项目 3　轴类零件设计</td></tr>
<tr><td>姓名</td><td colspan="2"></td><td>学号</td><td></td><td>班级</td><td></td></tr>
<tr><td>任务目标</td><td colspan="5">知识目标：
1. 掌握旋转特征的基本操作过程
2. 掌握操作特征中复制命令的操作方法
3. 掌握平行混合特征的基本操作过程
能力目标：
1. 能够绘制轴类零件
2. 能够使用特征操作进行零件的建模
素质目标：具有问题分析能力；具有自我学习能力及创新能力</td></tr>
<tr><td rowspan="2">任务描述</td><td>任务 1</td><td colspan="4">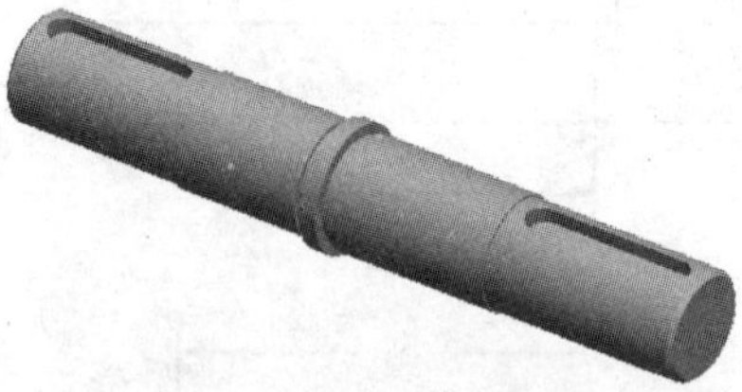</td></tr>
<tr><td>任务 2</td><td colspan="4">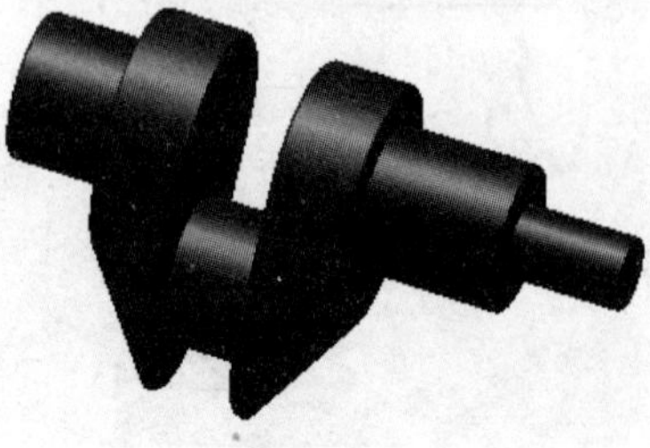</td></tr>
<tr><td>学习总结</td><td colspan="5"></td></tr>
</table>

续表

	项目	分值比例/%	分数	
			任务 1	任务 2
考核方法	项目计划决策	10		
	项目实施检查	50		
	项目评估讨论	10		
	职业素养	20		
	学生互评	10		
	总分	100		
指导教师评语				

任务 1　阶梯轴设计

3.1.1　阶梯轴零件分析

轴是机器中重要的零件之一，机器中做旋转运动的零件，如齿轮、带轮等，都安装在轴上，依靠轴和轴承的支持作用来传递运动和动力。阶梯轴各段有不同的直径，利用阶梯的轴肩定位不同内径的安装零件，使轴上的零件和轴能实现可靠地定位和紧固。零件在轴上的周向定位和紧固常采用键连接的方法，所以在阶梯轴上需加工出相应的键槽。

阶梯轴的主要结构如图Ⅲ–1 所示。

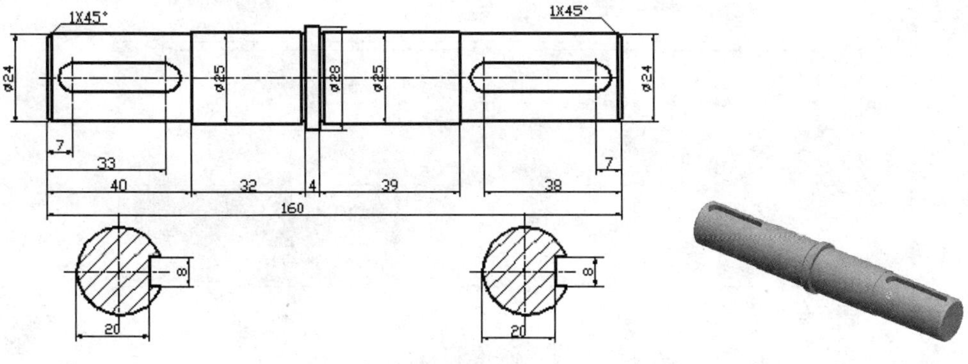

（a）　　（b）

图Ⅲ–1　阶梯轴

（a）阶梯轴工程图；（b）阶梯轴模型

3.1.2　阶梯轴设计思路

分析阶梯轴的几何结构，阶梯轴部分可以采用旋转特征进行创建，键槽部分的创建需要用到基准平面、拉伸特征、操作特征，另外，还用到倒角特征，如图Ⅲ–2 所示。

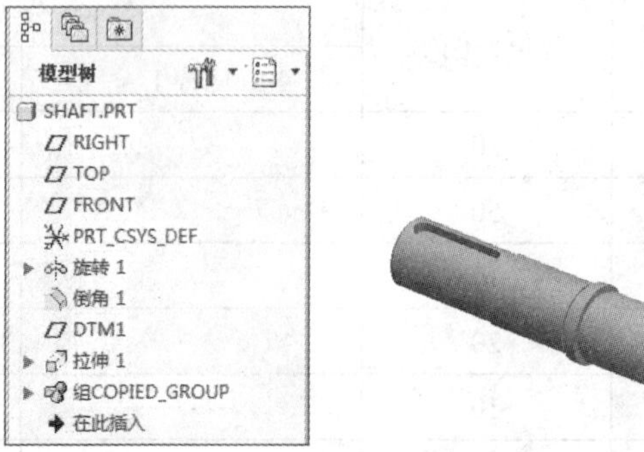
模型树
SHAFT.PRT
RIGHT
TOP
FRONT
PRT_CSYS_DEF
旋转 1
倒角 1
DTM1
拉伸 1
组COPIED_GROUP
在此插入

图Ⅲ–2 阶梯轴设计

3.1.3 阶梯轴的设计过程

（1）新建零件文件，输入零件名称“shaft”

（2）阶梯轴的创建

阶梯轴的创建过程如图Ⅲ–3 所示。

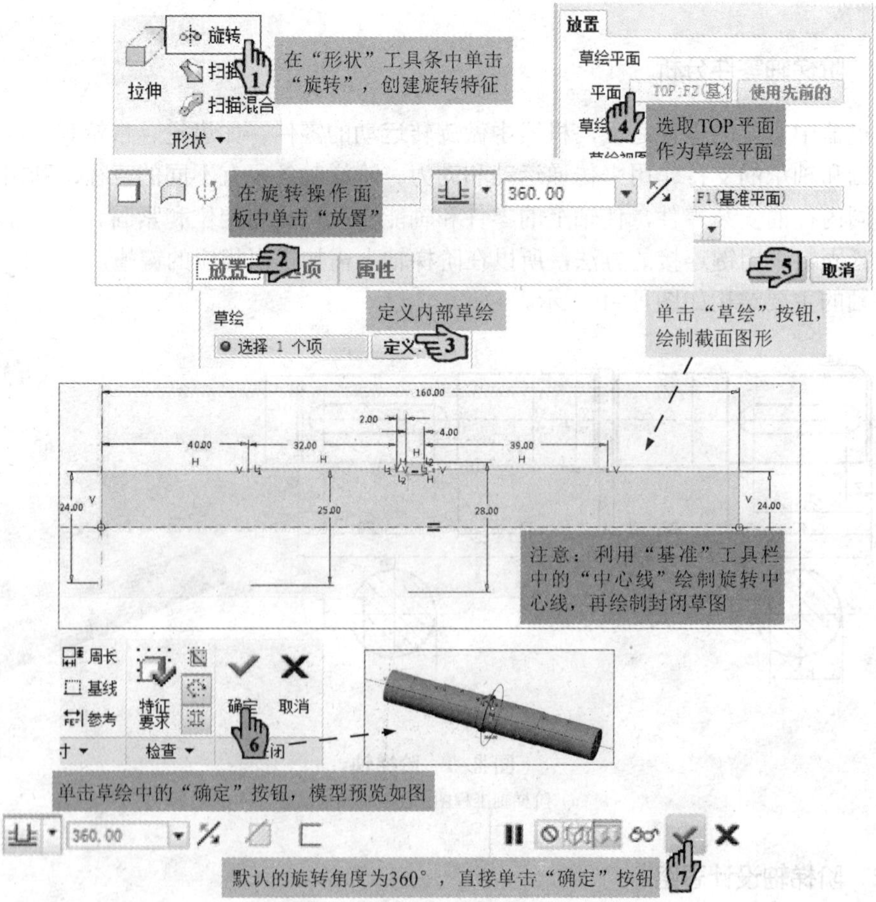
在“形状”工具条中单击“旋转”，创建旋转特征
在旋转操作面板中单击“放置”
选取TOP平面作为草绘平面
定义内部草绘
单击“草绘”按钮，绘制截面图形
注意：利用“基准”工具栏中的“中心线”绘制旋转中心线，再绘制封闭草图
单击草绘中的“确定”按钮，模型预览如图
默认的旋转角度为360°，直接单击“确定”按钮

图Ⅲ–3 阶梯轴的创建过程

（3）倒角的创建

倒角的创建过程如图Ⅲ–4 所示。

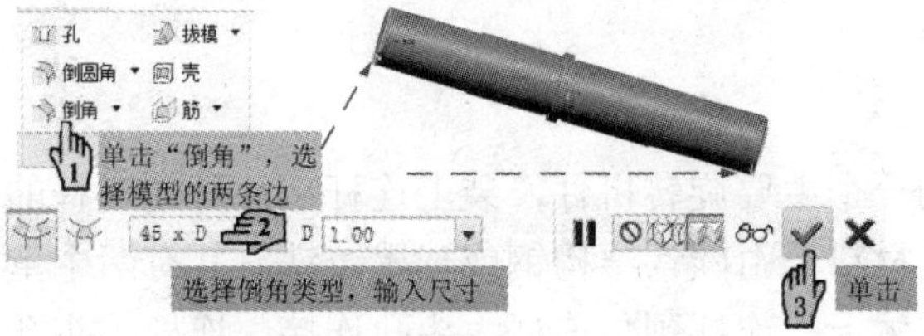

图Ⅲ–4　倒角的创建

（4）第一个键槽的创建

第一个键槽的创建过程如图Ⅲ–5 所示。

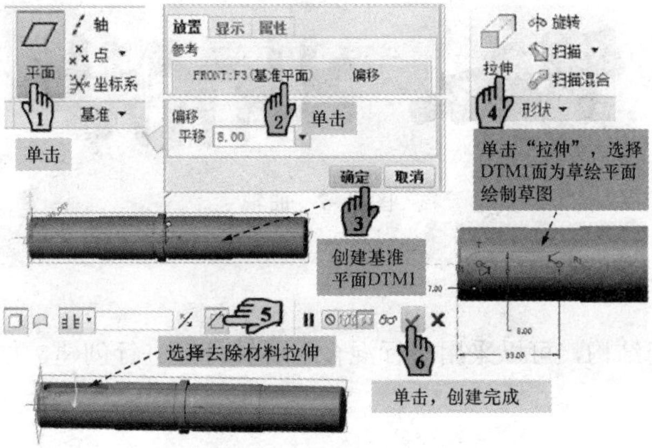

图Ⅲ–5　键槽的创建

（5）第二个键槽的创建

方法 1：采用拉伸去除材料的方法创建。具体创建过程参照第一个键槽的创建。

方法 2：第二个键槽只是长度与刚绘制的键槽有所区别，因此，可以利用特征操作中的复制命令进行创建。具体创建过程如图Ⅲ–6 所示。

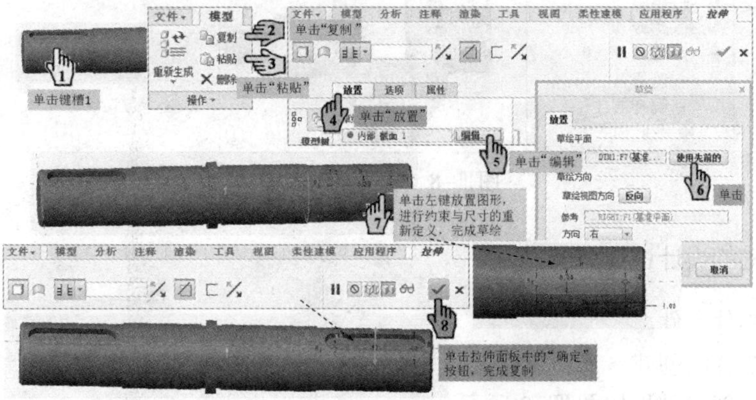

图Ⅲ–6　键槽的复制操作过程

（6）保存文件

任务2　曲 轴 设 计

3.2.1　曲轴分析

曲轴是发动机上的一个主要旋转机件，装上连杆后，可使连杆的上下（往复）运动变成循环（旋转）运动。其材料是由碳素结构钢或球墨铸铁。其有两个重要部位：主轴颈、连杆颈。主轴颈被安装在缸体上，连杆颈与连杆大头孔连接，连杆小头孔与汽缸活塞连接，是一个典型的曲柄滑块机构。曲轴的旋转是发动机的动力源，也是整个机械系统的源动力，其主要结构如图Ⅲ–7 所示。

图Ⅲ–7　曲轴

3.2.2　曲轴设计思路

分析曲轴的几何结构，可以采用平行混合和旋转特征进行创建，如图Ⅲ–8 所示。

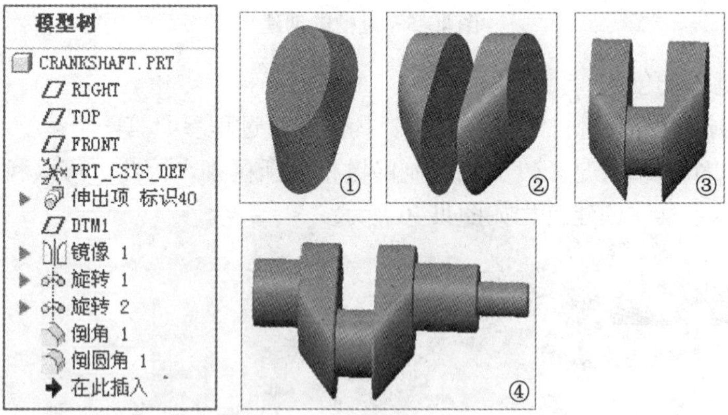

图Ⅲ–8　曲轴设计思路

3.2.3　曲轴的设计过程

（1）新建零件文件

（2）止推部分的创建

止推部分的创建过程如图Ⅲ–9 所示。

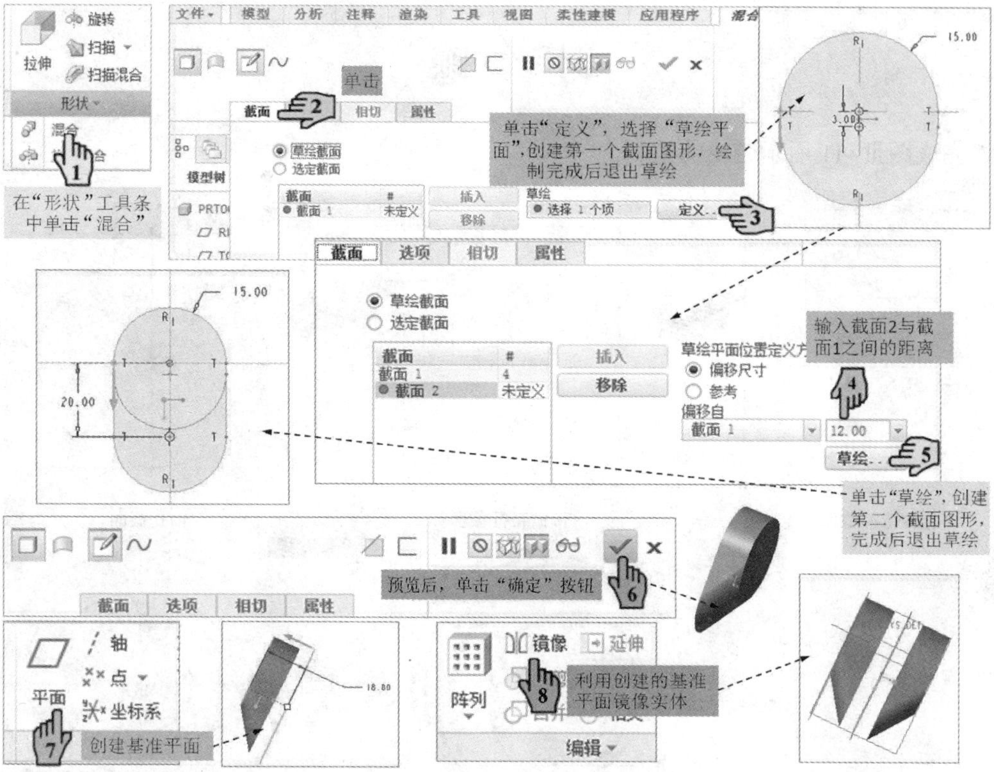
在“形状”工具条中单击“混合”
单击
单击“定义”，选择“草绘平面”，创建第一个截面图形，绘制完成后退出草绘
输入截面2与截面1之间的距离
单击“草绘”，创建第二个截面图形，完成后退出草绘
预览后，单击“确定”按钮
创建基准平面
利用创建的基准平面镜像实体

图Ⅲ–9　止推部分的创建

（3）其余部分的创建

其余部分（包括主轴颈和连杆颈）的创建均是采用旋转特征进行创建的，另外，在适当部位添加倒角和圆角特征即可，具体创建过程如图Ⅲ–10 所示。

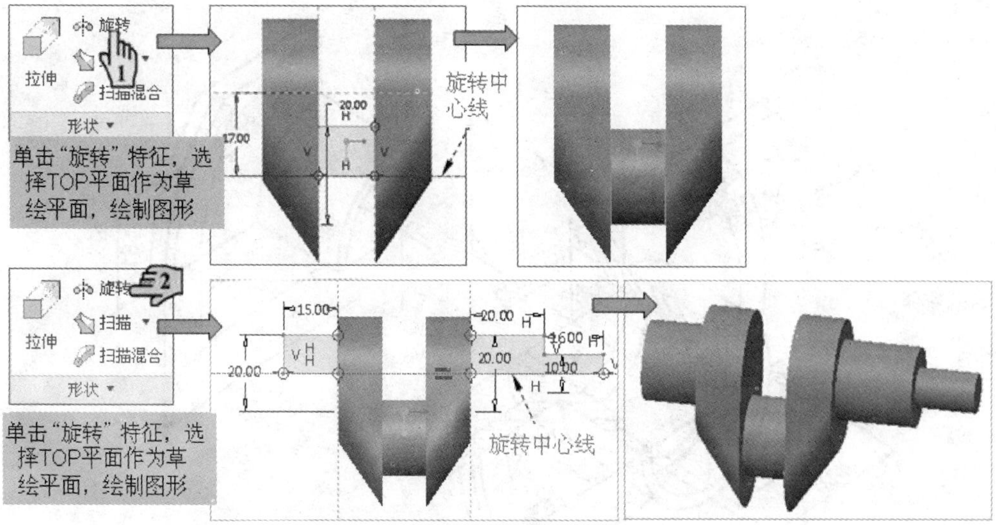
单击“旋转”特征，选择TOP平面作为草绘平面，绘制图形
旋转中心线
单击“旋转”特征，选择TOP平面作为草绘平面，绘制图形
旋转中心线

图Ⅲ–10　其余部分的创建过程

（4）保存文件

习　题

1. 完成图Ⅲ–11 所示带轮的绘制。

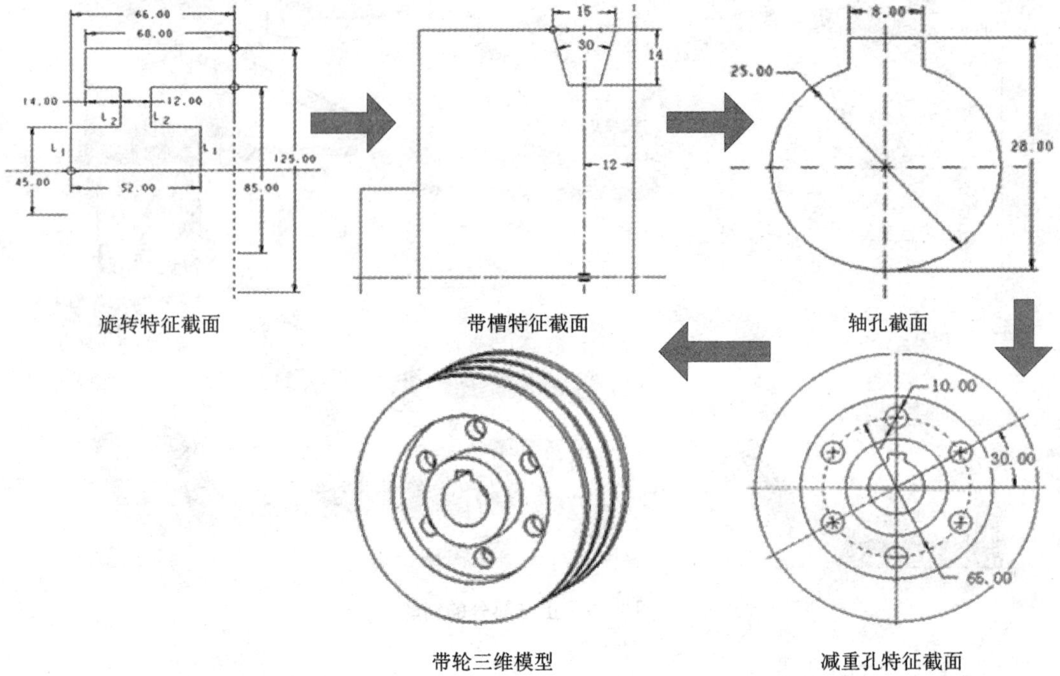

图Ⅲ–11　习题 1 图

2. 完成图Ⅲ–12 所示零件的绘制。

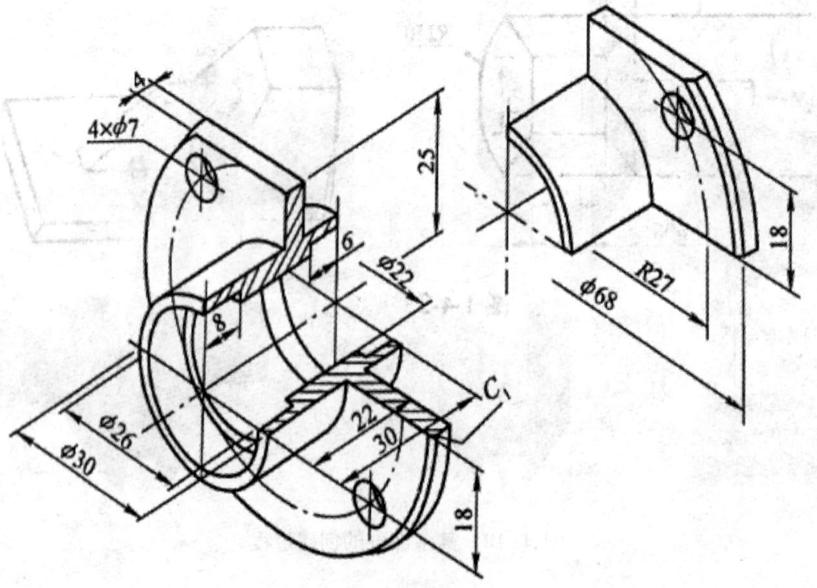

图Ⅲ–12　习题 2 图

3. 完成图Ⅲ–13 所示零件的绘制。

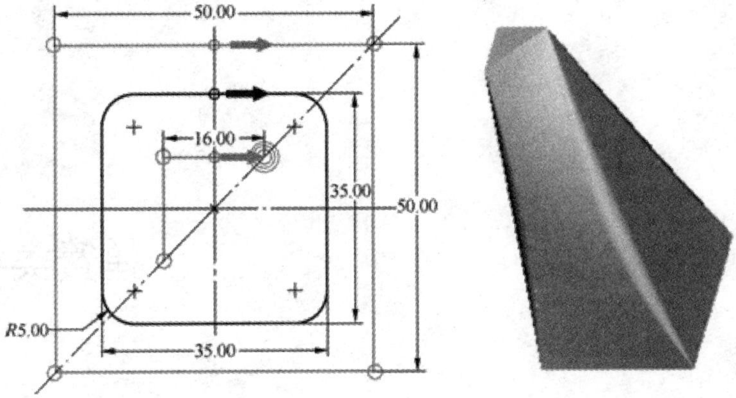

图Ⅲ–13　习题 3 图

4. 完成图Ⅲ–14 所示零件的绘制。

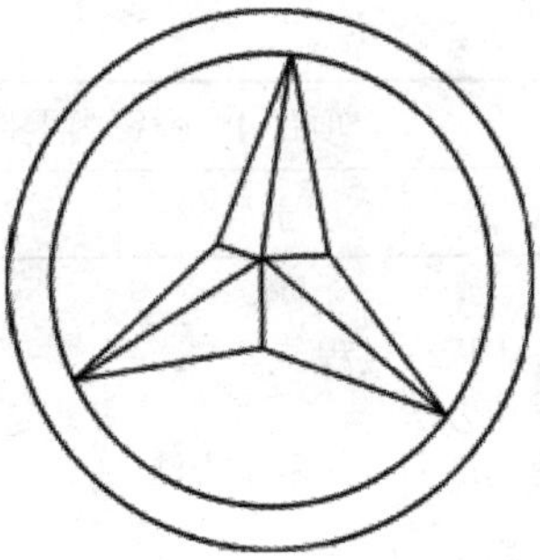

图Ⅲ–14　习题 4 图

5. 完成图Ⅲ–15 所示零件的绘制。

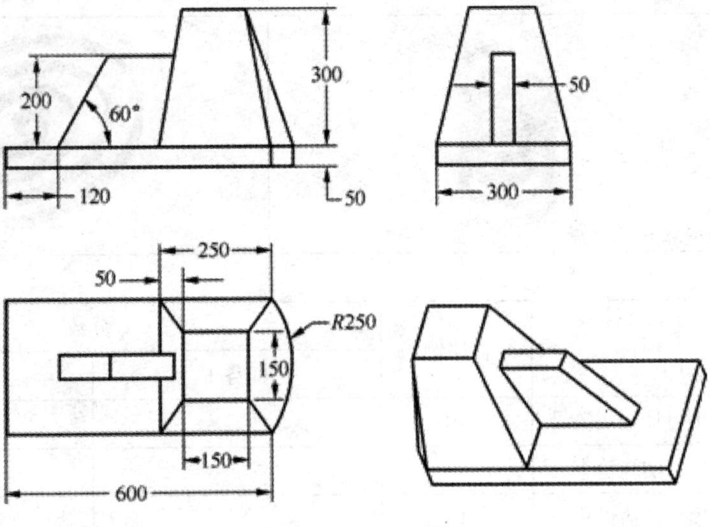

图Ⅲ–15　习题 5 图

项目 4

弹簧类零件设计

任 务 工 单

<table>
<tr><td>项目名称</td><td colspan="4">项目 4　弹簧类零件设计</td></tr>
<tr><td>姓名</td><td></td><td>学号</td><td></td><td>班级</td></tr>
<tr><td>任务目标</td><td colspan="4">知识目标：
1. 掌握扫描特征的基本操作过程
2. 掌握螺旋扫描的操作方法
3. 掌握通过方程创建基准曲线的基本方法
能力目标：
1. 能够绘制弹簧类零件
2. 能够创建基准曲线
素质目标：具有问题分析能力；具有自我学习能力及创新能力</td></tr>
<tr><td rowspan="2">任务描述</td><td colspan="2">任务 1</td><td colspan="2">任务 2</td></tr>
<tr><td colspan="2">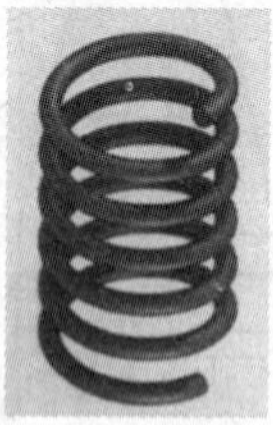</td><td colspan="2"></td></tr>
<tr><td>学习总结</td><td colspan="4"></td></tr>
<tr><td rowspan="6">考核方法</td><td rowspan="2">项目</td><td rowspan="2">分值比例/%</td><td colspan="2">分数</td></tr>
<tr><td>任务 1</td><td>任务 2</td></tr>
<tr><td>项目计划决策</td><td>10</td><td></td><td></td></tr>
<tr><td>项目实施检查</td><td>50</td><td></td><td></td></tr>
<tr><td>项目评估讨论</td><td>10</td><td></td><td></td></tr>
<tr><td>职业素养</td><td>20</td><td></td><td></td></tr>
</table>

续表

考核方法	项目	分值比例/%	分数	
			任务 1	任务 2
	学生互评	10		
	总分	100		
指导教师评语				

任务 1　弹 簧 设 计

4.1.1　零件分析

弹簧是一种利用弹性来工作的机械零件。一般用弹簧钢制成。用以控制机件的运动、缓和冲击或震动、贮蓄能量、测量力的大小等，广泛用于机器、仪表中。弹簧的种类复杂多样，按形状分，主要有螺旋弹簧、涡卷弹簧、板弹簧等。本任务主要完成螺旋弹簧的三维建模。

如图Ⅳ–1 所示螺旋弹簧零件，建立其三维实体模型需要定义的参数有：弹簧的高度、外形、截面形状、螺距、节径、线径及旋向。

根据螺旋弹簧的外形结构，采用螺旋扫描的方式进行建模。

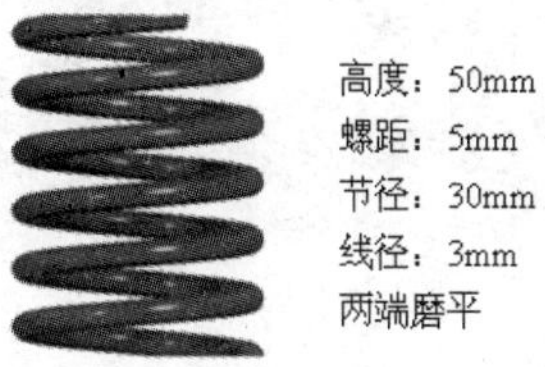

图Ⅳ–1　弹簧

4.1.2　设计过程

螺旋扫描创建过程如图Ⅳ–2 所示。

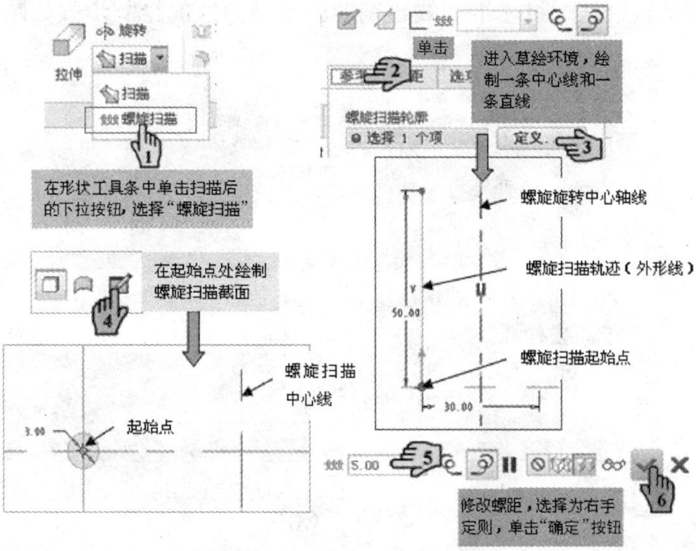

图Ⅳ–2　螺旋扫描创建过程

这里以图Ⅳ–1 为例，说明利用螺旋扫描特征创建这一类特征的一般过程：

（1）新建零件文件

（2）创建螺旋扫描特征

螺旋扫描的创建过程如图Ⅳ–2 所示。

（3）弹簧两端磨平

可采用前面学过的移除材料的拉伸方式，这里不再叙述。

（4）保存文件

任务 2　盘形弹簧设计

4.2.1　盘形（涡卷）弹簧零件分析及设计思路

盘形弹簧需要定义的参数有涡状线及截面形状。创建这类实体的思路是：一个截面沿着一涡状线进行扫描，所形成的实体即为该盘形弹簧的实体模型，如图Ⅳ–3 所示。

图Ⅳ–3　盘形弹簧设计思路

4.2.2　盘形弹簧设计过程

（1）新建零件文件

（2）扫描轨迹（基准曲线）的创建过程

盘形弹簧的扫描轨迹是通过基准曲线绘制的。基准曲线的绘制步骤如图Ⅳ–4 所示。

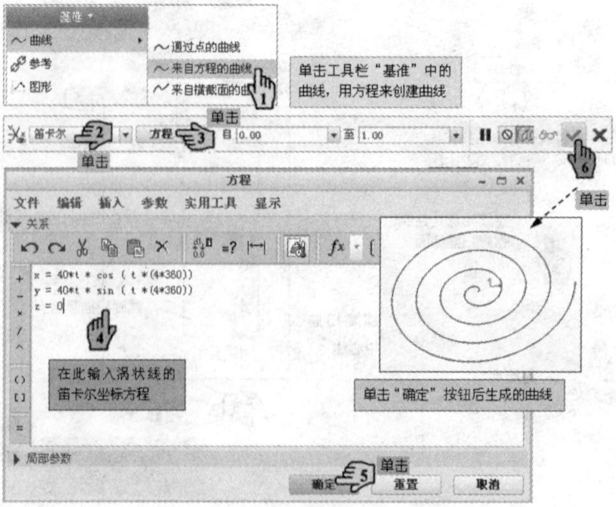

图Ⅳ–4　扫描轨迹的创建过程

（3）扫描特征创建过程

盘形弹簧扫描特征创建过程如图Ⅳ–5 所示。

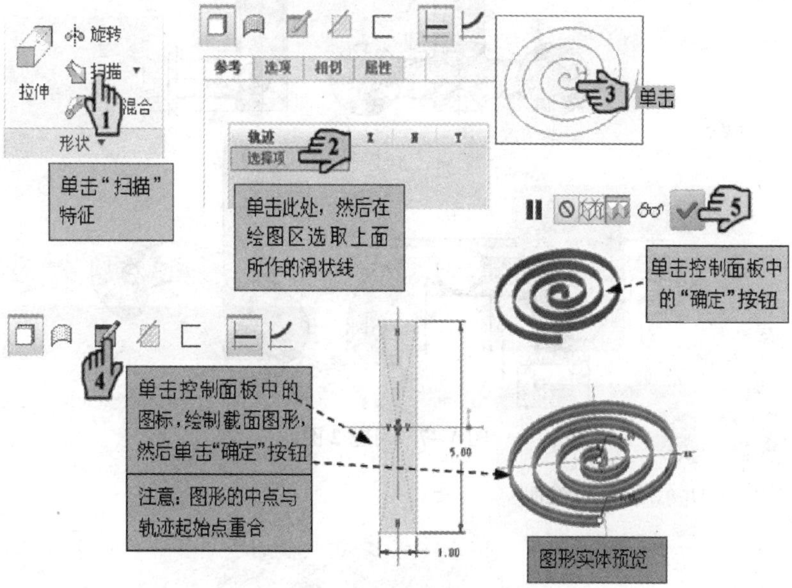
旋转
扫描
拉伸
混合
形状
单击“扫描”特征
参考
选项
相切
属性
轨迹
选择项
单击此处，然后在绘图区选取上面所作的涡状线
单击
单击控制面板中的“确定”按钮
单击控制面板中的图标，绘制截面图形，然后单击“确定”按钮
注意：图形的中点与轨迹起始点重合
5.00
1.00
图形实体预览

图Ⅳ–5　扫描特征的创建过程

（4）保存文件

习　　题

1. 完成图Ⅳ–6 所示弹簧的绘制。

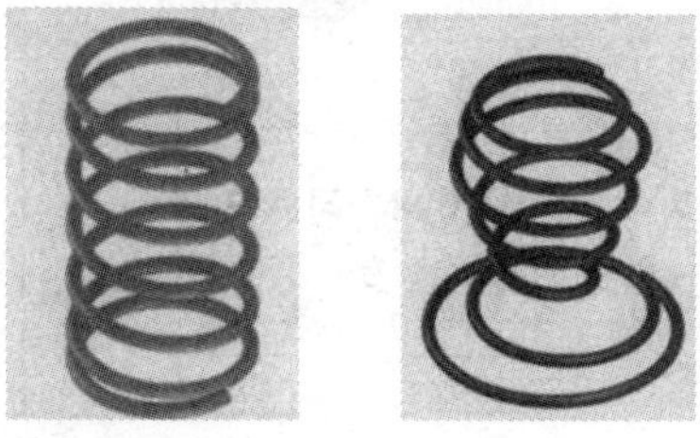

（a）　　　　（b）

图Ⅳ–6　习题 1 图

（a）等径非等螺距弹簧；（b）等螺距非等径弹簧

2. 完成图Ⅳ–7 所示零件的绘制。

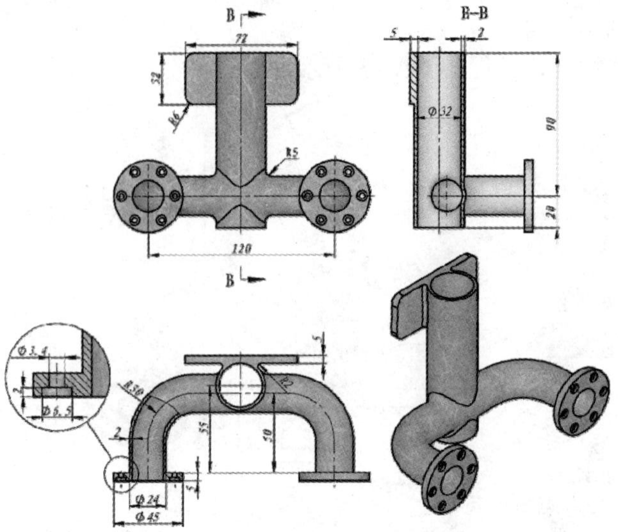

图Ⅳ-7　习题 2 图

3. 完成图Ⅳ-8 所示零件的绘制。

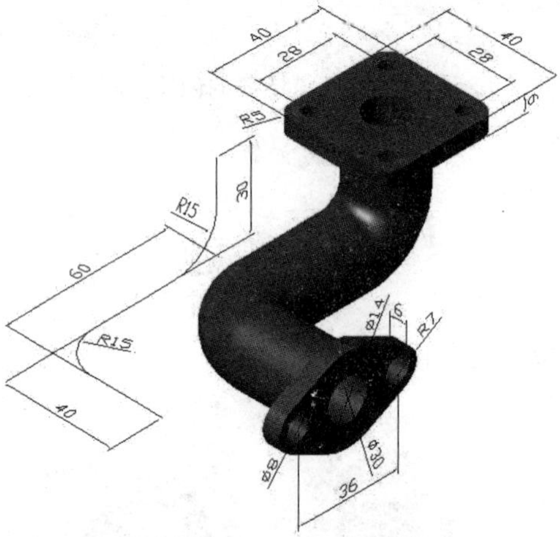

图Ⅳ-8　习题 3 图

项目 5

凸轮类零件设计

任务工单

<table>
<tr><td>项目名称</td><td colspan="6">项目 5　凸轮类零件设计</td></tr>
<tr><td>姓名</td><td></td><td>学号</td><td></td><td>班级</td><td colspan="2"></td></tr>
<tr><td>任务目标</td><td colspan="6">知识目标：
1. 掌握可变截面扫描的操作方法
2. 掌握参数化建模的基本概念和方法
3. 掌握投影的操作方法
能力目标：
1. 能够绘制凸轮类零件
2. 能够使用参数化建模的方法进行设计
素质目标：具有问题分析能力；具有自我学习能力及创新能力</td></tr>
<tr><td rowspan="2">任务描述</td><td colspan="3">任务 1</td><td colspan="3">任务 2</td></tr>
<tr><td colspan="3">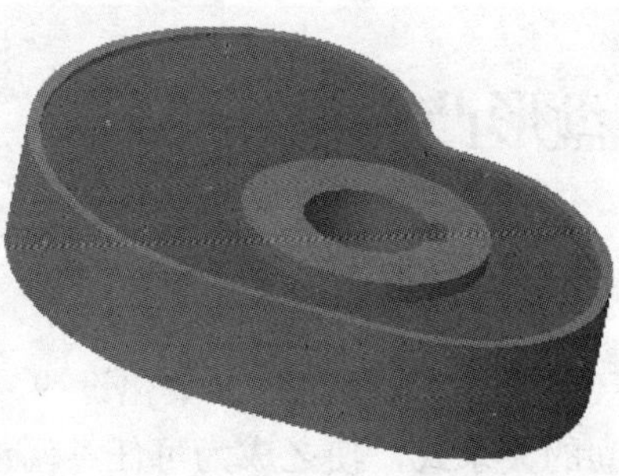</td><td colspan="3"></td></tr>
<tr><td>学习总结</td><td colspan="6"></td></tr>
</table>

实践篇

续表

考核方法	项目	分值比例/%	分数	
			任务 1	任务 2
	项目计划决策	10		
	项目实施检查	50		
	项目评估讨论	10		
	职业素养	20		
	学生互评	10		
	总分	100		
指导教师评语				

凸轮是指外形按一定运动规则建立起来的构件，对从动件运动起着决定性作用。可实现各种复杂的运动要求，其结构简单、紧凑。但凸轮与从动件是点、线接触，易磨损，不适合高速重载。其适合传递运动，不宜传递动力。

按照凸轮形状分类，有盘形凸轮和圆柱凸轮。盘形凸轮是仅具有径向廓线尺寸变化并绕其轴线旋转的凸轮，如图Ⅴ–1 所示。圆柱凸轮是一个在圆柱面上开有曲线凹槽或在圆柱端面上作出曲线轮廓的构件，如图Ⅴ–2 所示。

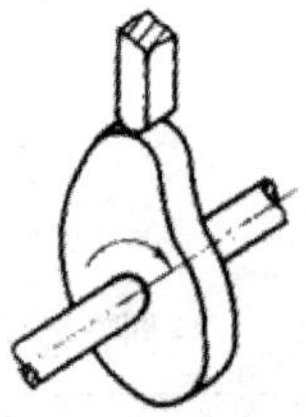

图Ⅴ–1　盘形凸轮

图Ⅴ–2　圆柱凸轮

任务 1　盘形凸轮设计

5.1.1　盘形凸轮设计思路

盘形凸轮外轮廓具有变化的径向廓线尺寸。建模时要进行参数化设计。所谓参数化设计，就是用数学运算方式建立模型各尺寸参数间的关系式，使之成为可任意调整的参数。当改变某个尺寸参数值时，将自动改变所有与它相关的尺寸，实现了通过调整参数来修改和控制零件几何形状的功能。采用参数化造型的优点在于，它彻底克服了自由建模的无约束状态，几何形状均以尺寸参数的形式被有效地控制，在需要修改零件形状的时候，只需要修改与该形状相关的尺寸参数值，零件的形状会根据尺寸的变化自动进行相应的改变。

如图Ⅴ–3 所示盘形凸轮，可采用图形和变截面扫描的方法进行参数化设计。

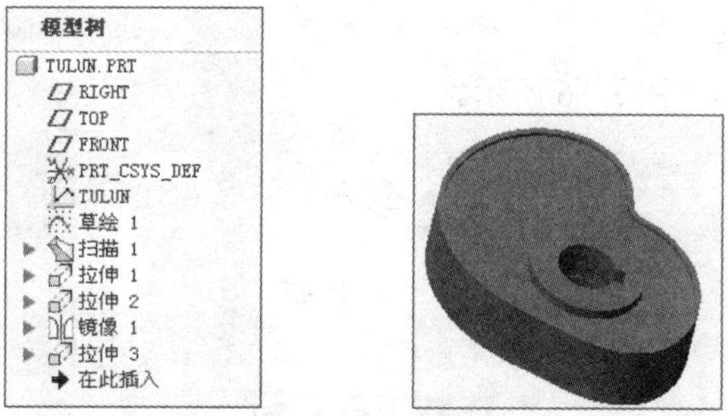

图Ⅴ-3　盘形凸轮设计

5.1.2　盘形凸轮设计过程

以图Ⅴ-4 所示的盘形凸轮为例介绍其设计过程。

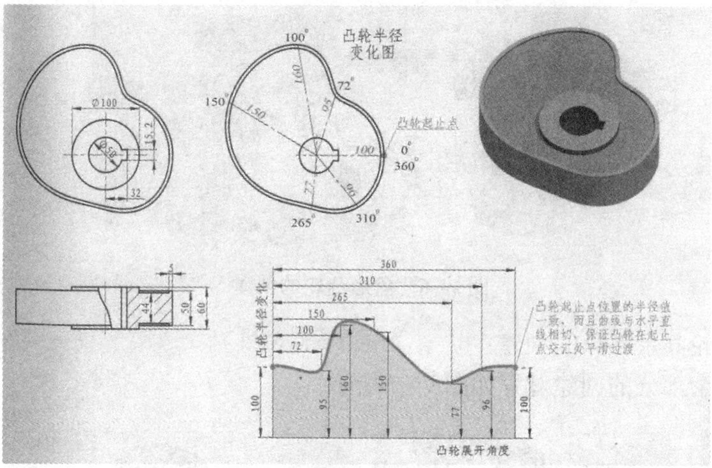

图Ⅴ-4　盘形凸轮

（1）新建零件文件

（2）凸轮半径变化线的绘制

凸轮半径变化线的绘制过程如图Ⅴ-5 所示。

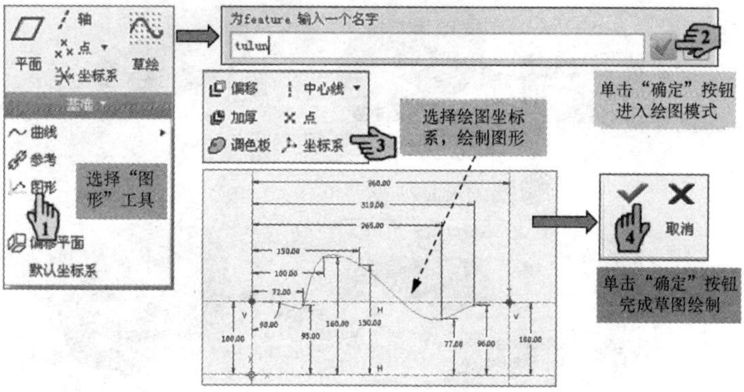

图Ⅴ-5　凸轮半径变化线的绘制过程

（3）盘形凸轮的创建

盘形凸轮的创建过程如图Ⅴ-6所示。

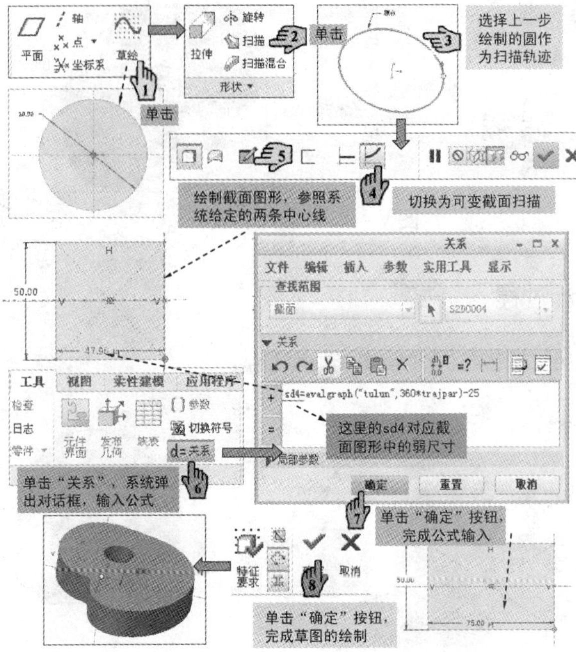
单击
选择上一步绘制的圆作为扫描轨迹
单击
绘制截面图形，参照系统给定的两条中心线
切换为可变截面扫描
sd4=evalgraph("tulun",360*trajpar)-25
这里的sd4对应截面图形中的弱尺寸
单击“关系”，系统弹出对话框，输入公式
单击“确定”按钮，完成公式输入
单击“确定”按钮，完成草图的绘制

图Ⅴ-6　盘形凸轮的创建

（4）盘形凸轮其余部分的创建

盘形凸轮其余部分的创建过程如图Ⅴ-7所示。

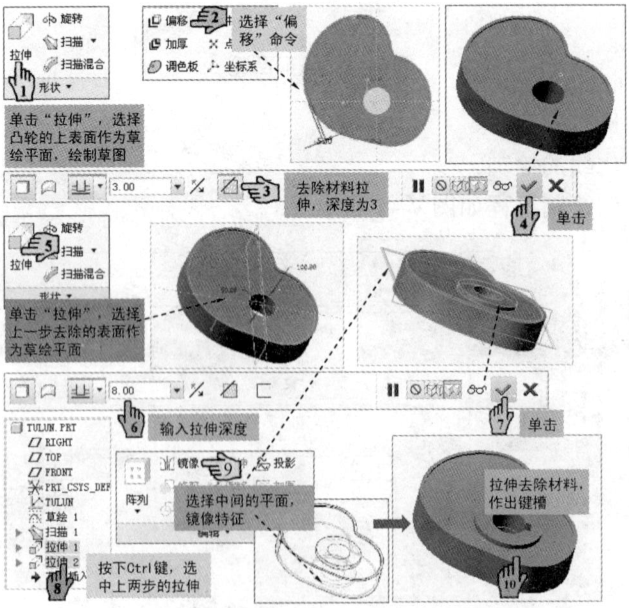
选择“偏移”命令
单击“拉伸”，选择凸轮的上表面作为草绘平面，绘制草图
去除材料拉伸，深度为3
单击
单击“拉伸”，选择上一步去除的表面作为草绘平面
输入拉伸深度
单击
选择中间的平面，镜像特征
拉伸去除材料，作出键槽
按下Ctrl键，选中上两步的拉伸

图Ⅴ-7　盘形凸轮其余部分的创建

（5）保存文件

任务2　圆柱凸轮设计

5.2.1　圆柱凸轮设计思路

方法1：简单建模方法

分析圆柱凸轮的结构，采用拉伸、扫描、投影等特征进行创建，设计思路如图Ⅴ–8所示。主要应用于从动件运动轨迹要求不严格的场合。

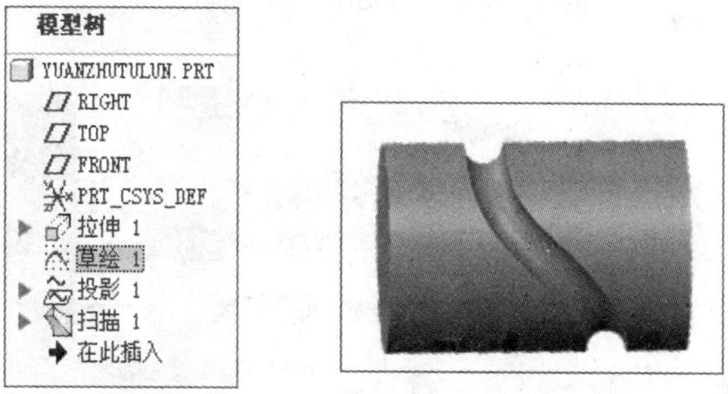

图Ⅴ–8　圆柱凸轮设计方法1

方法2：参数化建模方法

首先采用参数化建模的方法，通过方程建立从动件运动轨迹曲线，然后利用拉伸、去除材料扫描、环形折弯的方式创建圆柱凸轮。主要应用于从动件运动轨迹有具体要求的场合。如图Ⅴ–9所示。

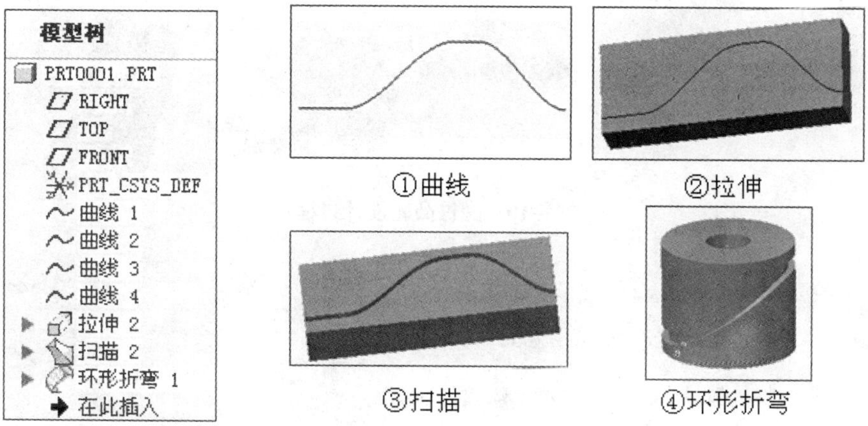

图Ⅴ–9　圆柱凸轮设计方法2

5.2.2　圆柱凸轮设计过程

方法1：设计过程如图Ⅴ–10所示。

① 新建零件文件；

② 圆柱凸轮设计；

③ 保存文件。

方法 2：

要求：生成一个圆柱凸轮，外径 D=200，长度 L=240，滚子半径 R_r=30。从动件运动规律：凸轮转角 0°～120° 时，从动件以余弦运动规律向一端移动 160；120°～150° 时，从动件静止；150°～300° 时，从动件以余弦运动规律向另一端移动 160，回来；300°～360° 时，从动件又不动。

设计过程如图Ⅴ–10 所示。

（1）新建零件文件

（2）从动件运动轨迹的创建

推程段（转角 0°～120°）曲线的创建如图Ⅴ–11 所示。

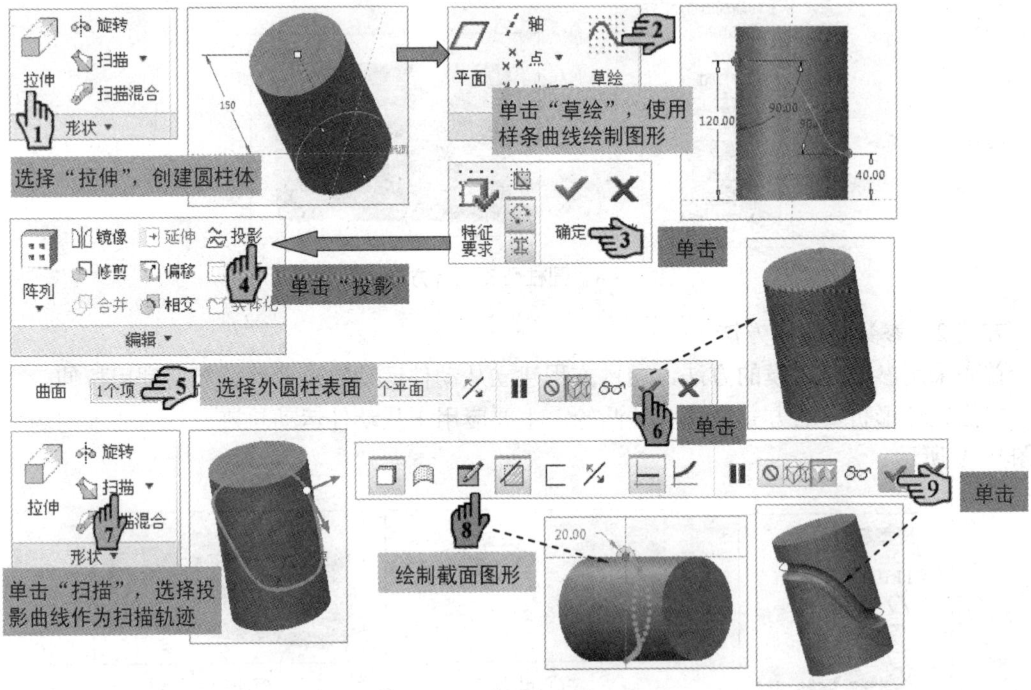

图Ⅴ–10　圆柱凸轮设计过程

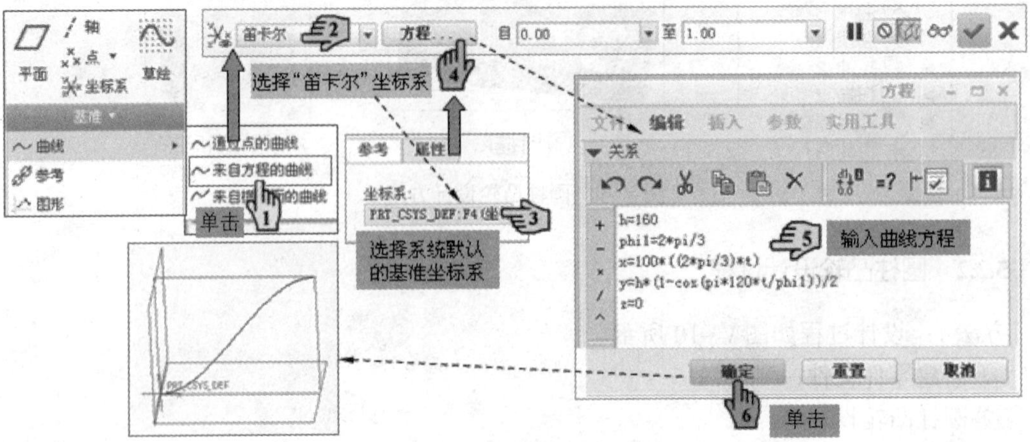

图Ⅴ–11　推程段曲线创建过程

同样步骤创建另外三段曲线，这里不重复说明。远休止段（120° ～150° ）曲线方程为：

```
h=160
x=200*pi/3+100*(pi/6*t)
y=h
z=0
```

150° ～300° 段的曲线方程为：

```
h=160
phi2=5*pi/6
x=100*(5*pi/6)+100*(5*pi/6)*t
y=h*(1+cos(pi*150*t/phi2))/2
z=0
```

300° ～360° 段的曲线方程为：

```
x=100*5*pi/3+100*pi/3*t
y=0
z=0
```

四段曲线创建完成，如图Ⅴ-12 所示。

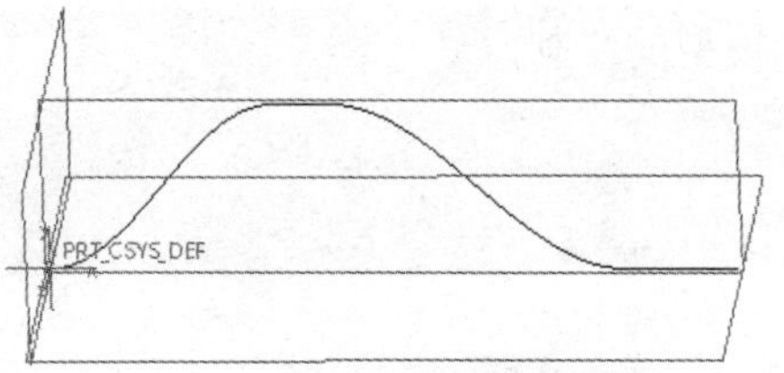
PRT_CSYS_DEF

图Ⅴ-**12**　从动件运动轨迹曲线

（3）圆柱凸轮的设计过程

圆柱凸轮的设计如图Ⅴ-13 所示。

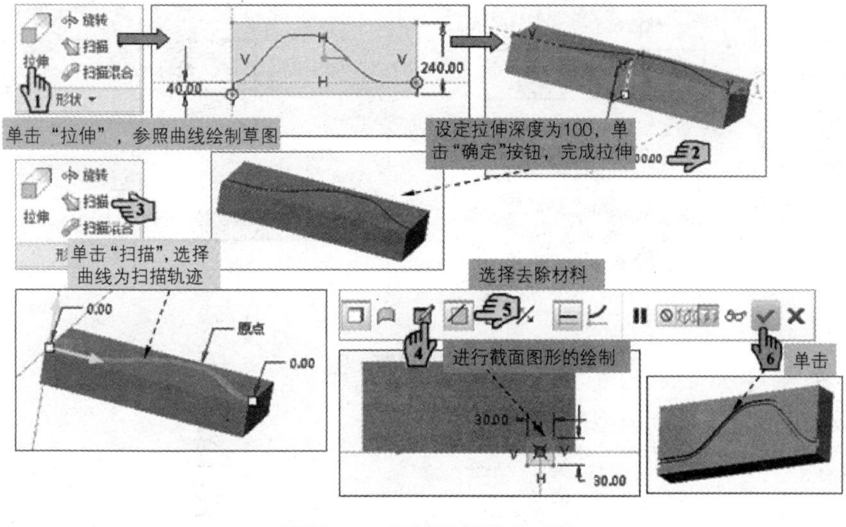
旋转
扫描
扫描混合
拉伸
形状
240.00
40.00
单击“拉伸”，参照曲线绘制草图
设定拉伸深度为100，单击“确定”按钮，完成拉伸
单击“扫描”，选择曲线为扫描轨迹
0.00
原点
0.00
选择去除材料
进行截面图形的绘制
30.00
30.00
单击

图Ⅴ-**13**　圆柱凸轮设计过程

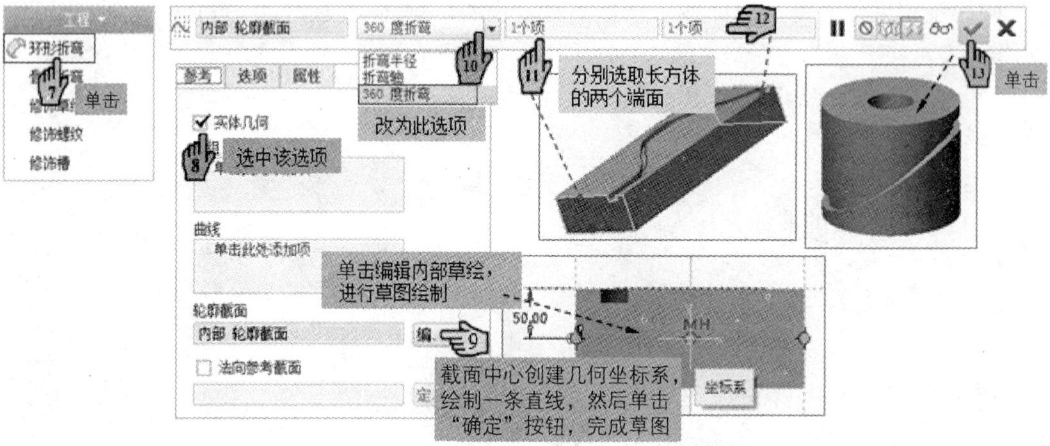

图Ⅴ-13　圆柱凸轮设计过程（续）

（4）保存文件

习　　题

1. 完成如图Ⅴ-14 所示模型的绘制。

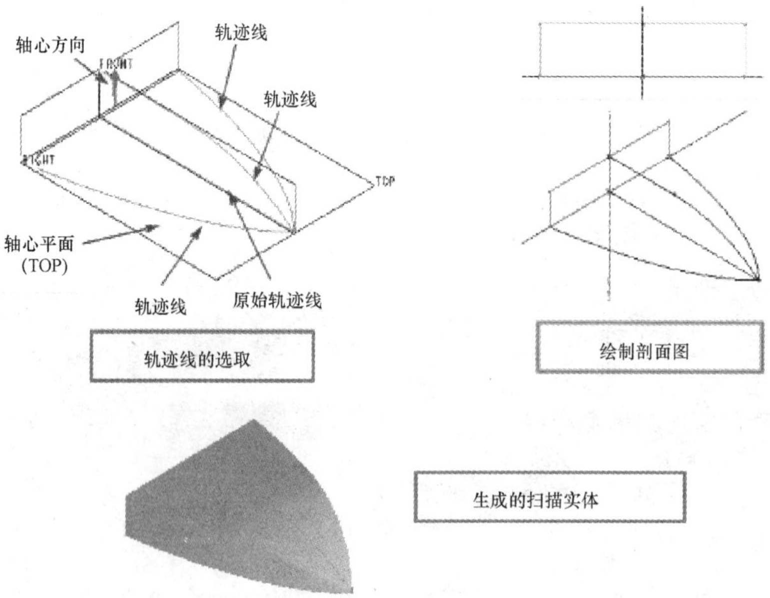

图Ⅴ-14　习题 1 图

2. 完成如图Ⅴ-15 所示模型的绘制。

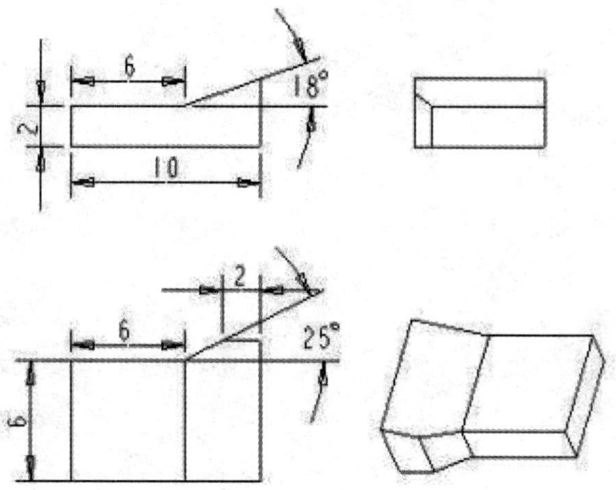

图Ⅴ-15　习题 2 图

项目 6

零件库设计

任 务 工 单

<table>
<tr><td>学习情境</td><td colspan="5">项目 6　零件库设计</td></tr>
<tr><td>姓名</td><td></td><td>学号</td><td></td><td>班级</td><td></td></tr>
<tr><td>任务目标</td><td colspan="5">知识目标：
1. 掌握族表创建与编辑的基本命令
2. 掌握族表各命令的基本含义及操作方法
3. 掌握使用阵列方式添加族表参数的方法
能力目标：
1. 能够分析标准件的变化关系
2. 能够建立三维模型的族表
素质目标：具有问题分析能力；具有自我学习能力及创新能力</td></tr>
<tr><td rowspan="2">任务描述</td><td colspan="2">任务 1</td><td colspan="3">任务 2</td></tr>
<tr><td colspan="2">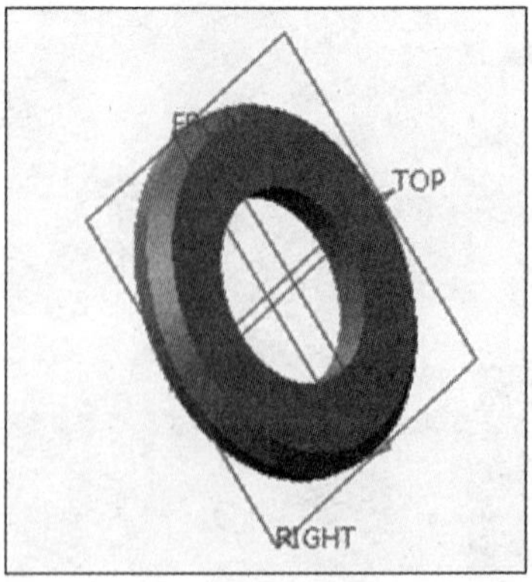
</td><td colspan="3">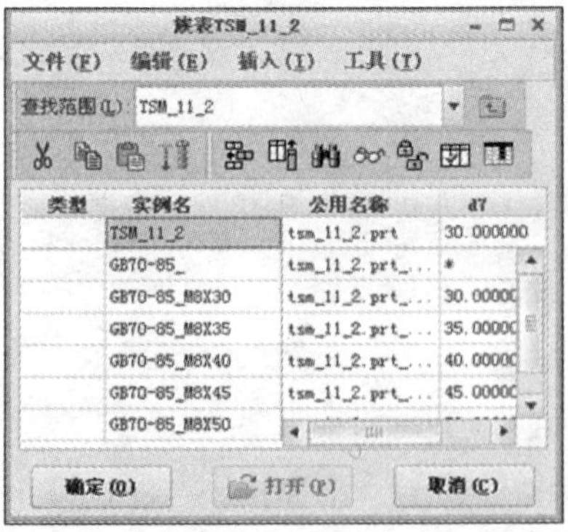
</td></tr>
<tr><td>学习总结</td><td colspan="5"></td></tr>
</table>

续表

考核方法	项目	分值比例/%	分数	
			任务 1	任务 2
	项目计划决策	10		
	项目实施检查	50		
	项目评估讨论	10		
	职业素养	20		
	学生互评	10		
	总分	100		
指导教师评语				

任务 1　标准垫片零件库设计

6.1.1　标准件零件分析

标准件是指结构、尺寸、画法、标记等各个方面已经完全标准化，并由专业厂生产的常用的零（部）件，如螺纹件、键、销、滚动轴承等。广义包括标准化的紧固件、连接件、传动件、密封件、液压元件、气动元件、轴承、弹簧等机械零件。狭义仅包括标准化紧固件。

在机械设计工作中，可以考虑为螺钉、螺栓、螺母、垫圈等常用紧固件类标准件建立族表，从而形成一系列的相似零件，组成一个实用的零件库。

6.1.2　标准垫片零件库设计思路

标准垫片零件库设计思路如图Ⅵ-1 所示。

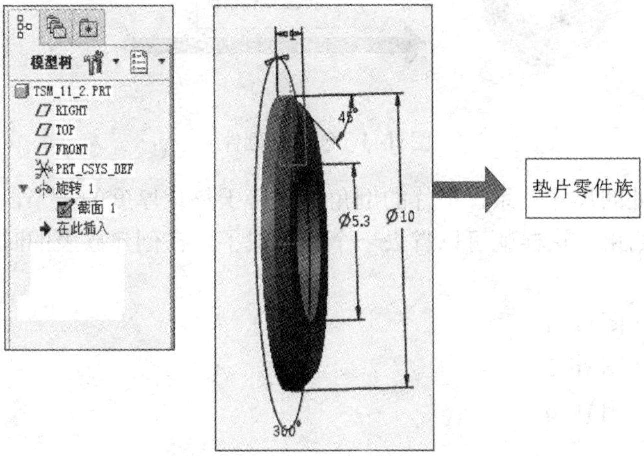

图Ⅵ-1　标准垫片设计思路

6.1.3 标准垫片零件库设计过程

（1）建立基础零件（图Ⅵ-2、图Ⅵ-3）

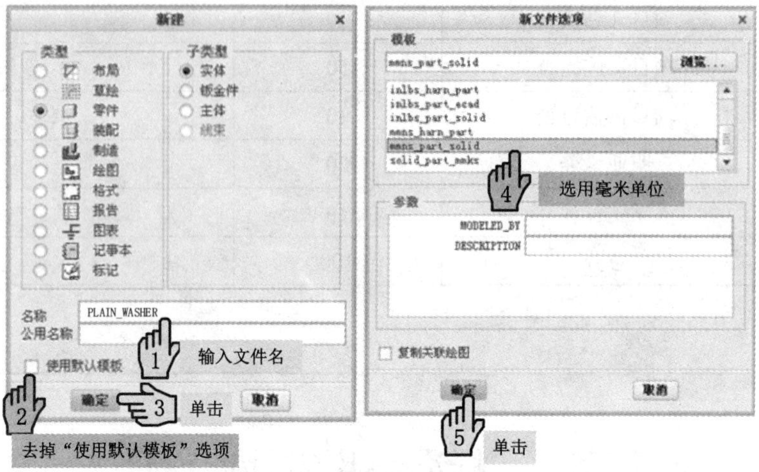

图Ⅵ-2　新建零件

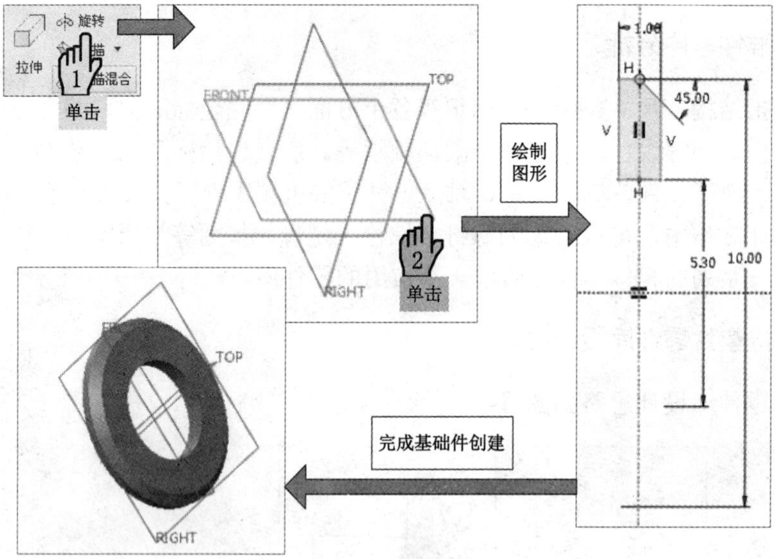

图Ⅵ-3　创建基础件

注意垫片倒角处的尺寸关系，垫片的倒角大小等于垫片厚度的一半，最好用中点几何关系或者对称关系来约束，这样就可以省去一个关系式了，在创建族表的时候，需要列表的尺寸有ϕ10、ϕ5.3、1。

（2）创建族表（图Ⅵ-4）

（3）编辑族表（图Ⅵ-5）

（4）检验实例（图Ⅵ-6）

（5）保存文件

单击保存按钮，保存零件模型。

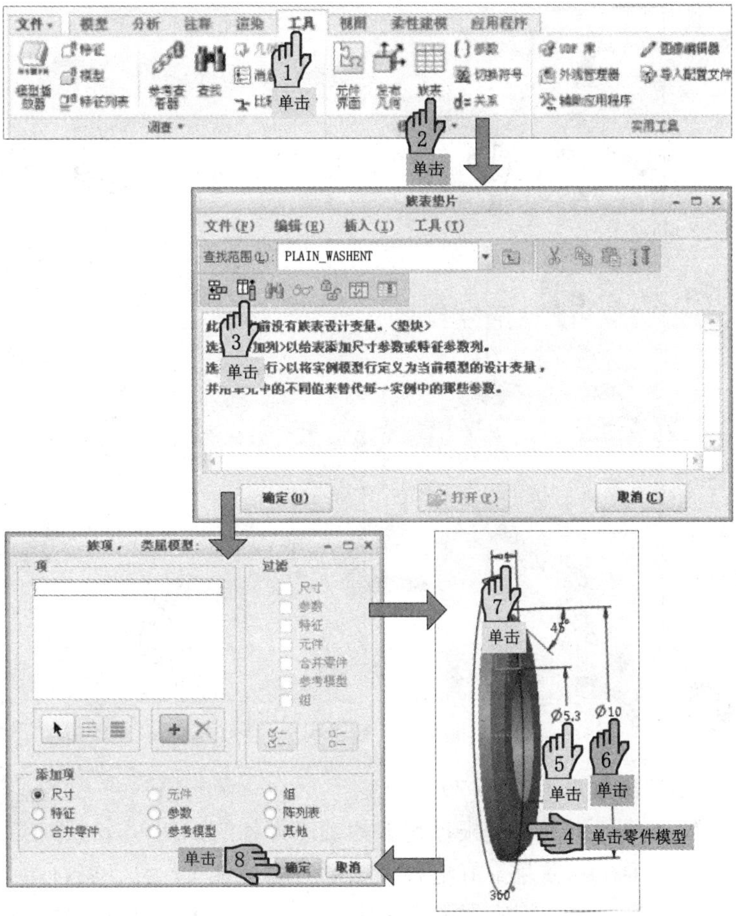

图Ⅵ-4　创建族表

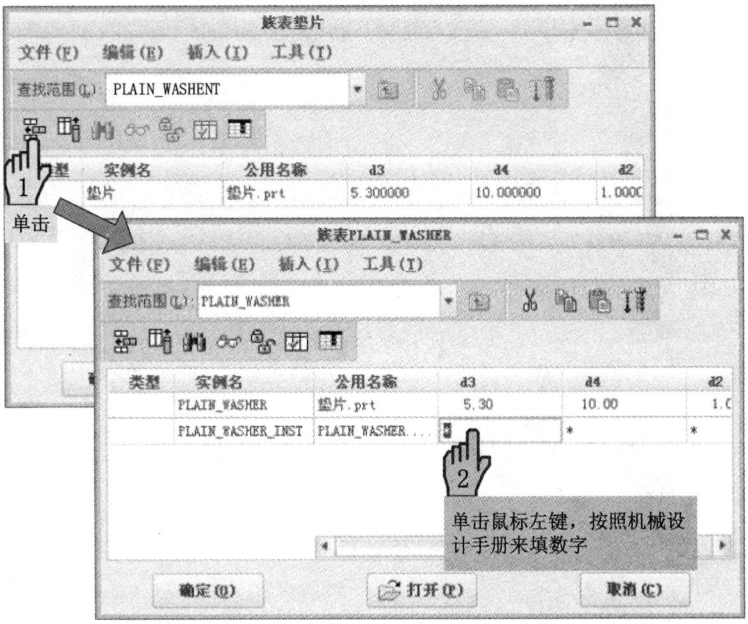

图Ⅵ-5　编辑族表

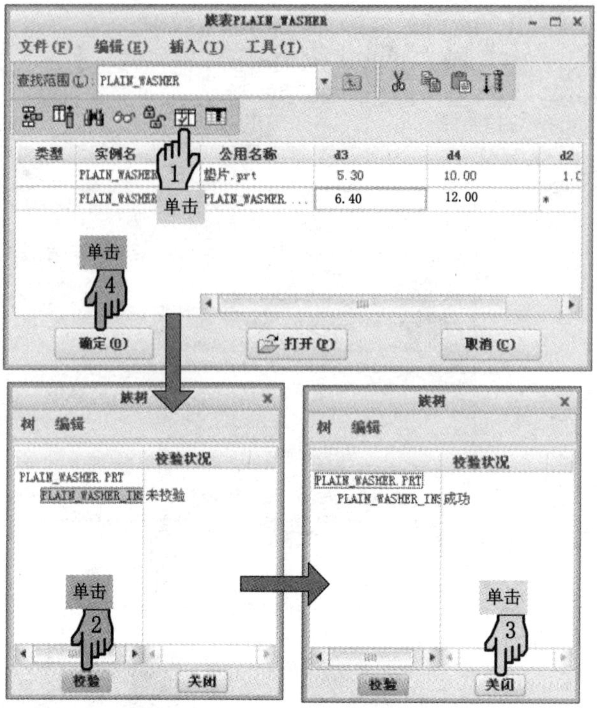

图Ⅵ-6　校验实例

（6）打开建好的族表零件（图Ⅵ-7）

注意：族表编辑器里各个列项是根据选取的顺序排列的，所以，选取时最好把相关项挨着选在一起，以免数据混乱；并且最好给各个项对应的对象（尺寸、特征等）取个有点实际意义的名字，这些名字将在族表编辑器的表头里显示出来，便于以后的数据管理。

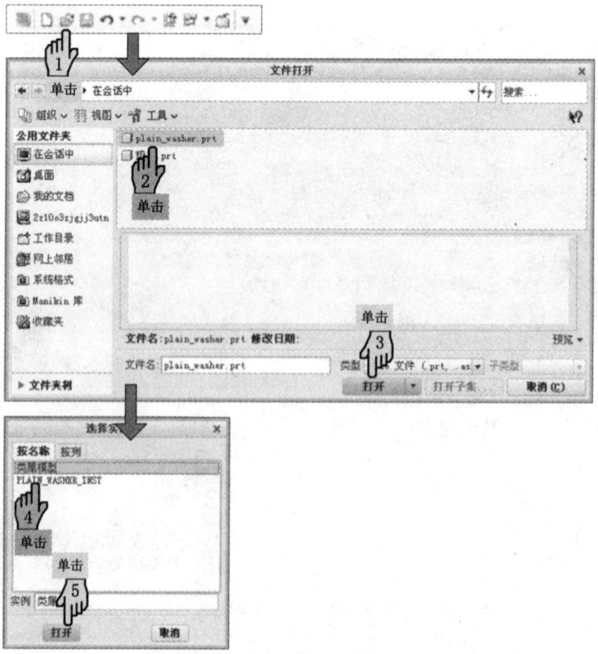

图Ⅵ-7　打开族表零件

任务 2　螺栓零件库设计

6.2.1　螺栓零件库设计分析

螺栓是一种常见的紧固标准件，结构中有标准螺纹，这里可以用修饰螺纹的方法来完成模型的建立，从而满足工程图中标准的螺纹的表示。本任务以内六角圆柱螺钉为例进行讲解。

6.2.2　螺栓零件库设计思路

螺栓零件库设计思路如图Ⅵ-8 所示。

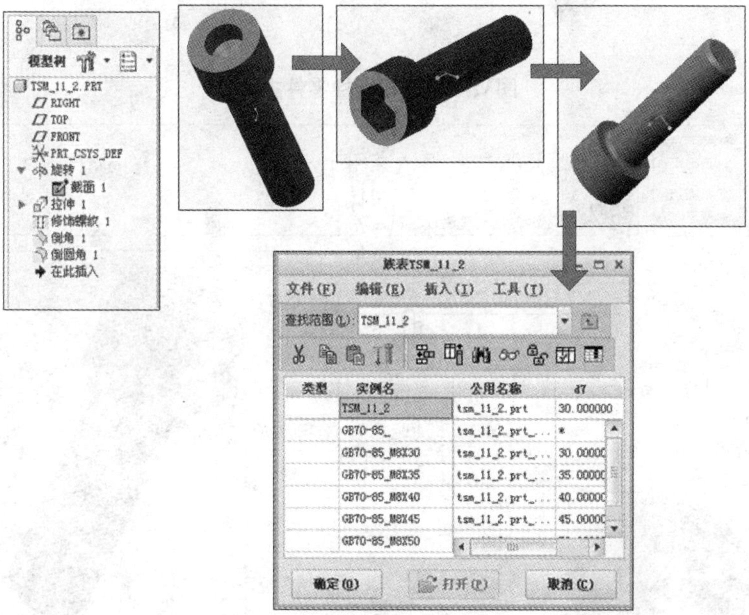

图Ⅵ-8　螺栓零件族表设计思路

6.2.3　螺栓零件库设计过程

（1）新建零件文件

（2）创建螺栓主体（图Ⅵ-9）

（3）建构内六角造型（图Ⅵ-10）

（4）创建倒角特征（图Ⅵ-11）

（5）创建倒圆角特征（图Ⅵ-12）

（6）创建修饰螺纹特征（图Ⅵ-13）

（7）建立部分内六角圆柱头螺钉的族表

1）选取族项目（图Ⅵ-14）

2）插入新的实例（图Ⅵ-15）

3）按增量复制实例（图Ⅵ-16）

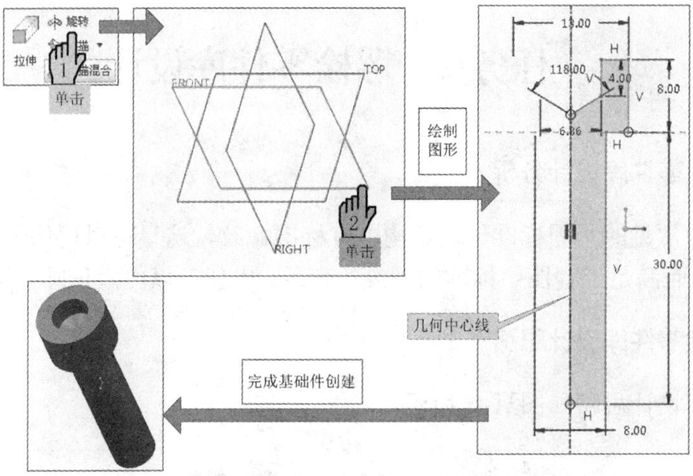

图Ⅵ-9　创建螺栓零件主体

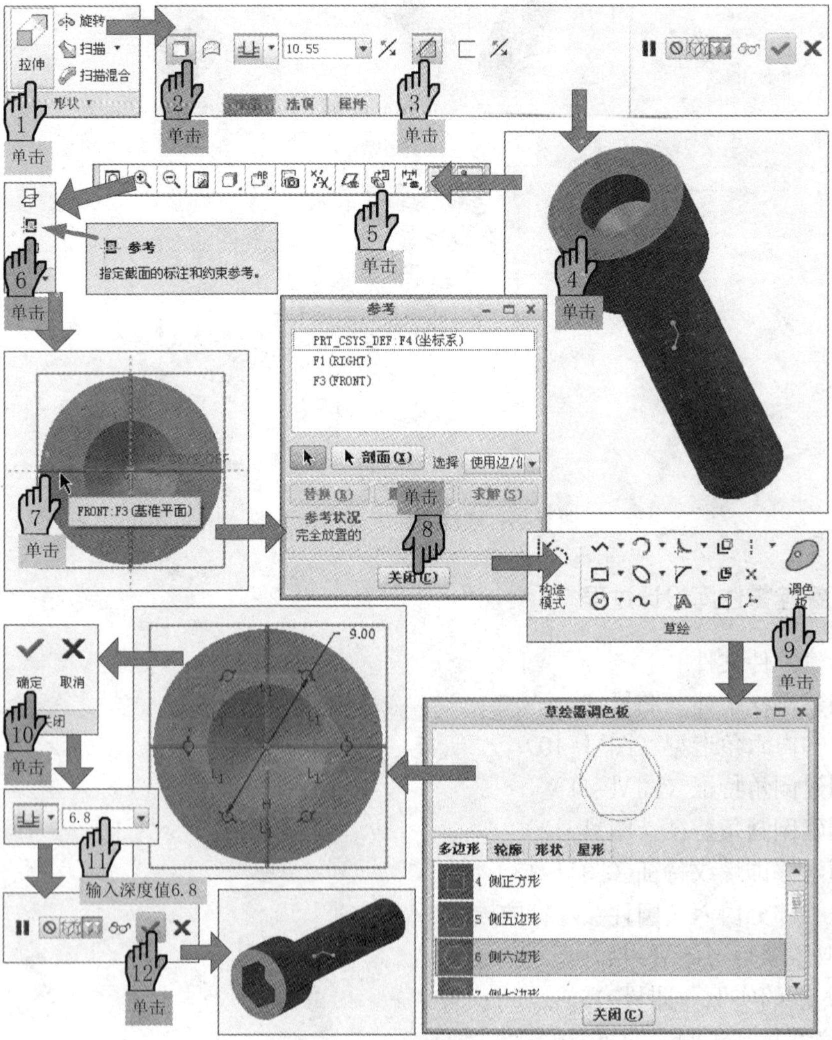

图Ⅵ-10　构建内六角造型

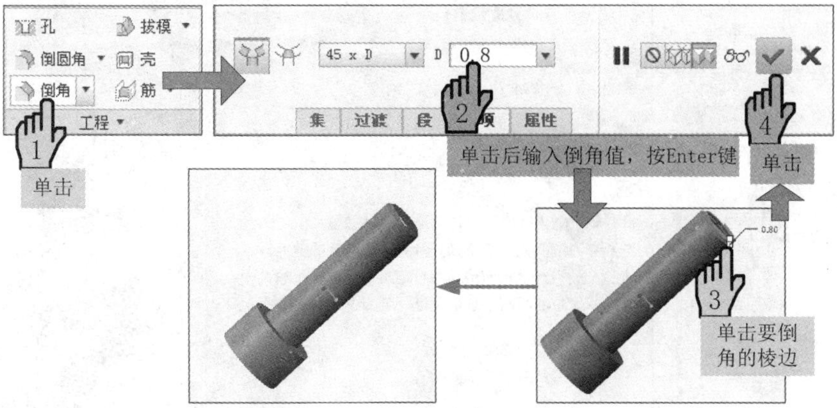

图Ⅵ-11　创建倒角特征

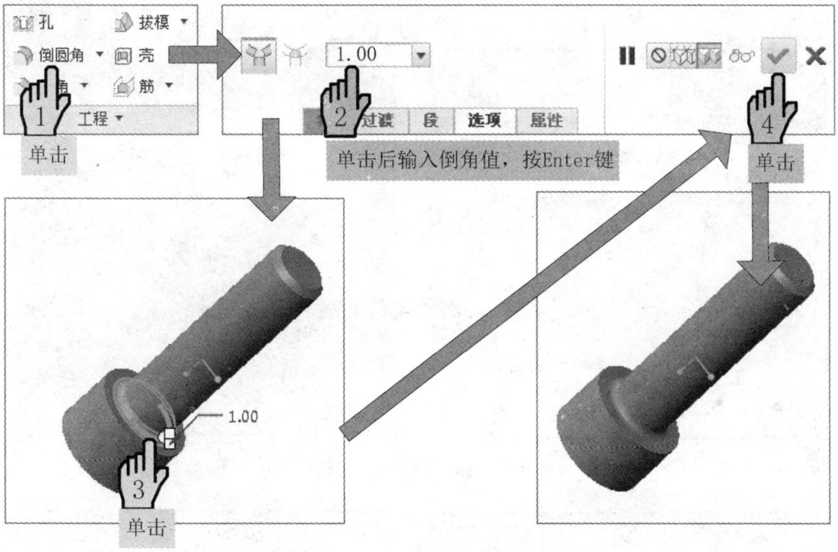

图Ⅵ-12　创建倒圆角特征

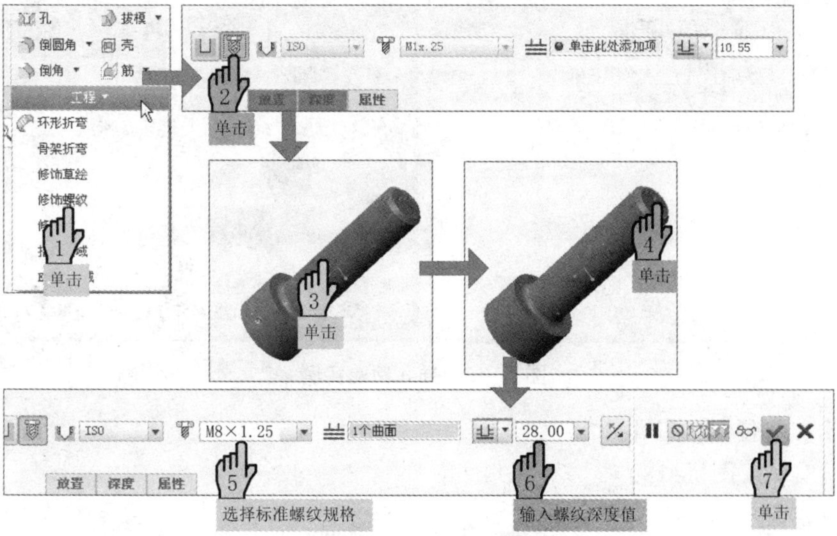

图Ⅵ-13　创建修饰螺纹特征

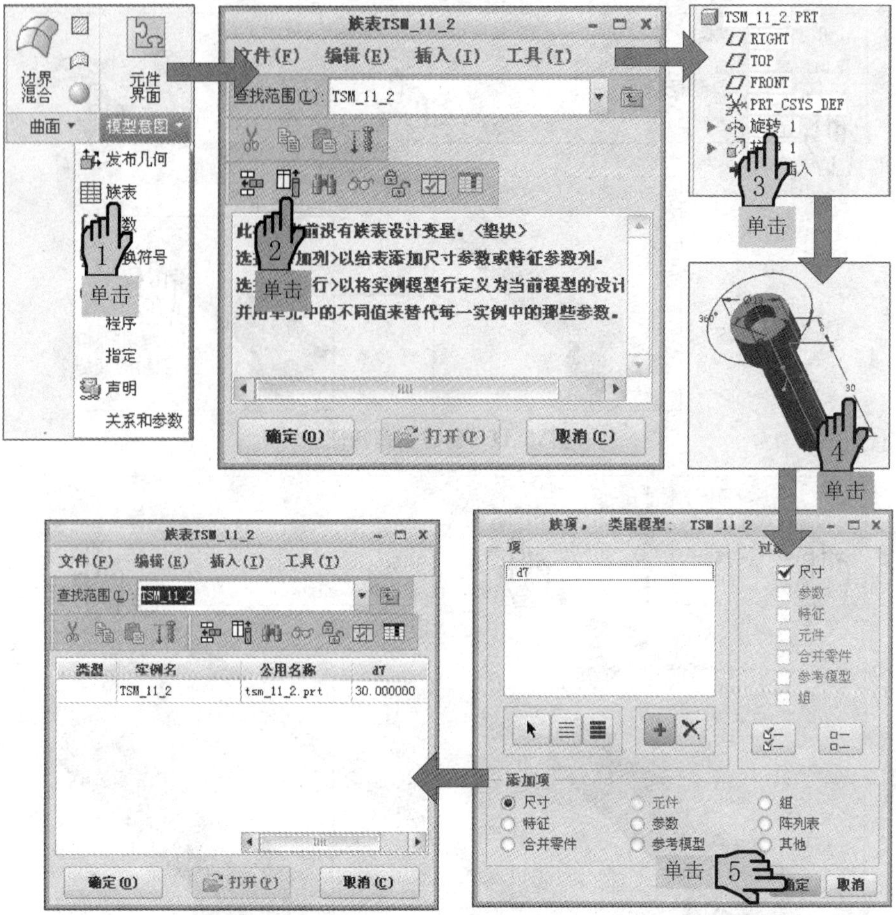

图Ⅵ-14 选取族项目

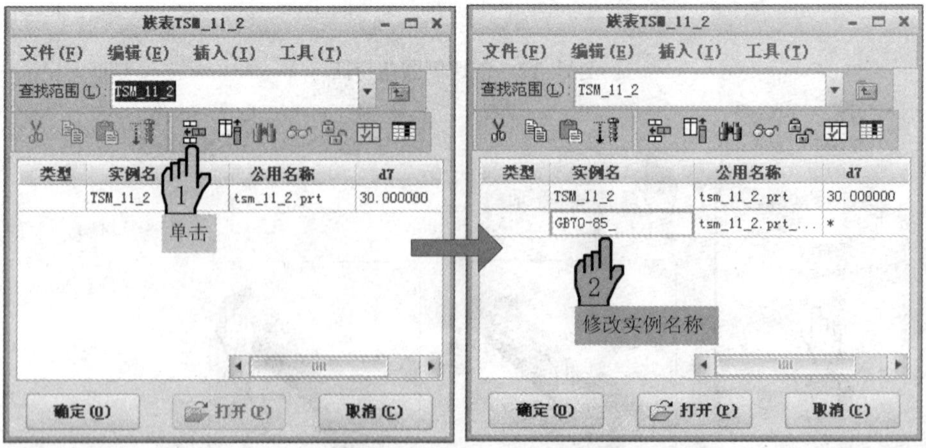

图Ⅵ-15 插入新的实例

4）修改实例名称（图Ⅵ-17）

5）校验实例（图Ⅵ-18）

6）保存族表

单击“TSM_11_2”窗口中的“确定”按钮，保存族表。

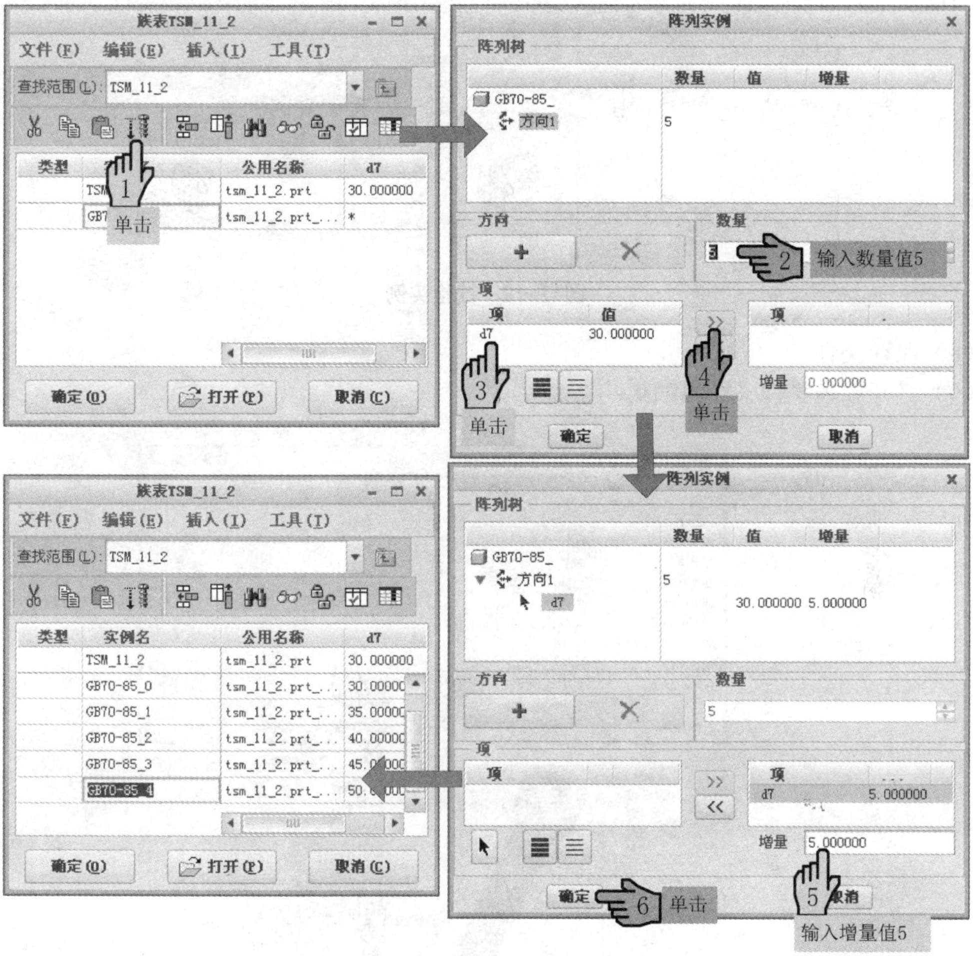

图Ⅵ-16 按增量复制实例

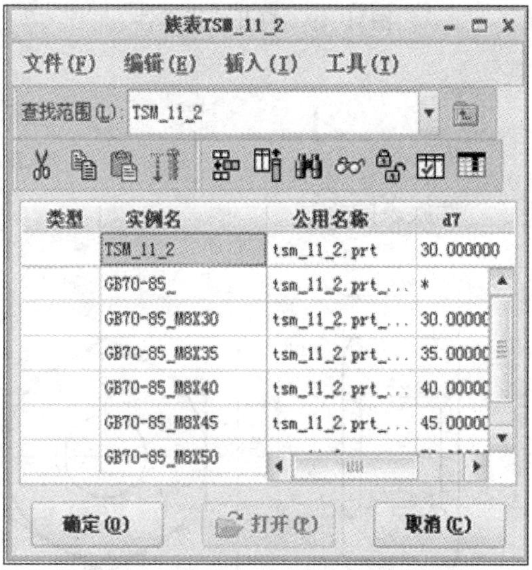

图Ⅵ-17 修改实例名称

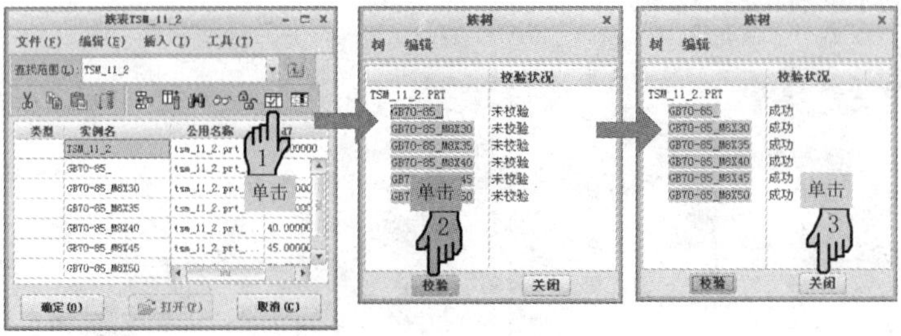

图Ⅵ-18　校验实例

（8）保存文件

（9）打开族表零件（图Ⅵ-19）

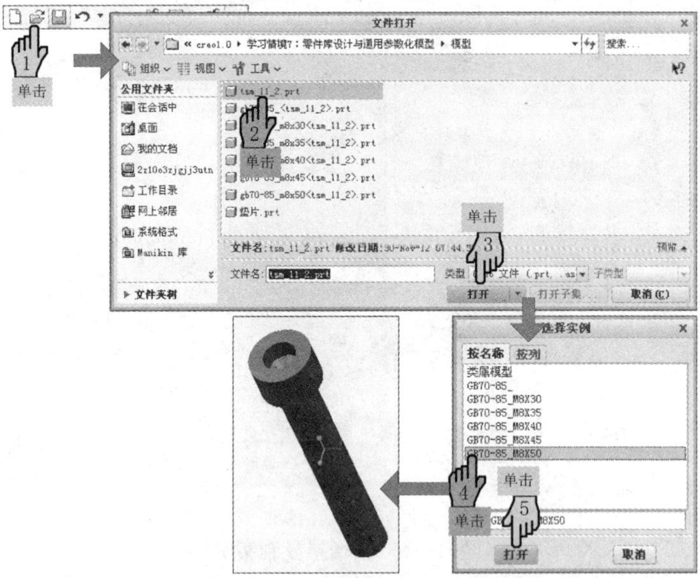

图Ⅵ-19　打开族表零件

习　　题

1. 完成如图Ⅵ-20所示零件族表的创建。

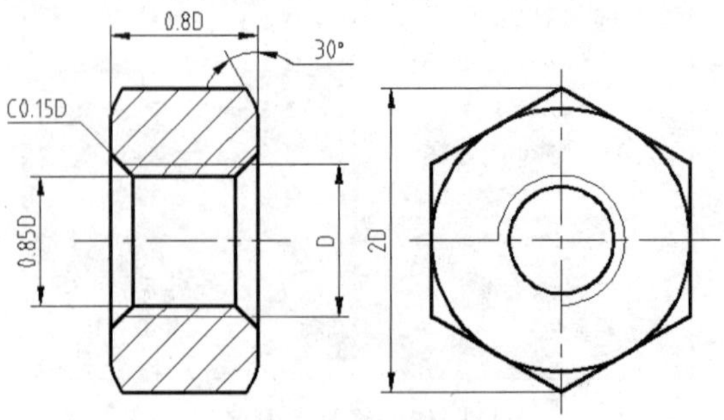

图Ⅵ-20　习题1图

2. 完成如图Ⅵ–21 所示零件族表的创建。

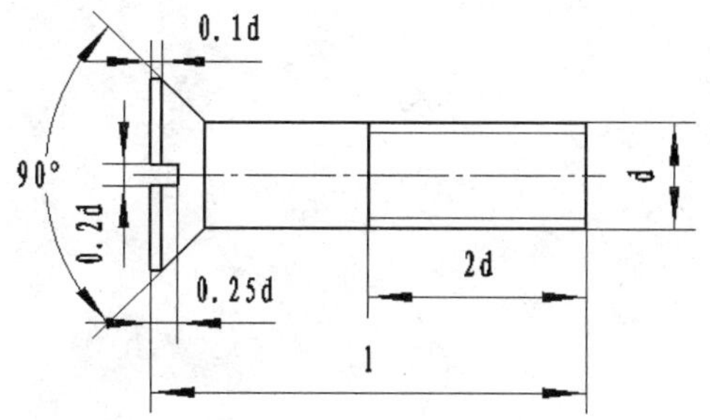

图Ⅵ–21　习题 2 图

3. 完成如图Ⅵ–22 所示零件族表的创建。

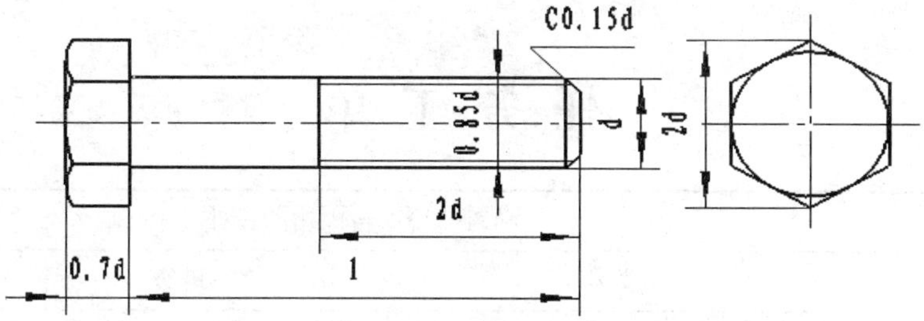

图Ⅵ–22　习题 3 图

4. 完成如图Ⅵ–23 所示开口垫圈的绘制。

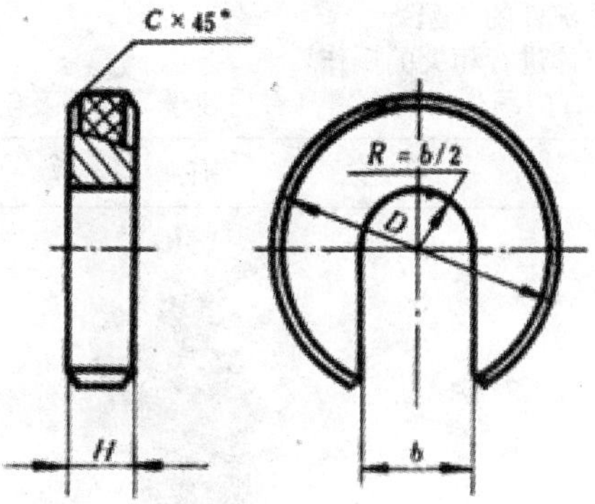

规格（螺纹大径）	*b*	*C*	*D*	*H*
5	6	0.5	16	4
6	8	0.5	20	4
8	10	0.8	25	4
10	12	1	30	4
12	14	1	35	4

图Ⅵ–23　习题 4 图

项目 7

台虎钳设计

任 务 工 单

<table>
<tr><td>学习情境</td><td colspan="9">学习情境：台虎钳的设计</td></tr>
<tr><td>姓名</td><td></td><td colspan="2">学号</td><td colspan="2"></td><td colspan="2">班级</td><td colspan="2"></td></tr>
<tr><td>任务目标</td><td colspan="9">知识目标：
1. 零件建模命令的综合应用
2. 掌握装配命令
3. 掌握分解图、视图管理、检查分析等操作
能力目标：
1. 能够进行零部件的装配
2. 能够对装配体进行相关的操作
素质目标：具有问题分析能力；具有自我学习能力及创新能力</td></tr>
<tr><td rowspan="2">任务描述</td><td colspan="9">任务</td></tr>
<tr><td colspan="9"></td></tr>
<tr><td>学习总结</td><td colspan="9"></td></tr>
<tr><td rowspan="5">考核方法</td><td colspan="2" rowspan="2">项目</td><td colspan="2" rowspan="2">分值比例/%</td><td colspan="5">分数</td></tr>
<tr><td colspan="2">任务一</td><td>任务二</td><td colspan="2">任务三</td></tr>
<tr><td colspan="2">项目计划决策</td><td colspan="2">10</td><td colspan="2"></td><td></td><td colspan="2"></td></tr>
<tr><td colspan="2">项目实施检查</td><td colspan="2">50</td><td colspan="2"></td><td></td><td colspan="2"></td></tr>
<tr><td colspan="2">项目评估讨论</td><td colspan="2">10</td><td colspan="2"></td><td></td><td colspan="2"></td></tr>
</table>

续表

考核方法	项目	分值比例/%	分数		
			任务一	任务二	任务三
	职业素养	20			
	学生互评	10			
	总分	100			
指导教师评语					

任务　台虎钳装配体设计

1. 台虎钳简介

台虎钳是用来夹持工件的通用夹具。台虎钳装置在工作台上，用以夹稳加工工件，为钳工车间必备工具。本节以台虎钳为例，将台虎钳各个零件通过约束装配起来，生成台虎钳组件。台虎钳装配完毕后，模型如图Ⅶ–1 所示。

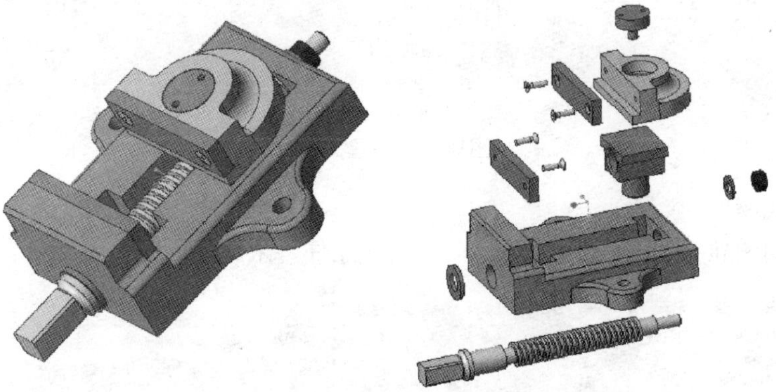

图Ⅶ–1　台虎钳及其分解图

2. 台虎钳装配思路

先建立装配模型，然后引入各个零件，进行约束，如图Ⅶ–2 所示。

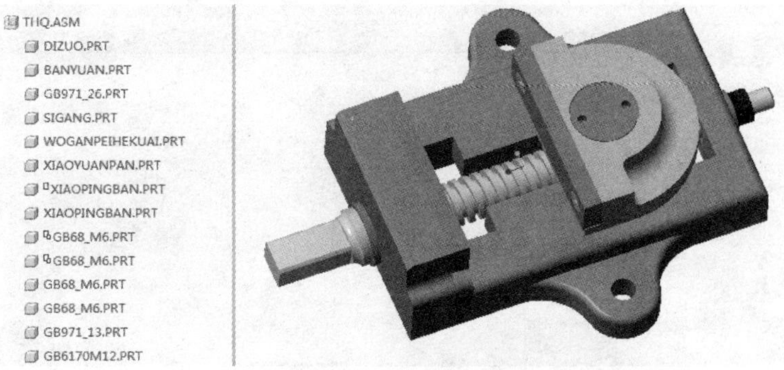

图Ⅶ–2　台虎钳装配思路

3. 台虎钳装配

首先设置好工作目录，把所有零件存放在工作目录文件夹下。

台虎钳设计

（1）新建装配文件

新建装配文件时，需要注意选择公制模板，以免后期出现问题，如图Ⅶ-3 所示。

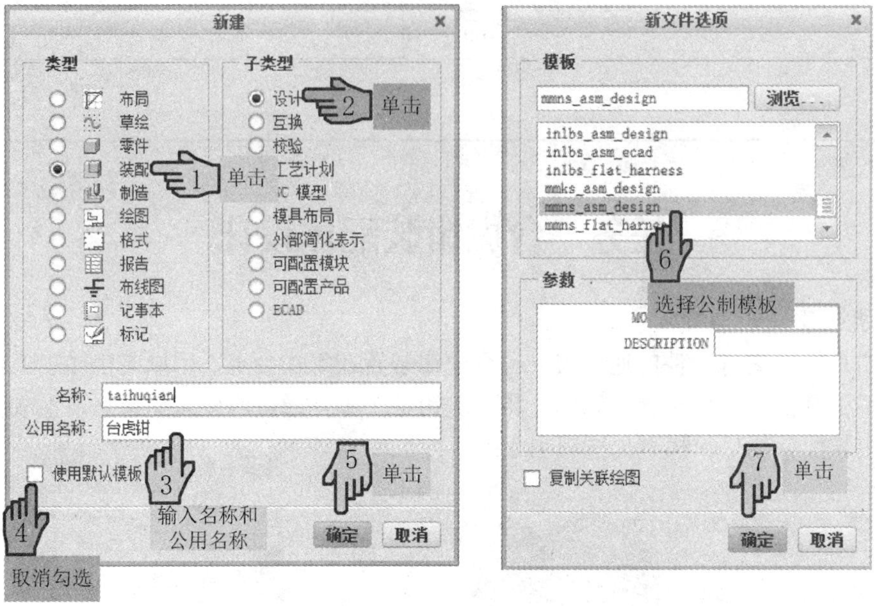

图Ⅶ-3　新建文件

（2）组装底座

底座组装如图Ⅶ-4 所示，作为第一个引入的元件，采用“固定”约束。

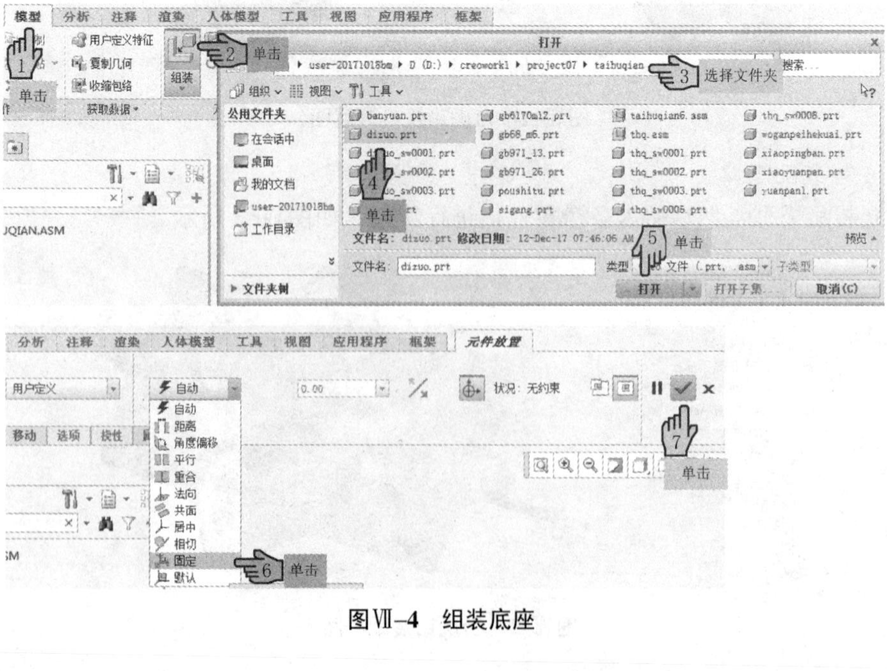

图Ⅶ-4　组装底座

（3）组装大垫圈

组装大垫圈如图Ⅶ-5 所示。

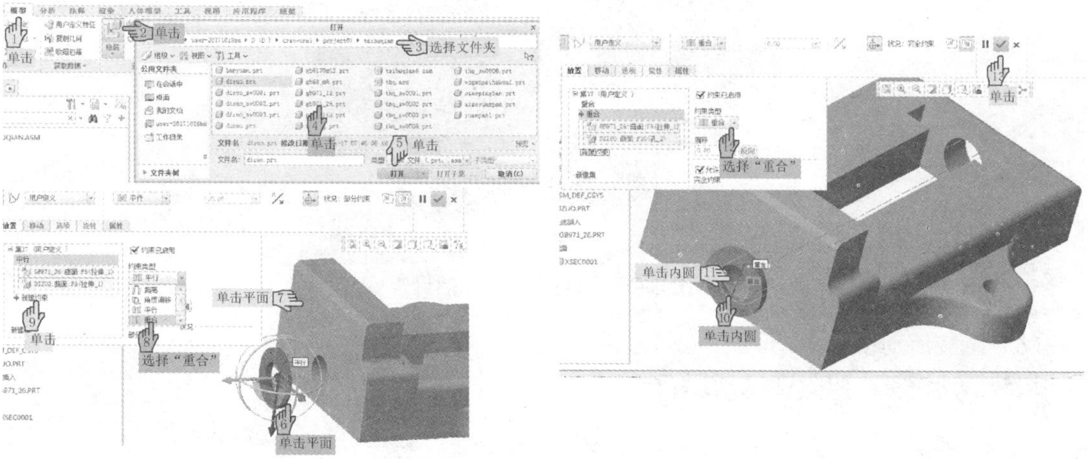

图Ⅶ-5　组装大垫圈

（4）组装丝杠

组装丝杠如图Ⅶ-6 所示。

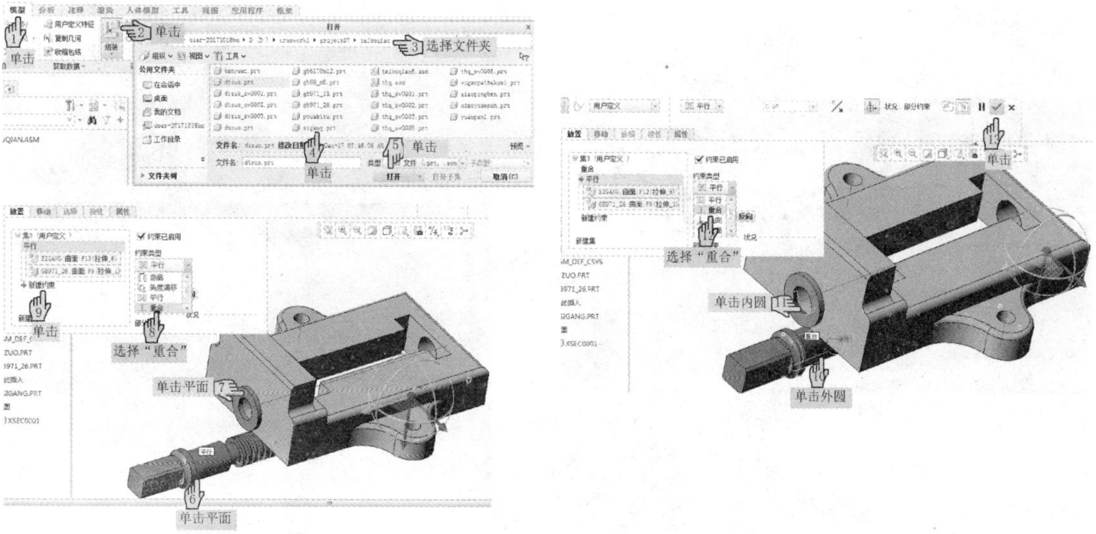

图Ⅶ-6　组装丝杠

（5）组装小垫圈和螺母

组装小垫圈和螺母的方法同大垫圈，如图Ⅶ-7 所示。

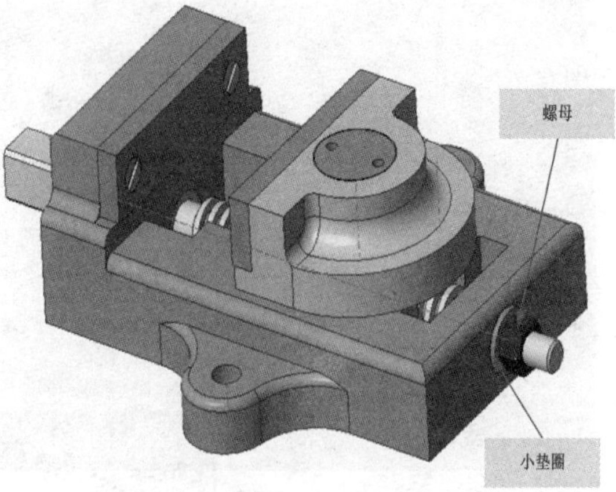

图Ⅶ-7 组装小垫圈和螺母

（6）组装活动钳身

组装活动钳身，如图Ⅶ-8所示。

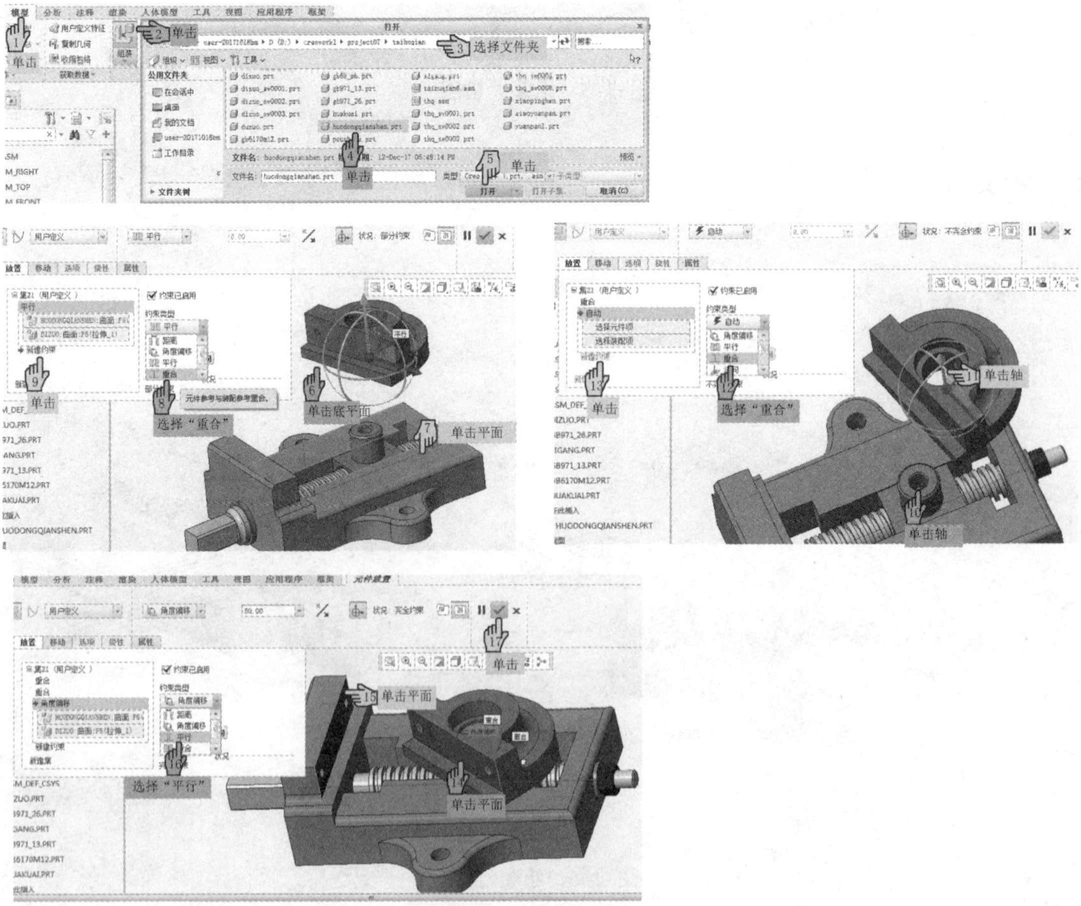

图Ⅶ-8 组装活动钳身

（7）组装固定螺钉

组装固定螺钉，通过面重合和轴重合约束，如图Ⅶ-9所示。

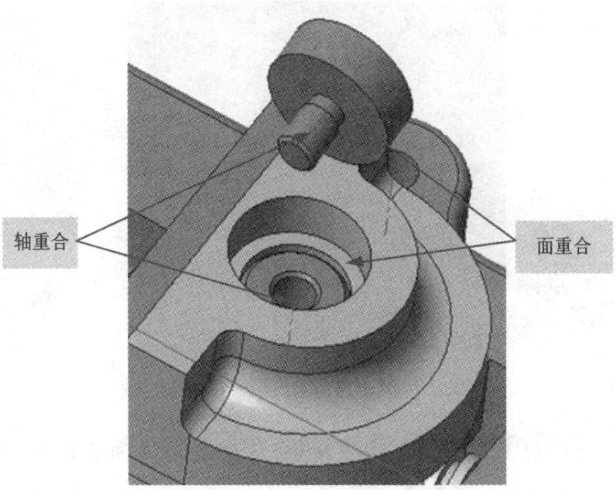

图Ⅶ-9　组装固定螺钉

（8）组装钳口板

组装钳口板，如图Ⅶ-10 所示。

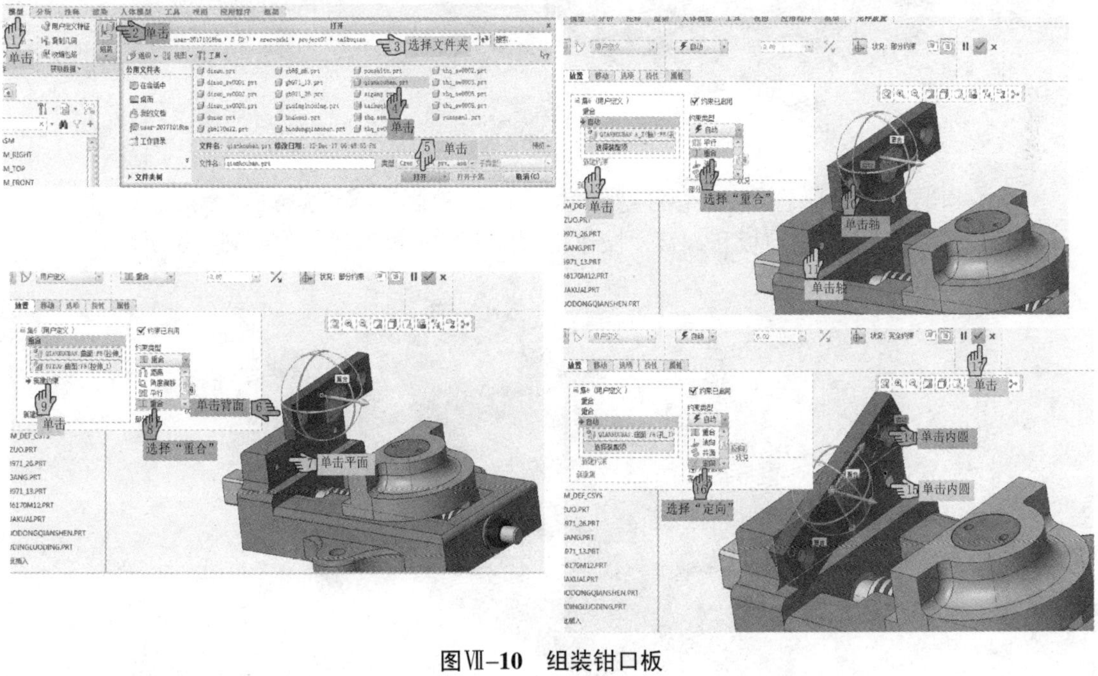

图Ⅶ-10　组装钳口板

（9）组装螺钉

组装第一个螺钉，如图Ⅶ-11 所示。

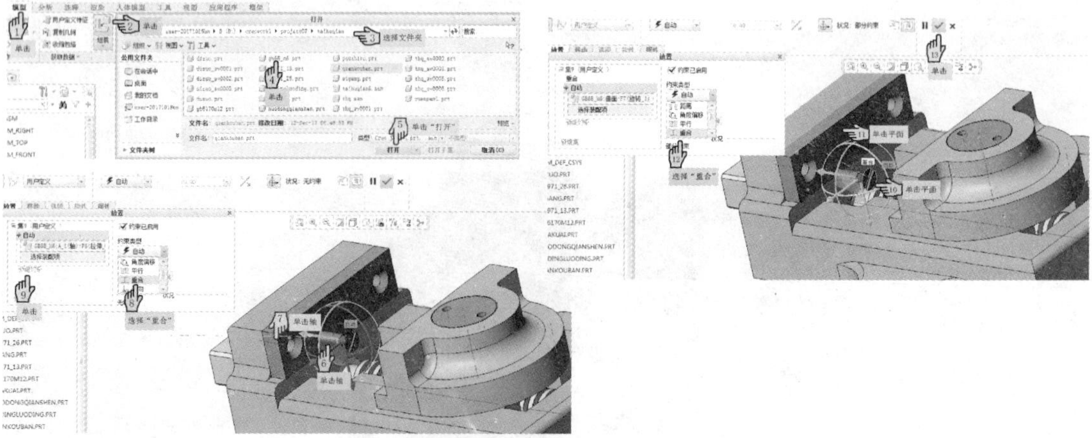

图Ⅶ-11　组装螺钉一

组装第二个螺钉，可以用“复制”和“粘贴”来装配，节省操作步骤，如图Ⅶ-12 所示。

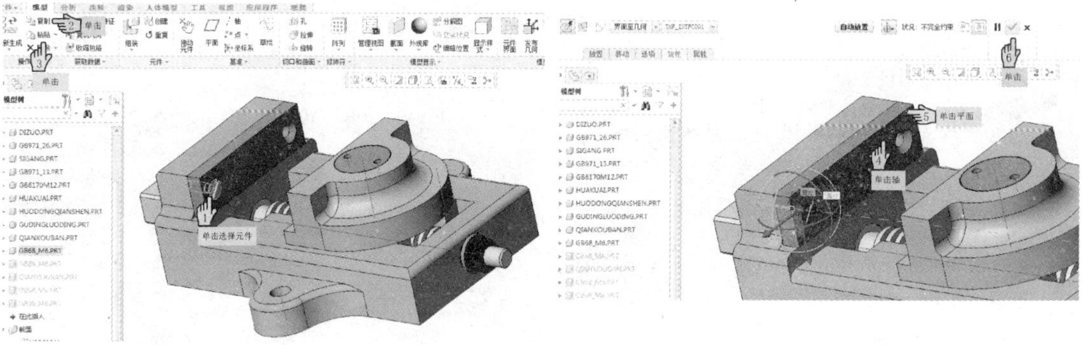

图Ⅶ-12　组装螺钉二

（10）组装活动钳身上的钳口板和螺钉

组装活动钳身上的钳口板和螺钉，操作步骤同上，不再赘述，如图Ⅶ-13 所示。

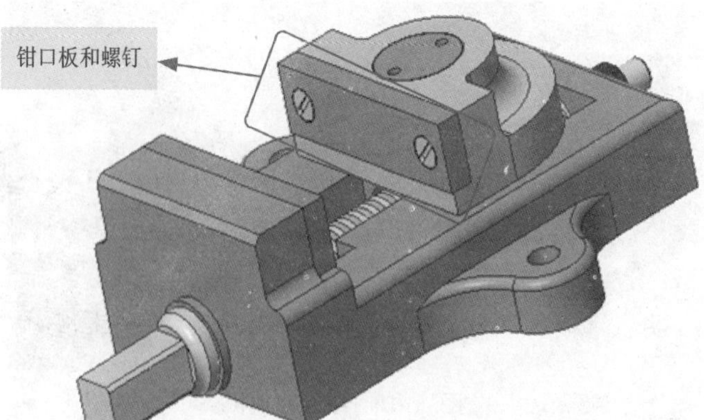

图Ⅶ-13　钳口板和螺钉

4. 创建台虎钳分解图

以上面装配完毕的台虎钳进行展开，讲解分解图的创建。

（1）创建分解图

打开 taihuqian.asm 文件后，创建分解图，操作如图Ⅶ–14 所示。用户可以根据需要，创建多个分解图。

创建分解图

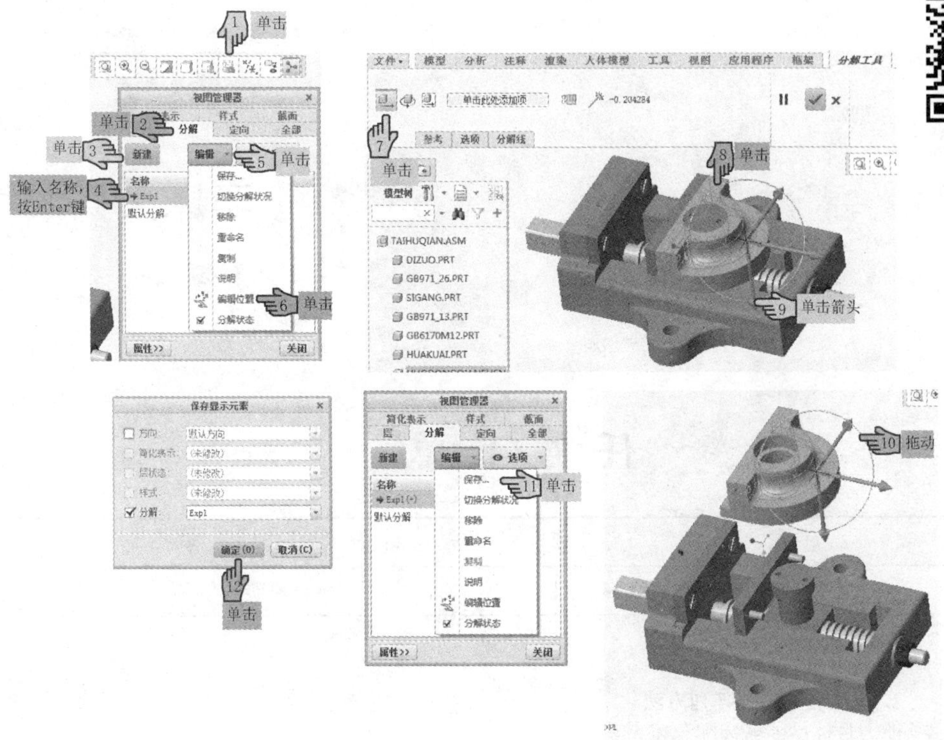

图Ⅶ–14　创建分解图

（2）取消分解图

取消分解图，则在“视图”功能选项卡“模型显示”区域中选择“分解图”命令，取消分解状态。

习　　题

1. Creo 3.0 中装配约束有哪几种？
2. 台虎钳装配练习。

项目 8

车床夹具设计

任务工单

<table>
<tr><td>项目名称</td><td colspan="6">项目 8　车床夹具设计</td></tr>
<tr><td>姓名</td><td></td><td colspan="2">学号</td><td></td><td>班级</td><td></td></tr>
<tr><td>任务目标</td><td colspan="6">知识目标：
1. 掌握零件的装配方法
2. 掌握装配中的阵列方法
能力目标：能够装配车床夹具
素质目标：具有问题分析能力；具有自我学习能力及创新能力</td></tr>
<tr><td rowspan="2">任务描述</td><td colspan="3">任务 1</td><td colspan="3">任务 2</td></tr>
<tr><td colspan="3">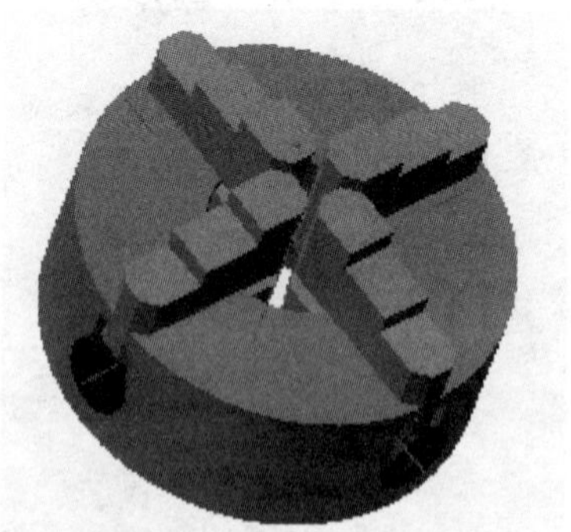</td><td colspan="3"></td></tr>
<tr><td>学习总结</td><td colspan="6"></td></tr>
</table>

续表

	项目	分值比例/%	分数	
			任务 1	任务 2
考核方法	项目计划决策	10		
	项目实施检查	50		
	项目评估讨论	10		
	职业素养	20		
	学生互评	10		
	总分	100		
指导教师评语				

任务 1　卡盘式车床夹具设计

8.1.1　卡盘式车床夹具分析

卡盘式车床夹具一般用一个以上的卡爪夹紧工件，多采用定心机构，且多具有对称性结构，常用于以外圆（或内圆）及端面定位的回转体的加工。广泛应用于通用车床、铣床、钻床及圆磨床上。三爪自定心卡盘的结构如图Ⅷ–1 所示。

图Ⅷ–2 所示为四爪单动卡盘，卡盘的四个爪通过 4 个螺杆独立移动。它的特点是能装夹形状比较复杂的非回转体，如方形、长方形等，并且夹紧力大。由于其装夹后不能自动定心，所以装夹效率较低，装夹时必须用划线盘或百分表找正，使工件回转中心与车床主轴中心对齐。

图Ⅷ–1　三爪自定心卡盘

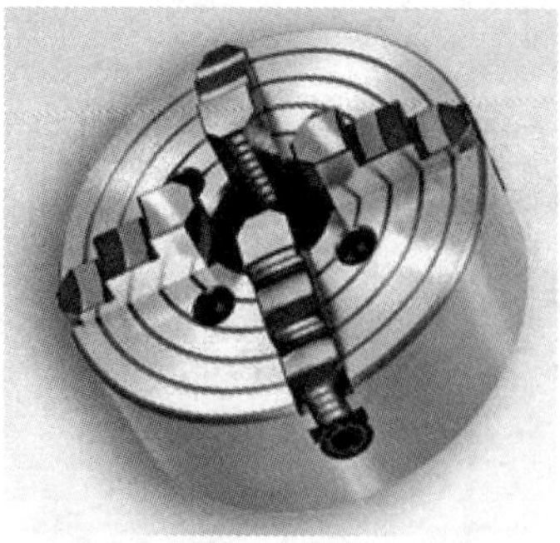

图Ⅷ–2　四爪单动卡盘

8.1.2 卡盘式车床夹具装配思路

本任务以四爪单动卡盘的创建过程为例进行讲解，装配思路如图Ⅷ–3 所示。

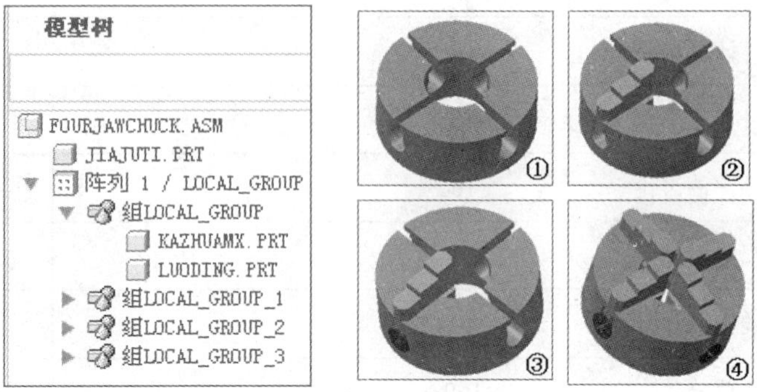

图Ⅷ–3 四爪单动卡盘装配思路

8.1.3 卡盘式车床夹具装配过程

（1）新建装配文件

（2）进行夹具体与卡爪的装配，过程

夹具体与卡爪的装配过程如图Ⅷ–4 所示。

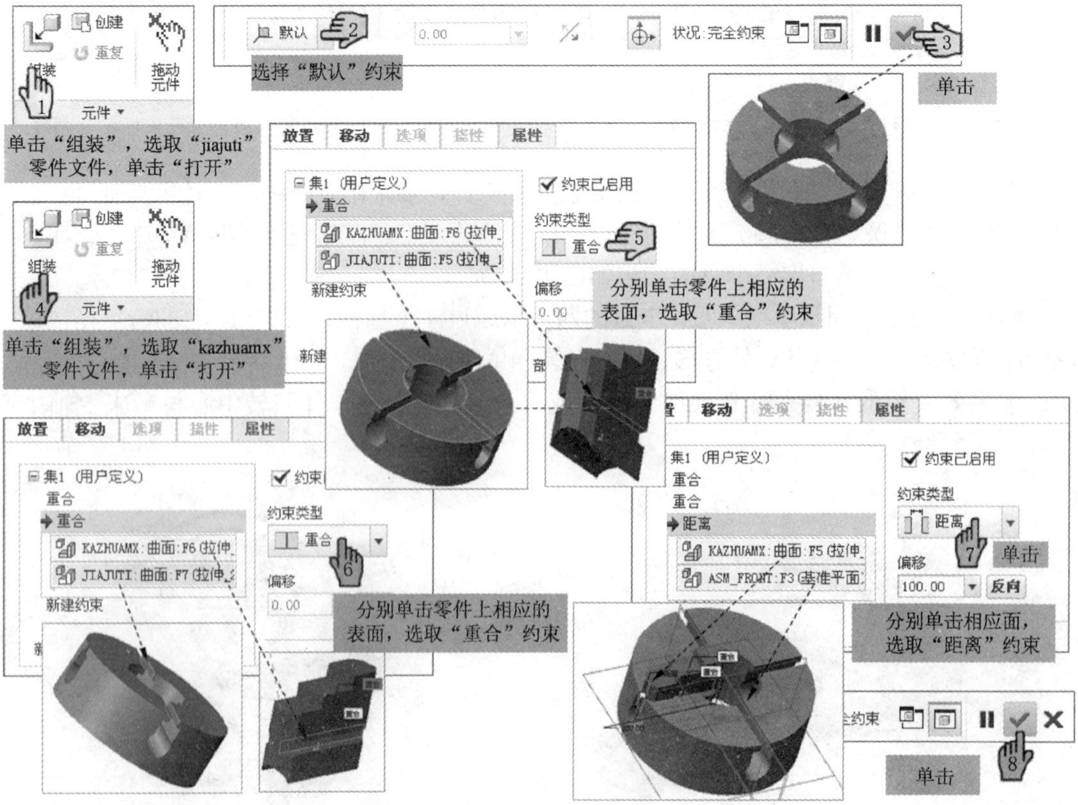

图Ⅷ–4 夹具体与卡爪的装配过程

（3）螺钉的装配与阵列

螺钉的装配与阵列操作过程如图Ⅷ–5 所示。

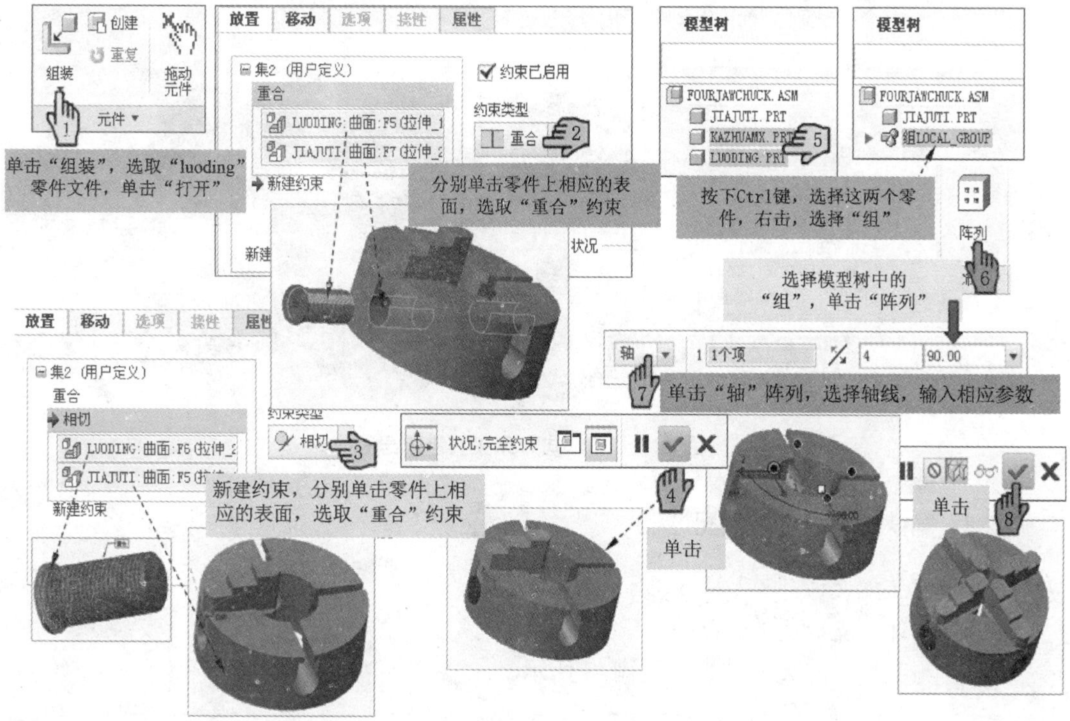

图Ⅷ–5　螺钉的装配与阵列过程

（4）保存装配体文件

任务 2　角铁式车床夹具设计

8.2.1　角铁式车床夹具分析

夹具体呈角铁状的车床夹具称为角铁式车床夹具，其结构不对称，用于加工壳体、支座、杠杆、接头等零件上的回转面和端面。角铁式车床夹具结构如图Ⅷ–6 所示。

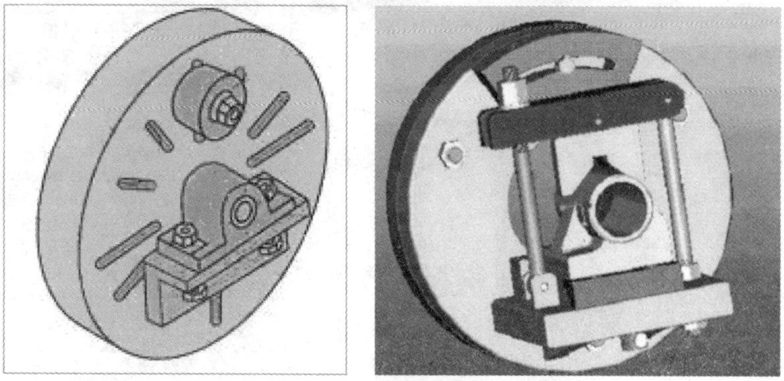

图Ⅷ–6　角铁式车床夹具

8.2.2 角铁式车床夹具装配思路

角铁式车床夹具装配思路如图Ⅷ–7 所示。

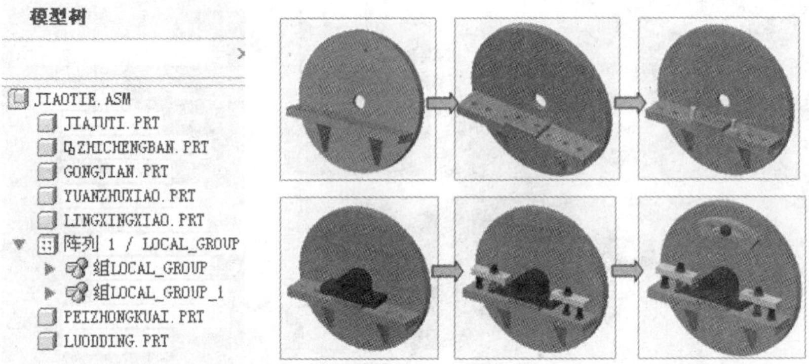

图Ⅷ–7　角铁式车床夹具装配思路

8.2.3 角铁式车床夹具装配过程

（1）新建装配文件

（2）夹具体与支撑板的装配

夹具体与支撑板的装配过程如图Ⅷ–8 所示。

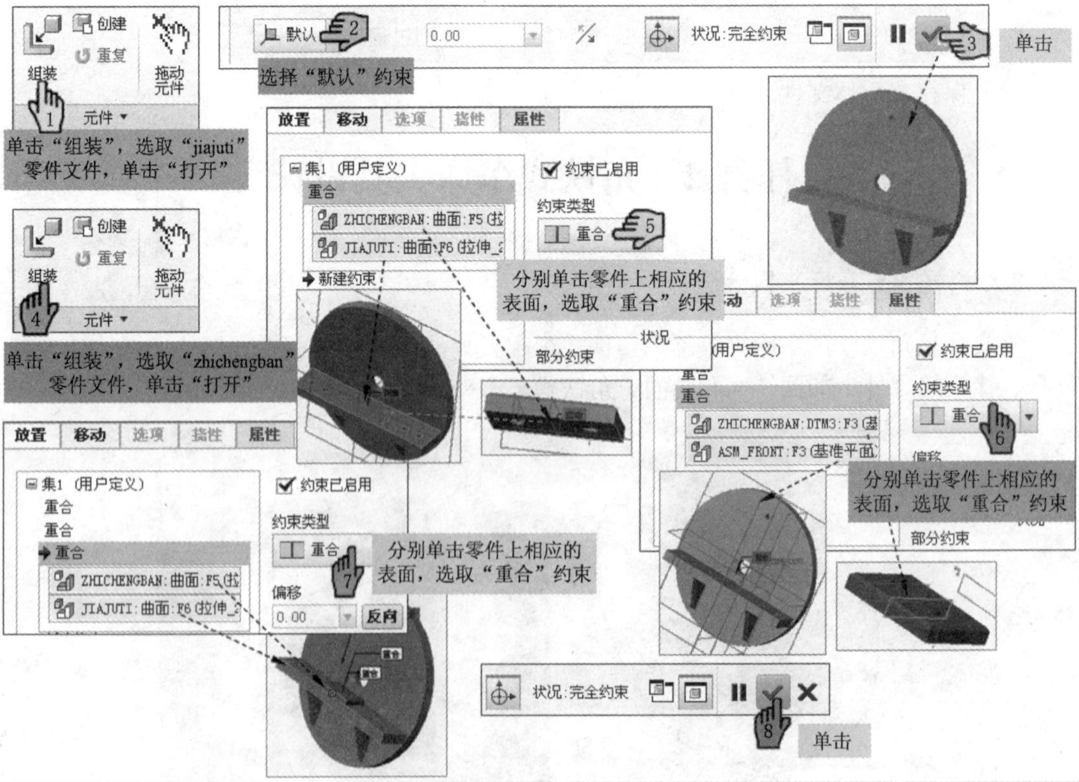

图Ⅷ–8　夹具体与支撑板的装配

（3）定位销的装配

定位销的装配过程如图Ⅷ–9 所示。

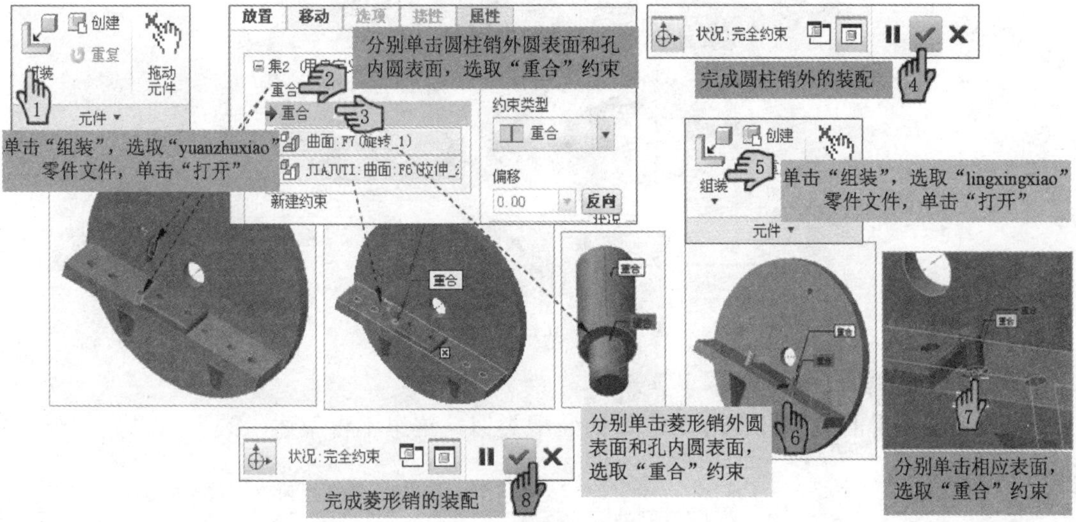

图Ⅷ–9　定位销的装配

（4）工件的装配

工件的装配过程如图Ⅷ–10 所示。

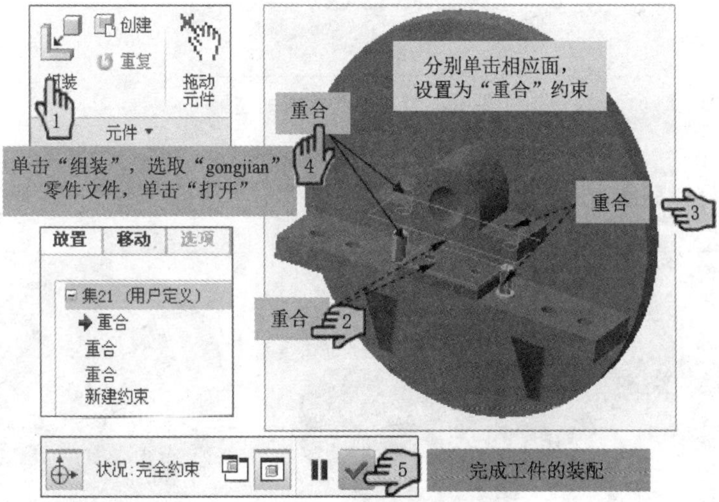

图Ⅷ–10　工件的装配

（5）夹紧装置的装配

夹紧装置包括有立柱、压板、弹簧、螺母、垫片等零件，装配过程如下。

① 立柱 1 的装配。

立柱 1 的装配过程如图Ⅷ–11 所示。

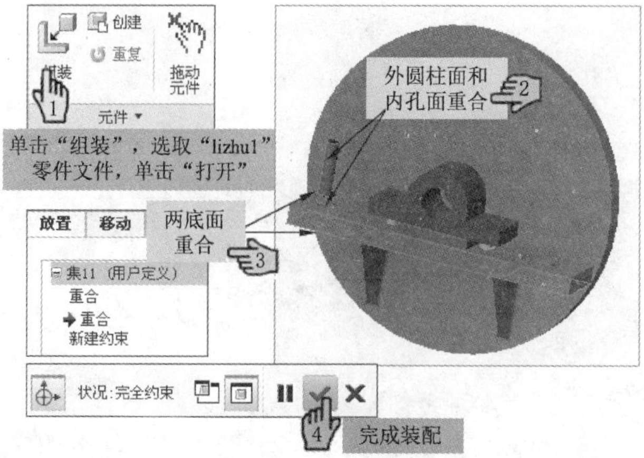

图Ⅷ-11　立柱 1 的装配

② 立柱 2 与螺母的装配。

立柱 2 及螺母的装配过程与立柱 1 的装配类似，这里不再叙述，装配结果如图Ⅷ-12 所示。

图Ⅷ-12　立柱 2 与螺母的装配

③ 压板的装配。

压板的装配过程如图Ⅷ-13 所示。

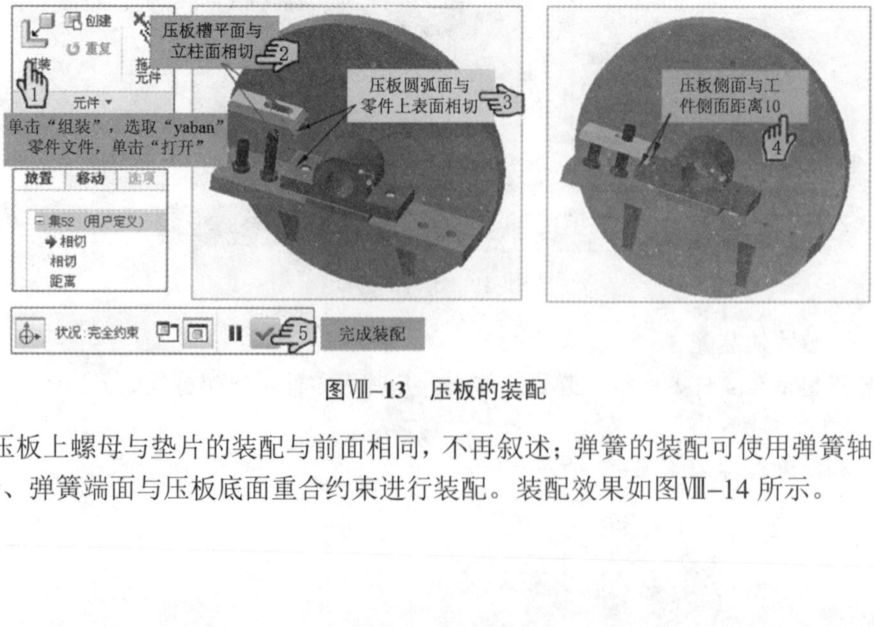

图Ⅷ-13　压板的装配

④ 压板上螺母与垫片的装配与前面相同，不再叙述；弹簧的装配可使用弹簧轴线与立柱轴线重合、弹簧端面与压板底面重合约束进行装配。装配效果如图Ⅷ-14 所示。

图Ⅷ–14　夹紧机构其余零件的装配

⑤ 夹紧机构的阵列。

夹紧机构的阵列过程如图Ⅷ–15 所示。

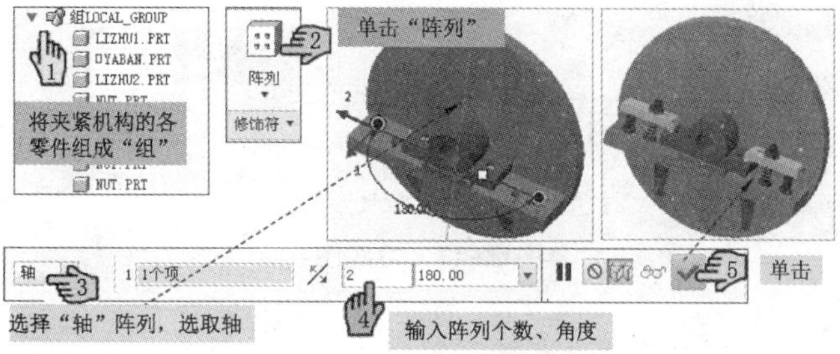

图Ⅷ–15　夹紧机构的阵列

（6）平衡块的装配

平衡块的装配过程如图Ⅷ–16 所示。

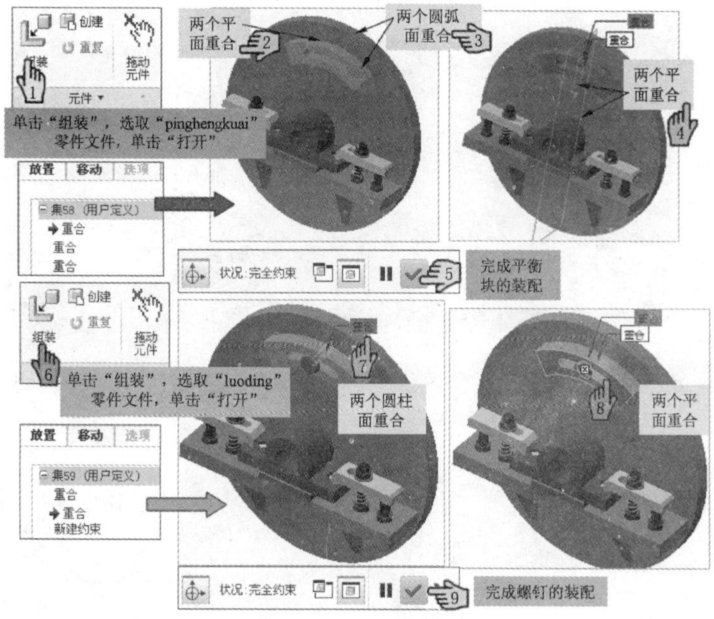

图Ⅷ–16　平衡块的装配

（7）保存装配文件

习　题

完成如图Ⅷ-17 所示机构的装配。

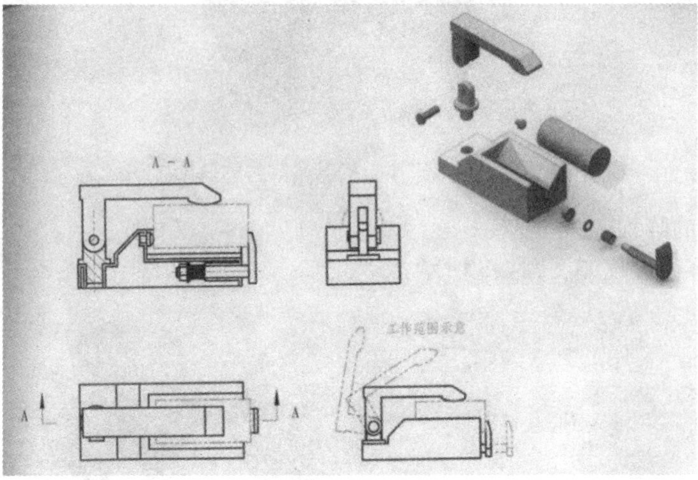

图Ⅷ-17　习题图

项目 9

钻床夹具设计

任务工单

<table>
<tr><td>学习情境</td><td colspan="6">项目 9　钻床夹具设计</td></tr>
<tr><td>姓名</td><td></td><td>学号</td><td></td><td>班级</td><td colspan="2"></td></tr>
<tr><td>任务目标</td><td colspan="6">知识目标：
1. 掌握销钉等运动装配方法
2. 掌握机械运动仿真设计思路
3. 掌握机械运动仿真装配方法
4. 掌握动画设计操作步骤及应用
能力目标：
1. 能够进行机械运动仿真设计
2. 能够建立机械产品的拆装动画设计
素质目标：具有问题分析能力；具有自我学习能力及创新能力</td></tr>
<tr><td rowspan="2">任务描述</td><td colspan="3">任务 1</td><td colspan="3">任务 2</td></tr>
<tr><td colspan="3"></td><td colspan="3">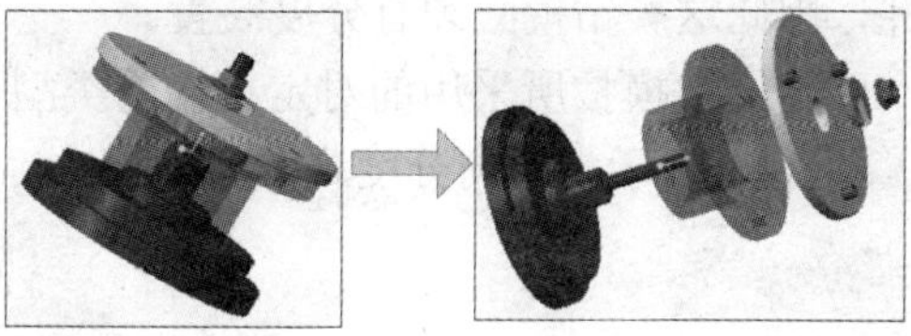</td></tr>
<tr><td>学习总结</td><td colspan="6"></td></tr>
</table>

实践篇

续表

<table>
<tr><td rowspan="8">考核方法</td><td rowspan="2">项目</td><td rowspan="2">分值比例/%</td><td colspan="2">分数</td></tr>
<tr><td>任务 1</td><td>任务 2</td></tr>
<tr><td>项目计划决策</td><td>10</td><td></td><td></td></tr>
<tr><td>项目实施检查</td><td>50</td><td></td><td></td></tr>
<tr><td>项目评估讨论</td><td>10</td><td></td><td></td></tr>
<tr><td>职业素养</td><td>20</td><td></td><td></td></tr>
<tr><td>学生互评</td><td>10</td><td></td><td></td></tr>
<tr><td>总分</td><td>100</td><td></td><td></td></tr>
<tr><td>指导教师
评语</td><td colspan="4"></td></tr>
</table>

任务 1　回转式钻模运动仿真设计

9.1.1　回转式钻模运动仿真设计分析

钻床夹具简称钻模，是辅助钻孔的一种工装夹具，它能引导刀具在工件上钻孔或铰孔。它除了具有工件的定位、夹紧功能外，其含有的根据被加工孔的位置分布而设置的钻套和钻模板，能够确定刀具的位置，并防止刀具在加工过程中倾斜，保证被加工孔的位置精度。钻套和钻模板是钻模上的特殊元件，钻套装配在钻模板或夹具体上，其作用是确定被加工孔的位置和引导刀具加工。钻模常使用在法兰、盖板、螺母、垫圈、电动机板、机座、液压阀块、轴上。使用钻模能提高钻孔效率，也可降低对工人技术的要求。

常用的钻模有固定式、回转式、移动式、盖板式和翻转式 5 种。

回转式钻模主要用来加工围绕一定的回转轴线（立轴、卧轴或倾斜轴）分布的轴向或径向孔系，以及分布在工件几个不同表面上的孔。工件在一次装夹中，靠钻模回转可依次加工各孔，因此这类钻模必须有分度装置。

回转式钻模按所采用的对定机构的类型，分为轴向分度式回转钻模和径向分度式回转钻模。图Ⅸ-1 所示为径向分度式回转钻模。

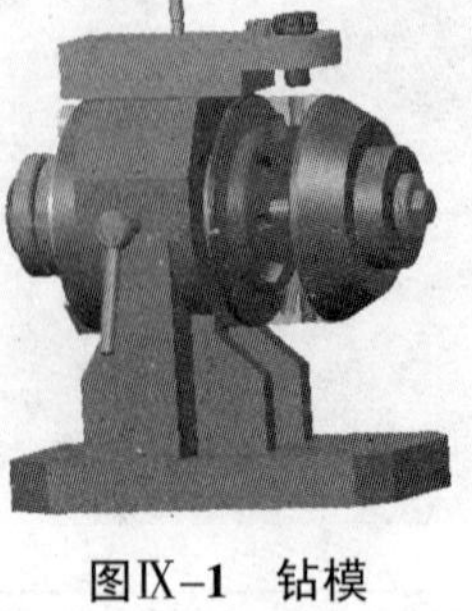

图Ⅸ-1　钻模

9.1.2 钻模运动仿真设计思路

钻模运动仿真设计思路如图Ⅸ–2 所示。

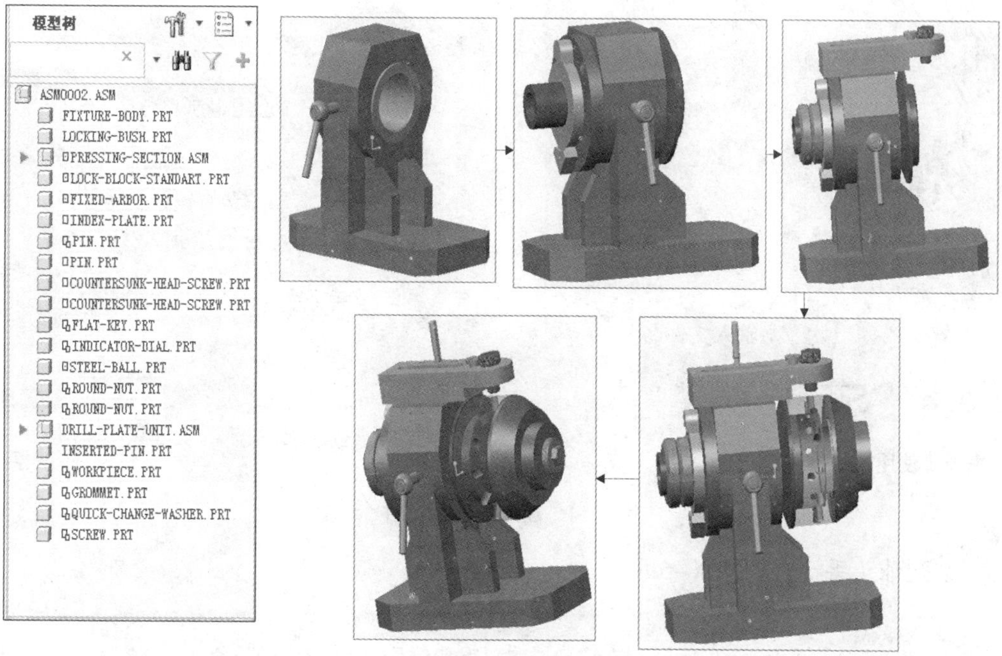

图Ⅸ–2　设计思路

9.1.3 钻模运动仿真设计过程

1. 建立运动模型

（1）设定工作目录（图Ⅸ–3）

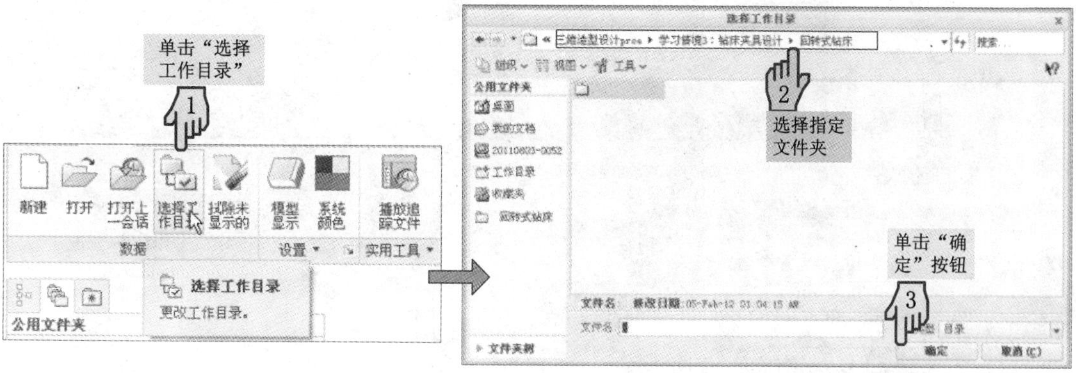

图Ⅸ–3　设置工作目录

（2）锁紧部件装配

① 建立装配部件，如图Ⅸ–4 所示。

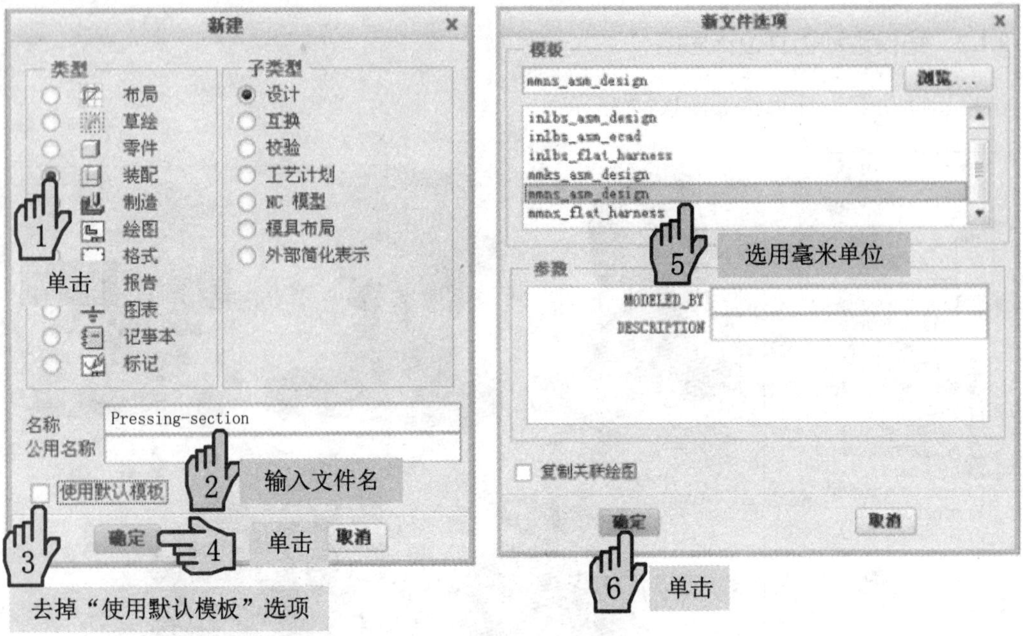

图Ⅸ-4　建立总装配部件

② 装配球头手柄，如图Ⅸ-5所示。

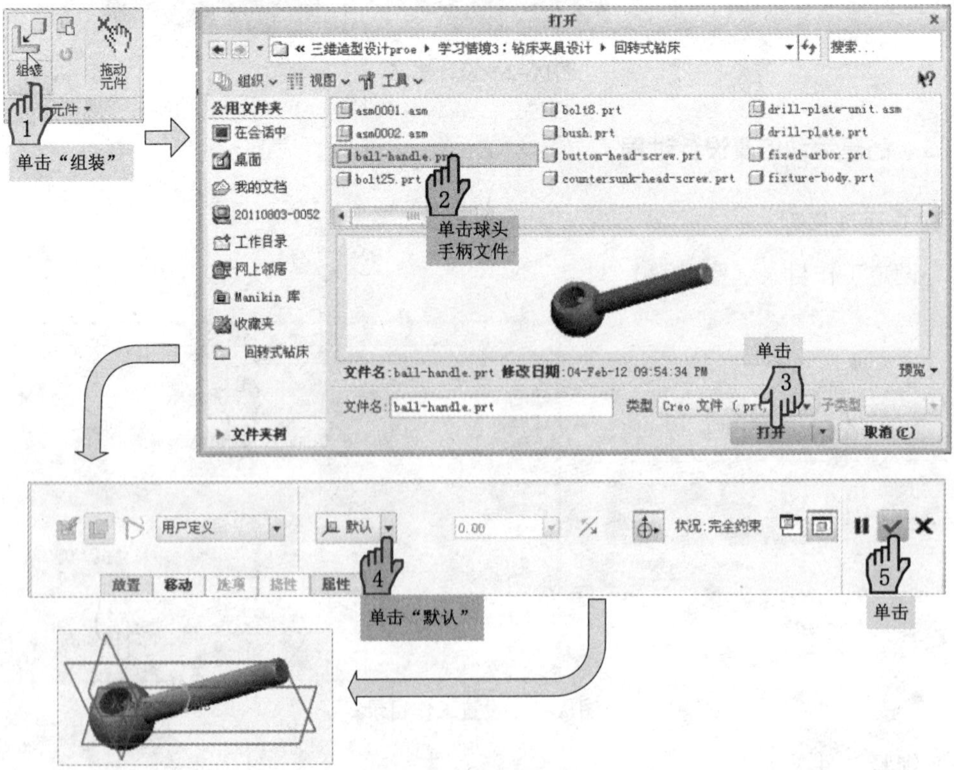

图Ⅸ-5　装配球头手柄

③ 装配螺栓，如图Ⅸ-6和图Ⅸ-7所示。

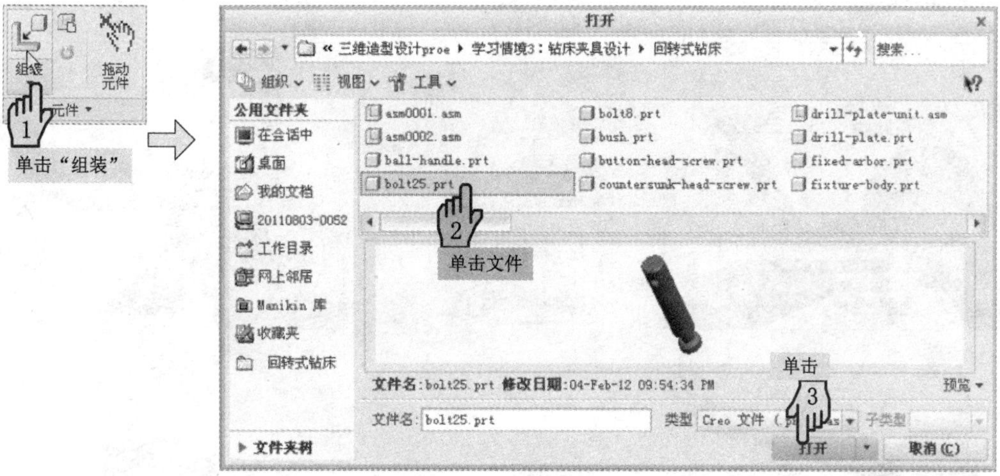

图Ⅸ-6　选择装配元件

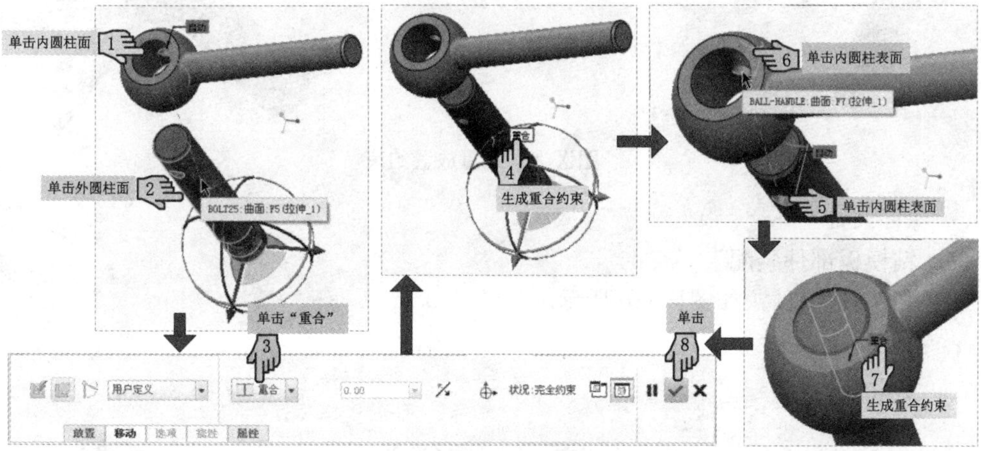

图Ⅸ-7　设置放置约束

④ 装配销，如图Ⅸ-8 和图Ⅸ-9 所示。

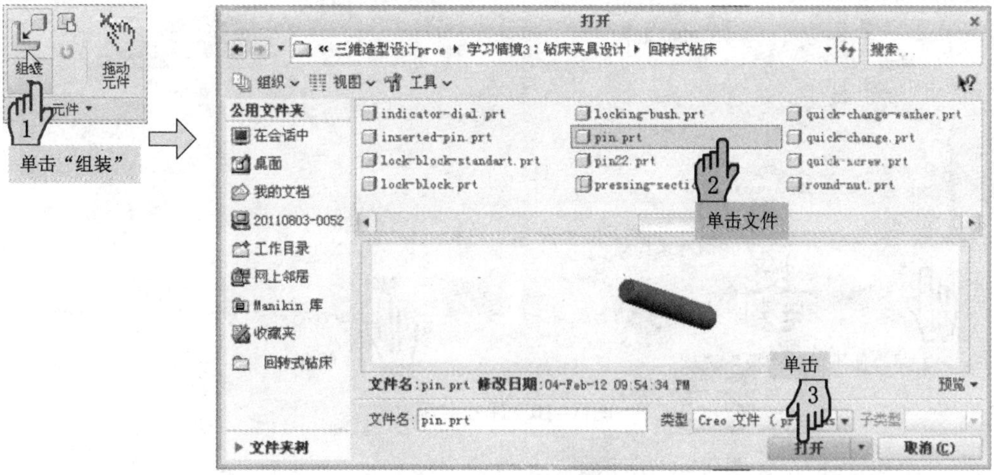

图Ⅸ-8　选择装配元件

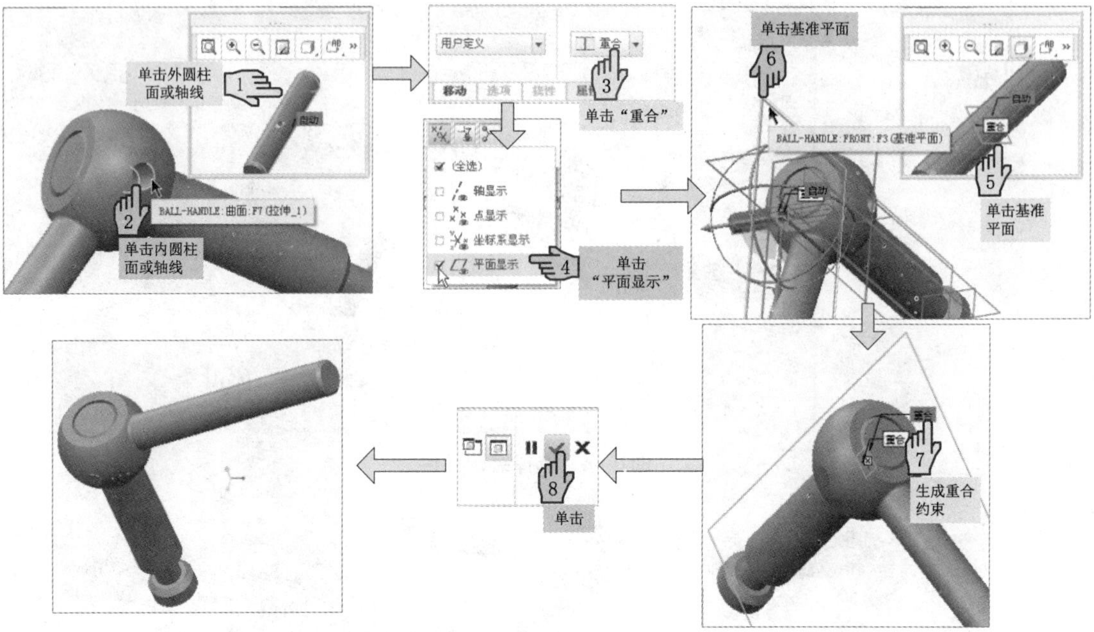

图Ⅸ-9　设置放置约束

⑤ 保存文件。

（3）钻模板部件装配

① 建立装配文件，如图Ⅸ-10 所示。

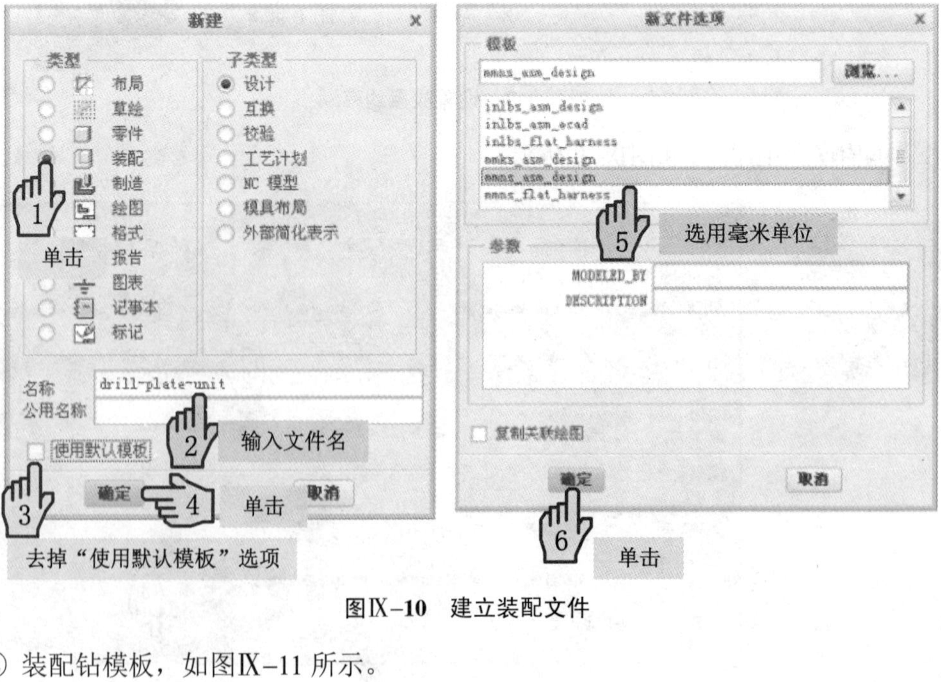

图Ⅸ-10　建立装配文件

② 装配钻模板，如图Ⅸ-11 所示。

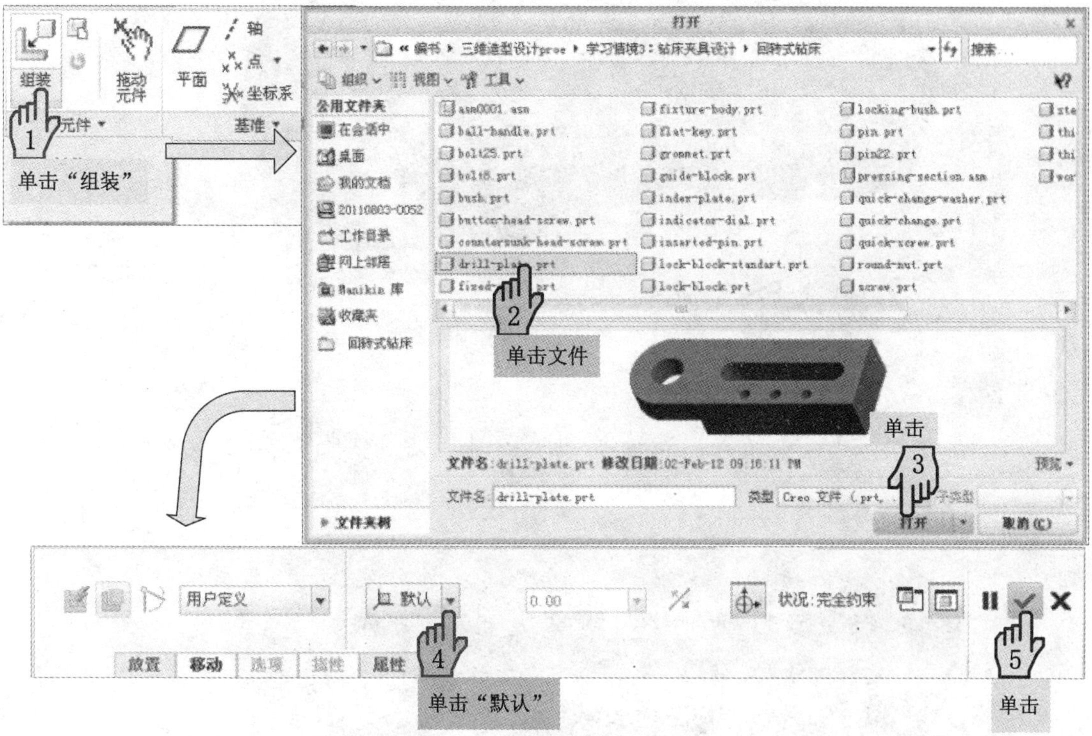

图Ⅸ–11　装配钻模板

③ 装配衬套，如图Ⅸ–12 和图Ⅸ–13 所示。

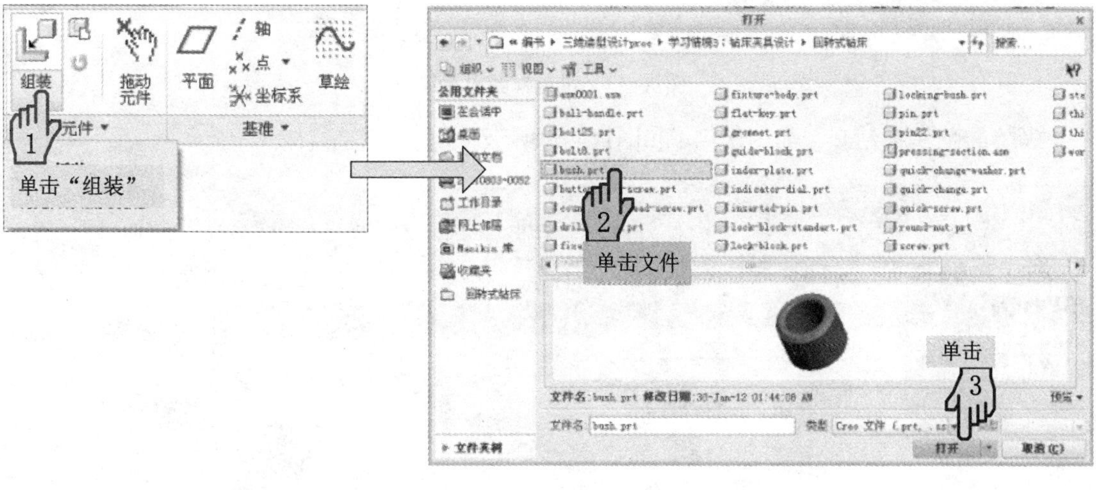

图Ⅸ–12　选择装配文件

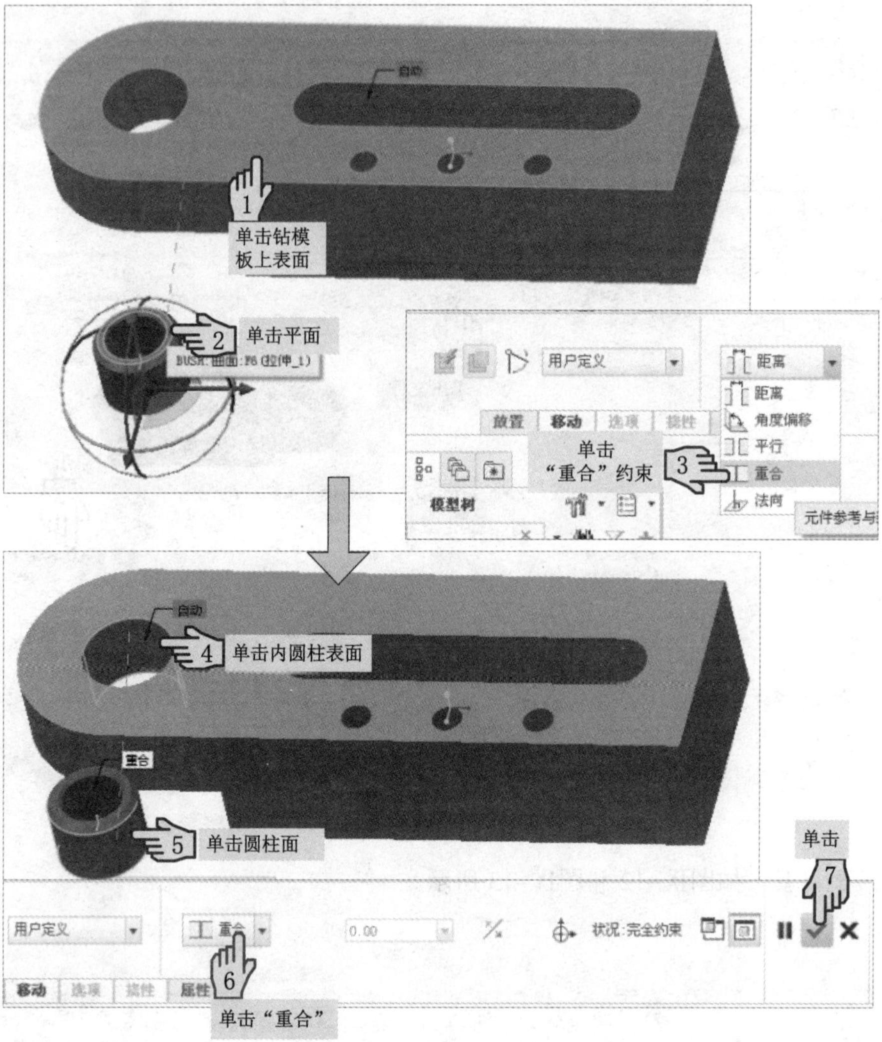

图Ⅸ-**13**　设置衬套放置约束

④ 装配快换钻套，如图Ⅸ-14 和图Ⅸ-15 所示。

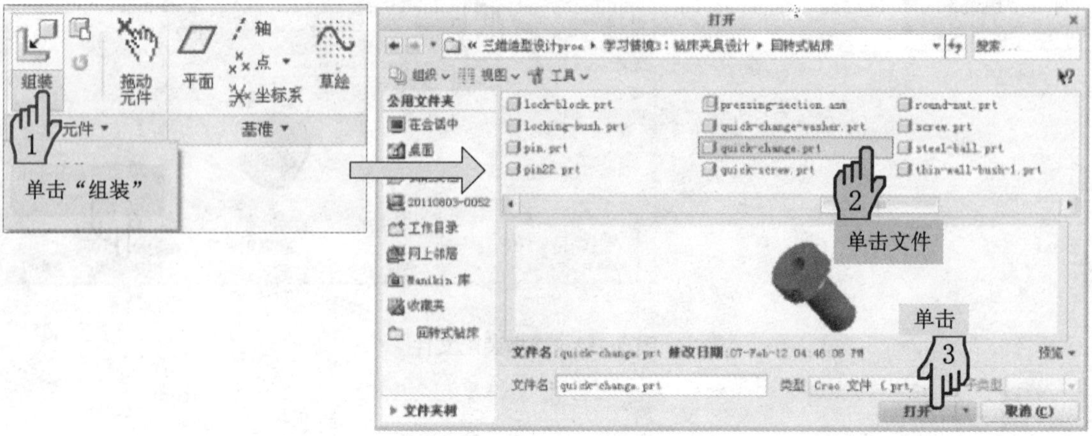

图Ⅸ-**14**　选择装配文件

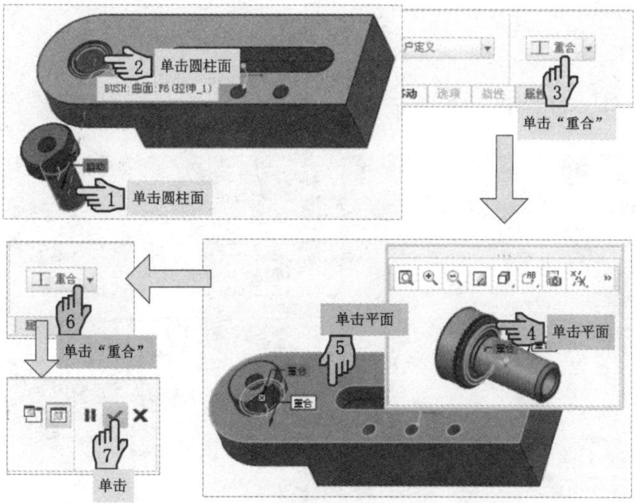

图Ⅸ–15　设置快换钻套放置约束

⑤ 装配压紧螺钉，如图Ⅸ–16 和图Ⅸ–17 所示。

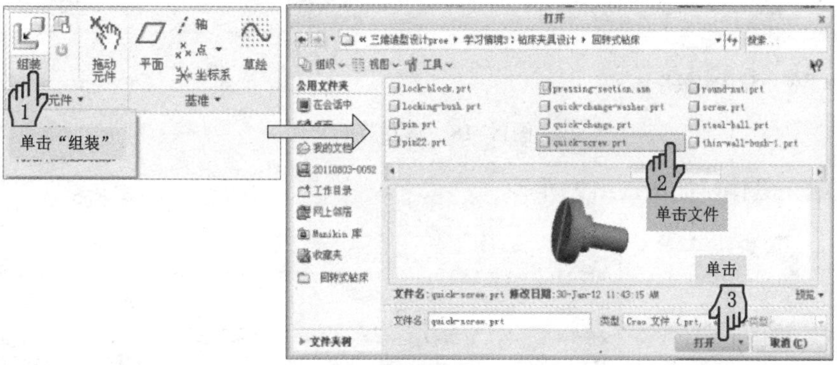

图Ⅸ–16　选择装配文件

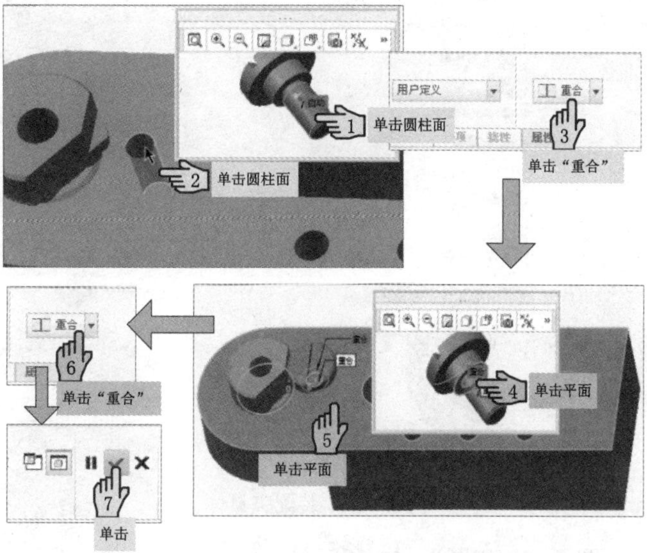

图Ⅸ–17　设置螺钉放置约束

⑥ 保存文件。

（4）总装配

① 建立装配文件，如图Ⅸ-18 所示。

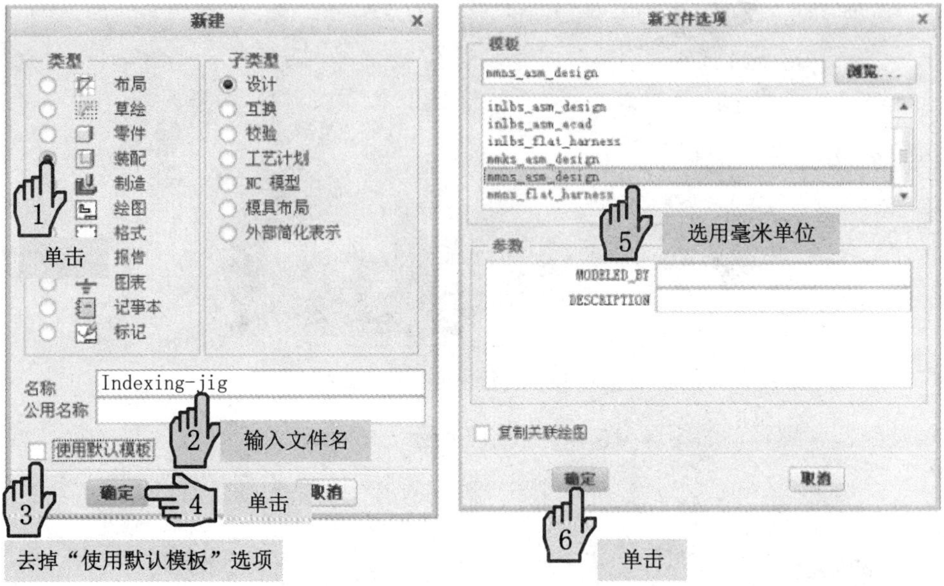

图Ⅸ-18　建立装配文件

② 装配夹具体，如图Ⅸ-19 所示。

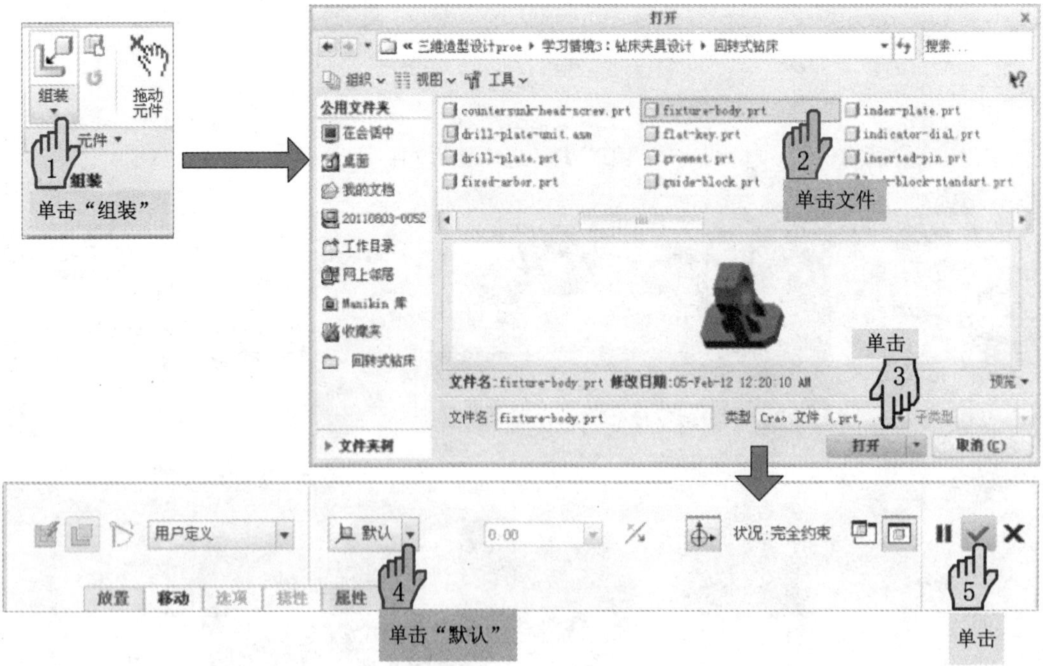

图Ⅸ-19　装配夹具体

③ 装配衬套，如图Ⅸ-20 和图Ⅸ-21 所示。

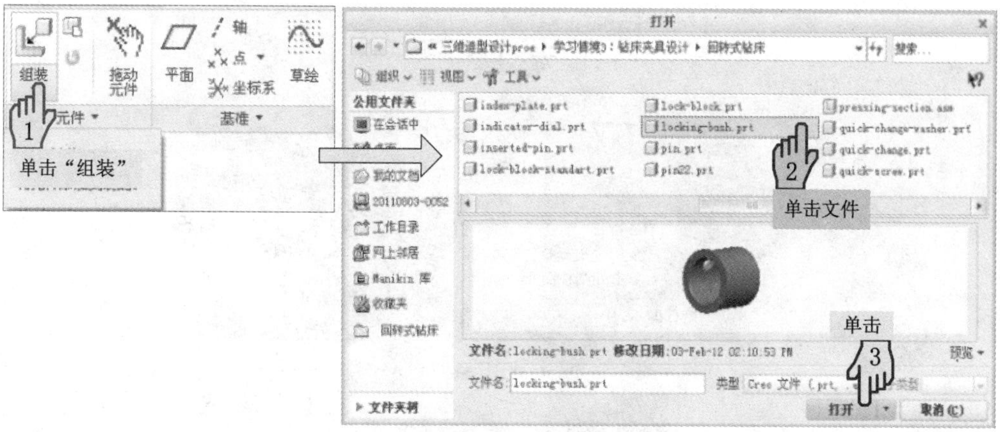

图Ⅸ-20　选择装配文件

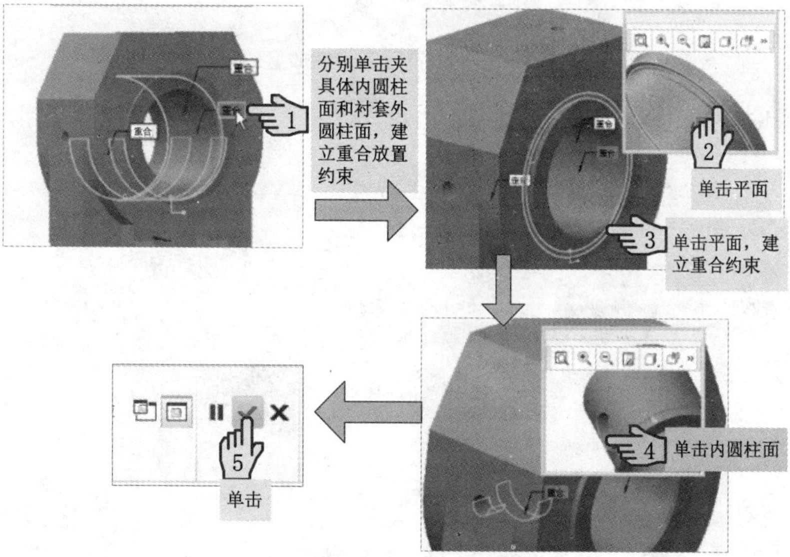

图Ⅸ-21　设置衬套放置约束

④ 装配压紧部件，如图Ⅸ-22 和图Ⅸ-23 所示。

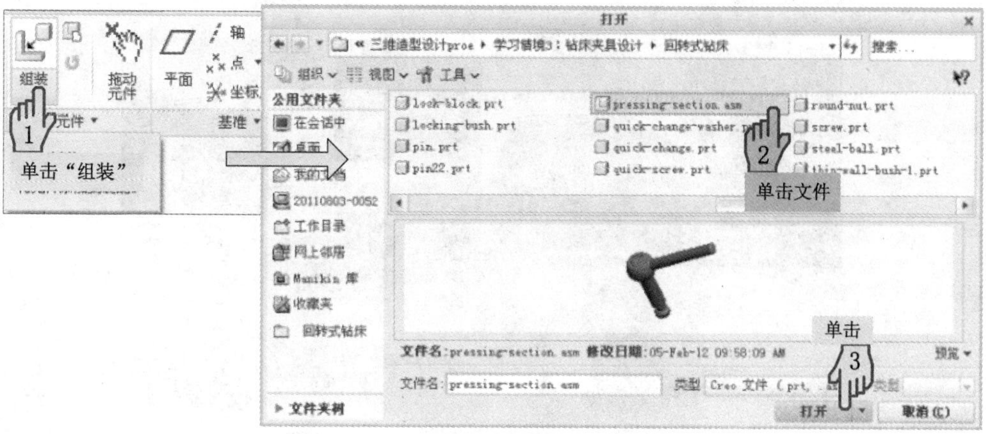

图Ⅸ-22　选择装配文件

实践篇

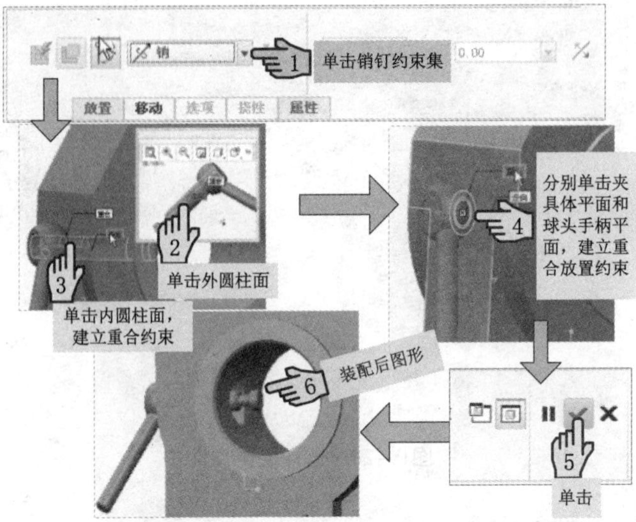

图Ⅸ–23 设置压紧部件放置约束

⑤ 装配压块，如图Ⅸ–24 和图Ⅸ–25 所示。

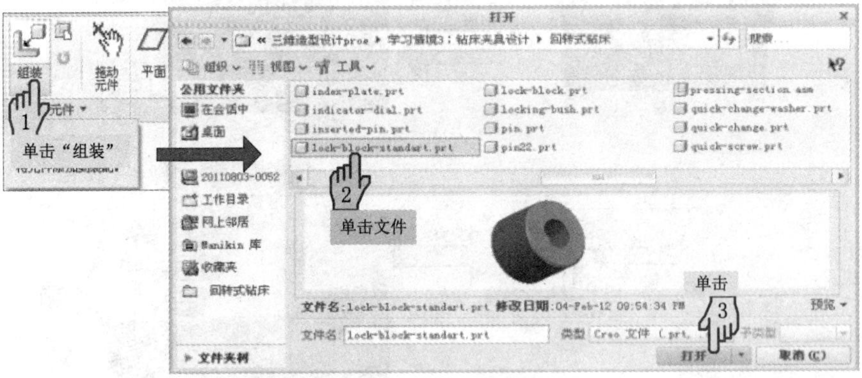

图Ⅸ–24 选择装配文件

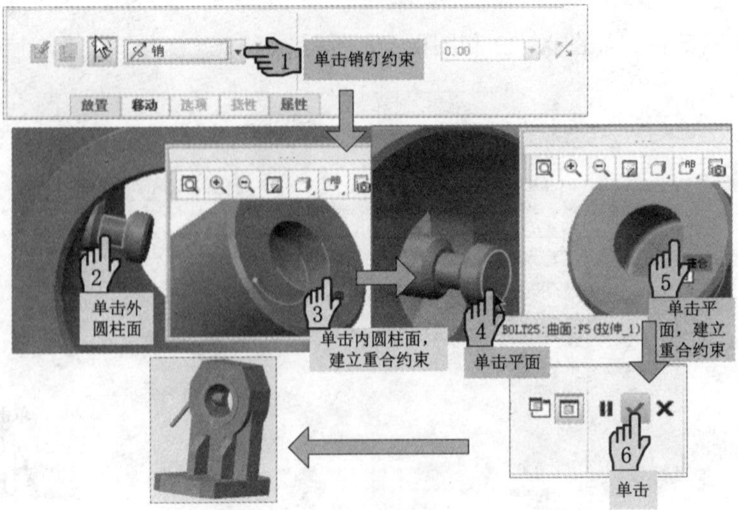

图Ⅸ–25 设置压块放置约束

⑥ 修改压紧部件装配，如图Ⅸ-26 所示。

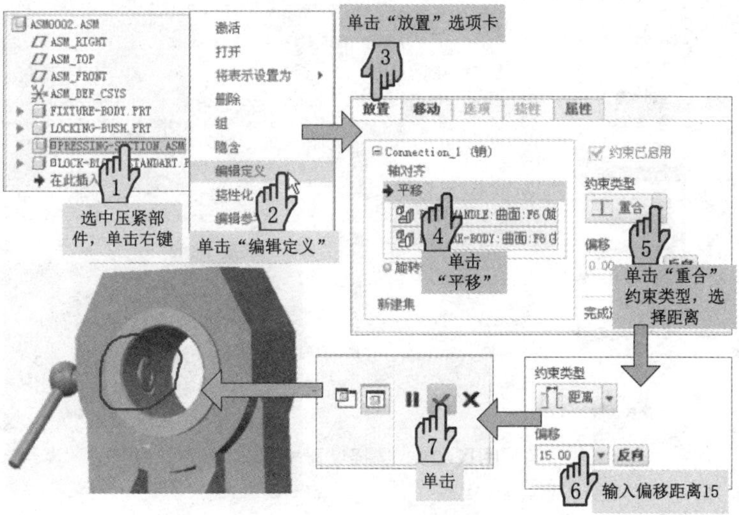

图Ⅸ-**26**　修改设置放置约束

⑦ 装配固定心轴，如图Ⅸ-27 和图Ⅸ-28 所示。

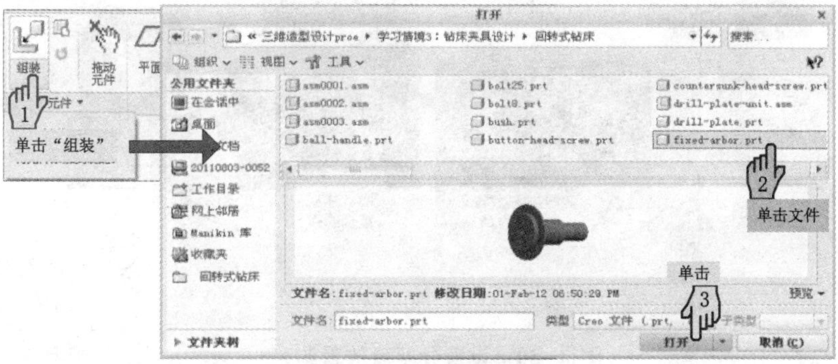

图Ⅸ-**27**　选择装配文件

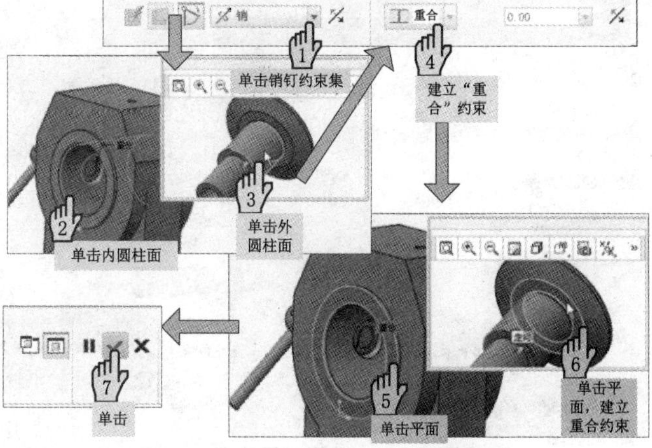

图Ⅸ-**28**　设置心轴放置约束

⑧ 装配分度盘，如图Ⅸ–29 和图Ⅸ–30 所示。

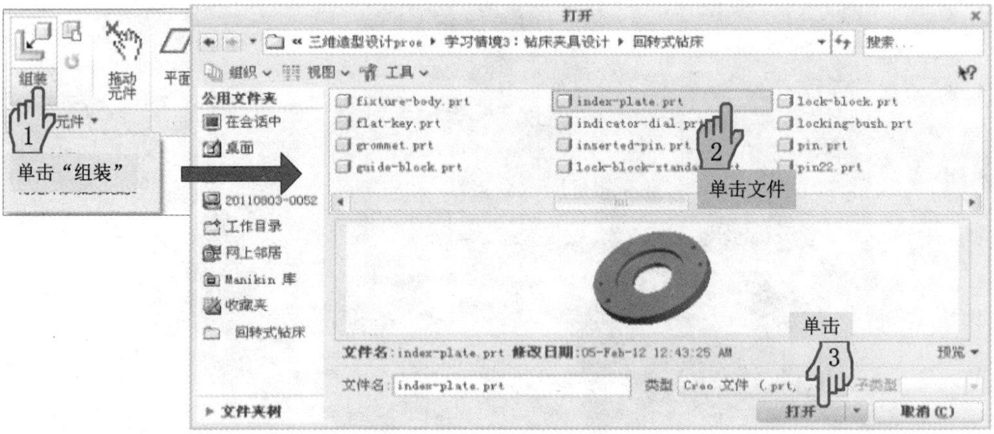

图Ⅸ–**29**　选择装配文件

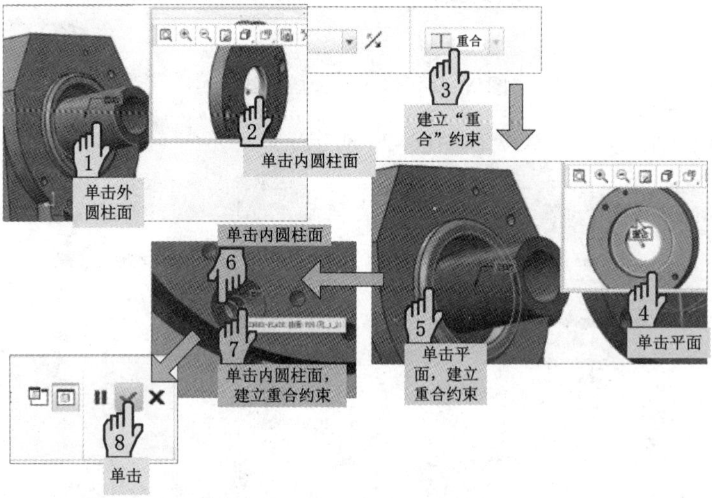

图Ⅸ–**30**　设置分度盘放置约束

⑨ 装配销钉，如图Ⅸ–31 和图Ⅸ–32 所示。

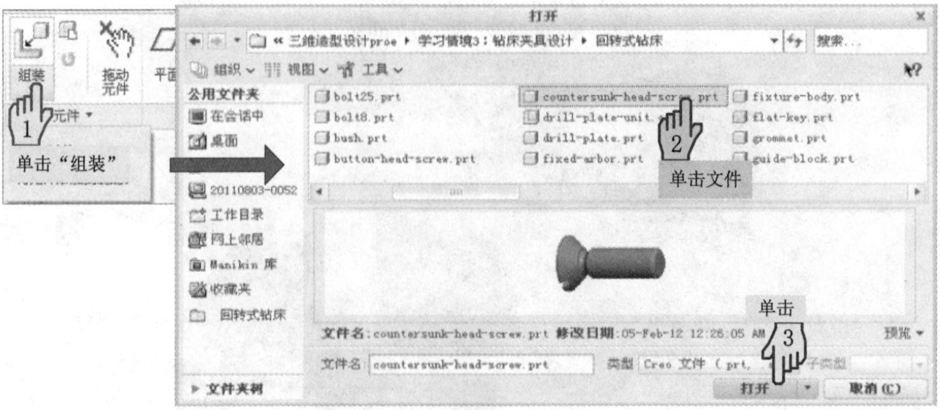

图Ⅸ–**31**　选择装配文件

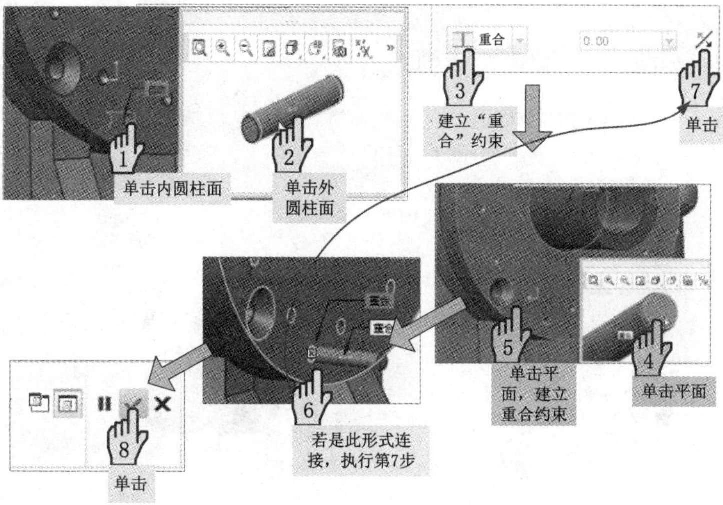

图Ⅸ–**32**　设置销钉放置约束

同理装配另一个销钉。

⑩ 装配螺钉，如图Ⅸ–33 和图Ⅸ–34 所示。

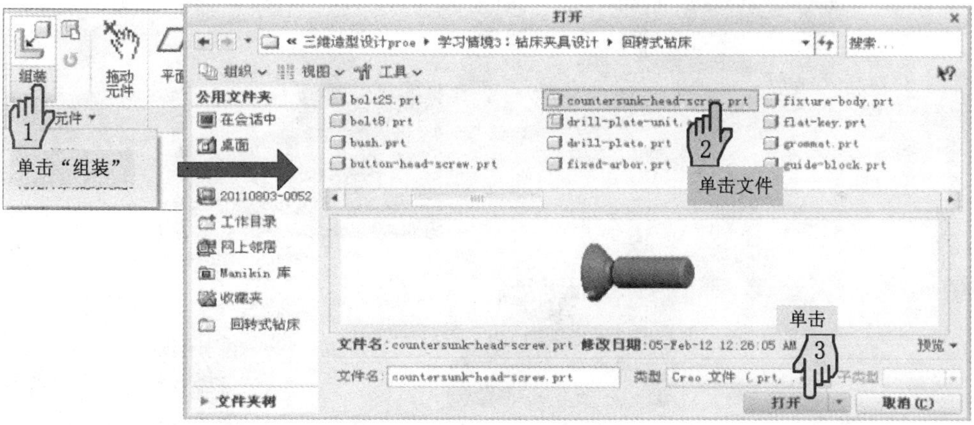

图Ⅸ–**33**　选择装配文件

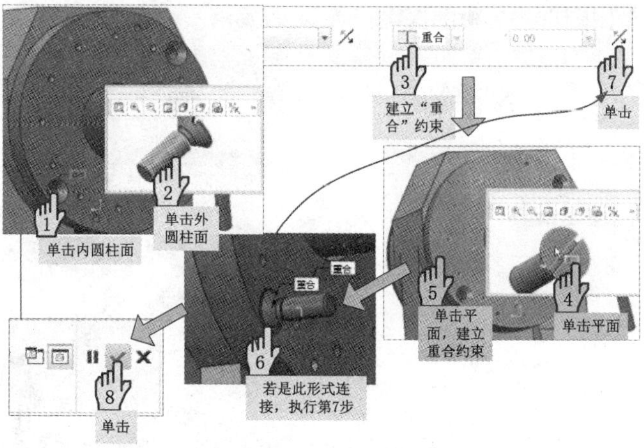

图Ⅸ–**34**　设置螺钉放置约束

同理装配另一个沉头螺钉。

⑪ 装配平键，如图Ⅸ-35 和图Ⅸ-36 所示。

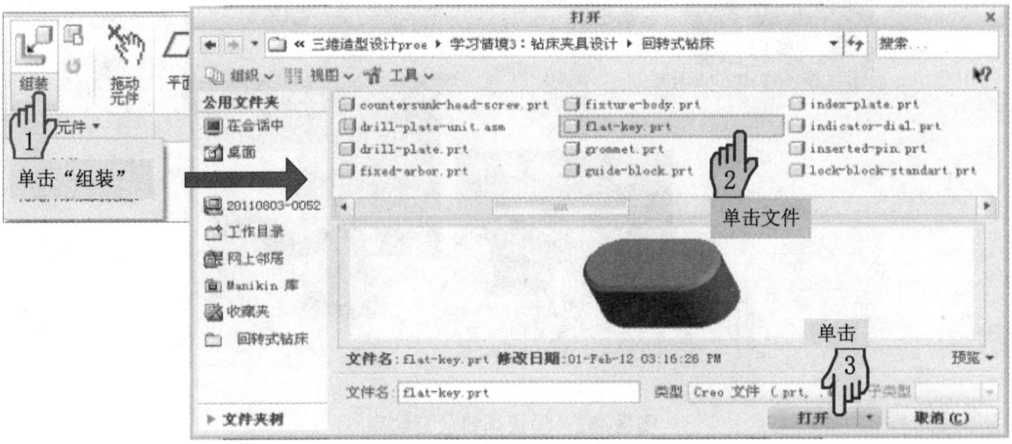

图Ⅸ-35　选择装配文件

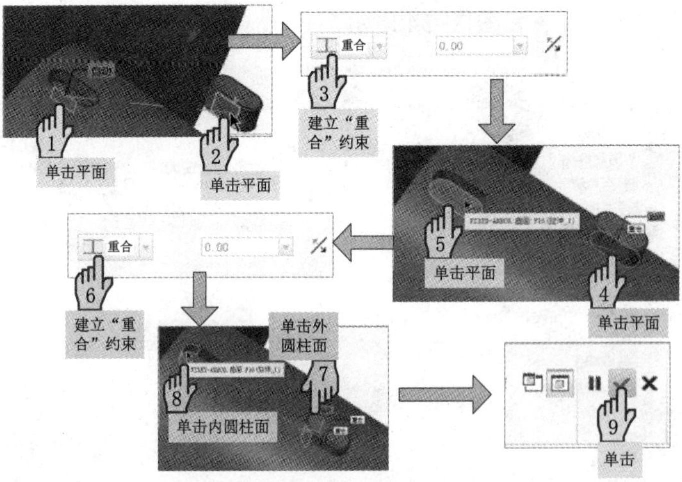

图Ⅸ-36　设置分度盘放置约束

⑫ 装配指示盘，如图Ⅸ-37 和图Ⅸ-38 所示。

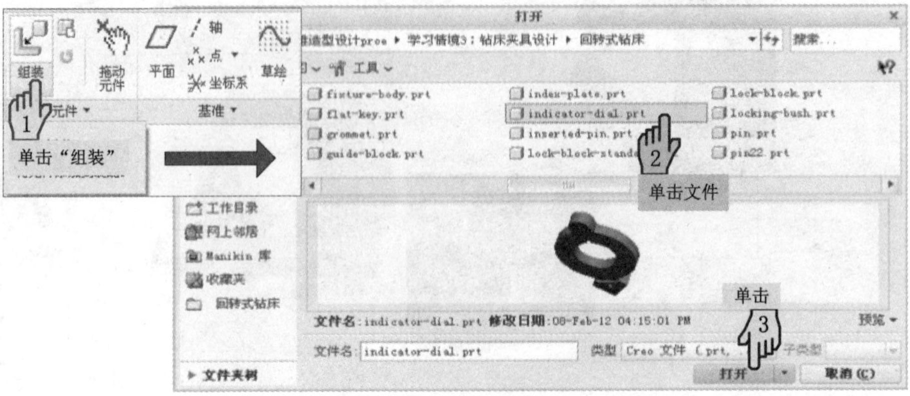

图Ⅸ-37　选择装配文件

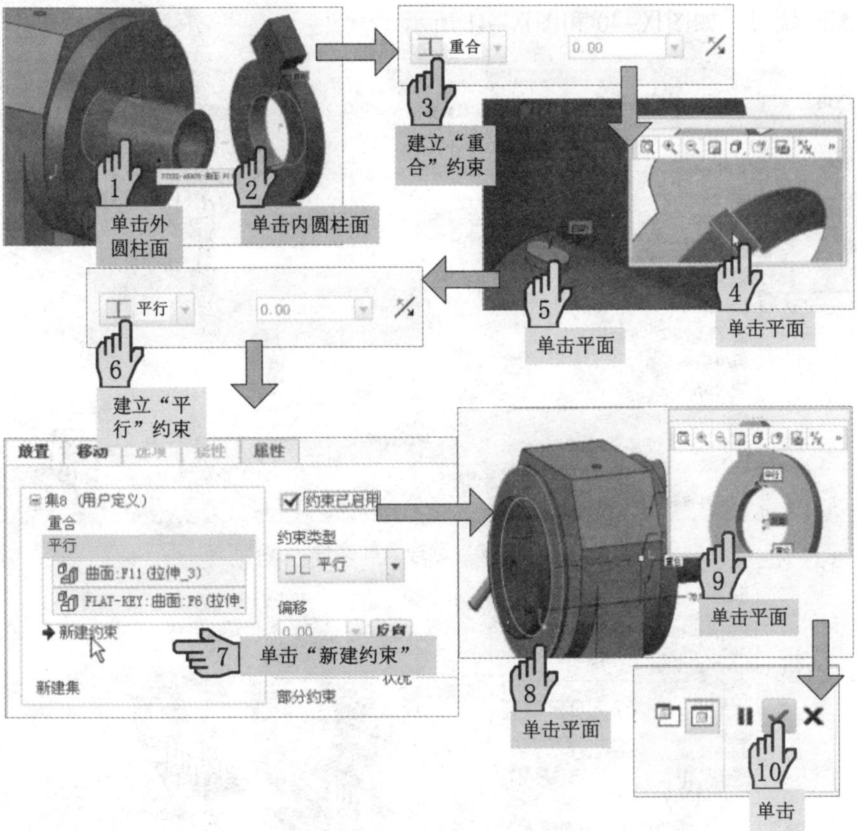

图Ⅸ-38　设置指示盘放置约束

⑬ 拖动检验连接，如图Ⅸ-39 所示。

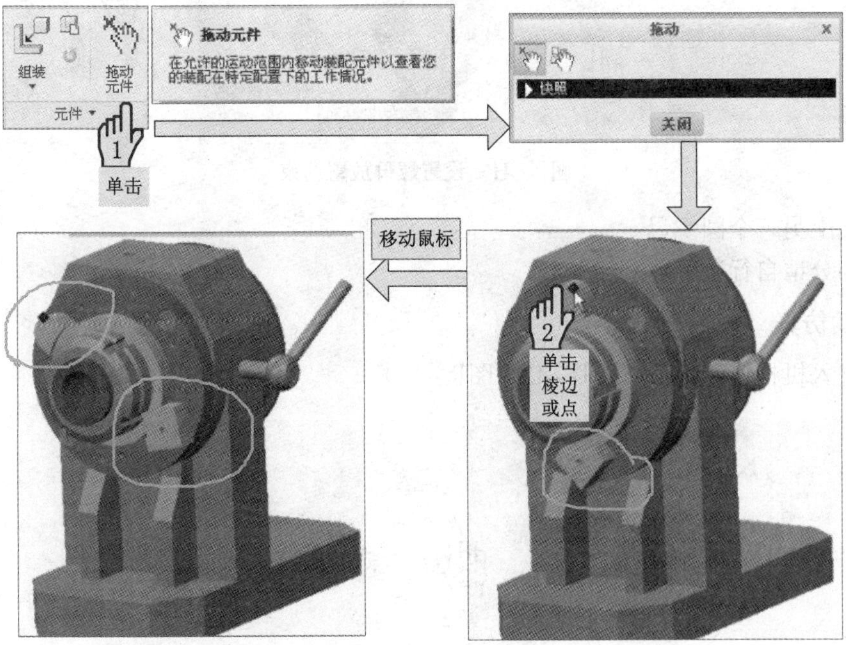

图Ⅸ-39　拖动检验

⑭ 装配圆螺母，如图Ⅸ–40 和图Ⅸ–41 所示。

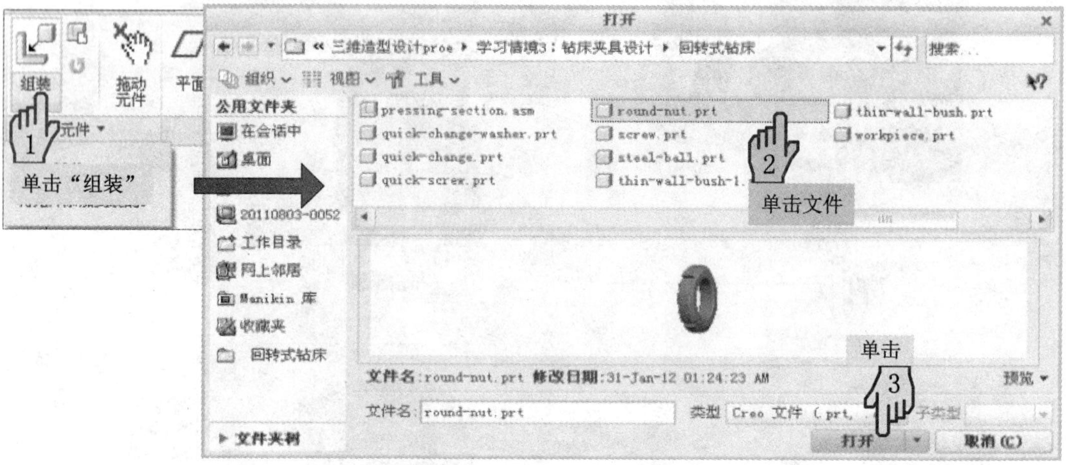

图Ⅸ–40 选择装配文件

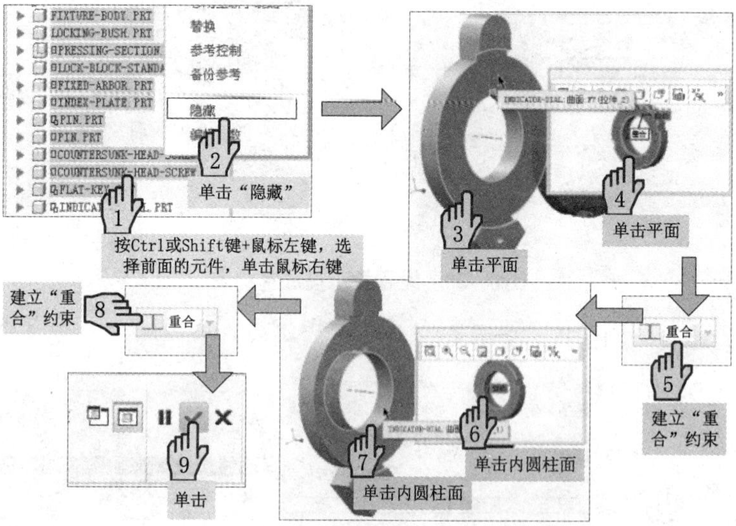

图Ⅸ–41 设置螺母放置约束

同理装配另一个圆螺母。

其他部分请自行装配。

2. 运动仿真

（1）进入机构设计环境（图Ⅸ–42、图Ⅸ–43）

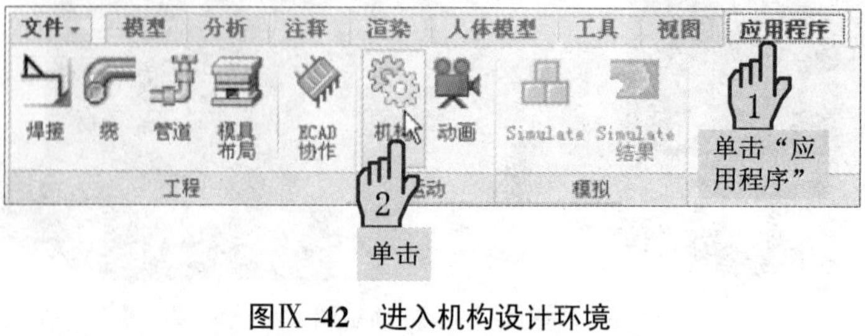

图Ⅸ–42 进入机构设计环境

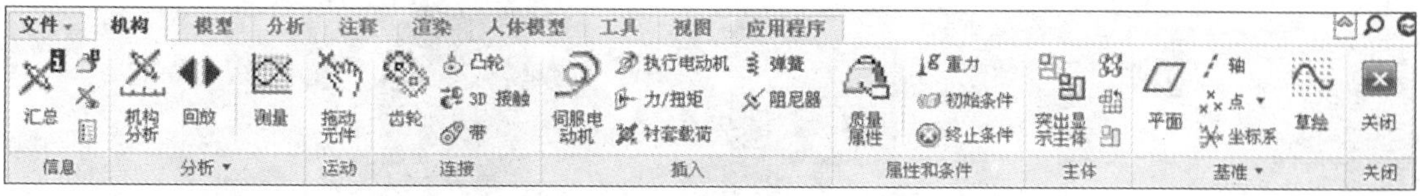

图Ⅸ–43 机构工具选项卡

（2）建立伺服电动机

如图Ⅸ–44～图Ⅸ–46 所示，建立 3 个伺服电动机。

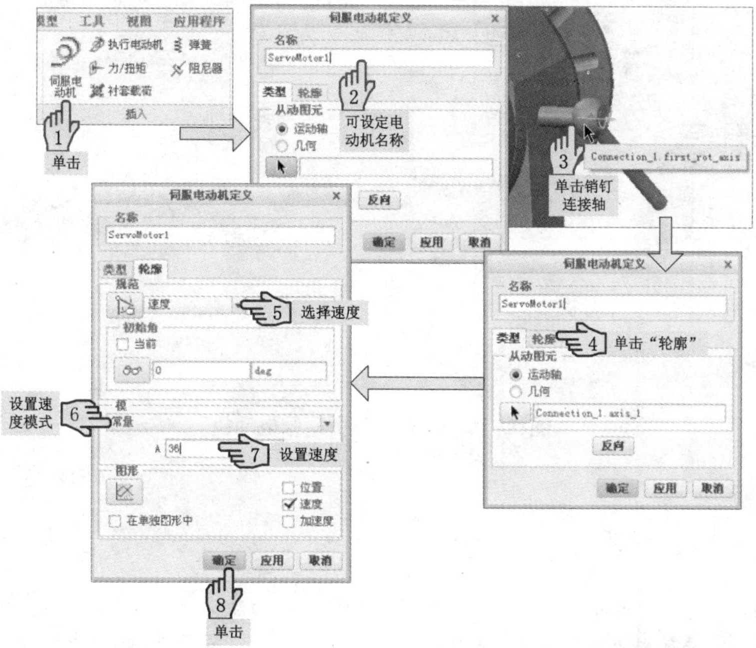

图Ⅸ–44 建立第一个伺服电动机

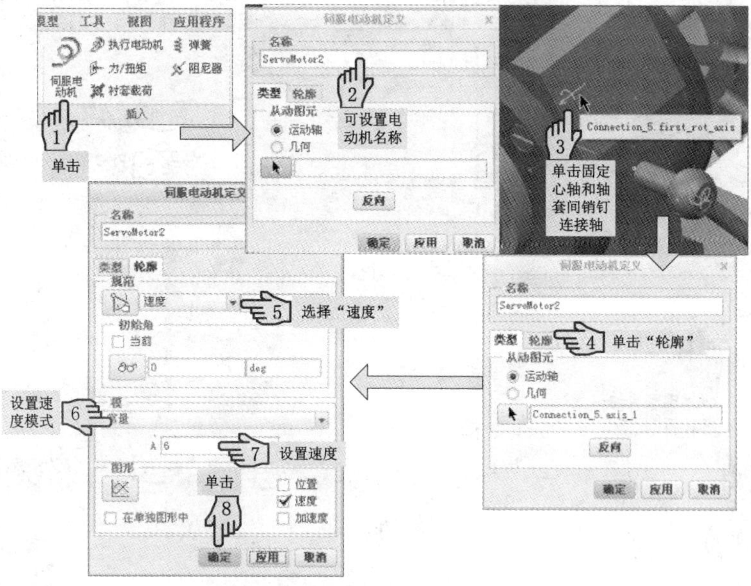

图Ⅸ–45 建立第二个伺服电动机

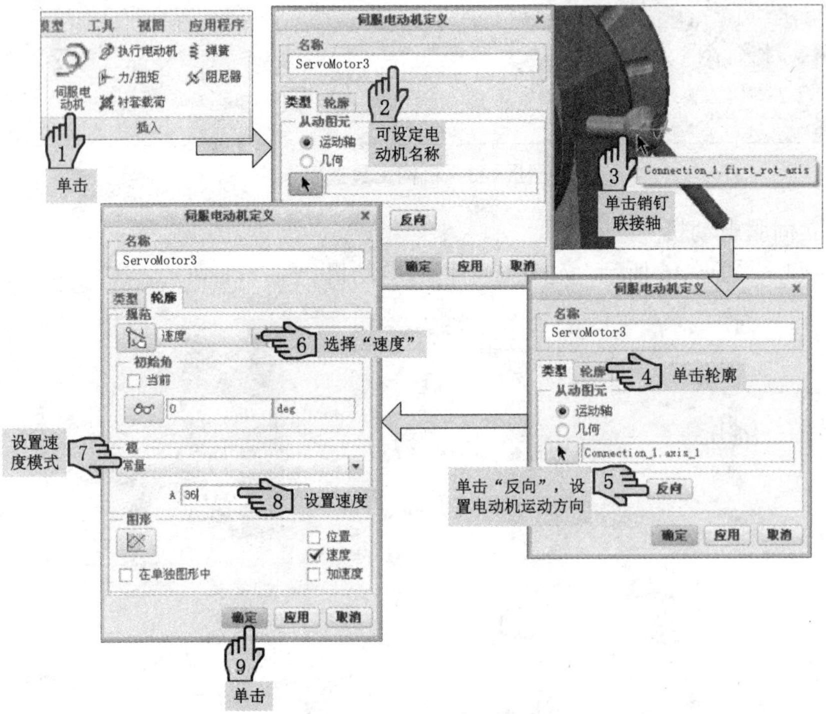

图Ⅸ–46 建立第三个伺服电动机

3. 运动分析

（1）设置机构运动参数（图Ⅸ–47）

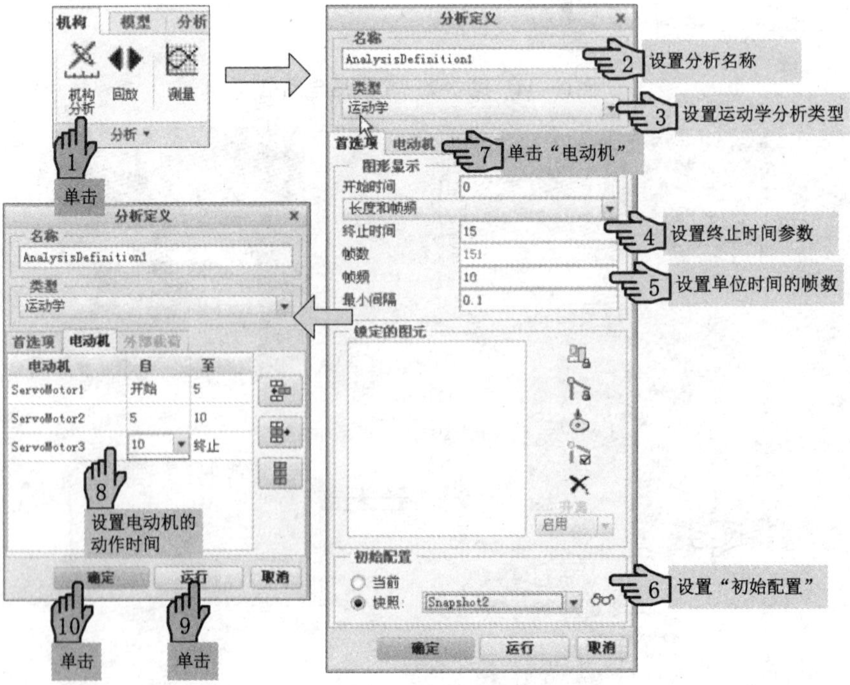

图Ⅸ–47 设置机构运动参数

（2）运动回放及动画捕捉（图Ⅸ–48）

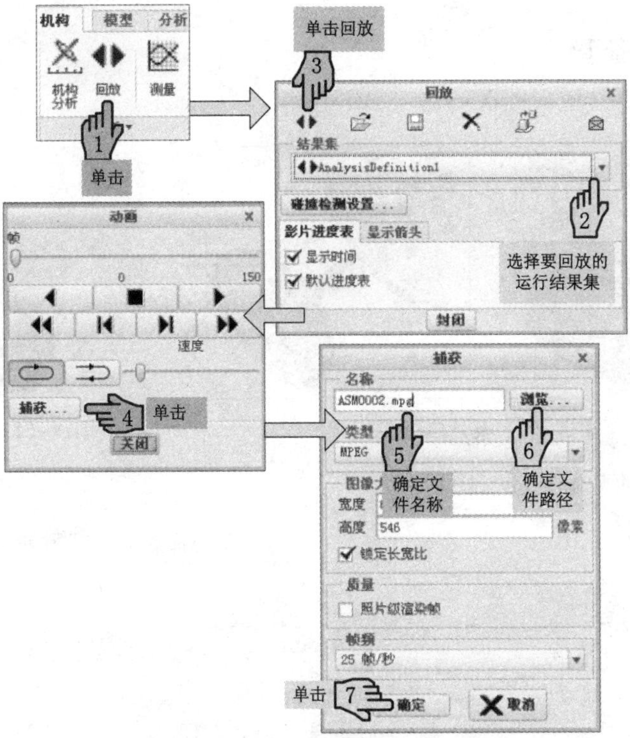

图Ⅸ–48　运动回放及仿真动画捕捉

任务 2　移动式钻模拆装动画设计

9.2.1　移动式钻模拆装动画设计分析

移动式钻模（图Ⅸ–49）用于加工中、小型工件同一表面上的多个孔，加工中通过移动钻模，找正钻头相对钻套的位置，对不同的孔进行加工。

图Ⅸ–49　移动式钻模

Creo 使用“设计动画”应用程序可定义和调整动画序列的元件，并可回放动画，从而可以完成以下功能：

① 为营销展示、管理会议或设计审查生成高质量的动画。

② 将装配、拆卸及维护顺序创建成动画。

③ 创建复杂的合成动画。

利用“设计动画”应用程序完成移动式钻模的拆装动画可以形象地展示钻模的组成及装配过程。

9.2.2　移动式钻模拆装动画设计思路

移动式钻模拆装动画设计思路如图Ⅸ–50 所示。

9.2.3 移动式钻模拆装动画设计过程

1. 动画设计准备工作

（1）设计零件并装配（图Ⅸ–51）

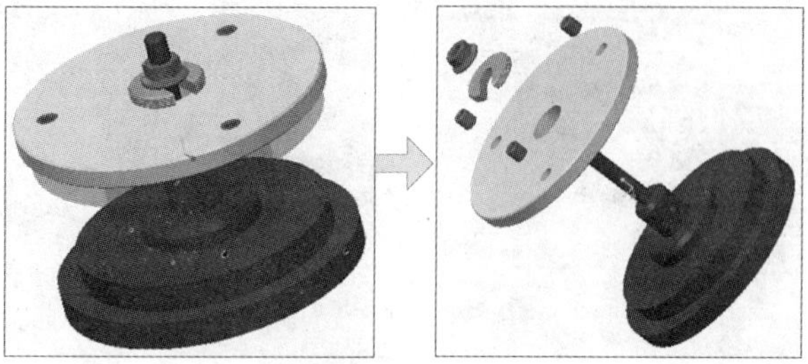

图Ⅸ–50 设计思路

图Ⅸ–51 设计零件并装配

（2）创建合适的分解视图（图Ⅸ–52）

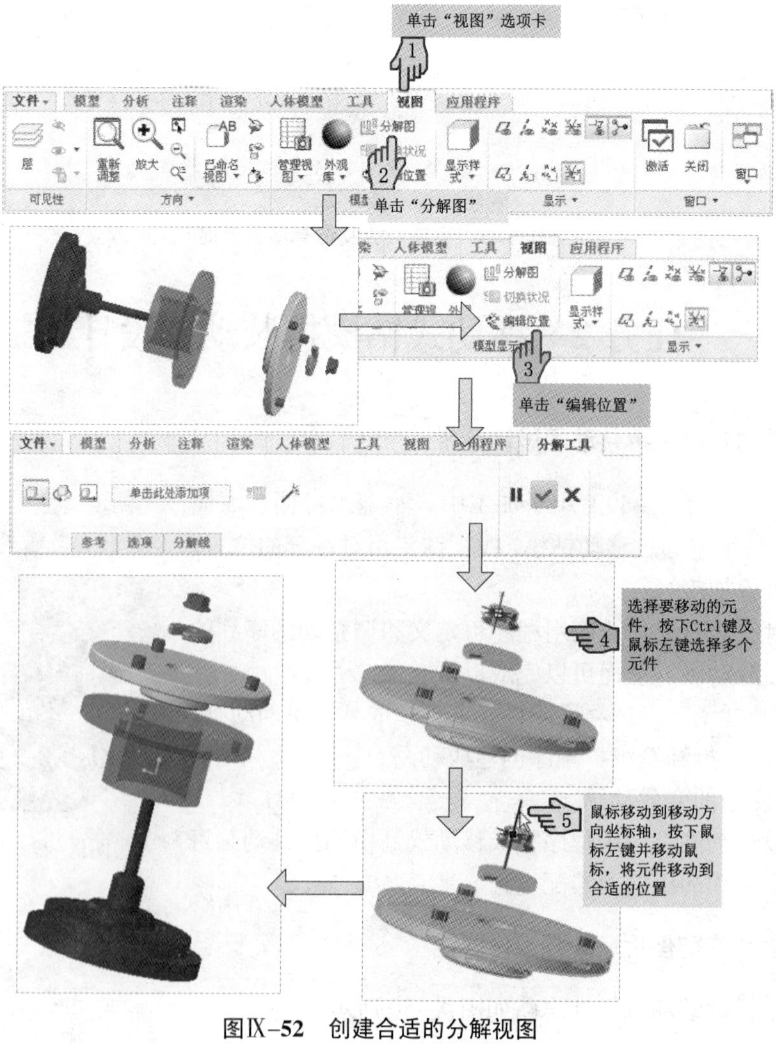
单击“视图”选项卡
1
单击“分解图”
2
3
单击“编辑位置”
4
选择要移动的元件，按下Ctrl键及鼠标左键选择多个元件
5
鼠标移动到移动方向坐标轴，按下鼠标左键并移动鼠标，将元件移动到合适的位置

图Ⅸ–52 创建合适的分解视图

（3）创建合适的视图（图Ⅸ–53）

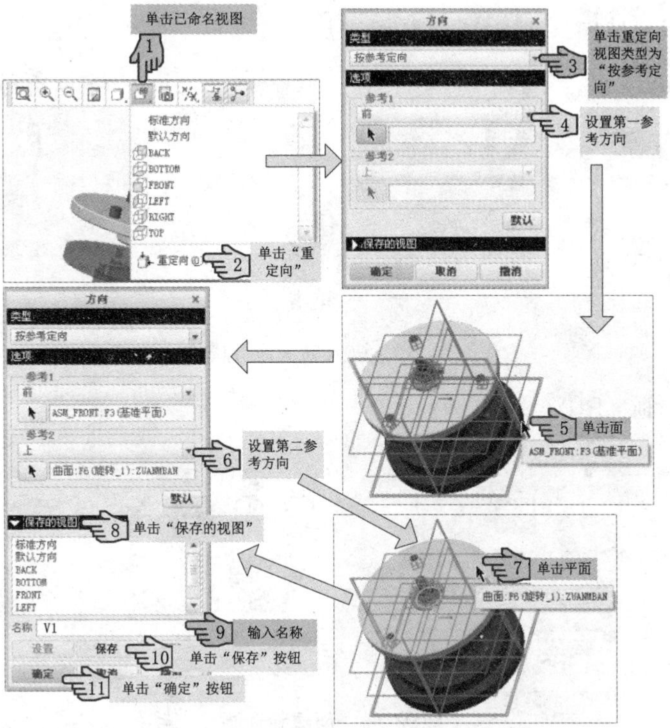

图Ⅸ–**53**　创建合适的视角

请读者自行重复上面的过程，建立多个合适的视角。

（4）创建合适的样式（图Ⅸ–54）

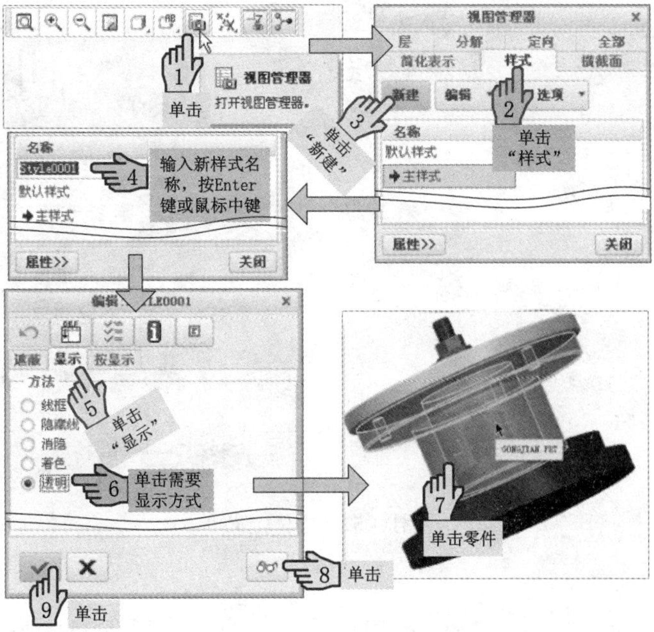

图Ⅸ–**54**　创建合适的样式

2. 动画设计

（1）进入动画设计模块（图Ⅸ–55）

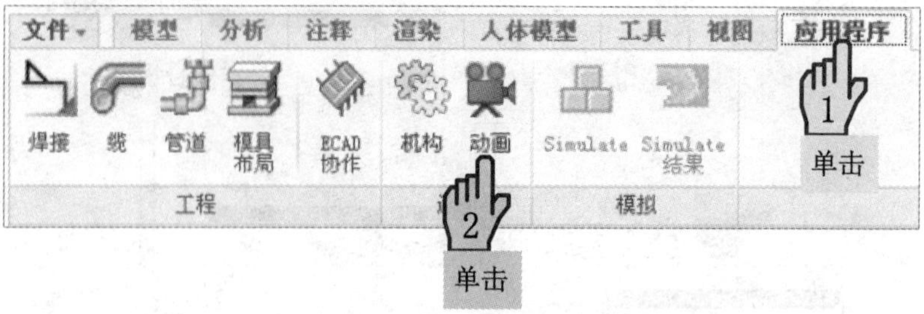

图Ⅸ–**55** 进入动画设计模块

（2）创建新动画（图Ⅸ–56）

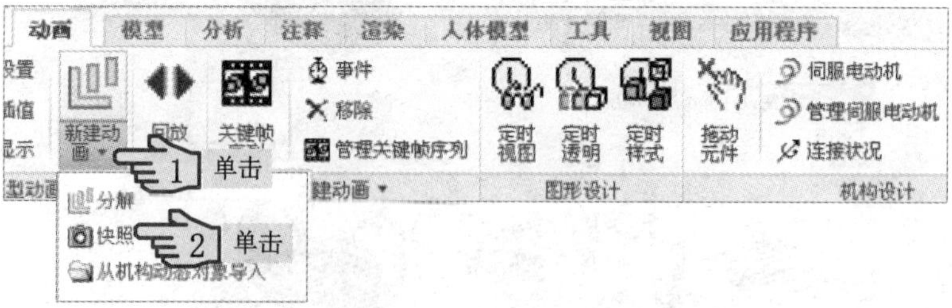

图Ⅸ–**56** 创建新动画

（3）定义主体（图Ⅸ–57）

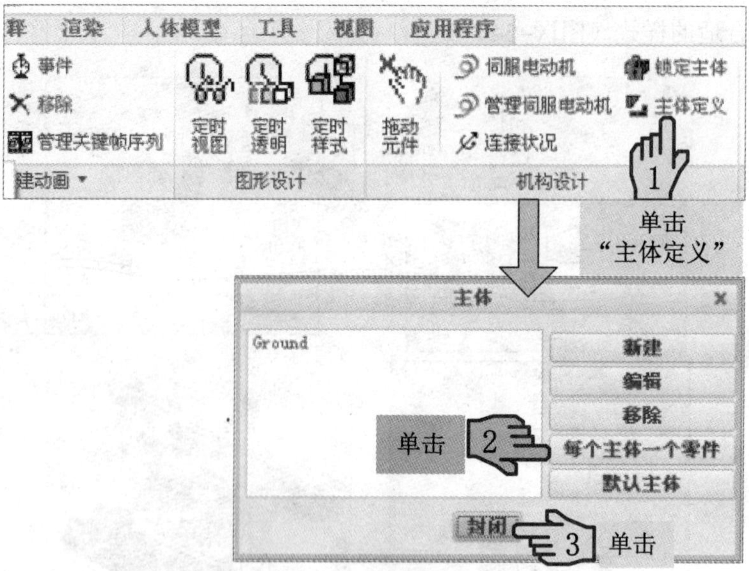

图Ⅸ–**57** 主体定义

（4）定义快照

① 定义快照 1，如图Ⅸ–58 所示。

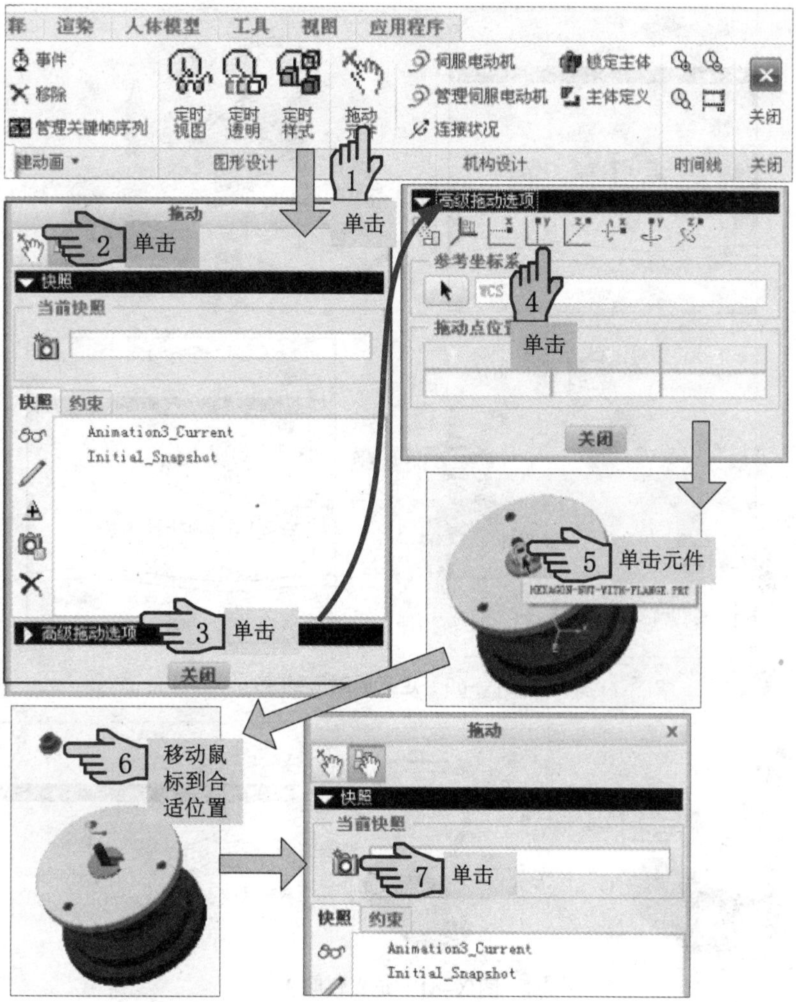

图Ⅸ-58　定义快照 1

② 定义快照 2，如图Ⅸ-59 所示。

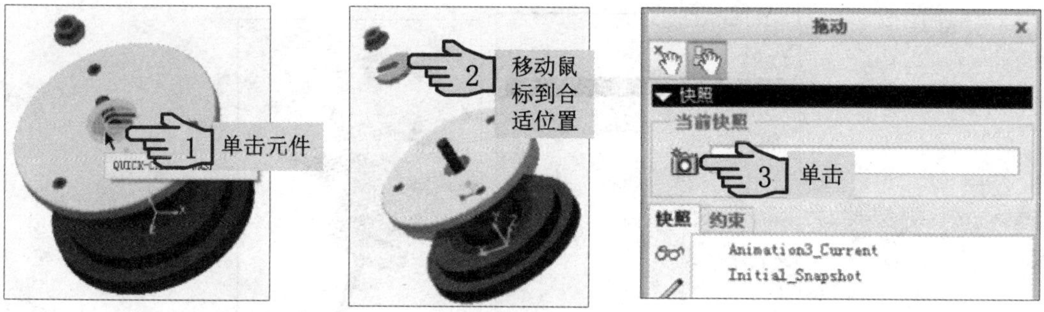

图Ⅸ-59　定义快照 2

③ 定义快照 3，如图Ⅸ-60 和图Ⅸ-61 所示。

钻模中有三个钻套，在移动过程中需要保持相同的高度。因此，在移动之前需要对钻套定义面对齐约束。

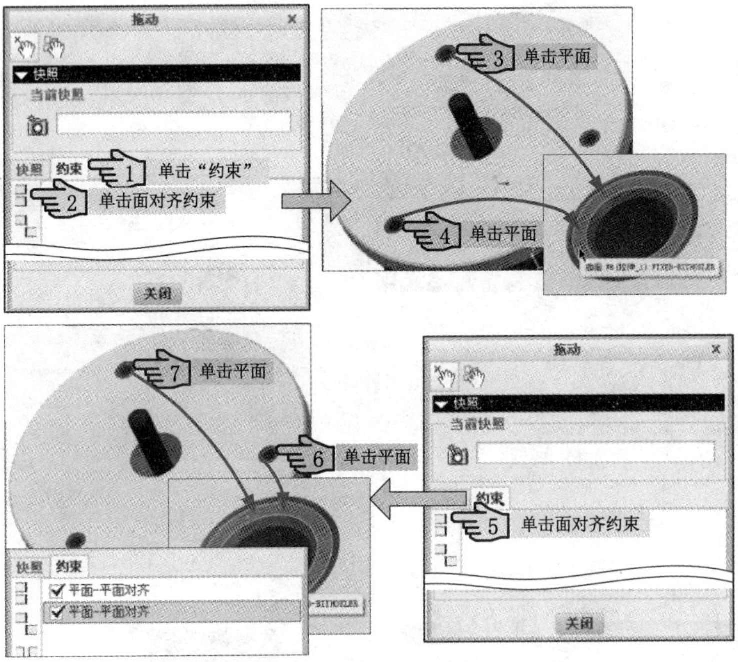

图Ⅸ-60　定义面对齐约束

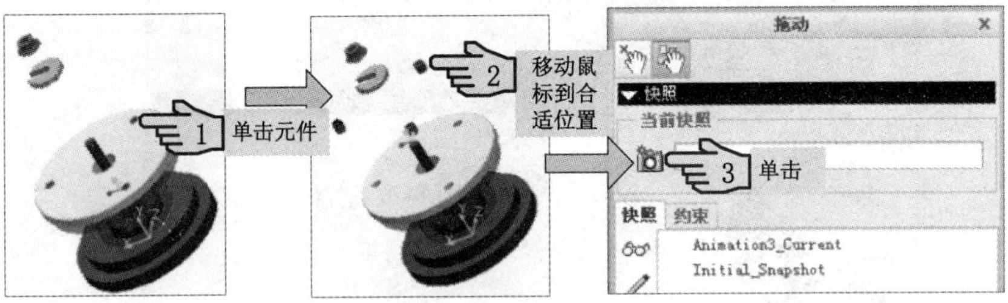

图Ⅸ-61　定义快照 3

④ 定义其他快照，如图Ⅸ-62 所示。

同理选择移动主体分别定义其快照。

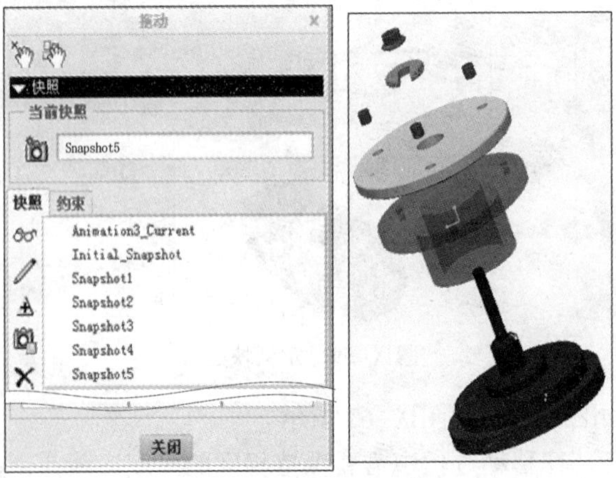

图Ⅸ-62　定义其他快照

⑤ 定义关键帧序列，如图Ⅸ-63 和图Ⅸ-64 所示。

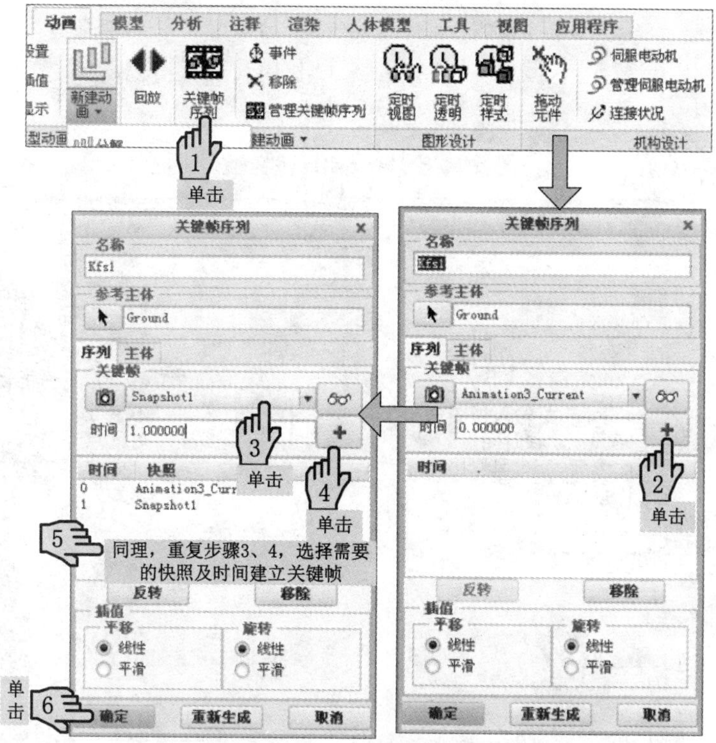

图Ⅸ-63　定义关键帧序列一

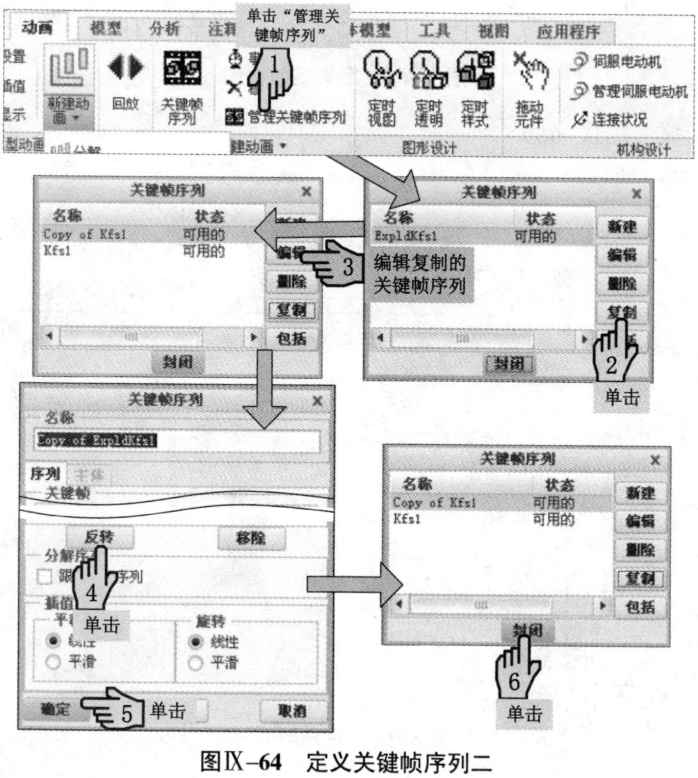

图Ⅸ-64　定义关键帧序列二

⑥ 定义定时视图（图Ⅸ-65）。

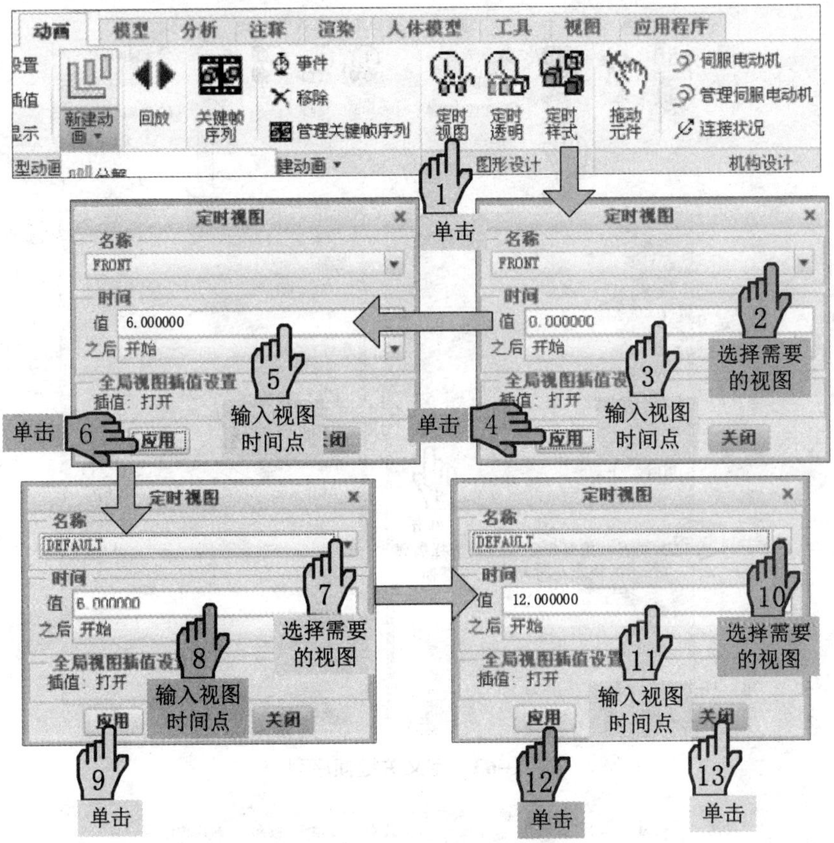

图Ⅸ-65　定义定时视图

⑦ 定义时间域（图Ⅸ-66）。

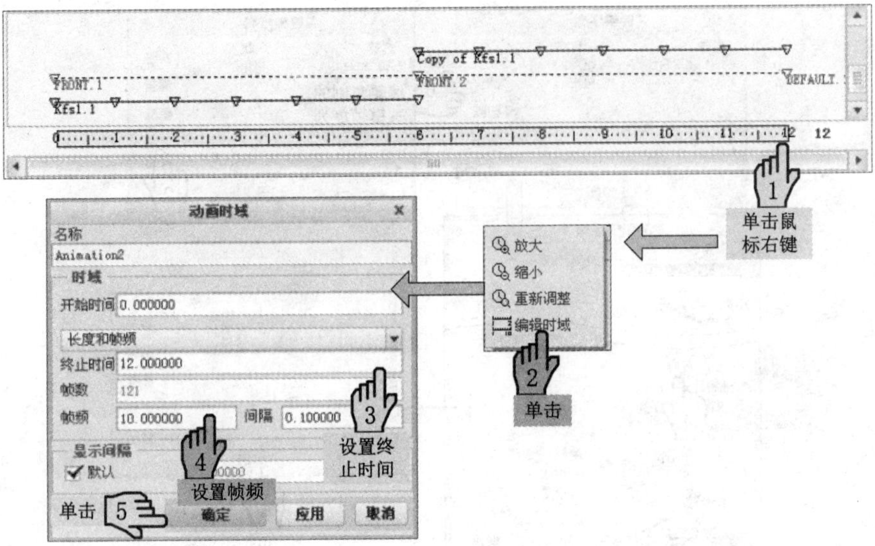

图Ⅸ-66　定义时间域

⑧ 生成动画（图Ⅸ–67）。

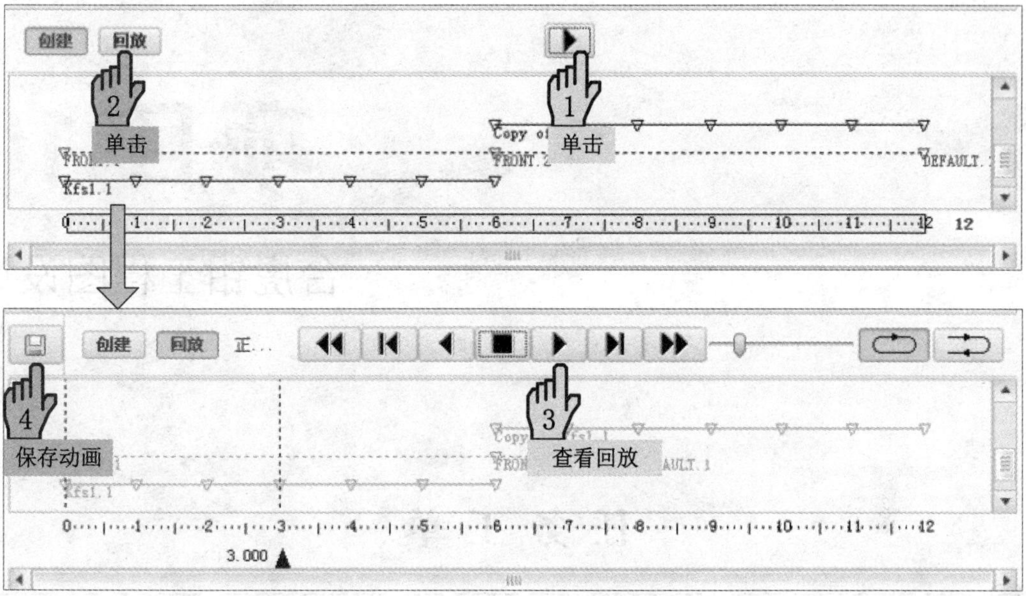

图Ⅸ–67　生成动画

习　　题

1. 完成如图Ⅸ–68 所示四杆机构的运动仿真。
2. 完成如图Ⅸ–69 所示机构的运动仿真。

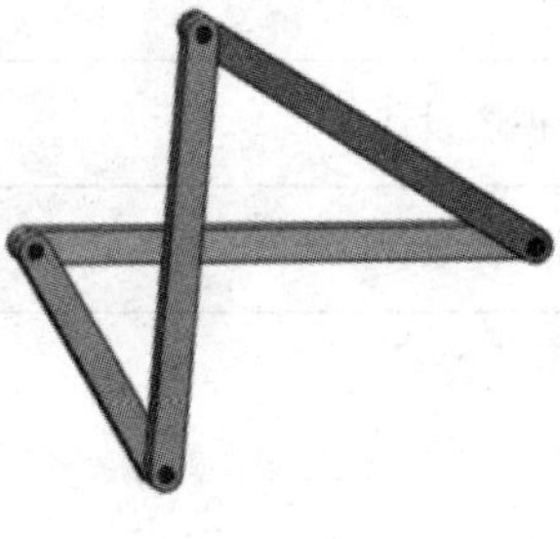

图Ⅸ–68　习题 1 图

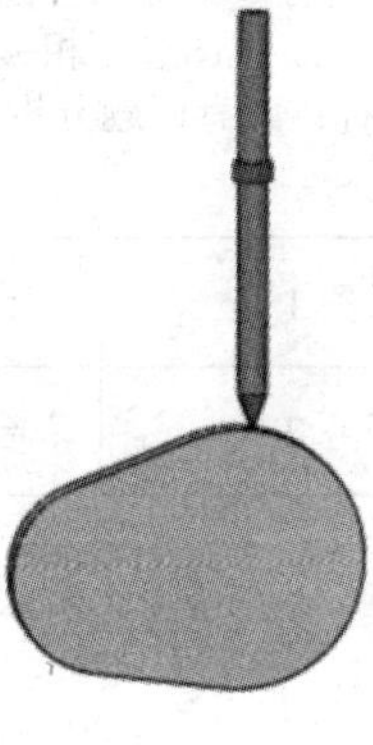

图Ⅸ–69　习题 2 图

项目 10

台虎钳工程图设计

任 务 工 单

学习情境	项目 10　台虎钳工程图设计				
姓名		学号		班级	
任务目标	知识目标： 1. 零件工程图视图创建、编辑 2. 掌握工程图的标注、注释 能力目标： 1. 能够进行零部件工程图的创建 2. 能够对工程图进行相关的操作 素质目标：具有问题分析能力；具有自我学习能力及创新能力				
任务描述	任务 1	台虎钳钳身工程图视图设计			
	任务 2	台虎钳钳身工程图注释设计			
学习总结					

续表

	项目	分值比例/%	分数		
			任务一	任务二	任务三
考核方法	项目计划决策	10			
	项目实施检查	50			
	项目评估讨论	10			
	职业素养	20			
	学生互评	10			
	总分	100			
指导教师评语					

任务 1　台虎钳钳身工程图视图设计

10.1.1　台虎钳钳身工程图视图简介

台虎钳钳身视图设计要完整表达设计意图，图 X–1 所示为设计好的钳身视图。

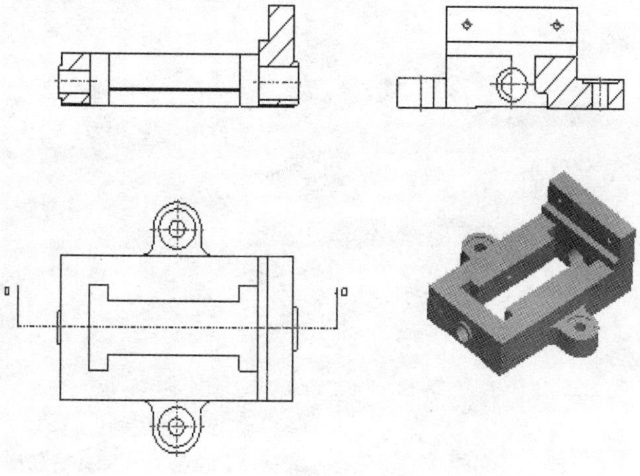

图 X–1　钳身视图

10.1.2　台虎钳钳身工程图设计

首先设置工作目录。

工程图设计

1. 新建工程图文件

新建工程图文件，操作步骤如图 X–2 所示。

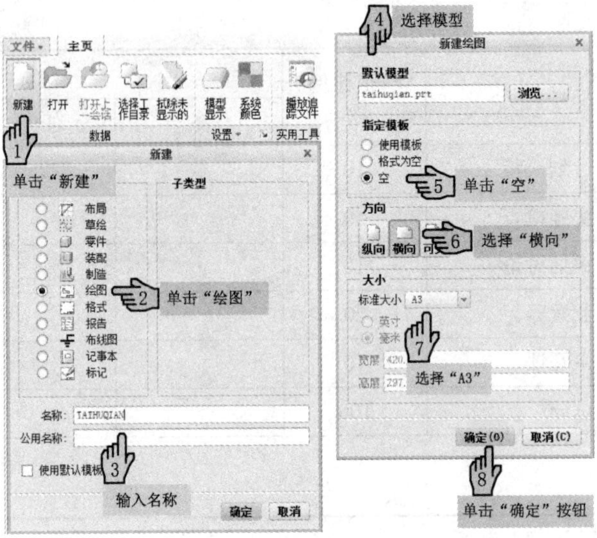

图 X–2　新建工程图

2. 生成主视图

生成主视图，操作步骤如图 X–3 所示。

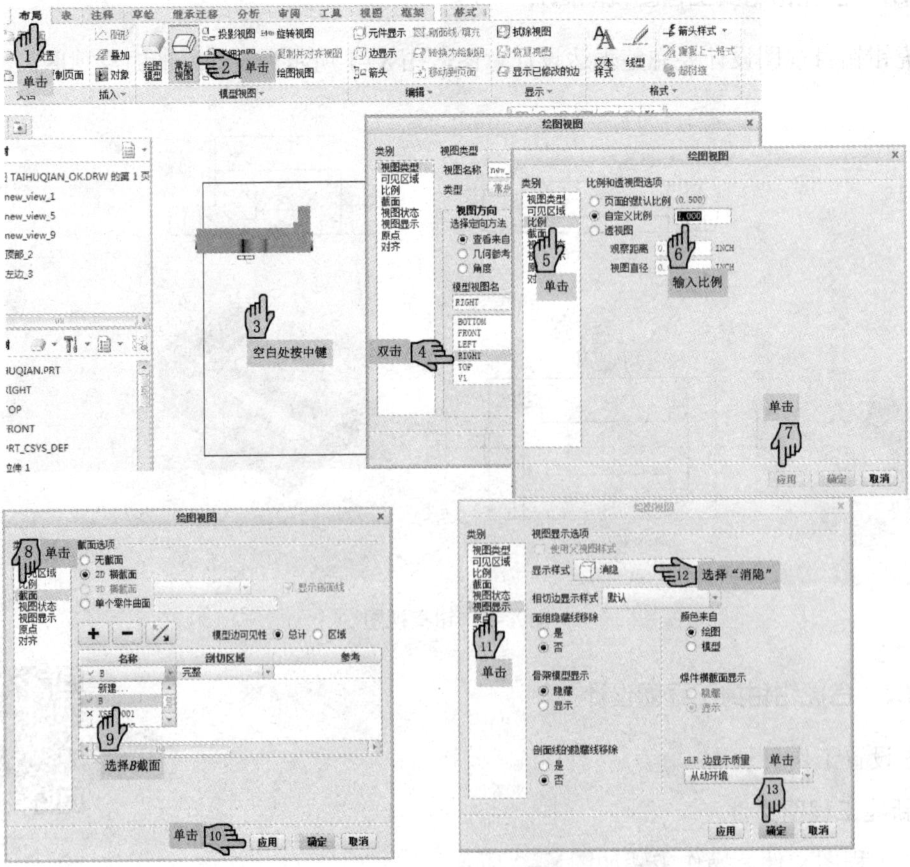

图 X–3　生成主视图

3. 生成左视图和俯视图

生成左视图和俯视图，操作步骤如图 X–4 所示。

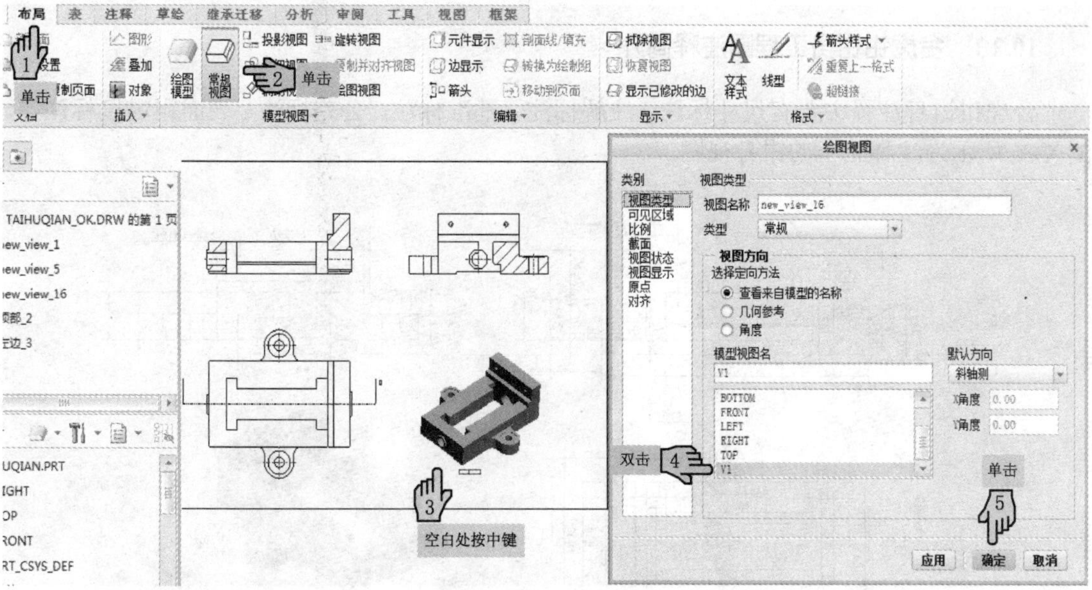

图 X–4　生成左视图和俯视图

4. 生成轴测图

生成轴测图，操作步骤如图 X–5 所示。

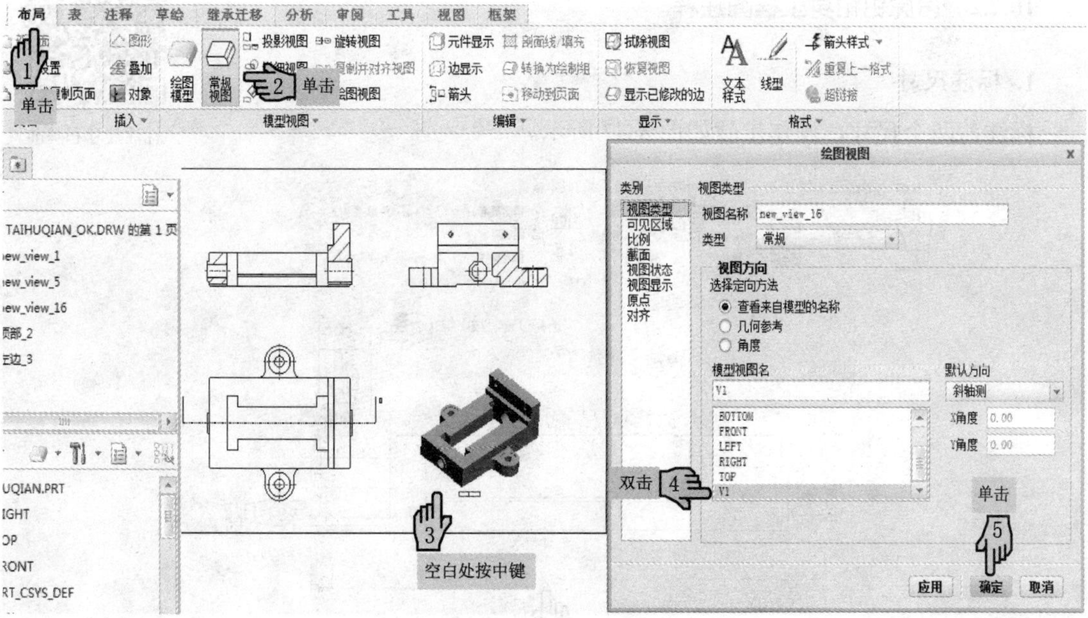

图 X–5　生成轴测图

任务 2　台虎钳钳身工程图注释设计

10.2.1　台虎钳钳身工程图注释简介

台虎钳钳身注释主要有尺寸标注、注解标注、基准标注、公差标注、表面粗糙度标注等。图X–6 所示为注释完毕的钳身视图。

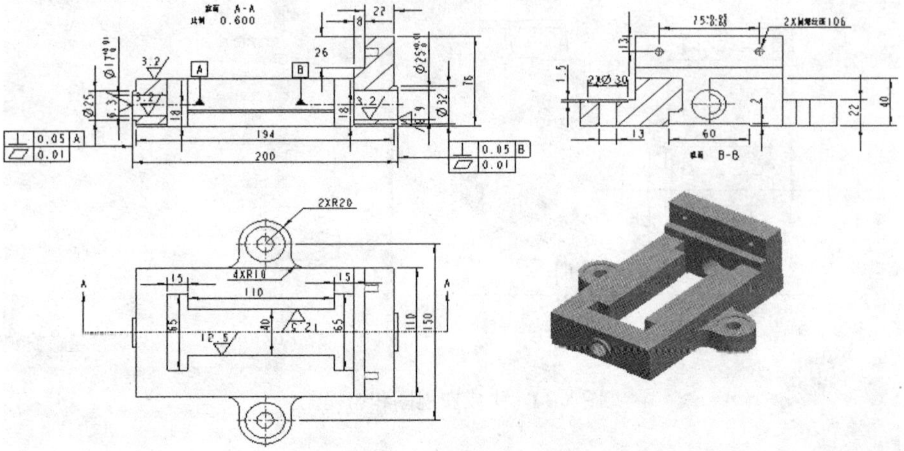

图X–6　钳身工程图

10.2.2　台虎钳钳身工程图注释

标注尺寸和基准

1. 标注尺寸

标注前两个尺寸，操作步骤如图X–7 所示。

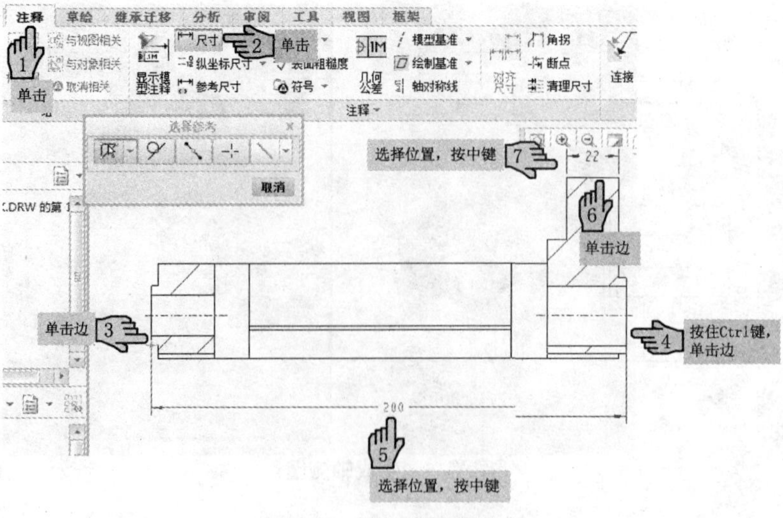

图X–7　标注前两个尺寸

若要修改尺寸显示样式、值等，则双击该尺寸，弹出“尺寸属性”对话框，如图X–8所示。

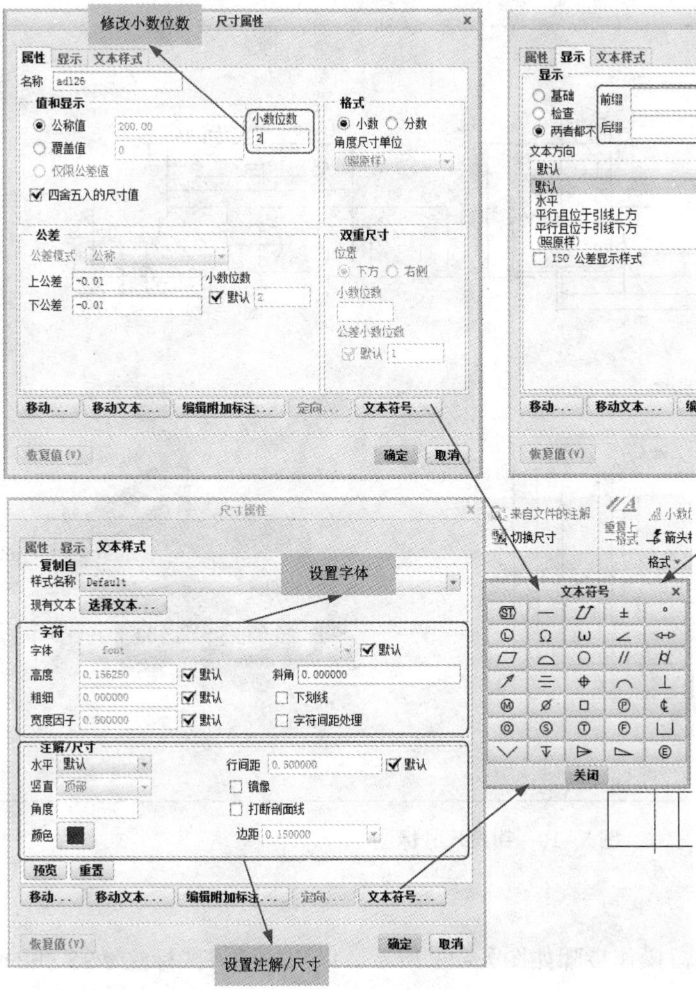

图X–8　尺寸属性

以ϕ17孔为例，讲解尺寸属性的编辑方法，如图X–9所示。

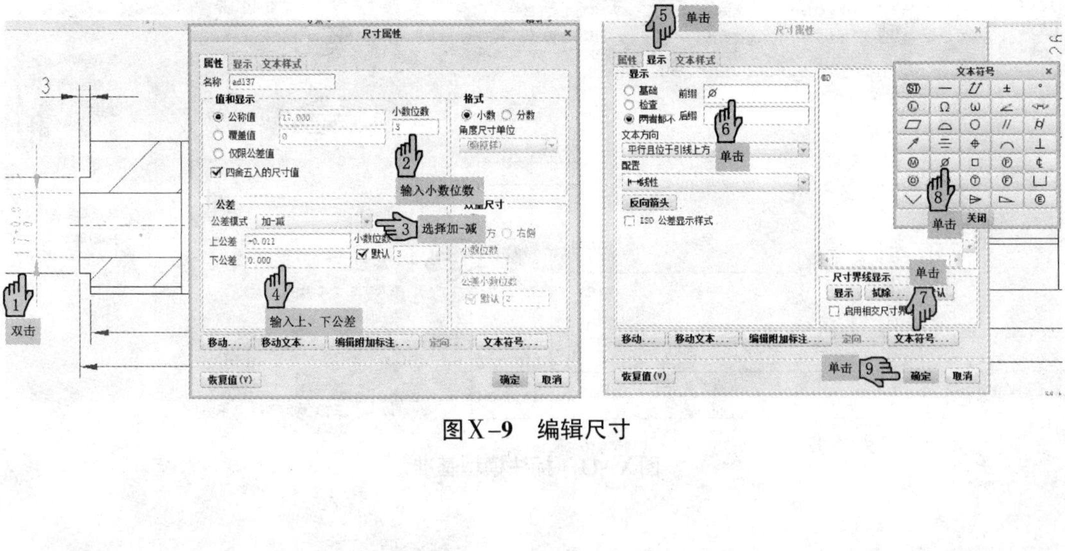

图X–9　编辑尺寸

实践篇

按同样的方式，标注其他尺寸，标注完毕如图X–10所示。

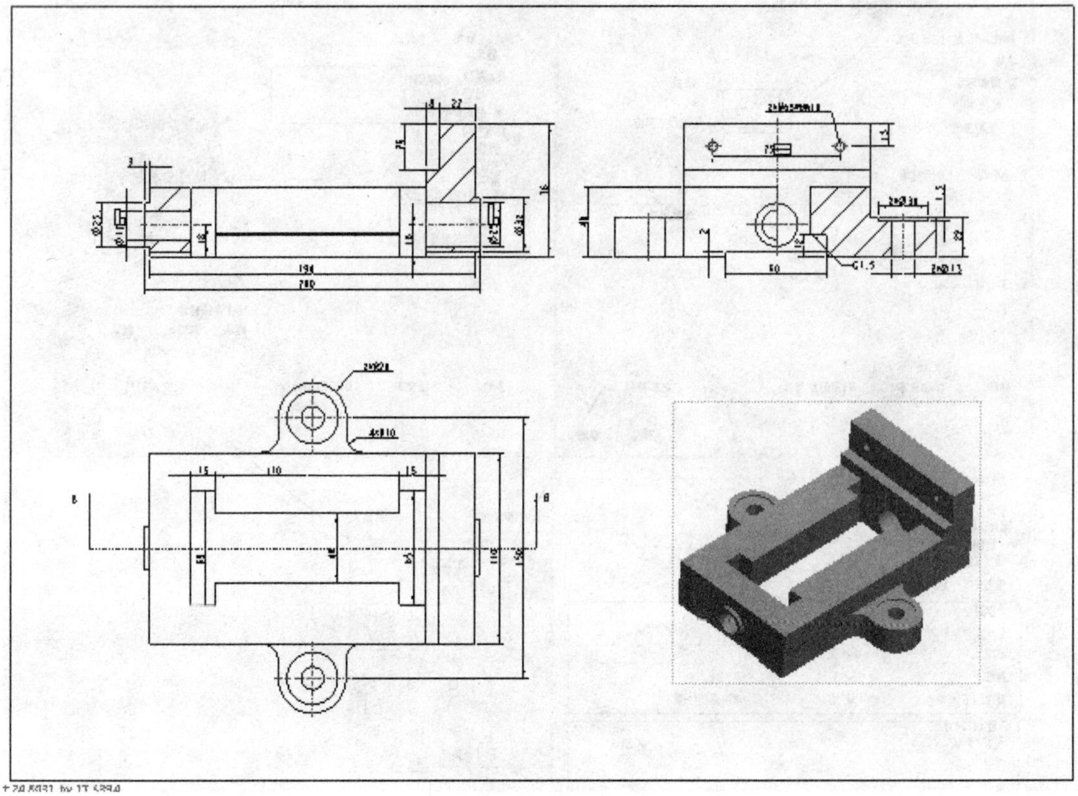

图X–10　钳身尺寸标注

2. 标注模型基准

标注ϕ17孔的模型基准轴，操作步骤如图X–11所示。以同样的方式标注ϕ25孔的模型基准轴。

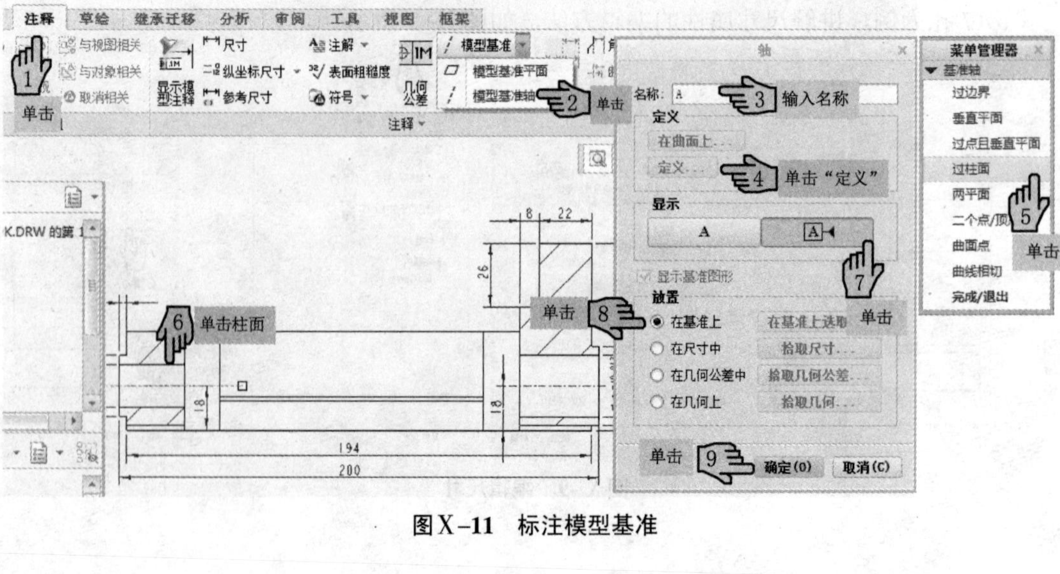

图X–11　标注模型基准

3. 标注几何公差

标注几何公差（垂直度），操作步骤如图X－12 所示。以同样的方式标注其他垂直度。

标注公差和粗糙度

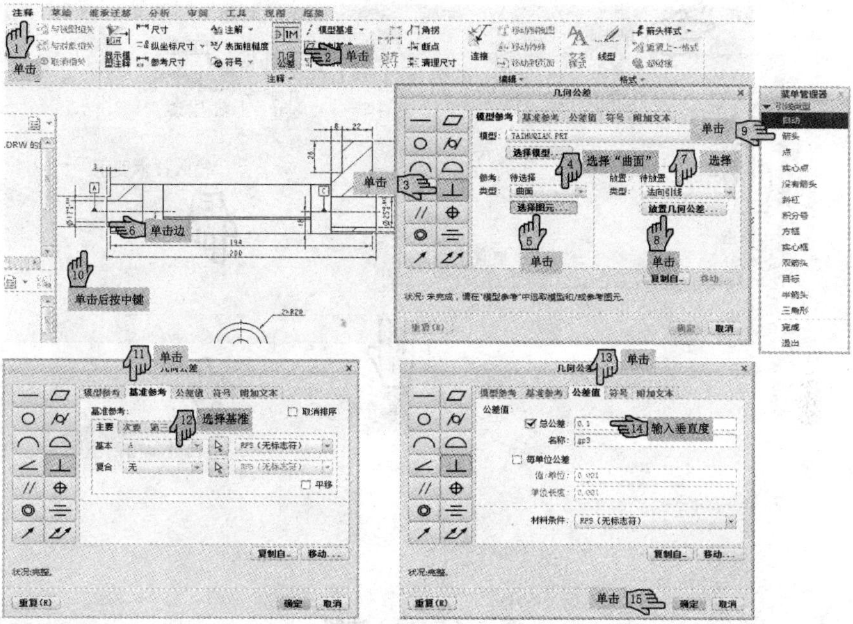

图X－12　标注几何公差

4. 标注粗糙度

标注表面粗糙度，操作步骤如图X－13 所示。以同样的方式标注其他粗糙度。

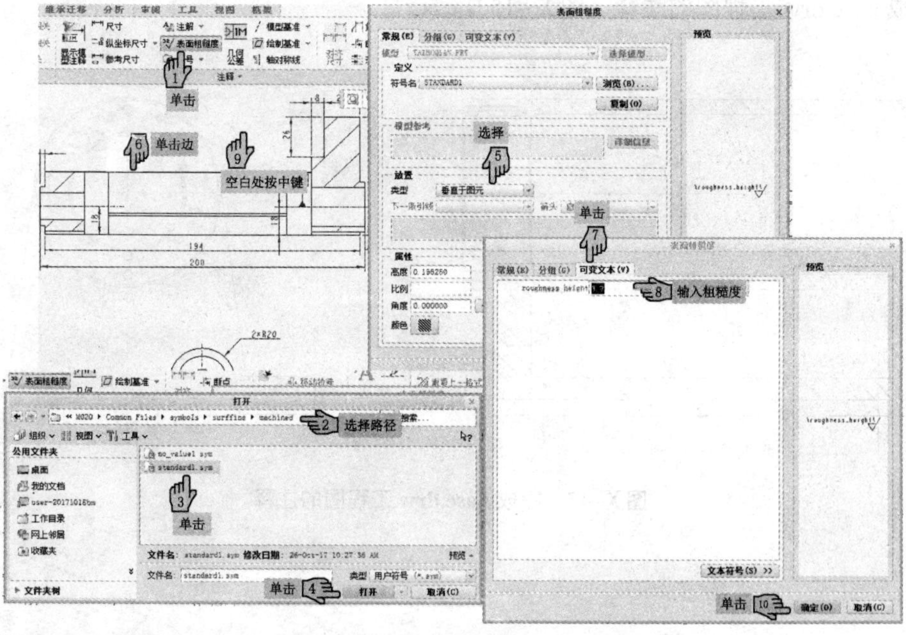

图X－13　标注粗糙度

实践篇

5. 插入注解

插入“技术要求”注解，操作步骤如图X－14所示，再以同样的方式插入“1.未注倒角为C1。”和“2.未注圆角为R2。”。

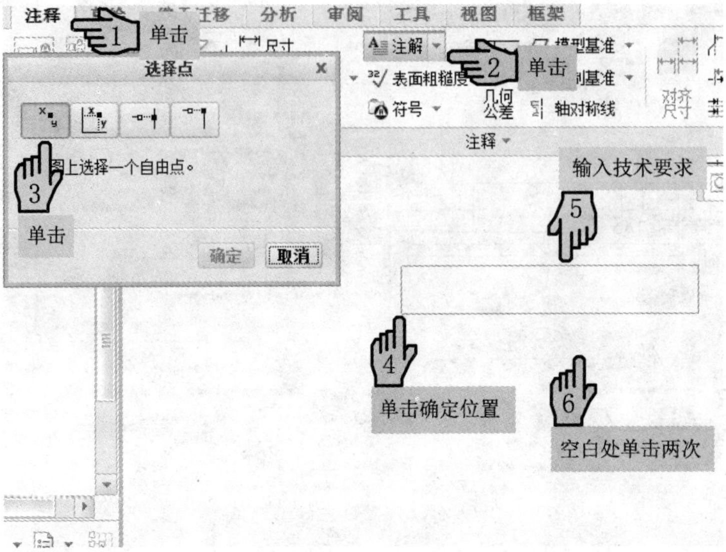

图X－14　插入注解

习　　题

完成base.drw工程图的注释（图X－15）。

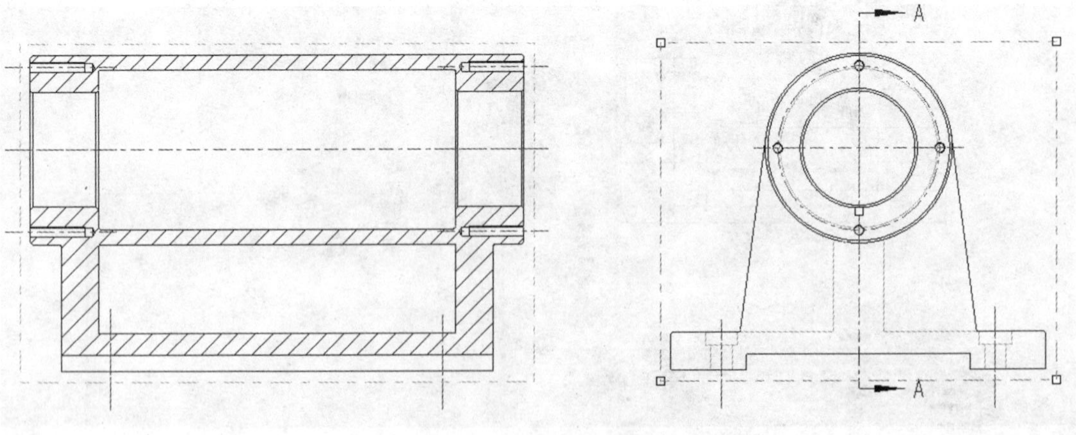

图X－15　完成base.drw工程图的注释

项目 11

钻床夹具工程图设计

任 务 工 单

<table>
<tr><td>学习情境</td><td colspan="4">项目 11　钻床夹具工程图设计</td></tr>
<tr><td>姓名</td><td></td><td>学号</td><td></td><td>班级</td><td></td></tr>
<tr><td>任务目标</td><td colspan="5">知识目标：
1. 掌握剖视图中剖面线编辑方法
2. 掌握总装工程图设计思路
3. 掌握总装工程图明细表的创建方法
能力目标：能够进行总装工程图设计
素质目标：具有问题分析能力；具有自我学习能力及创新能力</td></tr>
<tr><td rowspan="2">任务描述</td><td colspan="2">任务 1</td><td colspan="3">任务 2</td></tr>
<tr><td colspan="2">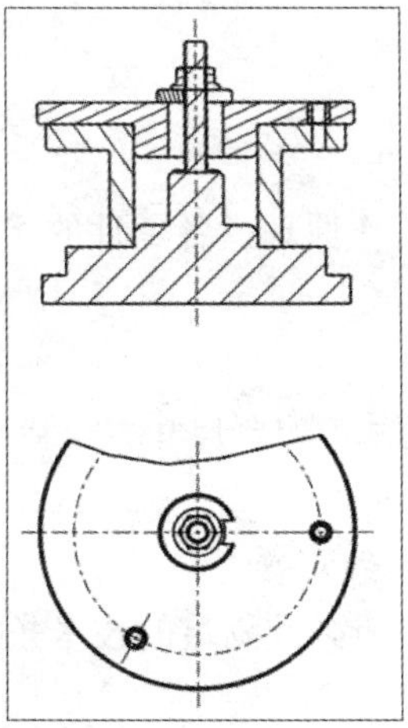</td><td colspan="3">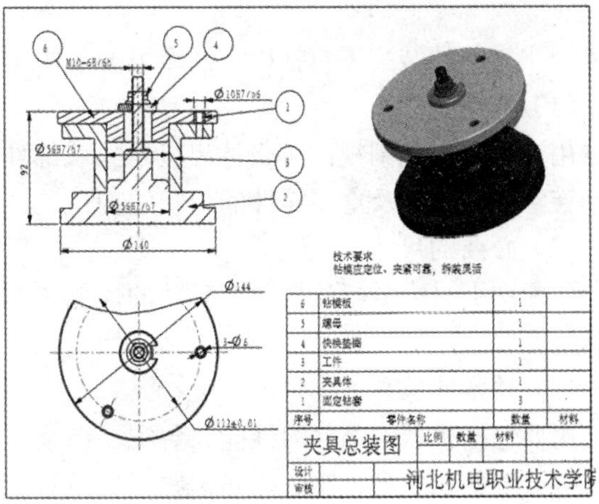</td></tr>
<tr><td>学习总结</td><td colspan="5"></td></tr>
</table>

实践篇

续表

考核方法	项目	分值比例/%	分数	
			任务 1	任务 2
考核方法	项目计划决策	10		
	项目实施检查	50		
	项目评估讨论	10		
	职业素养	20		
	学生互评	10		
	总分	100		
指导教师评语				

任务 1　钻模装配工程图视图设计

11.1.1　装配工程图设计分析

1. 装配工程图的功能及内容

装配图是表达机器或部件的图样，通常用来表达机器或部件的工作原理及零部件间的装配关系。各组成零件在机器或部件中的作用和结构、零件之间的相对位置和连接方式，以及装配、检验、安装时所需尺寸数据、技术要求，是机械设计和生产中的重要技术文件之一。

一张完整的装配图包括以下四个方面的内容：

（1）一组视图

用一组视图、剖视图等表达出机器（或部件）的工作原理，各零件的相对位置及装配关系、连接方式，以及重要零件的形状结构。

（2）必要的尺寸

装配图上只需要标注机器或部件的性能（规格）尺寸、配合尺寸、安装尺寸、外形尺寸、检验尺寸等。

（3）技术要求

主要包括机器或部件的性能、装配、调整、试验等所必须满足的技术条件。

（4）零件的序号、明细栏和标题栏

装配图中的零件编号和明细栏用于说明每个零件的名称、代号、数量和材料等。标题栏包括部件名称、比例、绘图和设计人员的签名等。

2. 视图的选择

画装配图时，首先要分析部件的工作情况和装配结构特征，然后选择一组图形，把部件的工作原理、装配关系和主要零件的结构形状表达清楚。

（1）主视图的选择

主视图的选择原则是应能较好地表达机器或部件的工作原理和主要装配关系，并尽可能按工作位置放置，即它能表达主要装配干线或较多的装配关系。

（2）其他视图的选择

针对主视图还没有表达清楚的装配关系和零件间的相对位置，应选用其他视图及相关的表达方法，如剖视图（包括拆卸画法、沿零件结合面剖切）和断面等表达方法来表达清楚。装配图中的每一个视图，都应有其表达的侧重内容。整个表达方案应力求简练、清晰、正确。

11.1.2 钻模装配工程图视图设计思路

① 依据视图选择原则，选择主视图和其他视图。

② 为显示装配的内部结构，主视图选择剖视图形式。

③ 根据机床夹具工程图设计要求，将零件用双点划线表示。

如图Ⅺ-1 所示。

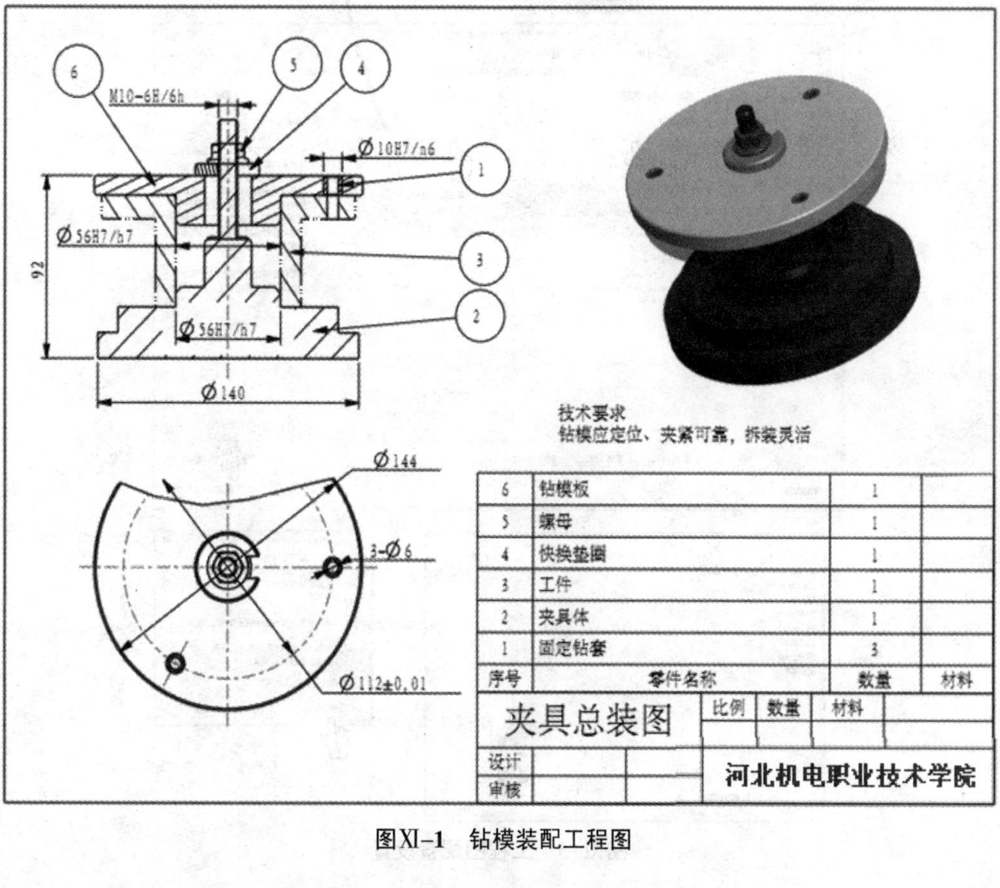

图Ⅺ-1 钻模装配工程图

11.1.3 钻模装配工程图视图设计过程

1. 钻模装配工程图视图设计准备工作

（1）设置工作目录（图XI–2）

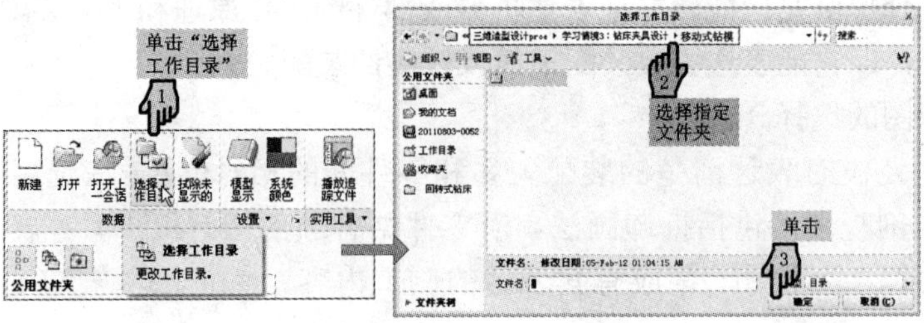
单击“选择工作目录”
选择指定文件夹
单击
选择工作目录
更改工作目录。

图XI–2　设置工作目录

（2）工程图配置设置（图XI–3）

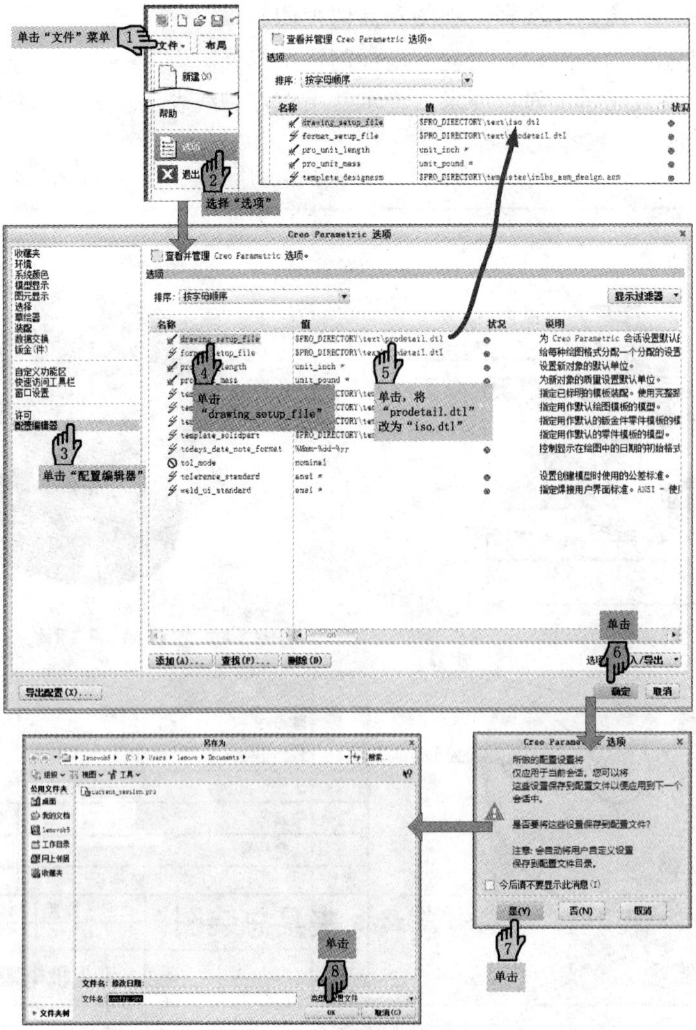
单击“文件”菜单
选择“选项”
单击“配置编辑器”
单击“drawing_setup_file”
单击，将“prodetail.dtl”改为“iso.dtl”
单击
单击
单击

图XI–3　工程图配置设置

（3）打开装配模型文件

2. 钻模装配工程图视图设计

（1）建立工程图文件（图XI-4、图XI-5）

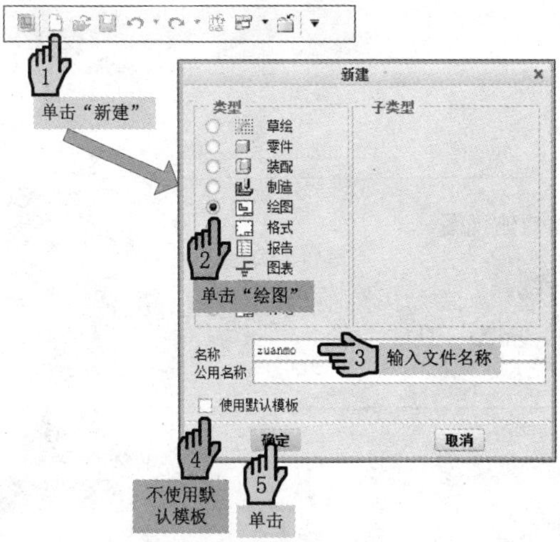

图XI-4　建立工程图文件

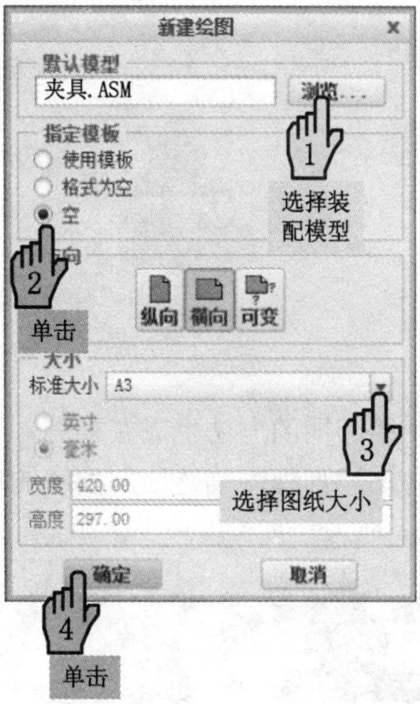

图XI-5　设置模型及图纸

（2）主视图创建（图XI-6）

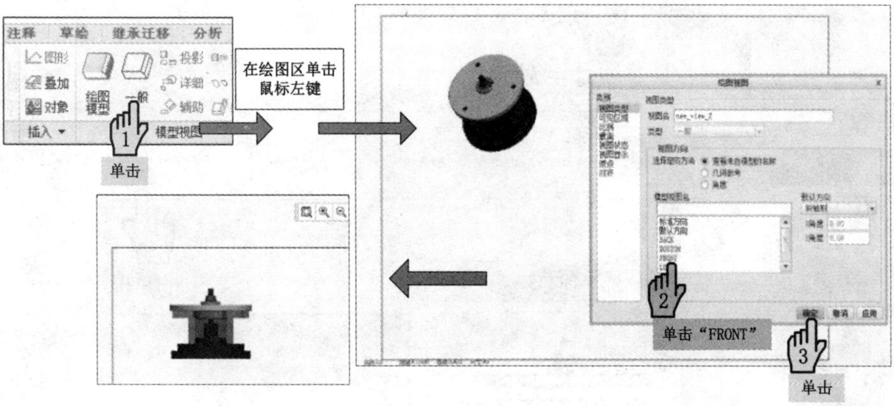

图XI-6　主视图创建

（3）绘图比例设置（图XI-7）

图XI-7　设置绘图比例

（4）其他视图生成（图Ⅺ-8）

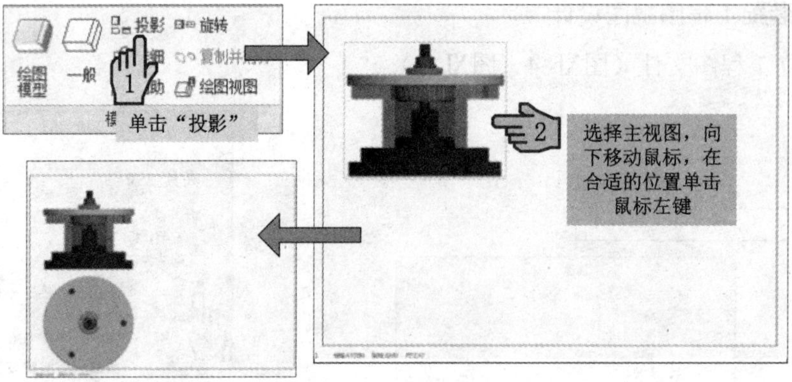

图Ⅺ-8　生成俯视图

用相同的方法生成左视图，请读者自行操作。

（5）剖视图创建与剖面线的修改（图Ⅺ-9、图Ⅺ-10）

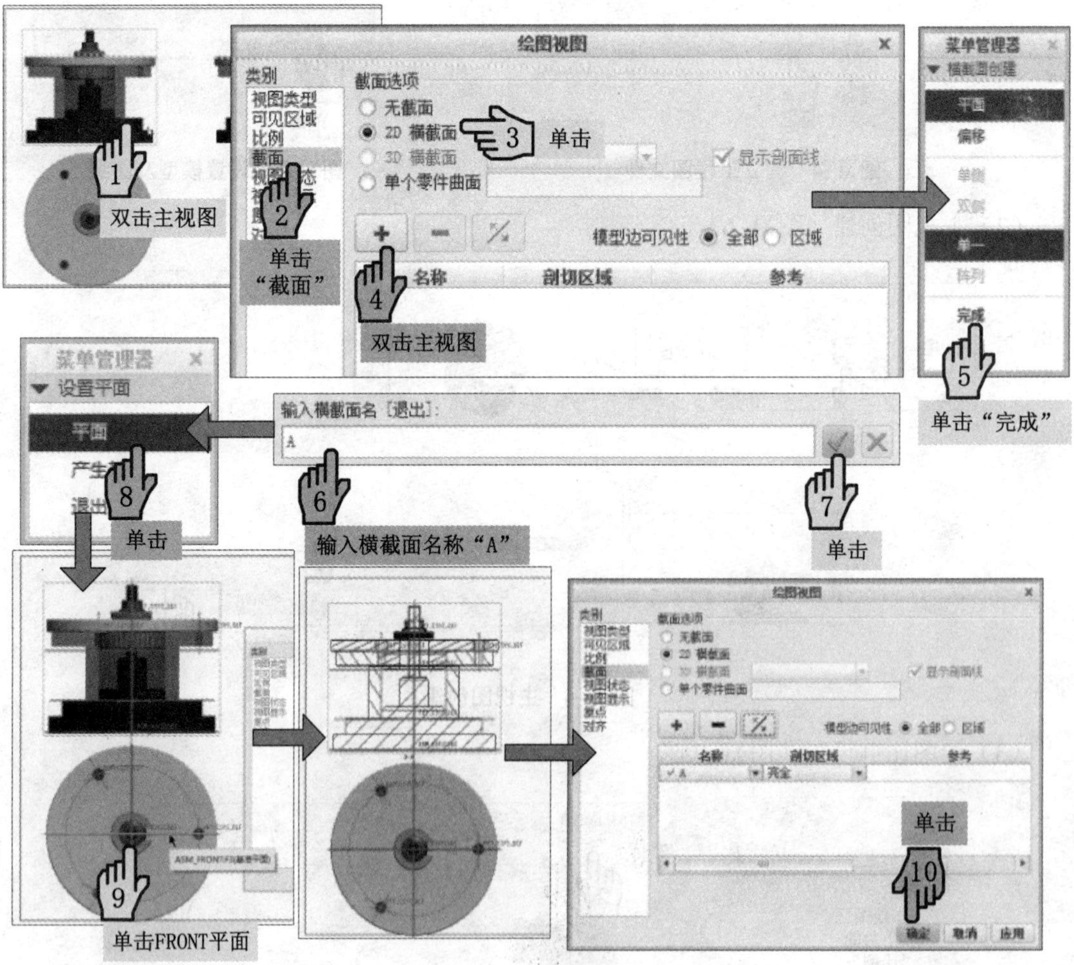

图Ⅺ-9　创建剖视图

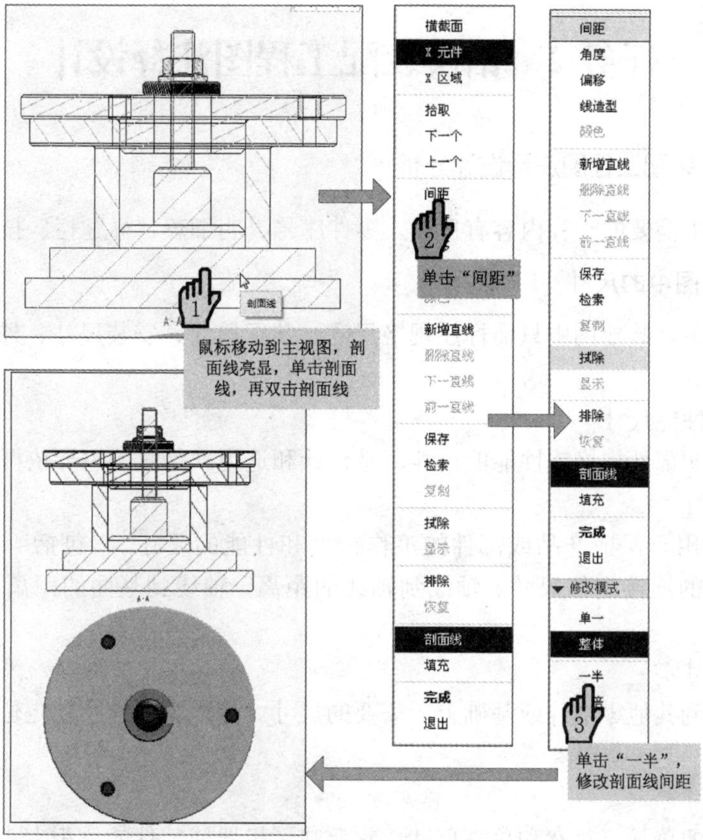

图XI-10　剖面线修改

根据图纸设计需求，按照后面的剖面线修改方法及步骤，请读者自行修改练习。

（6）视图整理（图XI-11、图XI-12）

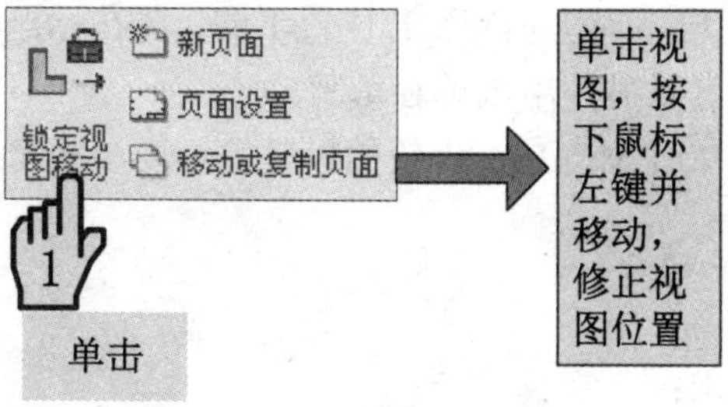

图XI-11　视图位置编辑

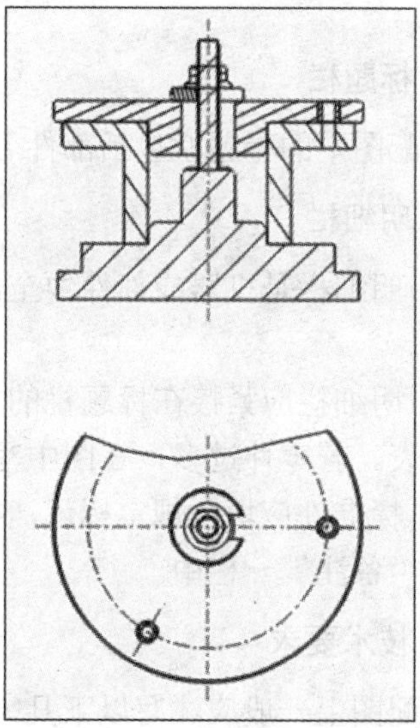

图XI-12　装配视图

任务 2　钻模装配工程图注释设计

11.2.1　钻模装配工程图注释设计分析

装配工程图中需要的注释内容有尺寸、零件序号、明细表、标题栏、技术要求。

1. 装配工程图中的尺寸

在一般情况下，装配图中只需标注规格尺寸、装配尺寸、安装尺寸、外形尺寸和重要尺寸五大类尺寸。

（1）规格、性能尺寸

它是用来说明部件规格或性能的尺寸，是设计和选用产品时的主要依据。

（2）装配尺寸

装配尺寸是用于保证产品或部件的工作精度和性能的尺寸。它包括所有有配合要求的尺寸、零件之间的连接定位尺寸、轴线到轴线的距离、轴线到基面的距离和基面到基面的距离等。

（3）安装尺寸

将部件安装到其他零部件或基础上所需要的尺寸。如地脚螺栓孔的定位、定形尺寸等属于安装尺寸。

（4）外形尺寸

机器或部件的总长、总宽和总高尺寸，它反映了机器或部件的体积大小，以提供该机器或部件在包装、运输和安装过程中所占空间的大小。

（5）其他重要尺寸

除以上四类尺寸外，在装配或使用中必须说明的尺寸也应标注，如运动零件的位移尺寸等。

2. 标题栏

装配图中的标题栏包括部件名称、比例、重量、绘图和设计人员的签名等内容。

3. 明细栏

① 明细栏是机器或部件中全部零件的详细目录，包括零件的序号、代号、名称、数量、材料等。

② 明细栏应紧接在标题栏的上方并对齐，自下而上填写。若位置不够，可在标题栏左侧继续列表。若零件过多，在图中写不下时，也可以另外用纸单独填写。

③ 标准件应填写规定标记，如螺钉 GB/T 70.1 M6x16；齿轮的模数等重要参数可以填入零件的“备注”一栏中。

4. 技术要求

装配图上一般应注写以下几方面的技术要求：

① 装配过程中的注意事项和装配后应满足的要求。如保证间隙、精度要求、润滑方法、密封要求等。

② 检验、试验的条件和规范，以及操作要求。

③ 部件的性能、规格参数、包装、运输、使用时的注意事项和表面涂饰要求等。

11.2.2 钻模装配工程图注释设计思路

钻模装配工程图注释设计思路如图Ⅺ–13 所示。

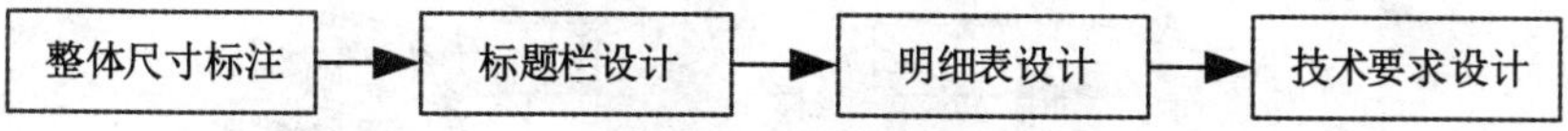

图Ⅺ–13 注释设计思路

11.2.3 钻模装配工程图注释设计过程

1. 尺寸标注

（1）创建外形尺寸（图Ⅺ–14）

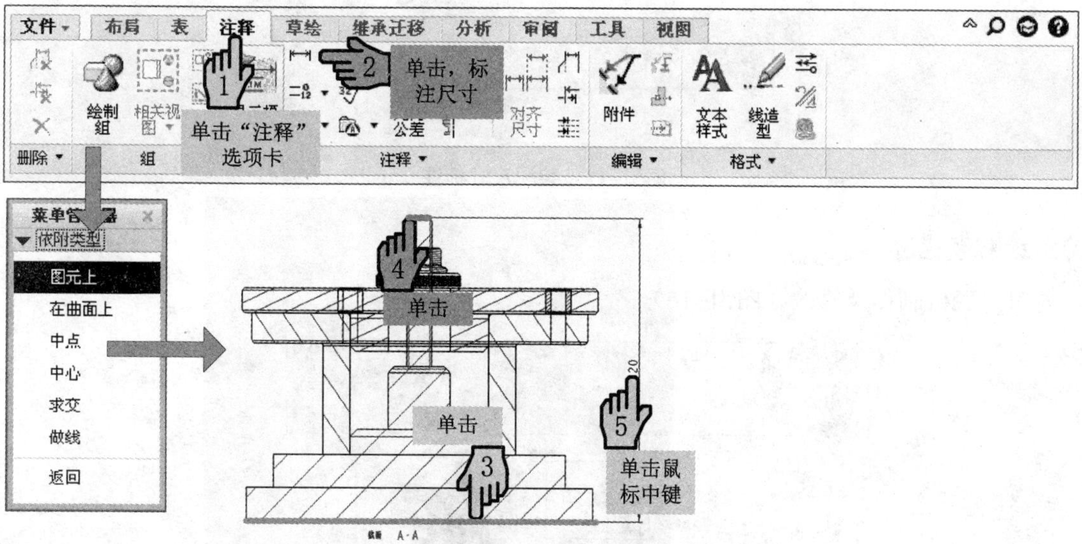

图Ⅺ–14 创建外形尺寸

按照相同的办法标注外形总体尺寸。

（2）创建装配尺寸（图Ⅺ-15）

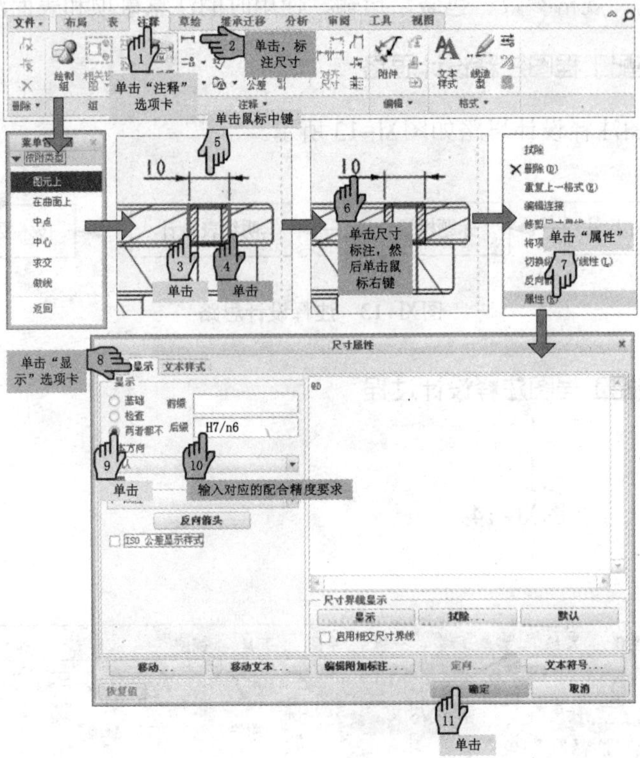
单击“注释”选项卡
单击，标注尺寸
单击鼠标中键
单击
单击
单击尺寸标注，然后单击鼠标右键
单击“属性”
尺寸属性
单击“显示”选项卡
H7/n6
单击
输入对应的配合精度要求
单击

图Ⅺ-15　装配尺寸标注

2. 标题栏设计

（1）表格制作及修改（图Ⅺ-16）

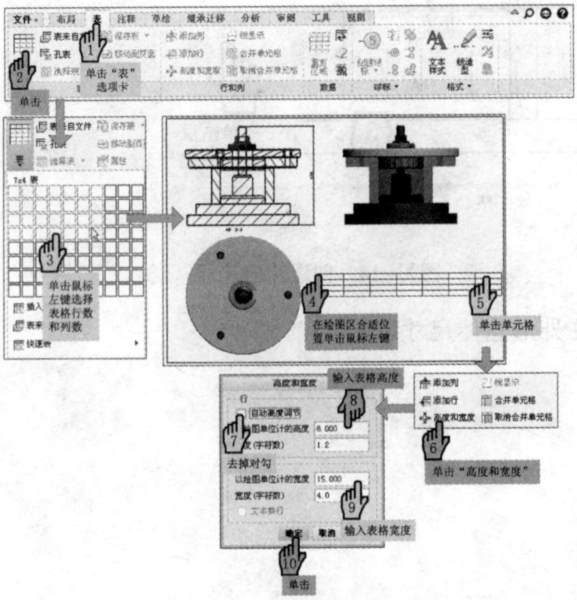
单击“表”选项卡
单击
单击鼠标左键选择表格行数和列数
在绘图区合适位置单击鼠标左键
单击单元格
输入表格高度
单击“高度和宽度”
输入表格宽度
单击

图Ⅺ-16　表格制作及修改

依照相同的方法修改单元格的高度和宽度，完成标题栏的尺寸。

（2）标题栏单元格合并（图XI-17）

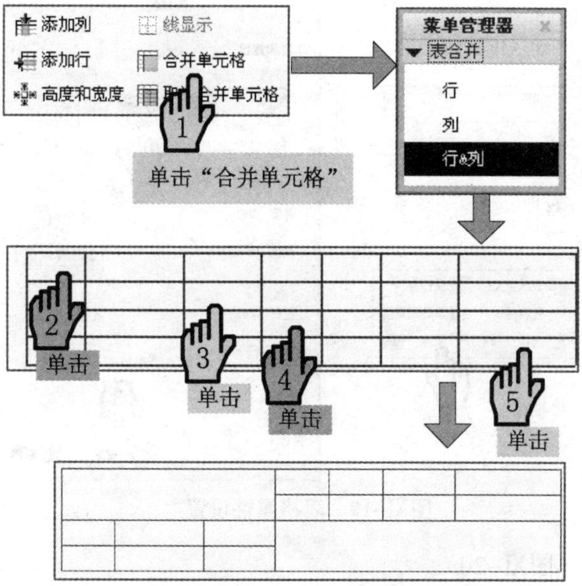

图XI-17　标题栏单元格合并

（3）标题栏文字输入（图XI-18）

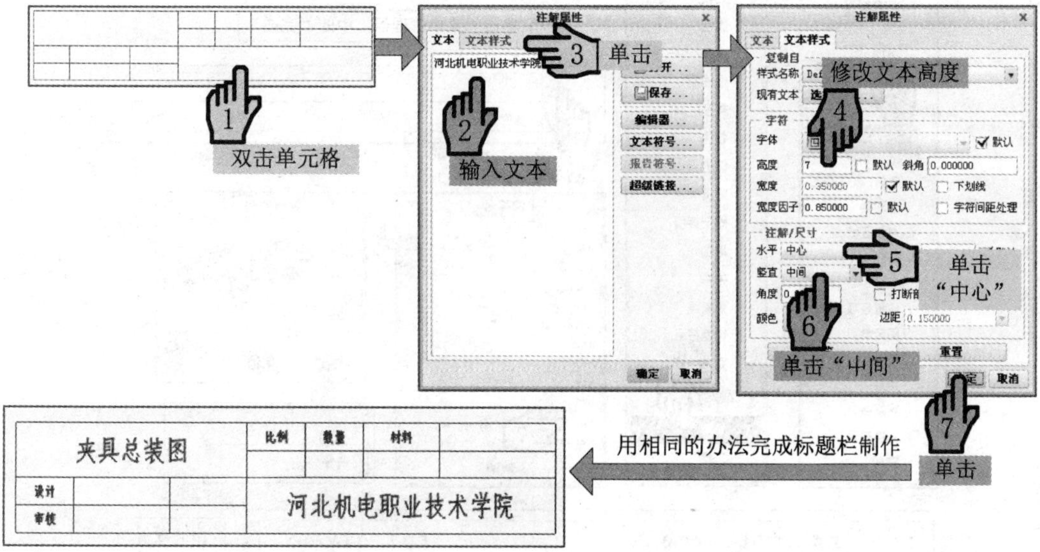

图XI-18　标题栏文字输入

3. 明细表设计

（1）创建表格及属性设置（图Ⅺ-19）

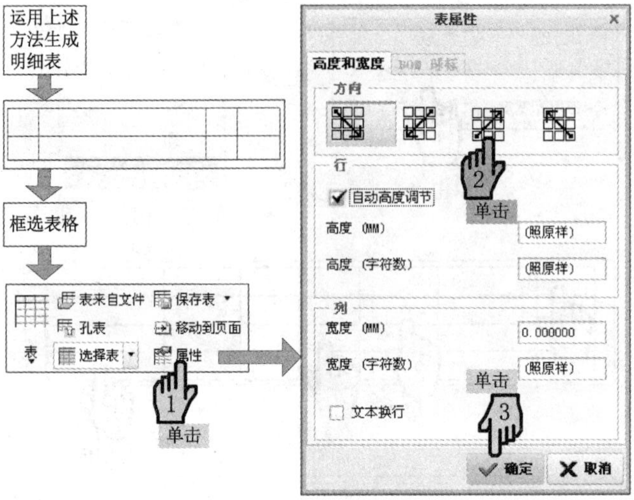

图Ⅺ-19　表格属性设置

（2）重复区域设置（图Ⅺ-20）

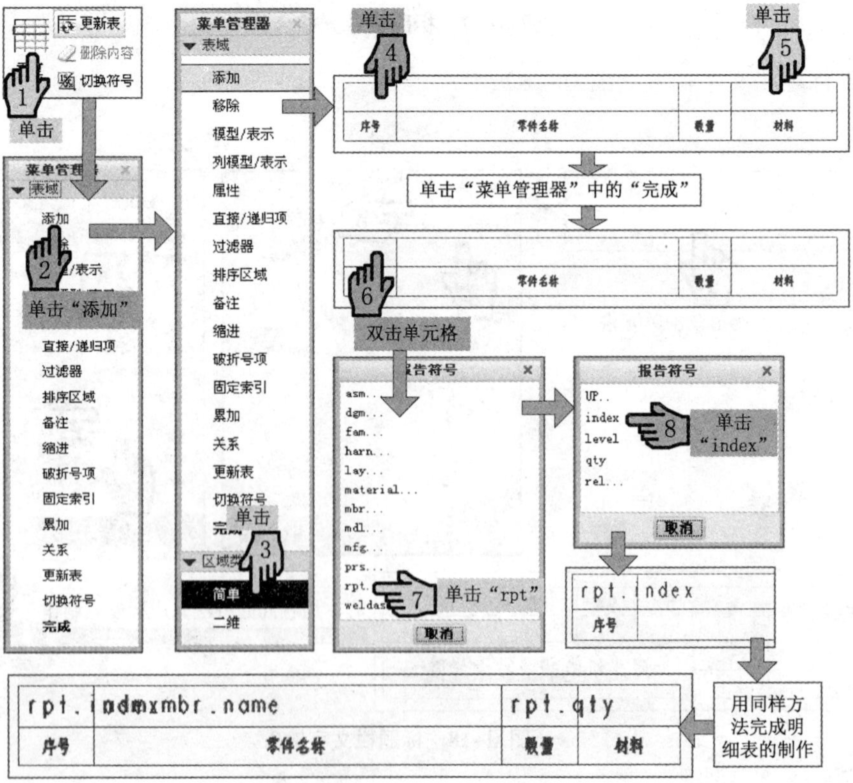

图Ⅺ-20　重复区域的设置

（3）创建球标（图XI–21）

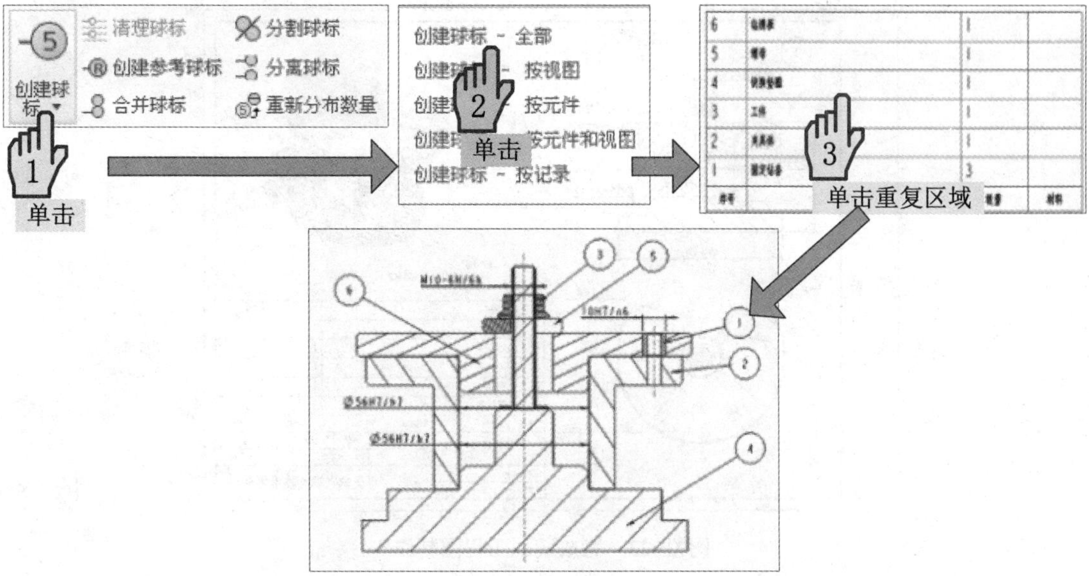

图XI–**21**　创建球标

4. 技术要求设计

技术要求设计如图XI–22 所示。

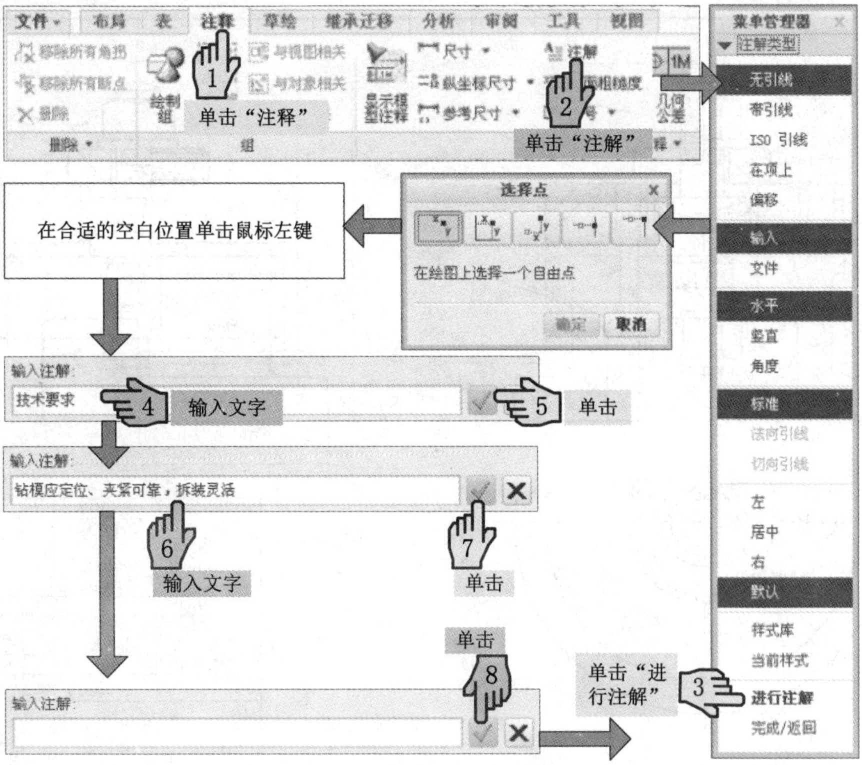

图XI–**22**　技术要求设计

实践篇

完成的装配工程图如图XI–23 所示。

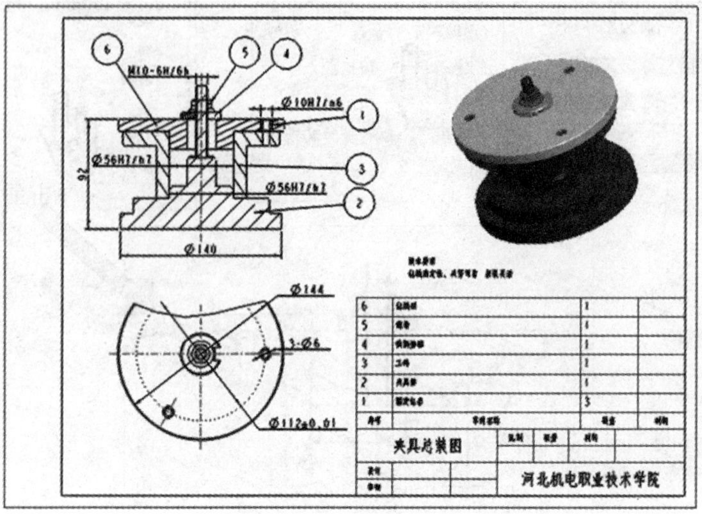

图XI–23　完成装配工程图制作

习　　题

绘制如图XI–24 所示装配图。

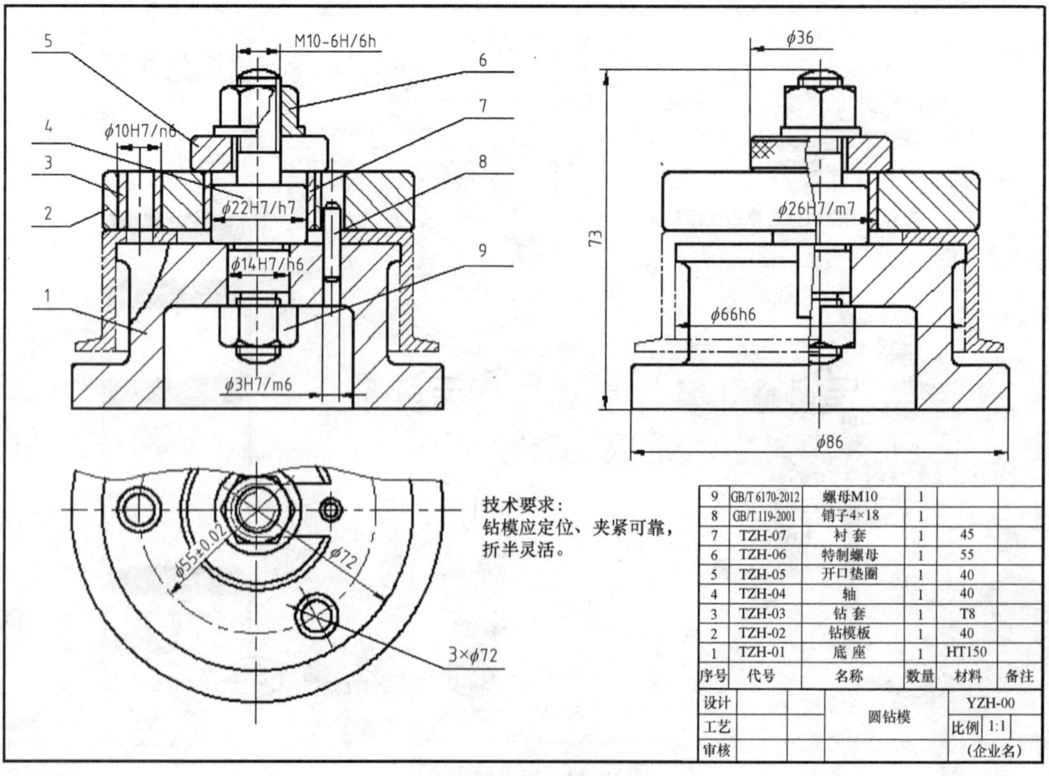

图XI–24　习题图

附　　录

附录 1　使用 Creo 的层

1.1　层的基本概念

通过“层（Layer）”可以有效组织模型和管理诸如基准线、基准面、特征和装配中的零件等要素。通过层，可以对同一个层中的所有共同的要素进行显示、隐藏和选择等操作。

1.2　进入层的操作界面

进入层操作界面有两种方法。

方法 1：在“导航”选项卡中单击“显示”→“层树”，进入层的操作界面，如附录图 1 所示。

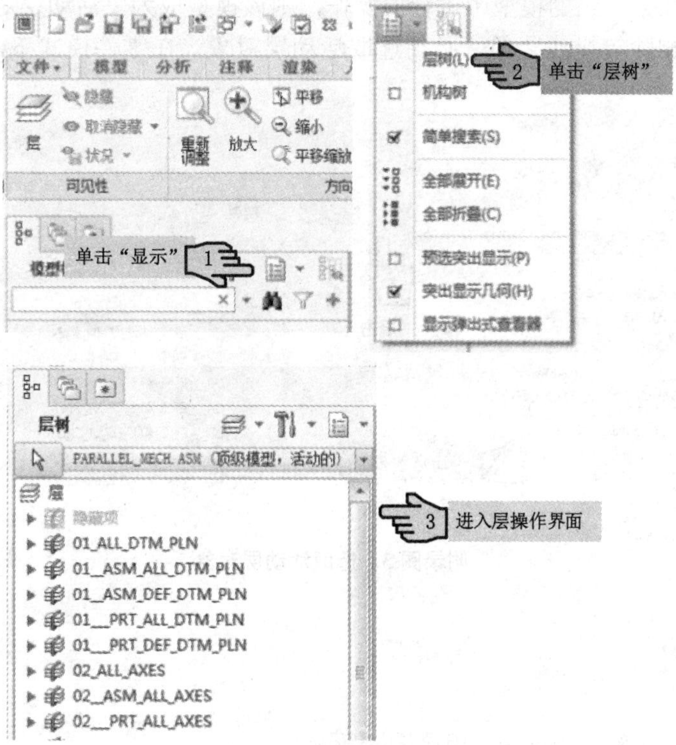

附录图 1　进入“层”操作界面

方法 2：单击“视图”功能选项卡“可见性”区域中的“层”按钮，可进入“层”的操作界面，如附录图 2 所示。

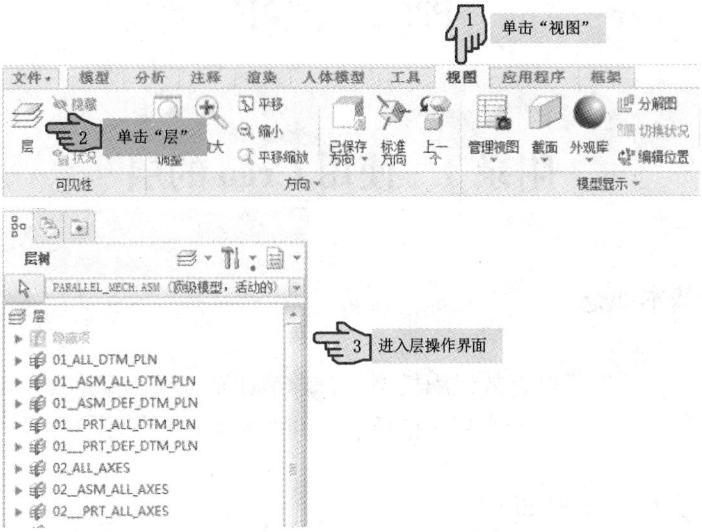

附录图 2　进入“层”操作界面

1.3　选取活动层对象

在装配中，在某一级的模型中进行层操作，则该模型成为“活动层对象”，如附录图 3 所示。在新建、删除等操作之前，必须选取活动层对象。在零件模式下，则不必选取活动层对象。

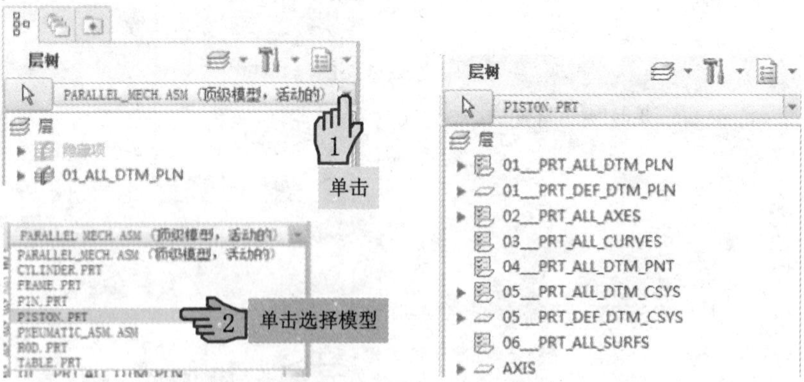

附录图 3　选取活动层对象

1.4　新建层

在装配中，创建新层的过程如附录图 4 所示。

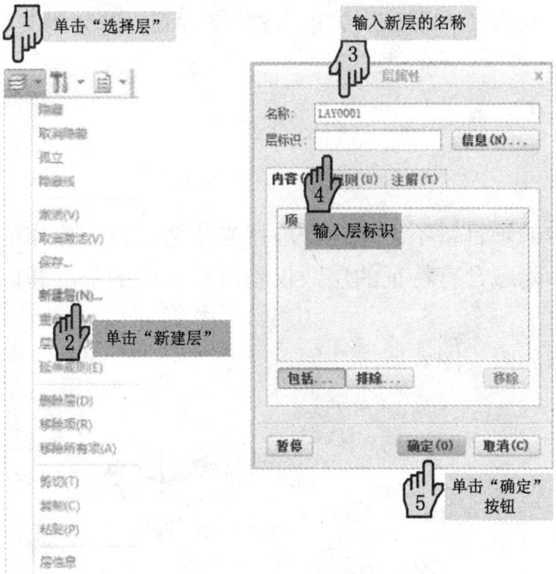
单击“选择层”
输入新层的名称
单击“新建层”
输入层标识
单击“确定”按钮

附录图 4　选取活动层对象

层的名称可以是数字或数字加字母的形式。

1.5　添加项目

在装配中，将基准点、基准线、基准面等项目添加到某个层中，过程如附录图 5 所示。

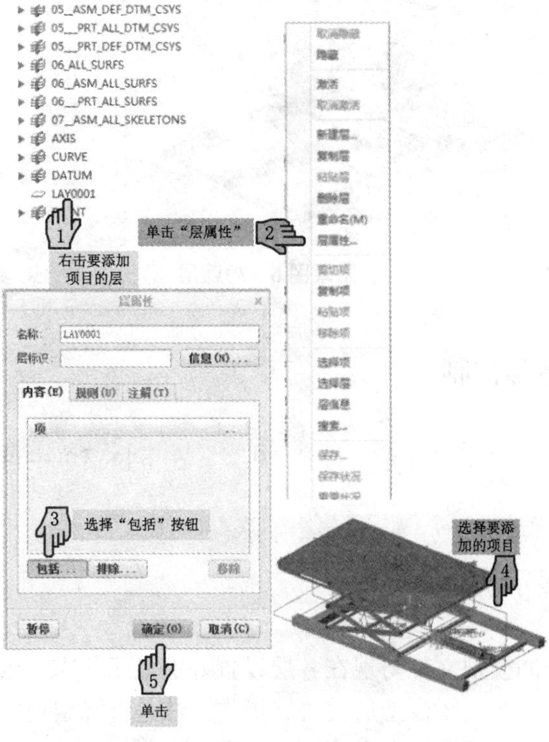
右击要添加项目的层
单击“层属性”
选择“包括”按钮
选择要添加的项目
单击

附录图 5　添加项目

同理，也可以在层中选择“排除”按钮，排除某项目。若要将某项目完全删除，则用“移除”按钮。

1.6 隐藏层

隐藏层以后，层中的项目将不可见，一般用来将暂时影响操作的基准隐藏，使设计方便进行。在零件模式下，隐藏含有特征的层，仅隐藏特征中的基准和曲面；在装配中，则可以隐藏包含的元件。

隐藏层的操作过程如附录图 6 所示。

附录图 6　隐藏层

1.7 层树的显示与控制

在“导航”选项卡中单击“显示”按钮 ，在下拉菜单中可对层进行展开、折叠等操作。

1.8 保存层的显示状态

如果希望以后打开的模型文件与现在各层设置好的显示状态一致，需要将层的显示状态保存，否则显示状态将会在关闭模型后丢失。操作方法是选择层树中的任意一个层，右击，从快捷菜单中选择“保存状况”命令。

附录 2　配置文件设置

内选项名称	选项值	含　义
model_note_display	no	设置注释不显示
pro_unit_length unit	mm	设置长度默认单位为 mm
pro_unit_mass	unit_kilogram	设置质量默认单位为 kg
pro_unit_sys	mmks	设置默认单位系统为 mmks（毫米千克秒）
default_draw_scale	1:1	设置工程图中默认的绘图比例，即插入一般视图时，默认为 1:1
draw_arrow_style	filled	工程图箭头变实心
allow_move_view_with_move	yes	可以在绘图中移动绘图视图位置
tol_display	no	不显示有公差的尺寸
tolerance_standard	ISO	设置创建模型时的公差执行国际标准
display_comps_to_assemble	yes	打开零件时，将零件数据读入内存
display_axes	no	打开默认界面时，基准轴将不显示
display_planes	yes	打开默认界面时，基准平面将显示
display_coord_sys	no	打开默认界面时，基准坐标系将不显示
sketcher_disp_constraints	yes	显示草绘中的约束
creo_less_restrictive_names	yes	打开/另存支持中文名

附录 3　常用函数解析

名称	坐标系	方　　程
碟形弹簧	圆柱坐标	r = 5 theta = t*3 600 z=(sin(3.5*theta-90))+24*t
螺旋线	圆柱坐标	r=t theta=10+t*(20*360) z=t*3
螺旋线	笛卡尔坐标	x = 4 * cos(t *(5*360)) y = 4 * sin(t *(5*360)) z = 10*t
球面螺旋线	球坐标系	rho=4 theta=t*180 phi=t*360*20
正弦曲线	笛卡尔坐标系	x=50*t y=10*sin(t*360) z=0
费马曲线	圆柱坐标	theta=360*t*5 a=4 r=a*sqrt(theta*180/pi)
心脏线	圆柱坐标	a=10 r=a*(1+cos(theta)) theta=t*360
抛物线	笛卡尔坐标	x =(4 * t) y =(3 * t)+(5 * t ^2) z =0
三叶线	圆柱坐标	a=1 theta=t*380 b=sin(theta) r=a*cos(theta)*(4*b*b-1)

附录 4　BOM 表中报告符号

系统参数名称	说　　明
&asm.mbr.comp···	从模型的参数中检索关于装配体的信息，并将其显示在表格中
&asm.mbr.cparam···	检索给定的装配体参数
&asm.mbr.cparams···	列出适用于当前模型的所有装配体的参数信息
&asm.mbr.name	显示装配体中各元件的名称
&asm.mbr.type	显示装配体中各元件的类型（零件或子装配）
&asm.mbr.USE.Defined···	列出装配体中各元件的用户自定义参数
&fam···	检索有关模型的族表参数
&harm···	有关线缆的参数信息
&lay···	检索有关模型布局的信息
&mbr···	检索有关单个元件的参数
&mdl···	检索有关单个模型的信息
&prs···	检索已用特定过程的报告符号参数来创建整个过程序列的报告
&rpt···	显示重复区域中每个记录的信息
&weldasm···	检索有关模型的焊接信息
&fam.inst.name	显示实例的名称信息，并在 *Y* 方向展开
&fam.inst.param.name	显示参数名称信息，并在 *X* 方向展开
&fam.inst.param.valus	显示每个实例的参数

参 考 文 献

[1] 博创设计坊. Pro/ENGNEER WILDFIRE 4.0 机械设计实例教程 [M]. 北京：清华大学出版社，2008.

[2] 赵建国，李怀正. SolidWorks 三维设计及工程图应用 [M]. 北京：电子工业出版社，2012.

[3] 詹友刚. Creo3.0 机械设计教程 [M]. 北京：机械工业出版社，2014.

[4] 蔡冬根，Pro/ENGNEER WILDFIRE 4.0 应用教程 [M]. 北京：人民邮电出版社，2010.

[5] 何煜琛，习宗德. 三维 CAD 习题集 [M]. 北京：清华大学出版社，2010.

[6] 詹友刚. Creo3.0 快速入门教程 [M]. 北京：机械工业出版社，2014.